W0268087

Teubner Studienbücher

Physik

Becher/Böhm/Joos: **Eichtheorien der starken und elektroschwachen Wechselwirkung**
2. Aufl. 395 Seiten. DM 34,–

Bourne/Kendall: **Vektoranalysis**
227 Seiten. DM 21,80

Daniel: **Beschleuniger**
215 Seiten. DM 25,80

Großer: **Einführung in die Teilchenoptik**
155 Seiten. DM 21,80

Großmann: **Mathematischer Einführungskurs für die Physik**
3. Aufl. 288 Seiten. DM 28,80

Heber/Weber: **Grundlagen der Quantenphysik**
Band 1: Quantenmechanik. VI, 158 Seiten. DM 18,80
Band 2: Quantenfeldtheorie. VI, 178 Seiten. DM 19,80

Heinloth: **Energie**
Physikalische Grundlagen ihrer Gewinnung, Umwandlung und Nutzung.
451 Seiten. DM 36,–

Kamke/Krämer: **Physikalische Grundlagen der Maßeinheiten**
Mit einem Anhang über Fehlerrechnung. 218 Seiten. DM 19,80

Kneubühl: **Repetitorium der Physik**
2. Aufl. 544 Seiten. DM 39,80

Lautz: **Elektromagnetische Felder**
2. Aufl. 184 Seiten. DM 26,80

Lohrmann: **Hochenergiephysik**
2. Aufl. 248 Seiten. DM 28,80

Mayer-Kuckuk: **Atomphysik**
Eine Einführung. 2. Aufl. 233 Seiten. DM 28,–

Mayer-Kuckuk: **Kernphysik**
Eine Einführung. 3. Aufl. 349 Seiten. DM 30,80

Raeder u. a.: **Kontrollierte Kernfusion**
Grundlagen ihrer Nutzung zur Energieversorgung. 408 Seiten. DM 36,–

Rohe: **Elektronik für Physiker**
Eine Einführung in analoge Grundschaltungen.
2. Aufl. 248 Seiten. DM 25,80

Walcher: **Praktikum der Physik**
4. Aufl. 408 Seiten. DM 29,–

Wegener: **Physik für Hochschulanfänger**
Teil 1: 269 Seiten. DM 23,80
Teil 2: 282 Seiten. DM 23,80

Wiesemann: **Einführung in die Gaselektronik**
Grundlagen der Elektrizitätsleitung in Gasen
282 Seiten. DM 28,–

Fortsetzung auf Seite 452

Preisänderungen vorbehalten

Energie

Physikalische Grundlagen ihrer Gewinnung, Umwandlung und Nutzung

Von Dr. rer. nat. Klaus Heinloth
Professor an der Universität Bonn

unter Mitwirkung von Dr. rer. nat. Bernd Diekmann
Wiss. Mitarbeiter an der Universität Bonn

Mit zahlreichen Bildern und Tabellen

B. G. Teubner Stuttgart 1983

Prof. Dr. rer. nat. Klaus Heinloth

Geboren 1935 in Weilheim. Studium an der Technischen Hochschule München, Diplom bei G. Joos, 1961 Promotion bei H. Maier-Leibnitz. Assistent an der Universität Hamburg bei W. Jentschke; von 1962 bis 1963 am MIT (Cambridge/Mass. USA). 1972 Habilitation an der Universität Hamburg und von 1963 bis 1973 wiss. Mitarbeiter bei DESY, Hamburg. Seit 1973 am Physikalischen Institut der Universität Bonn. Von 1978 bis 1979 res. assoc. bei CERN, Genf.

Dr. rer. nat. Bernd Diekmann

Geboren 1950 in Vechta. Studium an der Universität Bonn, Staatsexamen in Physik/Mathematik (1973/74) und Promotion (1978) bei K. Heinloth. Seit 1978 wiss. Mitarbeiter am Physikalischen Institut der Universität Bonn.

CIP-Kurztitelaufnahme der Deutschen Bibliothek

Heinloth, Klaus:
Energie : physikal. Grundlagen ihrer Gewinnung, Umwandlung u. Nutzung / von Klaus Heinloth. Unter Mitw. von Bernd Diekmann. – Stuttgart : Teubner, 1983.
(Teubner-Studienbücher Physik)
ISBN 978-3-519-03057-7 ISBN 978-3-322-92735-4 (eBook)
DOI 10.1007/978-3-322-92735-4

Gesamtherstellung: Beltz Offsetdruck, Hemsbach/Bergstraße
Umschlaggestaltung: W. Koch, Sindelfingen

Vorwort

Zu allem Tun wird Energie benötigt. Dabei sind wir Menschen gewohnt, Energie zu nutzen meist ohne Bedacht auf Beschränkungen von Energie-Vorräten und auf mögliche schädliche Auswirkungen von Energie-Nutzung. Beides wurde, bedingt durch den raschen Anstieg des weltweiten Energiebedarfs, innerhalb nur weniger Jahrzehnte in jüngster Zeit zu ernsten Problemen für die künftige Entwicklung der Menschheit.

Vor ähnlichen Problemen stand die Menschheit auch schon zu früheren Zeiten:
Zur Steinzeit, vor ca. 6000 Jahren konnte die Verknappung der Nahrung für die wachsende Bevölkerung durch Einführung von Ackerbau und Viehzucht behoben werden. Eine weitere Energiekrise erwuchs etwa zur Zeit vom 16. bis 18. Jahrhundert aus der damaligen Entwaldung und Holzverknappung, bedingt durch den zunehmenden Verbrauch an Holz vornehmlich für die Erzverhüttung. Behoben wurde dieser Energieengpaß durch die Einführung der Nutzung von Kohle.

Lösungsmöglichkeiten der heutigen Energieprobleme werden zwar vielfältig diskutiert, leider oft sehr kontrovers, dies häufig mangels einer ausreichenden Kenntnis <u>aller</u> wesentlichen, zu berücksichtigenden Fakten.

Diesen Mangel soll das vorliegende Buch zu mindern helfen:
Es soll einen Überblick aller heute bekannten und denkbaren, menschlicher Nutzung zugänglichen Energie-Quellen geben bezüglich

- Umfang von Vorräten und Verbrauch,
- Prinzip der jeweiligen Umwandlungen von Primärenergie zu verbraucherseitiger Endenergie,
- Wirkungsgrad der Umwandlungen,
- Verhältnis von gewinnbarer Energie zu Energie-Aufwand bei Gewinnung und Umwandlung (Energie-Erntefaktor),
- Verfügbarkeit der Energie-Quellen,
- aus der Energie-Nutzung resultierende Umweltbelastungen.

Inhalt und Absicht entsprechend ist dieses Buch kein Lehrbuch im strengen Sinn, als solches beschränkt auf Darstellung wissenschaftlicher Kenntnis von Grundlagen.

Das Buch ist gerichtet sowohl an Studenten und Fachleute aus Wirtschaft und Politik als auch an allgemein an Energiefragen interessierte Leser.

Der Autor dieses Buchs ist selbst kein Spezialist für Energietechniken. Dieses Buch entstand aus einer Vorlesung, die der Autor gehalten hat, um sich auch selbst über die Probleme der Energie-Nutzung zu informieren und sich damit in die Lage zu versetzen, fundierte Antworten auf Fragen zu diesem Problemkreis geben zu können. (Eine erste kurze Niederschrift der Vorlesung geschah im Rahmen von drei Staatsexamensarbeiten [1].)

Das vorliegende Buch wurde unter aktiver Mitarbeit von Herrn Dr. Bernd Diekmann geschrieben: Von ihm wurden die Abschnitte 3.1 und 4 - 6 ausgearbeitet. Mit ihm konnte ich in vielen Gesprächen Inhalt und Darstellung aller Abschnitte des Buchs klären. Die Bilder in diesem Buch wurden von meiner Frau gezeichnet. Meine Kollegen Stud. Prof. W. Schuh und Prof. R. Wedemeyer haben das Manuskript kritisch durchgesehen und viele Verbesserungsvorschläge gemacht. Ihnen allen sei für ihre Mühe und Mitarbeit herzlich gedankt.

Die Reinschrift des Manuskripts besorgten Frau A. Machtemes und Frau R. Siemer. Dafür möchte ich mich bedanken.

Ein spezieller Dank gilt allen Mitgliedern meiner Arbeitsgruppe, insbesondere meinem Kollegen Prof. E. Paul: Sie haben mich von der mir eigentlich zukommenden Arbeit auf dem Gebiet der experimentellen Teilchenphysik soweit entlastet, daß ich überhaupt erst die Zeit finden konnte, dieses Buch zu schreiben.

Bonn, Frühjahr 1983

K. Heinloth

Inhaltsverzeichnis

Seite

Verwendete Symbole 10

Konstanten 11

Maßeinheiten, Umrechnungen und Schreibweise von Größenangaben 12

1 Physikalische Grundlagen der Energie 15

1.1 Erscheinungsformen der Energie 17

1.2 Energie-Erhaltung 21

1.3 Beschränkung bei Energie-Umwandlungen 21

1.4 Übersicht aller Energie-Quellen 24

1.5 Übersicht aller Umwandlungsarten 26

1.6 Übersicht der Speicher-Möglichkeiten von Nutzenergie 28

1.7 Übersicht der Transport-Möglichkeiten von Nutzenergie 29

2 Energie-Bedarf 30

2.1 Entwicklung von Erdbevölkerung und weltweitem Energie-Bedarf 30

2.2 Energie-Bedarf in der Bundesrepublik Deutschland heute 32

2.2.1 Bedarf an Primärenergie 32

2.2.2 Bedarf an Nutzenergie 32

3 Nutzung aller Energie-Quellen 36

3.1 Fossile Brennstoffe (Kohle, Erdöl, Erdgas) 36

3.1.1 Vorräte und Verbrauch 36

3.1.2 Umwandlung von chemischer Energie 44

3.1.2.1 in Wärme mittels Verbrennung 45

3.1.2.2 in Wärme in einem abgeschlossenen Kreislauf 46

3.1.2.3 in elektrischen Strom mittels Brennstoffzellen 46

3.1.3 Nutzung von Kohle 47

3.1.3.1 durch Verbrennung in Ofen, Kraftwerk und Heizkraftwerk (Kraft-Wärme-Kopplung) 47

3.1.3.2 über Kohlevergasung 54

3.1.3.3 über Kohleverflüssigung 63

3.1.4 Nutzung von flüssigen und gasförmigen Kohlenstoffverbindungen 67

3.1.4.1 Aufbereitung von Erdöl 67

3.1.4.2 Erzeugung von Heizwärme 72

3.1.4.3 Antrieb von Motoren 72

3.1.4.4 Antrieb von Wärmepumpen 75

3.1.4.5 Antrieb von Gasturbinen und von magnetohydrodynamischen Generatoren (MHD) 76

Seite

3.1.5 Umweltbelastung 78

3.2 Sonnenenergie 89

3.2.1 Sonne als Energiequelle 89

3.2.2 Erde als Empfänger von Sonnenenergie 92

3.2.3 Nutzung des Sonnenlichtes über Photosynthese 99
3.2.3.1 Erzeugung von Biomasse 106
3.2.3.2 Umwandlung von Biomasse zu Alkohol 108
3.2.3.3 Umwandlung von Biomasse zu Biogas 110
3.2.3.4 Erzeugung von Wasserstoff 111
3.2.3.5 Nutzung von Holz 111

3.2.4 Nutzung des Sonnenlichtes zur Stromerzeugung mit Solarzellen 112
3.2.4.1 Prinzip von Solarzellen 112
3.2.4.2 Wirkungsgrad von Solarzellen 118
3.2.4.3 Technische Entwicklung von Solarzellen 120
3.2.4.4 Nutzung von Solarzellen auf der Erde und im Weltraum 123

3.2.5 Nutzung des Sonnenlichtes als Wärmequelle zur Gewinnung von Wärme und Strom 124
3.2.5.1 Wirkungsweise von Sonnenlichtkollektoren 124
3.2.5.2 Absorption in Flachkollektoren 133
3.2.5.3 Absorption in konzentrierenden Kollektoren (Solarkraftwerke) 137
3.2.5.4 Aufwind-Solar-Kraftwerke 143
3.2.5.5 Sonnenteiche 145

3.2.6 Umweltbelastung 146

3.3 Wärme aus Erde, Wasser, Luft 148

3.3.1 Wärmereservoir Erde 148

3.3.2 Wärme aus natürlichen Heißwasser/Heißdampfquellen 149

3.3.3 Künstliche Wärmeentnahme aus der Erdkruste 150

3.3.4 Nutzung von Wärme und Temperaturgefälle der Meere 155

3.3.5 Nutzung von Wärme aus Luft, Boden und Wasser über Wärmepumpen 160

3.4 Windenergie 168

3.4.1 Verfügbares Wind-Potential 168

3.4.2 Leistung von Windrädern 172

3.4.3 Realisierung von Windrädern 175

3.5 Wasserkraft 181

3.4.1 Wassergefälle 182

3.5.2 Osmose 186

3.5.3 Gezeiten 191

3.5.4 Meereswellen 201

3.5.5 Meeresströmungen 208

3.5.6 "Helio-Hydro-Elektrizität" 208

	Seite
3.6 Energie aus Kernspaltung	210
3.6.1 Radioaktivität	210
3.6.1. 1 Maße für Radioaktivität und ihre Wirkung, Lebensdauer radioaktiver Stoffe	210
3.6.1. 2 Radioaktive Stoffe in Natur und Technik	214
3.6.1. 3 Höhenstrahlung	220
3.6.1. 4 Wirkung radioaktiver Strahlung	221
3.6.1. 5 Vergleich der Strahlenbelastung durch Radioaktivität aus natürlichen und künstlichen Quellen	225
3.6.2 Grundlagen der Kernspaltung	225
3.6.3 Kernbrennstoffe	233
3.6.3. 1 Vorräte und Verbrauch	233
3.6.3. 2 Anreicherung von ${}^{235}_{92}U$	235
3.6.3. 3 Brennstäbe	239
3.6.4 Kernreaktoren	240
3.6.4. 1 Prinzip eines Kernreaktors	240
3.6.4. 2 Übersicht von Reaktortypen	245
3.6.4. 3 Druckwasser-Reaktor, DWR	248
3.6.4. 4 Siedewasser-Reaktor, SWR	250
3.6.4. 5 Schwerwasser-Reaktor, HWR	250
3.6.4. 6 Gasgekühlte, graphitmoderierte Reaktoren vom Typ GGR und AGR (Advanced GGR)	250
3.6.4. 7 Hochtemperatur-Reaktor, HTR	251
3.6.4. 8 Leichtwasser-graphitmoderierter Reaktor, LWGR	253
3.6.4. 9 Brutreaktor, BR	253
3.6.4.10 Gasphasen-Reaktor	255
3.6.4.11 Potential an Kernkraftwerken	256
3.6.5 Wiederaufarbeitung von Kernbrennstoffen	257
3.6.6 Endlagerung radioaktiver Abfälle	261
3.6.7 Diskussion einer denkbaren Energiegewinnung aus der Spaltung von Kernbausteinen	262
3.6.8 Umweltbelastung	263
3.7 Energie aus Kernfusion	270
3.7.1 Grundlagen der Kernfusion	270
3.7.2 Die Sonne als Fusionsreaktor	277
3.7.3 Vorräte und Erzeugung von Brennstoffen für Kernfusion	278
3.7.4 Fusion in magnetisch eingeschlossenem Plasma	279
3.7.4. 1 TOKAMAK-Prinzip	282
3.7.4. 2 STELLERATOR-Prinzip	284
3.7.4. 3 Überlegung zur Kraftwerksrealisierung	285
3.7.5 Plasma-Fusion unter Trägheitseinschluß	287
3.7.5. 1 Fusion, induziert mit Laser- und Teilchenstrahlen	288
3.7.5. 2 Überlegung zur Kraftwerksrealisierung	290

Seite

3.7.6 Katalytische Fusion 292
3.7.6.1 Prinzip der Müon-induzierten Fusion 292
3.7.6.2 Überlegung zur Kraftwerksrealisierung 295
3.7.7 Mögliche zeitliche Entwicklung eines zukünftigen Kernfusions-Energie-Potentials 297
3.7.8 Umweltbelastung 297

4 Energie-Speicherung 299
4.1 Speicherung von Wärme 299
4.1.1 Direkte Wärme-Speicherung 304
4.1.2 Latentwärme-Speicherung 311
4.1.3 Thermochemische Energie-Speicherung 313
4.2 Speicherung mechanischer Energie 315
4.2.1 Pumpwasser-Speicher 315
4.2.2 Schwungrad-Speicher 316
4.2.3 Luft- und Dampfdruck-Speicher 318
4.3 Direkte Speicherung elektromagnetischer Energie 320
4.3.1 Batterien 320
4.3.2 Kapazitive und induktive Speicher 326
4.4 Speicherung von Treibstoffen 328
4.4.1 Kohlenwasserstoffe 328
4.4.2 Wasserstoff 328

5 Energie-Transport 333
5.1 Transport fester, flüssiger und gasförmiger Brennstoffe 333
5.2 Transport von Wärme: Fernwärme 339
5.3 Synthesegas-Transport 343
5.4 Transport elektromagnetischer Energie durch Freileitung, Erdkabel und supraleitende Kabel 344

6 Spezielle Techniken der Energie-Nutzung 351
6.1 Wärmekraftmaschinen mit geschlossenem Kreislauf 359
6.1.1 Carnot-Maschine 359
6.1.2 Stirling-Maschine 362
6.1.3 Clausius-Rankine-Maschine 364
6.2 Wärmekraftmaschinen mit offenem Kreislauf 371
6.2.1 Otto- und Diesel-Motor 371
6.2.2 Brayton-Turbine 376
6.3 Wärmepumpen 378
6.4 Magnetohydrodynamische Wandler, MHD 381

Seite

6.5 Thermoelektrische und thermionische Energiewandler, Radionuklid-Batterien 386

6.6 Wasserstoff-Erzeugung 392

6.7 Brennstoffzellen 398

6.8 Glühlampen, Leuchtstoffröhren 403

7 Übersicht der Erntefaktoren und der Ergiebigkeiten aller Quellen 407

8 Übersicht von Umweltbelastungen und Risiken durch Nutzung der verschiedenen Energie-Quellen 413

8.1 Freisetzung von Wärme 413

8.2 Emission von Schadstoffen 415

8.3 Einwirken von Kohlendioxid und anderer Spurengase auf das Klima 416

8.3.1 Bedeutung von Kohlendioxid und Wasserdampf auf die Temperatur auf der Erde 416

8.3.2 Natürliche Schwankungen des CO_2-Gehalts der Luft und Auswirkungen auf die Temperatur 418

8.3.3 Änderungen des CO_2-Gehalts der Luft durch Nutzung fossiler Brennstoffe und durch Waldrodungen 418

8.3.4 Zu erwartende Änderung der Temperatur auf der Erde bei steigendem CO_2-Gehalt der Luft 420

8.3.5 Mögliche Bedrohung von menschlichem Lebensraum bei Anstieg der Temperatur auf der Erde 423

8.4 Schadensrisiken der verschiedenen Energie-Quellen 424

9 Schlußfolgerungen 428

9.1 Rahmen des künftigen Energiebedarfs 428

9.2 Rahmen der Deckungsmöglichkeiten des künftigen Energiebedarfs in der Bundesrepublik Deutschland 430

9.3 Gebotene Einschränkungen bei der Nutzung verfügbarer Energie-Quellen durch die damit verknüpften Schadensrisiken 432

Anhang: Größenordnung wichtiger Energie-Flüsse 437

Spektrum der elektromagnetischen Strahlung 438

Literaturverzeichnis 439

Sachregister 447

Verwendete Symbole

W Wärme
E Energie
A Arbeit
L Leistung
S Entropie
H Enthalpie
G freie Enthalpie
K Kraft
T Temperatur
M Masse
Θ Trägheitsmoment
p Druck
v Geschwindigkeit
ω Winkelgeschwindigkeit
l Länge
h Höhe
R Radius
V Volumen
F Fläche
O Oberfläche
Ω Raumwinkel
ρ Dichte
t Zeit
ν Frequenz
λ Wellenlänge
J elektrischer Strom
U elektrische Spannung
Q elektrische Ladung
B Magnetfeld
η Wirkungsgrad
ε Energie-Erntefaktor
Pr Wahrscheinlichkeit

Konstanten (Zahlenwerte aus [145])

Als Maß für die Meßgenauigkeit ist in Klammern jeweils die Standardabweichung in Ziffern der letzten Stelle angegeben.

Fallbeschleunigung (auf Meereshöhe, 45° geogr. Breite)	g	=	9,81062	$\frac{m}{s^2}$
Gravitationskonstante	f	=	$6{,}6720\ (41) \cdot 10^{-11}$	$\frac{m^3}{kg \cdot s^2}$
Lichtgeschwindigkeit (im Vakuum)	c_0	=	$2{,}99792458\ (1) \cdot 10^{8}$	$\frac{m}{s}$
Plancksches Wirkungsquant	h	=	$4{,}1335700\ (11) \cdot 10^{-15}$	$eV \cdot s$
		=	$6{,}626177\ (18) \cdot 10^{-34}$	$J \cdot s$
Boltzmann-Konstante	k	=	$8{,}61735\ (28) \cdot 10^{-5}$	$\frac{eV}{K}$
		=	$1{,}380662\ (44) \cdot 10^{-23}$	$\frac{J}{K}$
Zahl der Moleküle pro Mol (Loschmidt-Avogadro-Zahl)	L	=	$6{,}022045\ (31) \cdot 10^{23}$	
Elektrische Elementarladung	e_0	=	$1{,}6021892\ (46) \cdot 10^{-19}$	$A \cdot s$
Elektrische Feldkonstante	ε_0	=	$8{,}85418782\ (7) \cdot 10^{-12}$	$\frac{A \cdot s}{V \cdot m}$
Magnetische Feldkonstante	μ_0	≈	$1{,}257 \cdot 10^{-6}\ \frac{V \cdot s}{A \cdot m}$	$(\mu_0 \cdot \varepsilon_0 = 1/c_0^2)$
Masse des Elektrons	M_e	=	$9{,}109534\ (47) \cdot 10^{-31}$	kg
Masse des Protons	M_p	=	$1{,}67265\ (1) \cdot 10^{-27}$	kg
Masse des Neutrons	M_n	=	$1{,}67496\ (1) \cdot 10^{-27}$	kg
Konstante des Stefan-Boltzmann-Strahlungsgesetzes	σ	=	$5{,}67032\ (71) \cdot 10^{-8}$	$\frac{W}{m^2 \cdot K^4}$
	π	=	3,1415927	
	e	=	2,7182818	

Maßeinheiten und Umrechnungen

Energie: 1 Joule [J] = 1 Watt-Sekunde [Ws] = 1 Newton-Meter [Nm] = 1 $\left[\frac{kg\ m^2}{s^2}\right]$

	[J]	[cal]	[eV]	[kWh]	[TWa]	[kg SKE]
1 Joule [J]	1	0,239	$0,624 \cdot 10^{19}$	$2,78 \cdot 10^{-7}$		
1 Kalorie [cal]	4,1855	1	$2,63 \cdot 10^{19}$	$1,163 \cdot 10^{-6}$		
1 Elektron-Volt [eV]	$1,602 \cdot 10^{-19}$	$3,83 \cdot 10^{-20}$	1	$4,45 \cdot 10^{-26}$		
1 Kilowattstunde [kWh]	$3,6 \cdot 10^{6}$	$0,86 \cdot 10^{6}$	$2,25 \cdot 10^{25}$	1		
1 Terawattjahr [TWa]	$3,16 \cdot 10^{19}$			$8,77 \cdot 10^{12}$	1	$1,08 \cdot 10^{12}$
1 kg STEINKOHLE-EINHEIT [SKE]	$2,93 \cdot 10^{7}$	$7 \cdot 10^{6}$		8,14		1

Leistung: $\frac{\text{Energie}}{\text{Zeit}}$: $\frac{1}{1}\frac{[J]}{[s]}$ = 1 Watt [W] = 1 $\left[\frac{Nm}{s}\right]$

Druck:

	[bar]	[Pa] ≙ [N/m²]	techn.Atmosph. [at]	phys.Atmosph. [atm]	[Torr]
1 Bar [bar]	1	10^5	1,019716	0,986923	750,062

Masse:

1	Gramm [g]	Kilogramm [kg]	Tonne [t]	Gigatonne [Gt]	
=	10^{-3}	1	10^3	10^{12}	[kg]

Längen:

1	Fermi [fm]	Ångström [Å]	Mü [μ]	Millimeter [mm]	Meter [m]	Kilometer [km]	
=	10^{-15}	10^{-10}	10^{-6}	10^{-3}	1	10^{3}	[m]

Zeit:

1	Sekunde [s]	Stunde [h]	Tag [d]	Jahr [a]	
=	1	3600	86400	$3{,}16 \cdot 10^{7}$	[s]

Temperatur:

Temperatur-Differenz: 1 Grad Celsius [°C] = 1 Kelvin [K]

Eichung: 0 [°C] = 273,16 [K]

Elektrischer Strom: Ampere [A]
Elektrische Spannung: Volt [V]
Elektrische Ladung: Amperesekunden [As] = Coulomb [Cb]

Zur Schreibweise von Größenangaben

femto-... = $10^{-15} \cdot \ldots$
pico-... = $10^{-12} \cdot \ldots$
nano-... = $10^{-9} \cdot \ldots$
mikro-... = $10^{-6} \cdot \ldots$
milli-... = $10^{-3} \cdot \ldots$

Kilo-... = $10^{3} \cdot \ldots$
Mega-... = $10^{6} \cdot \ldots$
Giga-... = $10^{9} \cdot \ldots$
Tera-... = $10^{12} \cdot \ldots$

"Up dat et uns wohl ga
up unse olen Dage."

(Tucholsky: Schloß Gripsholm)

1 Physikalische Grundlagen der Energie

Wir können Energie zwar vielfältig nutzen, wir können Energie auch bezüglich ihrer verschiedenen Erscheinungsformen und ihrer Wirkung im Rahmen von Naturgesetzen praktisch vollständig beschreiben; und doch wissen wir nicht, was das Phänomen Energie letztlich ist.

Möglicherweise ist alle Materie, sind alle Materiebausteine im gesamten Weltall als Kondensat von Energie entstanden, als vor zehn bis zwanzig Milliarden Jahren ein Feuerball an Energie in Form von elektromagnetischer Strahlung im Zustand extrem hoher Dichte und Temperatur explodierte, sich dabei im Laufe der Zeit ausdehnte und abkühlte.

Elektromagnetische Strahlung ist allerdings nur eine der möglichen Formen von Energie. Energie tritt in der Natur noch in vielen weiteren Formen in Erscheinung, so zum Beispiel als Wärme, als mechanische Bewegungsenergie und Ruheenergie, als elektromagnetische Energie, als chemische Energie und als Kernenergie.

Jedwede Aktivität ist mit einem Energieverbrauch verbunden, wobei Verbrauch hier ausschließlich Umwandlung von Energie aus einer Form in eine andere Form bedeutet.

Alle Energieumwandlungen unterliegen zwei als Naturgesetze erkannten Prinzipien:

i) Bei jeder Aktivität wird Energie zwar von Form zu Form umgewandelt, die Gesamtmenge an Energie bleibt jedoch immer erhalten (Abschnitt 1.2).

ii) Die Umwandlung von Energie ist Beschränkungen unterworfen (Abschnitt 1.3): Energie einer geordneten Form (z. B. mechanische Bewegungsenergie) kann vollständig in Energie einer weniger geordneten Form (z. B. Wärme) übergeführt werden. Energie einer ungeordneten Form (z. B. Wärme) kann jedoch nur teilweise in Energie einer geordneten Form (z. B. elektromagnetische Energie) übergeführt werden. Der Anteil der Energie einer beliebigen Form, der in Energie einer geordneten Form umgewandelt werden kann, wird oft Exergie genannt, der verbleibende Rest Anergie. Demnach beinhalten z. B. mechanische und elektromagnetische Energie ausschließlich Exergie, Wärme dagegen je nach der Temperatur, bei der sie vorliegt, nur einen mehr oder minder großen Anteil an Exergie.

Der unterschiedliche Exergie-Anteil der verschiedenen Energieformen und die Beschränkungen bei Energieumwandlungen lassen für eine möglichst ökonomische Nutzung von Energie eine Bewertung der Formen, sowohl der eingesetzten Primärenergie als auch der vom Verbraucher benötigten Endenergie bezüglich ihres jeweiligen Gehalts an Exergie, ratsam erscheinen.

Im Idealfall bedeutet ökonomische Energienutzung einfach sowohl die Minimierung des Einsatzes an Primärenergie als auch gleichzeitig die Minimierung des Einsatzes an Exergie bei der Bereitstellung der jeweils benötigten Formen von Endenergie.

Der Realfall ökonomischer Energienutzung ist wesentlich komplizierter: Hier ist die Minimierung von eingesetzter Primärenergie als auch von Exergie eigentlich für den globalen, zumindest jedoch für den landesweiten Energiebedarf und dies über ausreichend lange Zeiträume, zumindest über ein Jahr zu finden.

In diesem Realfall kann z. B. unter Umständen lokal der Bedarf an Energie mit niedrigem Exergieanteil (z. B. Heizwärme) am ökonomischsten sehr wohl durch Einsatz von Primärenergie mit weit höherem Exergieanteil (z. B. elektrische Energie) gedeckt werden.

1.1 Erscheinungsformen der Energie

Energie tritt in verschiedenen Formen auf:

- Wärme
- mechanische Bewegungsenergie (kinetische Energie)
- mechanische Ruheenergie (potentielle Energie)
- elektromagnetische Energie
- chemische Energie
- Kernenergie
- Energie der elektromagnetischen Strahlung
- (Arbeit)

Als Wärme W bezeichnet man die Energie der ungeordneten Bewegung der Atome und Moleküle aller festen, flüssigen und gasförmigen Stoffe. Die Wärmemenge wird vorwiegend gemessen in Einheiten von Kilowattstunden [kWh]. (Weitere benutzte Einheiten und Umrechnungsfaktoren sind Abschnitt 1 vorangestellt.) Am Nullpunkt der absoluten Temperatur, also bei 0 K bzw. $-273{,}16^{o}$ C, verharren alle Atome und Moleküle in Ruhe. Mit zunehmender Temperatur geraten sie mehr und mehr in Bewegung. Bei festen Stoffen führen sie Schwingungen um Gleichgewichtslagen aus, bei flüssigen Stoffen Schwingungen und ungeordnete Bewegungen gegeneinander in engem Kontakt, bei gasförmigen Stoffen Schwingungen der Moleküle und ungeordnete Bewegungen der Moleküle im Raum mit gelegentlichen Stößen gegeneinander. Der Wärmeinhalt W eines Stoffes mit N Molekülen bzw. Atomen ist - abgesehen von hier nicht relevanten kleinen quantenmechanischen Effekten - gleich der Summe der kinetischen und potentiellen Energien all seiner Moleküle bzw. Atome. Im Fall eines idealen und einatomigen Gases, dessen Atome außer bei Stößen keine Kräfte aufeinander ausüben, besteht der gesamte Wärmeinhalt des Gases nur aus der Summe der kinetischen Energien all seiner Atome. Der Mittelwert dieser kinetischen Energien ist eine Funktion der absoluten Temperatur T des Stoffs und nimmt mit steigender Temperatur zu.

$$(1.1.1) \qquad W = E_{kin,1} + E_{kin,2} + E_{kin,3} + \dots + E_{kin,N} = \sum_{i=1}^{N} E_{kin,i}$$

$$\overline{E_{kin}} = \frac{\sum_{i=1}^{N} E_{kin,i}}{N} = \frac{3}{2} kT$$

(k = Boltzmann-Konstante)

Mechanische Bewegungsenergie (kinetische Energie) ist die Energie der geordneten Bewegung von Körpern. Ein Körper mit Masse M, der sich mit der Geschwindigkeit v bewegt, hat eine kinetische Energie (für Geschwindigkeiten v klein gegenüber der Lichtgeschwindigkeit c_0)

(1.1.2) $$E_{kin} = \frac{M}{2} v^2.$$

Diese wird gemessen im makroskopischen Bereich vorwiegend in Einheiten von Newton-Meter [Nm], im atomaren Bereich vorwiegend in Einheiten von Elektronvolt [eV]. Als Beispiele im makroskopischen Bereich seien ein mit Geschwindigkeit v fahrendes Auto mit Gesamtmasse M, strömendes Wasser, wehende Winde genannt.

Mechanische Ruheenergie (potentielle Energie) ist gespeicherte Energie, z. B. durch Anheben eines Körpers mit Masse M gegen die Wirkung der Schwerkraft (Gravitation) der Erde um einen Höhenunterschied h,

(1.1.3) $$E_{pot} = M \cdot g \cdot h$$

(g = Fallbeschleunigung)

Als Maßeinheiten dienen die für Wärme und kinetische Energie angegebenen Einheiten. Ein Beispiel dafür ist Wasser in einem hochgelegenen Speichersee.

Elektromagnetische Energie ist Energie, die über die Wirkung von elektrischem Strom mit Stromstärke J und Spannung U während einer Zeit t benutzt werden kann. Der elektrische Strom selbst ist die Summe der Vielzahl strömender elektrisch geladener Teilchen; in metallischen Leitern sind dies Elektronen, in Elektrolyten und Gasen auch Ionen. Beispielsweise wird zum Betrieb einer Waschmaschine für die Dauer einer Stunde bei einer Aufnahme an elektrischer Leistung von L = 2,2 kW, d. h. von 10 Ampere [A] Strom bei einer Spannung von 220 Volt [V], elektrische Energie

(1.1.4) $$E_{el} = L \cdot t = U \cdot I \cdot t$$

von 2,2 kWh letztlich in Wärme umgewandelt.
Elektromagnetische Energie kann auch gespeichert werden, z. B. durch Speicherung in Kondensatoren, ähnlich der Speicherung mechanischer Energie mittels eines Pumpspeichersees.

Chemische Energie ist die Bindungsenergie von Atomen zu Molekülen. Sie ist dem Wesen nach eine elektromagnetische Energie: Sie wird bedingt durch elektromagnetische Kräfte zwischen den Elektronen auf den äußeren Schalen der Elektronenhülle benachbarter Atome. Um Bindungen zu lockern oder aufzubrechen, muß Energie aufgewendet werden; bei der Bindung von freien Atomen zu Molekülen wird Bindungsenergie freigesetzt. So gilt z. B. für die Verbrennung von Kohlenstoff, d. h. die Bindung von Kohlenstoff C mit Sauerstoff O_2 zu Kohlendioxid CO_2,

$$C + O_2 \rightarrow CO_2 + \text{Energie}.$$

Pro verbranntes Kohlenstoffatom wird eine Energiemenge von ca. 5 eV letztlich in Form von Wärme freigesetzt, pro kg reinen Kohlenstoffs eine Menge von ca. 10 kWh (Abschnitt 3.1).

Kernenergie ist die Bindungsenergie von Kernbausteinen, Protonen und Neutronen zu Atomkernen. Bei der Bindung von freien Kernbausteinen zu Atomkernen (eine Form der sogenannten Kernfusion) wird Energie freigesetzt: Im Sonneninnern werden z. B. Protonen letztlich zu Heliumkernen verschmolzen; dabei wird pro gebildetem Heliumkern eine Energiemenge von ca. $26 \cdot 10^6$ eV freigesetzt, pro kg Helium eine Menge von ca. $2 \cdot 10^8$ kWh (Abschnitt 3.7). Aber auch bei der Spaltung sehr schwerer Atomkerne in mittelschwere Kerne (Kernspaltung) wird Energie frei, da die Bindungsenergie der Kernbausteine in sehr schweren Kernen kleiner ist als in mittelschweren. So wird z. B. bei der Spaltung von einem Urankern eine Energiemenge von ca. $235 \cdot 10^6$ eV frei, pro kg Uran (^{235}U) eine Menge von ca. $3 \cdot 10^7$ kWh (Abschnitt 3.6).
In beiden Fällen tritt diese Energie zunächst als Bewegungsenergie

der beteiligten Teilchen (Kerne, Spaltprodukte etc.) auf und wird nachfolgend in der die Reaktion umgebenden Materie weitgehend durch Stöße in Wärme umgewandelt.

Energie der elektromagnetischen Strahlung: Elektromagnetische Strahlung kann mit jeglicher Frequenz bzw. Wellenlänge auftreten, so z. B. als sichtbares Licht mit einer Wellenlänge von ca. 10^{-6} m, als Wärmestrahlung mit ca. 10^{-5} m, als Radiostrahlung im Wellenlängenbereich von Metern bis vielen Kilometern (siehe Anhang). Diese Energie breitet sich immer mit Lichtgeschwindigkeit c aus. (Diese hat im Vakuum ihren größtmöglichen Wert $c_o \simeq 3 \cdot 10^8$ m/s; in Materie ist sie der Dichte und den elektrischen Eigenschaften der Atome entsprechend bis um etwa einen Faktor 2 vermindert.) Die elektromagnetische Strahlung ist eine eigenständige Energie, die im Unterschied zu allen bislang genannten Energieformen nicht mit der Masse bestimmter Teilchen wie z. B. Atomen und Kernbausteinen verknüpft ist. Sie wird bei Beschleunigung oder Bremsung elektrisch geladener Teilchen abgestrahlt bzw. absorbiert, und zwar immer in Quanten mit einer Energiemenge E_{Str} proportional der Frequenz ν bzw. umgekehrt proportional der Wellenlänge λ der Strahlung,

(1.1.5) $$E_{Str} = h \cdot \nu = \frac{h \cdot c_o}{\lambda}$$

(h = Plancksches Wirkungsquant).

Energiequanten ausreichend hoher Frequenz können gemäß der Einsteinschen Beziehung zwischen Energie E und Masse M

(1.1.6) $$E = M \cdot c_o^2$$

zu Massenquanten wie z. B. den Bausteinen von Materie und Antimaterie kondensiert werden, beispielsweise ein Strahlungsquant mit einer Energie von mindestens 10^6 eV in ein Elektron und ein Positron; beide haben eine Masse $M_e = E/c_o^2$ von jeweils ungefähr

$$\frac{0{,}5 \cdot 10^6 \text{ eV}}{c_o^2} \approx 9 \cdot 10^{-31} \text{ kg}.$$

Umgekehrt können auch Teilchen von Materie und Antimaterie beim Zusammenprall in Strahlungsenergie zerstrahlt werden.

Arbeit A: Mit dem Begriff Arbeit wird in der Physik die Energiedifferenz beim Übergang zwischen zwei Energiezuständen geordneter Form (Abschnitt 1.3) bezeichnet. Dazu seien drei Beispiele von Arbeit genannt,

- die mit einer Änderung der Geschwindigkeit verknüpfte Änderung der kinetischen Energie eines Körpers (ein Automotor leistet Arbeit bei der Beschleunigung des Autos von einer Geschwindigkeit v_1 auf eine höhere Geschwindigkeit v_2),
- die durch Entspannung verminderte potentielle Energie einer Feder (eine Uhrfeder leistet Antriebsarbeit gleich der Verminderung der potentiellen Energie der gespannten Feder),
- Ein Elektromotor leistet bei verlustfreiem Betrieb Arbeit gleich der Menge der aufgenommenen elektromagnetischen Energie.

1.2 Energie-Erhaltung

Erzeugung von Energie in einer bestimmten Erscheinungsform kann nur durch entsprechende Verminderung von Energie in einer anderen, beliebigen Erscheinungsform geschehen. Insgesamt kann also Energie weder erzeugt noch vernichtet werden, die Gesamt-Energie bleibt immer erhalten.

Elektromagnetische Energie kann z. B. unter Verminderung der potentiellen Energie eines Pumpspeichersees erzeugt werden, Wärme z. B. unter Verminderung der gespeicherten chemischen Energie eines Brennstoffs.

Die Erhaltung von Energie ist ein physikalisches Gesetz, das auf der Erfahrung beruht und das bis auf Meßgenauigkeiten von günstigstenfalls 1 Teil auf 10^7 Teile bislang in jeder Hinsicht bestätigt worden ist.

1.3 Beschränkung bei Energie-Umwandlungen

Energie hat bei jeder Umwandlung die Tendenz, aus einer geordneten Form in eine weniger geordnete Form überzugehen. Die Umwandlung von Energie in einem geordneten Zustand - also z. B. kinetische Energie, potentielle Energie, elektrische Energie, Arbeit, Energie gerichteter Strahlung - in Energie eines ungeordneten Zustands - z. B. Wärme, Energie ungerichteter Strahlung - ist vollständig möglich. Beispielsweise kann beim Abbremsen eines Autos kinetische Energie vollständig in Wärme umgewandelt werden. Dagegen ist die Umwandlung in umgekehrter Richtung, also Energie vom ungeordneten Zustand, nur beschränkt möglich. So kann z. B. Wärme mittels einer Wärmekraftmaschine in einem üblichen Kraftwerk nur bis zu etwa 40 % in Arbeit bzw. elektrische Energie umgewandelt werden.

Die Beschränkung der Energieumwandlung kann quantitativ gefaßt werden; dies sei für den Kreislauf einer idealen Wärmekraftmaschine (einer Wärmekraftmaschine ohne zumindest im Prinzip vermeidbare Wärmeverluste, z. B. durch unvollständige Isolation), also eines idealen Dampfkraftwerks oder eines idealen Automotors gezeigt (Bild 1.3.1):

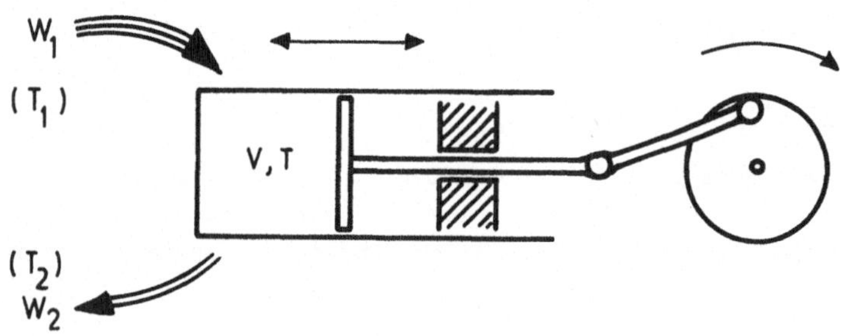

Bild 1.3.1: Prinzip einer idealen Wärmekraftmaschine

Hier wird zu Beginn des Kreislaufs einem durch einen in einem Zylinder möglichst weit nach links geschobenen Kolben komprimierten Gasvolumens V_1 bei einer hohen Temperatur T_1 eine Wärmemenge W_1 zugeführt (in der Dampfmaschine von außen, im Verbrennungsmotor durch Verbrennung des Treibstoffs). Dabei dehnt sich das Gasvolumen aus, während der Wärmeaufnahme bei gleichbleibender Temperatur T_1 auf das Volumen V_2, danach unter Abkühlung auf die Temperatur T_2 bis zu einem maximalen Volumen V_3. Bei dieser Ausdehnung wird der Kolben nach rechts gedrückt; der Motor leistet Arbeit zum Antrieb der Kurbelwelle. Beim Rücklauf des Kolbens wird das Gasvolumen komprimiert, zunächst unter Abgabe der Wärmemenge W_2 bei gleichbleibender Temperatur T_2 auf das Volumen V_4, dann unter Erwärmung des Gases auf die Temperatur T_1 bis zum Minimal-Volumen V_1, zum Ausgangspunkt des Kreislaufs der Wärmekraftmaschine. Bei dieser Energieumwandlung wird also die Wärmemenge W_1 (zugeführt bei der hohen Temperatur T_1) zum Teil in Arbeit A zum Antrieb der Kurbelwelle des Motors oder Stromgenerators und zum Teil in Abwärme W_2 (abgegeben bei der tieferen Temperatur T_2) umgewandelt.

$$W_1\,(T_1) = A + W_2\,(T_2) \tag{1.3.1}$$

Der Grad der Umwandlung von Wärme in Arbeit, der sogenannte Wirkungsgrad η für die Erzeugung von Arbeit bzw. elektromagnetischer Energie aus Wärme, läßt sich berechnen (Abschn. 6.1.1):

$$\eta = \frac{\text{geleistete Arbeit}}{\text{aufgenom. Wärme}} = \frac{A}{W_1} = \frac{T_1 - T_2}{T_1} \tag{1.3.2}$$

Der Wirkungsgrad ist also um so größer, je höher die absolute Temperatur T_1 bei der Wärmezufuhr und je tiefer die absolute Temperatur T_2 bei der Wärmeabfuhr ist. Diesen Temperaturen sind in der Technik Grenzen gesetzt (Abschn. 6.1 und 6.2), z. B. bei üblichen Dampfkraftwerken:

$$T_1 \sim 800\ \text{K} \quad (= (527 + 273)\ \text{K} \triangleq 527^\circ\ \text{C})$$

$$T_2 \sim 313\ \text{K} \quad (= (\ 40 + 273)\ \text{K} \triangleq 40^\circ\ \text{C})$$

Damit errechnet sich der Wirkungsgrad dieser Kraftwerke im Idealfall zu

$$\eta_{ideal} = \frac{800 - 313}{800} \sim 0{,}6 \quad \text{bzw.} \quad 60\ \%.$$

Im Realfall läßt sich bei obigen Temperaturen nur ein noch kleinerer Wirkungsgrad erreichen,

$$\eta_{real} \approx 0{,}4 \quad \text{bzw.} \quad 40\ \%,$$

weil im Realfall der Maschinenkreislauf nicht langsam genug ablaufen kann, um sowohl die Wärmezufuhr trotz Expansion bei konstant bleibender hoher Temperatur T_1 und die Wärmeabgabe trotz Kompression bei konstant bleibender tiefer Temperatur T_2 zu ermöglichen.

Zusätzlich treten auch noch weitere Wärmeverluste in allen Phasen des Kreislaufs auf.

(Für eine weitergehende Darstellung der Berechnung des Wirkungsgrads unter Einführung der Zustandsgröße Entropie sei auf Abschnitt 6 verwiesen.)

1.4 Übersicht aller Energiequellen

In Tabelle 1.4.1 sind alle uns heute bekannten und denkbaren, menschlicher Nutzung zugänglichen Energiequellen zusammengestellt. Manche dieser Quellen stellen ein sehr großes Energiereservoir dar, andere nur ein mehr oder minder kleines Reservoir, das oft auch nur von lokaler Bedeutung sein kann. Die mögliche Nutzung einiger der Quellen ist sehr fragwürdig, zumindest liegt sie in ferner Zukunft.

Nach unseren heutigen Kenntnissen der Natur und ihrer Gesetzmäßigkeiten müssen wir davon ausgehen, daß es sehr unwahrscheinlich ist, weitere erschließbare Quellen von wesentlicher Bedeutung zu finden.

Nicht aufgenommen in Tabelle 1.4.1 ist Sparsamkeit im Verbrauch von Energie. Diese kann sich - im erweiterten Sinn des Worts Quelle - als sehr bedeutsam erweisen (Abschn. 9.1).

Tabelle 1.4.1: Alle - zumindest im Prinzip zugänglichen - Energiequellen

Fossile Brennstoffe: Kohle, Öl, Gas	
Holz	
Sonne	- Biomasse (Brenn- und Treibstoff) - Solarzellen (elektr. Strom) - Flachkollektoren (Heizwärme) - Fokuss. Koll. (Kraftwerk, H_2) - Sonnenteiche (elektr. Strom) - Aufwindkraftwerk (elektr. Strom)
Wärme	- aus Wasser, Boden, Luft (Wärmepumpe → Heizwärme) - aus natürlichen Heißdampf-Quellen (Heizwärme, elektr. Strom) - aus tiefer Erdkruste (Kraftwerk → elektr. Strom) - aus tropischen Meeren (Kraftwerk → elektr. Strom)
Wind Wasserkraft	 - Laufwasser (Gefälle) - Laufwasser (Mündung: Osmose) - Gezeiten - Meereswellen - Meeresströmungen - Grönland-Schmelzwasser
Kernspaltung	
Kernfusion	
Methan aus tiefer Erdkruste	
Müll	

1.5 Übersicht aller Umwandlungsarten

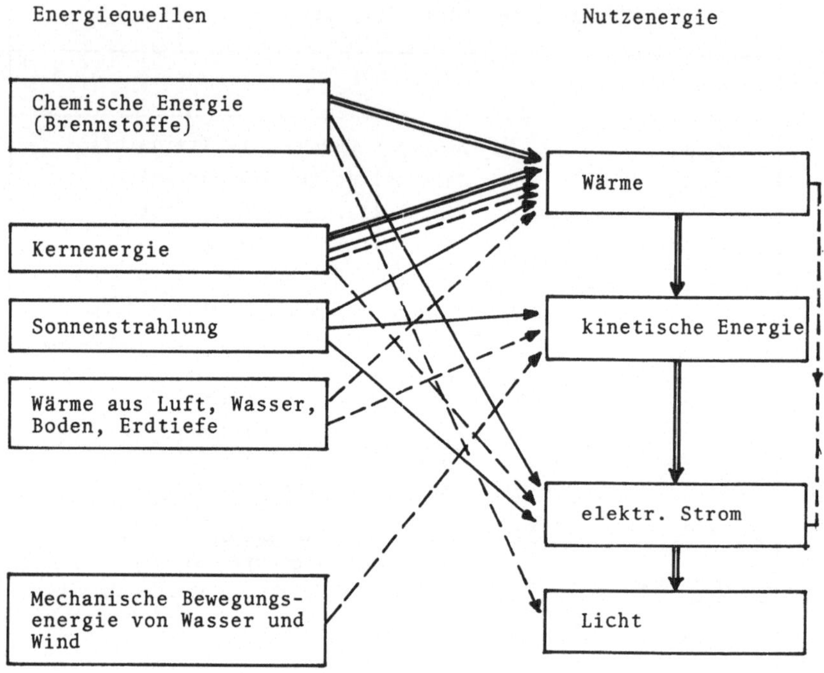

Einige der Umwandlungsmöglichkeiten sind technisch ausgereift und auch heute schon von großer Bedeutung (⟹), andere haben heute geringere Bedeutung, können aber in Zukunft mehr Bedeutung gewinnen (⟶), andere schließlich werden möglicherweise zumindest global nie mehr als geringe Bedeutung gewinnen (- - →).

Die verschiedenen Umwandlungsarten sind bezüglich der benutzten Technik, des dabei zu erreichenden typischen Wirkungsgrads und der typischen Leistung in Tabelle 1.5.1 zusammengestellt.

Tabelle 1.5.1: Umwandlungsarten

Gerät	Wirkungsgrad %	typische Leistung	Verfügbarkeit	Umwandlung von → zu
Verbrennungsofen	50 - 90	100 W - 1000 MW	voll	chem.Bind.En. → Wärme
Wärmekraftmaschine (a)	20 - 50	100 W - 1000 MW	voll	Wärme → kin.Energie
Generator	99	100 W - 1000 MW	voll	kin.En.→el.Str.
Elektromotor	60 - 99	W - MW	voll	el.Str.→kin.En.
Kernreaktor	94 (b)	MW - 1000 MW	voll/ in Entw.	Kernbind.En. → Wärme
Fusionsreaktor		1000 -10000 MW	nicht in absehb. Zukunft	Kernbind.En. → Wärme
Magnetohydrodyn.Generator	50	100 - 1000 MW	nicht in absehb. Zukunft	Wärme → el.Strom
Wärmepumpe	100 - 400 (c)	kW - MW	voll	Wärme → Wärme (tief. Temp.) (hohe Temp.)
Brennstoffzellen	50 - 60	W -kW/Zelle	teilw./ in Entw.	chem.Bind.En. → el.Strom
Solarzellen	5 - 15	W/Zelle	teilw./ in Entw.	Licht → el.Strom
Solar-Flach-Kollektoren	60 - 70	100 -700 W/m^2 (d)	weitgehend	Licht → Wärme
Solar-Fokuss. Kollektoren	80 - 90	kW - 1000 MW	weitg. für kW in Entw. für MW	Licht → Wärme
Thermoelektr. Umwandlung	10	W	weitgehend	Wärme → el.Strom
Thermion. Umwandlung	10 - 20	mW	weitgehend	Wärme → el.Strom
Radionukl. Batterie	10 - 20	mW	weitgehend	Kernbind.En. → el.Strom
Glühlampen Gasentl. Lampen	3 6 - 30	W - kW	voll weitgehend	el.Strom → Licht

Bemerkungen zu Tabelle 1.5.1:

a) Der untere Wert von 20 % bezieht sich auf Verbrennungsmotoren der Kraftfahrzeuge.

b) Der Wert trifft zu für einen Leichtwasser-Reaktor mit Uran-235 als Brennstoff.

c) Der Wirkungsgrad der Wärmepumpe wird definiert als Verhältnis von abgegebener Nutzwärme zu aufgenommener Energie für den Antrieb der Wärmepumpe; die abgegebene Nutzwärme setzt sich aus der bei tiefer Temperatur aufgenommenen Wärme und der Antriebsenergie zusammen, deshalb kann der Wirkungsgrad Werte über 100 % annehmen.

d) Der Wert von 700 W gilt für unbehinderte, senkrecht auf den Kollektor einfallende Sonnenstrahlung, der Wert von 100 Watt ist über Wetter und Tageszeit von 24 Stunden gemittelt.

Bei jeglicher Gewinnung von Nutzenergie (auch Endenergie genannt) ist nicht nur das Verhältnis von gewonnener Nutzenergie zu eingebrachter Primärenergie, also der Wirkungsgrad der Umwandlung, zu beachten, sondern auch das Verhältnis von gewonnener Nutzenergie - innerhalb eines Zeitraumes der erwarteten Lebensdauer der Anlage entsprechend - zum Aufwand an Primärenergie für Bau, Unterhalt und Betrieb der Umwandlungsanlagen. Dieser Wert wird meist als Energie-Erntefaktor ε bezeichnet.

Ein Richtwert für den mittleren Aufwand an Primärenergie für Bau, Unterhalt und Betrieb von Umwandlungsanlagen ergibt sich aus dem Verhältnis vom landesweiten jährlichen Gesamteinsatz an Primärenergie zum jährlich erwirtschafteten Bruttosozialprodukt. Für das Jahr 1978 beträgt dieses Verhältnis in der Bundesrepublik Deutschland 1 kWh Primärenergieeinsatz pro DM 0,40 Wertschöpfung. (Diese Relation wird im folgenden bei der Abschätzung des Erntefaktors der verschiedenen Energiegewinnungsanlagen zugrundegelegt.)

1.6 Übersicht der Speichermöglichkeiten von Nutzenergie

Die Speicherung von Nutzenergie (Tab. 1.6.1) ist teilweise stark beschränkt sowohl bezüglich der speicherbaren Energiemengen als auch der Speicherzeit.

Tabelle 1.6.1: Energiespeicherung

Nutz-energie-träger	Speicherart	Energie-menge kWh	Verfügbarkeit
Wärme	Kurzzeit : direkt - in Behältern	beliebig	voll verfügbar
	- über Dampfdruck und Luftdruck	$\lesssim 10^6$	voll verfügbar
	Langzeit :- Speicherseen direkt	beliebig	wird untersucht
	Langzeit - Latentwärme :- thermochem. indirekt - Synthesegas	beliebig beliebig beliebig	in Entwicklung in Entwicklung in Entwicklung
elektr. Strom	- Batterien	0,02 kWh/kg	verfügbar/in Entwicklung
	- Pumpwasser-Speicher	beliebig	voll verfügbar
	- Schwungrad-Speicher	0,1 kWh/kg	voll verfügbar
	- Wasserstoff	beliebig	verfügbar/in Entwicklung
Treibstoff	- Kohlenwasserstoff	beliebig	voll verfügbar
	- Wasserstoff (flüssig, Hydrid)	beliebig	verfügbar/in Entwicklung

1.7 Übersicht der Transportmöglichkeiten von Nutzenergie

Tabelle 1.7.1: Energietransport

Energie-Träger	Reichweite
Fossile Brennstoffe (fest, flüssig, gasförmig)	beliebig
Wärme (Heißwasser)	$\leq$ 30 km
Wärme und Strom indirekt über Synthesegas	beliebig
Strom über Freileitungen	$\leq$ 1000 km
Kabel	kurz (Kosten)
supraleitende Kabel	sehr kurz (Kosten)
Wasserstoff	beliebig

2. Energiebedarf

2.1 Entwicklung von Erdbevölkerung und weltweitem Energiebedarf

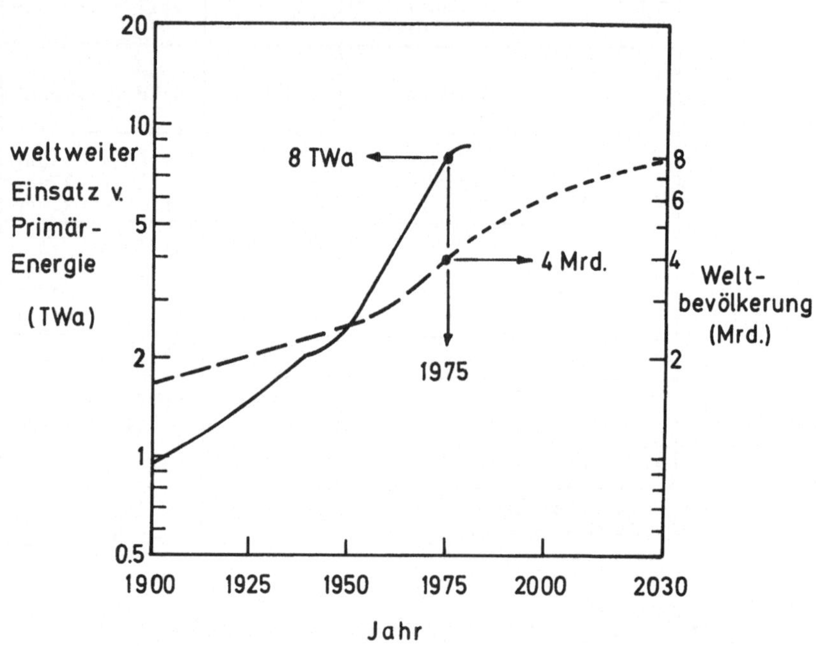

Bild 2.1.1: Entwicklung von Erdbevölkerung und weltweitem Energiebedarf (nach [2])

Von 1900 bis 1975 ist die Weltbevölkerung von knapp 2 Milliarden (Mrd) auf 4 Mrd angewachsen. Es ist zu erwarten, daß bis zum Jahr 2000 die Weltbevölkerung auf 6 Mrd, bis 2030 auf 8 Mrd anwachsen wird [2]. Dieser Zuwachs wird hauptsächlich durch das bislang noch wenig gebremste Bevölkerungswachstum in den Entwicklungsländern bedingt werden.

Der Bedarf an Primärenergie - das ist die Gesamtheit der allen Quellen entnommenen Energie zur Bereitstellung von Nutzenergie in Form von Wärme, mechanischer Energie und "elektrischem Strom" - ist von 1 TWa in 1900 auf 8 TWa in 1975 angestiegen [2]. (1 Terawatt-

Jahr, TWa, entspricht einer über 1 Jahr kontinuierlich genutzten Leistung von 10^{12} Watt bzw. entspricht einer in ca. 10^{9} t Steinkohle, SKE, gespeicherten Energie.) Dieser Anstieg des weltweiten Energiebedarfs wurde wesentlich von den Industrieländern verursacht [3,4] (Tab. 2.1.1).

Tabelle 2.1.1: Bedarf an Primärenergie pro Kopf und Jahr

Zeit	kWa/(Kopf und Jahr)	
vor 7000 Jahren	0,2*)	im weltweiten Mittel
1400	0,7*)	
1875	1,0)	
1975	2,0)	
"	11,5	in USA
"	5,4	in der BRD
"	0,6*	in Brasilien
"	0,2*	in Indien

*Die mit * gekennzeichneten Werte sind als grobe Schätzwerte anzusehen.*
Die angegebenen Werte enthalten nicht den Bedarf an Energie aus Nahrung, der etwa 0,05 bis 0,1 kWa/(Kopf und Jahr) bzw. 1000 bis 2000 kcal/(Kopf und Tag) entspricht.

In der Bundesrepublik Deutschland, einem typischen Industrieland, hat der Energiebedarf 1979 seinen bislang höchsten Wert erreicht; in den folgenden 2 Jahren verminderte sich der Bedarf an Primärenergie um 8,5 % (Bild 2.2.1) [5]. Dagegen wird der Energiebedarf der Entwicklungsländer weiter ansteigen, allein schon wegen des Bevölkerungsanstiegs und der dadurch bedingten zunehmenden Verstädterung, weiter noch bei einer Anhebung des Lebensstandards.

Weltweit ist selbst bei einer wesentlichen Verminderung des Energiebedarfs der Industrieländer allein wegen des durch das Bevölkerungswachstum zunehmenden Bedarfs in den Entwicklungsländern ein weiterer Anstieg des Primärenergiebedarfs zu erwarten (Abschn.9.1).

2.2 Energiebedarf in der Bundesrepublik Deutschland heute

2.2.1 Bedarf an Primärenergie

Die Entwicklung des Bedarfs an Primärenergie in der BRD von 1957 bis 1981 und die anteilige Deckung aus den verschiedenen Energiequellen ist in Bild 2.2.1 dargestellt.

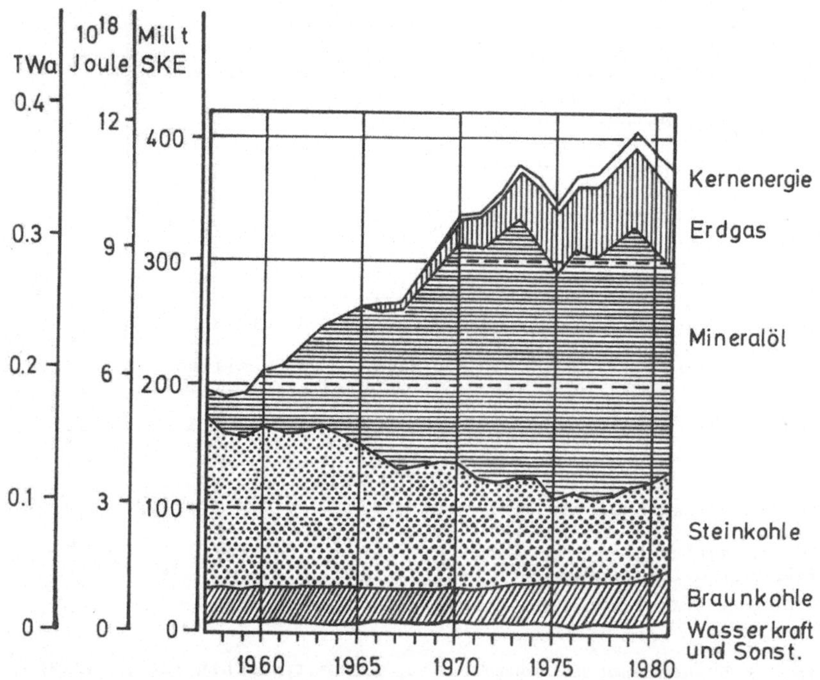

Bild 2.2.1: *Entwicklung und Zusammensetzung des jährlichen Primärenergieverbrauchs der Bundesrepublik Deutschland (nach [5])*

2.2.2 Bedarf an Nutzenergie

Die eingesetzte Primärenergie wird gemäß Bild 2.2.2 unter teilweisem Verlust in Sekundärenergie in Form von Prozeß- und Heiz-Wärme, von "elektrischem Strom" und von Antriebsenergie umgewandelt. Die

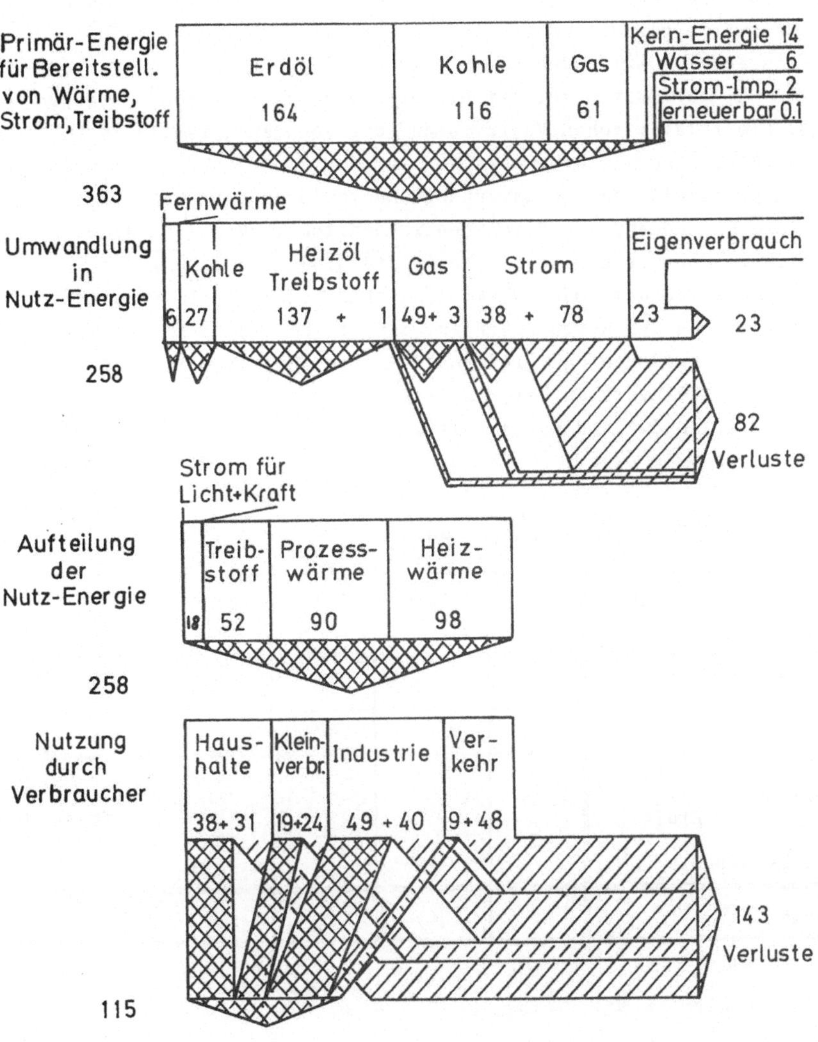

Bild 2.2.2: *Energieflußbild der Bundesrepublik Deutschland für 1980 (alle Mengenangaben in Mill. Tonnen SKE) (nach [5])*

dabei auftretenden Umwandlungsverluste sind zum überwiegenden Teil entsprechend der in Abschnitt 1.3 erläuterten Beschränkung bei der Umwandlung von Wärme in mechanische und elektromagnetische Energie nicht zu vermeiden. Ein Teil dieser Wärmeverluste könnte jedoch als Heizwärme genutzt werden (Abschnitt 3.1.3.1).
Die Prozeßwärme wird etwa zur Hälfte bei Temperaturen von ca. 800 - 1800° C, zur Hälfte bei Temperaturen von ca. 50 - 500° C, benötigt. Die relativ hohen Verluste auf der Verbraucherseite im Verkehrssektor sind wiederum entsprechend der in Abschnitt 1.3 erläuterten physikalischen Beschränkung unvermeidbar (Abschn. 6.2), die Verluste in den anderen Bereichen werden zum großen Teil als Wärmeverluste über Rauchgase und unvollständige Verbrennung verursacht und wären demgemäß zu einem beträchtlichen Teil vermeidbar.
Die Aufteilung der Nutzenergie auf die verschiedenen Energieträger, in die verschiedenen Energieformen und die anteilige Nutzung durch Haushalte, Kleinverbraucher, Industrie und Verkehr sind in den Tabellen 2.2.1 und 2.2.2 dargestellt.

<u>Tabelle 2.2.1:</u> Aufteilung der Nutz-Energie auf Energieformen und Verbraucher (nach [5])

Verbraucher / E-Form	Haushalt	Kleinverbr.	Industrie	Verkehr	Summe
Raumwärme	56	30	11	1	98
Prozeß-Wärme	11	11	67	-	89
"Strom" "Licht" "Strom" "Kraft" Treibstoff	2	2	11	55	3 15 52
Summe	69	43	89	56	258

(alle Angaben in Mio t SKE)

Tabelle 2.2.2: Aufteilung der Nutz-Energie auf Energie-Träger und Verbraucher (nach [5])

Verbraucher / E-Träger	Haus-halt	Klein-verbr.	Indu-strie	Ver-kehr	Summe
Kohle	6,0	2,4	19,0	0,1	27,5
Öl	35,4	23,8	22,7	55,3	137,2
Gas	14,7	6,9	27,2	0,1	48,9
Fernwärme	2,2	2,1	1,3	-	5,6
"Strom" (Heizenergie, "Kraft", Licht)	10,5	8,0	18,5	1,3	38,3
Summe	69	43	89	57	258

(alle Angaben in Mio t SKE)

Der Bedarf an Nutzenergie (bzw. an Primärenergie) kommt damit (1979)

- zu 27 % (27 %) von privaten Haushalten,
- zu 17 % (17 %) von Kleinverbrauchern (u. a. Handwerk, Landwirtschaft, öffentlichen Einrichtungen),
- zu 34 % (38 %) von der Industrie,
- zu 22 % (18 %) vom Verkehr.

3 Nutzung aller Energiequellen

3.1 Fossile Brennstoffe (Kohle, Erdöl, Erdgas)

In diesem Abschnitt werden alle in Tabelle 1.4.1 aufgeführten Energie-Quellen behandelt bezüglich

- Umfang von Vorräten und Verbrauch,
- Prinzip der jeweiligen Umwandlungen von Primärenergie zu verbraucherseitiger Endenergie,
- Wirkungsgrad der Umwandlungen,
- Verhältnis von gewinnbarer Energie zum Aufwand an Energie zur Gewinnung (Energie-Erntefaktor),
- Verfügbarkeit der Energie-Quelle,
- aus der Energie-Nutzung resultierende Umweltbelastung.

3.1.1 Vorräte und Verbrauch

Angaben über Vorrats- bzw. Verbrauchsmengen fossiler Brennstoffe werden üblicherweise in der sogenannten "Steinkohleneinheit [SKE]", einem Energiemaß, gemacht:

$$1 \text{ kg SKE} \stackrel{!}{=} 7000 \text{ kcal} = 29{,}3 \cdot 10^6 \text{ Joule} = 8{,}14 \text{ kWh}$$

und näherungsweise 1 Gigatonne SKE ≈ 1 Terawattjahr

Der unterschiedliche Heizwert verschiedener fossiler Brennstoffe wird also auf den mittleren Wert für Steinkohle normiert. Man entnehme typische Heizwerte für verschiedene Energieträger der Tabelle 3.1.1.

Vorräte fossiler Brennstoffe werden in zwei Klassen eingeteilt:

Klasse A: Sicher nachgewiesene und mit heutiger Technologie gewinnbare Vorräte.

Klasse B: Geologische Schätzungen, nur mit gesteigertem Energieaufwand und/oder verbesserter Technologie gewinnbar. Bei dieser Schätzung wurde allerdings bislang nicht in Betracht gezogen, daß bei einer Steigerung des Energieaufwands um etwa einen Faktor 10 gegenüber dem heute in der BRD benötigten Energieaufwand zur Steinkohleförderung der Energie-Erntefaktor auf den Wert 1 schrumpft, damit der Energieaufwand den Energiegewinn kompensiert.

Tabelle 3.1.1: Heizwert verschiedener Energieträger (nach [6])

Energieträger	Menge	Heizwert [kWh]	Heizwert [kg SKE]
Steinkohle	1 kg	8,14	1
Steinkohlebriketts	1 kg	8,7	1,07
Steinkohlekoks	1 kg	7,9	0,97
Rohbraunkohle	1 kg	2,2	0,26
Braunkohlenbriketts	1 kg	5,6	0,69
Brenntorf	1 kg	3,5	0,43
Brennholz	1 kg	4,1	0,5
Erdgas	1 m^3	9,0	~ 1,1
Rohöl	1 kg	11,7	1,44
Ölschiefer	1 kg	≈ 1,6	0,2
Ölsände	1 kg	≈ 1,2	0,15
Müll	1 kg	2,0	~ 0,25
Heizöl (leicht)	1 kg	11,9	1,46
Benzin	1 kg	12,1	1,49

Kohlevorräte: Kohle ist das Endprodukt eines sich über Jahrmillionen erstreckenden Zersetzungsprozesses, bei dem unter Wärme- und Druckeinwirkung komplexe Verbindungen organischer Stoffe in einfacher strukturierte umgewandelt werden, die z. T. als Gase entweichen (Methan, Erdgas u. a.). Dieser auch Inkohlung genannte Vorgang ist mit einer ständigen Steigerung des Gehaltes an Kohlenstoff bei gleichzeitiger Abnahme des Anteils flüchtiger Bestandteile verbunden. Stationen dieses Prozesses bilden Torf, Braunkohle, Steinkohle, Anthrazit mit einem ungefähren Kohlenstoffgehalt in der Trockensubstanz von 60 %, 70 %, 85 %, 95 % [7]. Die mittlere Zusammensetzung von Kohle entnehme man Tabelle 3.1.2.

Tabelle 3.1.2: Prozentuale Gewichtsaufteilung von Braun- und Steinkohle (nach [7])

	C %	H %	S %	O %	N %	Asche %
Steinkohle	73-85	1-1,5	0,5-3,0 (max.7)	1,8- 4	1,1	4,8-9
Braunkohle	25-72	2-6,2	0,2-1,5	9 -23	0,3-0,8	3 -7

Die Zuordnung von Kohlevorräten zur Klasse A bzw. B hängt wesentlich von der Flöztiefe ab: Man rechnet etwa:

	A	B	
Braunkohle	bis 600 m	bis 1500 m	Flöztiefe
Steinkohle	bis 1500 m	bis 2000 m	Flöztiefe

Nachstehende Tabelle 3.1.3 gibt die Kohlevorräte für die Klassen A, A+B an [7-10], 1980 (Grenze Braunkohle/Steinkohle bei 23,86 MJ/kg ~ 0,8 SKE):

Tabelle 3.1.3: Kohlevorräte (nach [7-10]),
A: gesicherte und abbauwürdige Vorkommen
B: geschätzte Vorkommen, Stand: 1980

	A (10^9 t SKE)		A+B (10^9 t SKE)	
	Steinkohle	Braunkohle	Steinkohle	Braunkohle
Welt	488	199	6936	4125
BRD	23,9	17,6	230,3	34,65

<u>Vorräte flüssiger und gasförmiger fossiler Brennstoffe:</u> Muttersubstanz des Erdöls ist pflanzliches und tierisches Plankton, das sich in großen Meerestiefen mit kalkigem bzw. tonigem Schlamm unter Sauerstoffabschluß als sogenannter Faulschlamm (Sapropel) ablagerte. Unter diesen Bedingungen lebensfähige (anaerobe) Bakterien bewirken wiederum - in geologischen Zeiträumen - unter Einfluß von

Druck und Erdwärme die Umsetzung komplizierter organischer Verbindungen (Kohlehydrate, Eiweiße...) in einfachere flüssige oder gasförmige Kohlenwasserstoffe. Das Fehlen von O_2 bedingt (im Gegensatz zur Inkohlung) ein sinkendes C/H-Verhältnis, weil der Wasserstoff nicht zu Wasser gebunden werden kann: natürliche Hydrierung. Tabelle 3.1.4 gibt die typische chemische Zusammensetzung von Erdöl bzw. Erdgas an:

Tabelle 3.1.4: Chemische Zusammensetzung von Erdöl und Erdgas (nach [12])

Erdöl	%	Erdgas	%
Kohlenstoff	85 - 89	Methan	76,6
Wasserstoff	10 - 14	Aethan	4,8
Schwefel	0,2 - 3 max. 7	Propan	1,4
		Butan	0,8
Stickstoff	0,1 - 0,5	Pentan	0,5
Sauerstoff	0 - 1,5	CO_2	5,5
		N_2	5,9
		H_2S	4,5

Angaben über die auf der Erde vermuteten Erdölreserven sind mit hohen Unsicherheitsfaktoren behaftet. Bild 3.1.1 zeigt, wie sich die Abschätzung der "äußeren Reserven" beim Erdöl in den letzten 30 Jahren entwickelt hat.

Der Tabelle 3.1.5 liegt 1980 von der Weltenergiekonferenz veröffentlichtes Zahlenmaterial zugrunde [9]. Die Klasseneinteilung in "sicher gewinnbare Vorräte" (proved recoverable ressources, Klasse A) und "geologische Schätzungen" (ultimate recovery, entsprechend den "gesicherten" Vorräten von A und zusätzlichen Schätzungen (B): A + B) wurde übernommen.

Obwohl die aufgeführten "geologischen Reserven" den Eindruck eines ganz beruhigenden Polsters erzeugen könnten, muß man berücksichtigen, daß ihre Erschließung z. T. nur mit erheblichem finanziellen und technologischen Mehraufwand einerseits und ökologischen Beeinträchtigungen andererseits verbunden ist. Insbesondere gilt dies

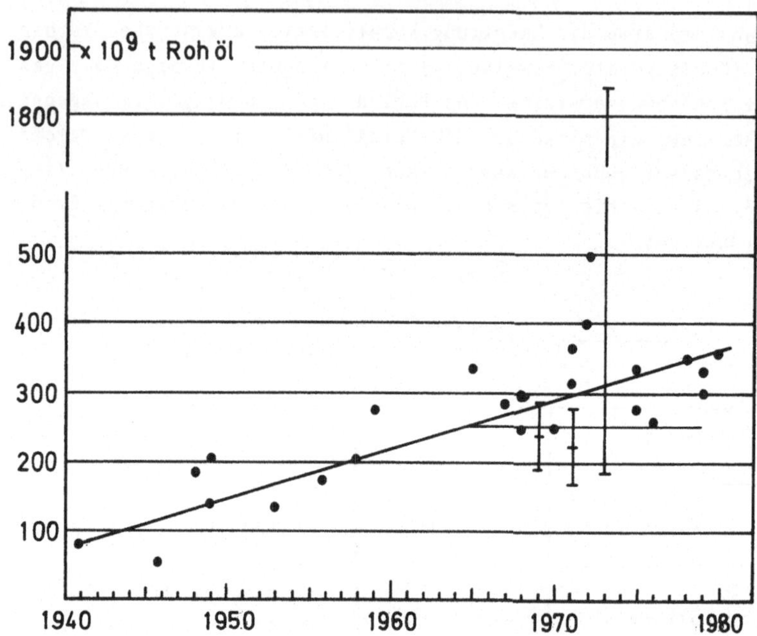

Bild 3.1.1: *Zeitliche Entwicklung der geschätzten Erdölreserven (nach [9])*

Tabelle 3.1.5: *Gesicherte (A) und beschätzte (B) Vorräte an Erdöl, Erdgas, Ölsand und Ölschiefer*

A (10^9 t SKE)

	Erdöl	Ölsand	Ölschiefer	Erdgas
Welt	128,4	57,7	66,6	82 [10]
BRD	0,058 (0,1 [7])	0,072	0,36	0,22

A+B (10^9 t SKE)

	Erdöl	Ölsand	Ölschiefer	Erdgas
Welt	510	167,5	487,5	325,5 [2]
BRD				0,321 [13]

(Zahlen aus [9], sofern nicht anders angegeben)

für die Ölsand- und Ölschiefervorkommen, die neben erhöhtem Energieaufwand bzw. Kosten für die Abtrennung des Öls vom Restmaterial (bei Ölsänden Ausschwemmung mit heißem Wasser, bei Ölschiefer Ausschwelung durch Erhitzen) sich auch durch großen Landbedarf bei Abbau der meist erdoberflächennah großflächig verteilten Vorkommen auszeichnen.

Nicht berücksichtigt in obiger Aufstellung sind Methangasvorkommen nichtbiologischen Ursprungs in der tiefen Erdkruste, für deren Existenz es Hinweise aus der Erdbeben- und Vulkanforschung gibt [14]. Beim derzeitigen Stand der Erschließung tief gelegener Lagerstätten (max. Bohrtiefe 1982 ~ 10 km, siehe Übersicht in [15]) ist eine wirtschaftliche Nutzung dieser eventuell sehr reichhaltigen Energiequelle, wenn überhaupt, dann erst in ferner Zukunft denkbar.

Verbrauch fossiler Energieträger: Den heutigen jährlichen Verbrauch an fossilen Brennstoffen zugrundegelegt, werden in nur wenigen Hunderten von Jahren die zuvor in vielen hundert Millionen von Jahren gebildeten fossilen Brennstoffe verbraucht sein.

Tabelle 3.1.6: Primärenergiebedarf in 10^9 t SKE/Jahr (siehe auch Abschnitt 2.2.2)

	Total	Kohle	%	Erdöl	%	Erdgas	%	Sonst. %
Welt (1979) [10]	8,7	2,74	31,5	3,83	44	1,85	21,2	3,3
BRD (1980) [5]	0,363	0,116 0,038 Braun- 0,078 Stein-	32 10,4 Braun- 21,6 Stein-	0,164	45	0,061	16,8	6,2

Legt man die in Tabelle 3.1.6 angegebenen Verbrauchswerte auch für den zukünftigen Bedarf zugrunde, so zeigt der Vergleich mit den Tabellen 3.1.3, 3.1.5 (jeweils Klasse A), daß die weltweite Versorgung mit Kohle noch für ~ 180 Jahre sicher gewährleistet ist, bei Öl (inkl. Ölsande, Ölschiefer) und Gas ergeben sich mit 66 bzw. 44 Jahren schon deutlich schlechtere Werte. Die Bundesrepublik könnte unter diesen (sicherlich nur bedingt realistischen) Voraussetzungen 350 Jahre von eigener Kohle leben, jedoch nur 0,3 bzw. 3 Jahre von Erdöl bzw. Erdgas. Die politisch besonders brisanten Zahlen für das Erdöl sind in Bild 3.1.2 näher ausgeführt:

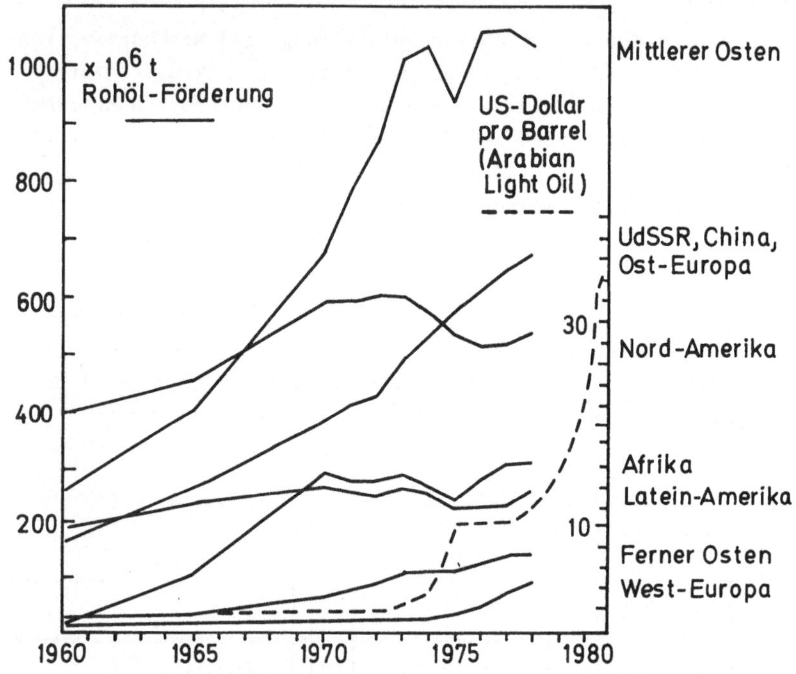

Bild 3.1.2: Zeitliche Entwicklung der jährlichen Erdölförderung und des Ölpreises (nach [9])

Aufgetragen sind die jährlichen Produktionsraten in verschiedenen Zonen der Erde. Die gestrichelte Linie gibt mit der Skala auf der rechten Seite die Entwicklung des Ölpreises wieder. Wie aus dem Bild zu entnehmen, liegt der Preis für arabisches Rohöl bezogen auf gleiche Menge an Brennwert inzwischen etwa einen Faktor 2 über dem heimischer Steinkohle (letztere bis zu ca. 245 DM/t).

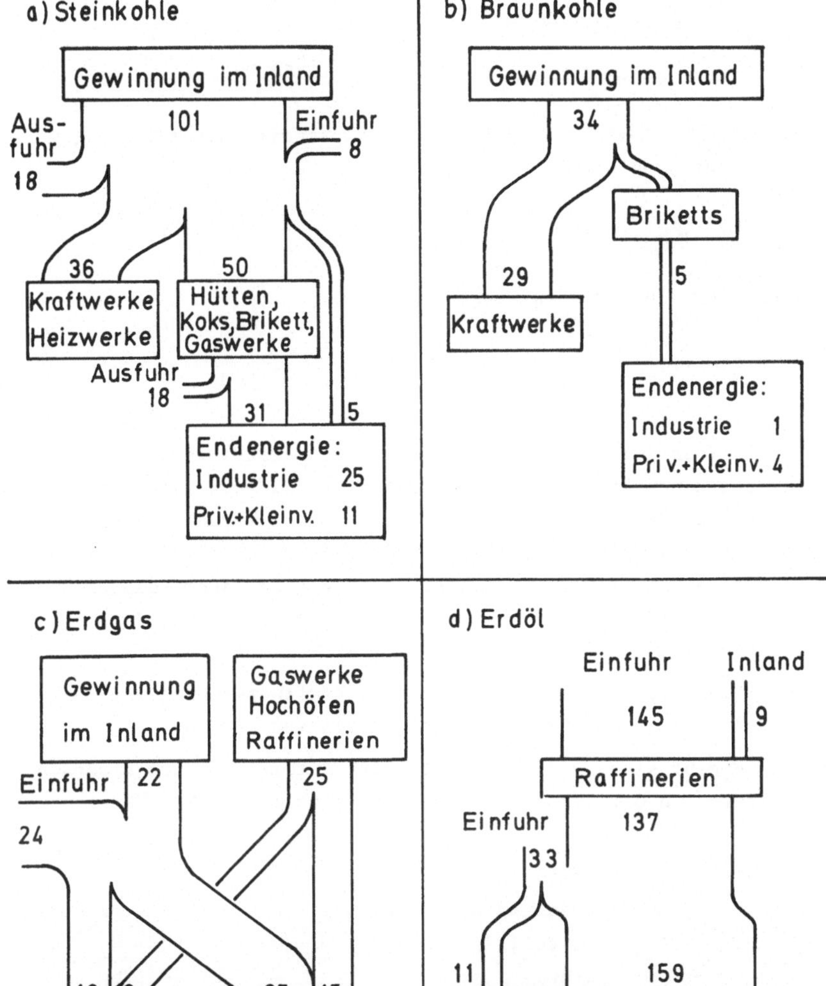

Bild 3.1.3 (a - d): *"Fluß" fossiler Brennstoffe in der Bundesrepublik Deutschland 1974 (nach [16]) (alle Zahlenangaben in Einheiten von Millionen Tonnen SKE)*

Dazu noch einige nützliche Definitionen:

1 (amerikanisch.) Barrel = 158,99 l

Die Einheit APi (American Pressure index)ist ein (nicht lineares) Maß der Dichte von Erdöl:

$$10^{o}\ \mathrm{API} = \frac{1\ \mathrm{kg}}{\mathrm{l}}\ ; \qquad 50^{o}\ \mathrm{API} = \frac{0{,}7796\ \mathrm{kg}}{\mathrm{l}}$$

Typischer Wert für Arabian Light Oil:

$$34^{o}\ \mathrm{API} \quad \text{bzw.} \quad 0{,}855\ \frac{\mathrm{kg}}{\mathrm{l}}$$

Der "Fluß" fossiler Brennstoffe zwischen Primärenergieeinsatz über die verschiedenen Umwandlungsanlagen bis zum Endverbraucher soll am Beispiel der Bundesrepublik näher ausgeführt werden (Bild 3.1.3): Die Zahlenangaben in Bild 3.1.3 gelten für 1974, der Vergleich mit Abschnitt 2.2 bzw. Tabelle 3.1.6 zeigt aber, daß die prozentualen Verhältnisse sich bis 1981 nicht entscheidend verschoben haben [11,15].

Aus dem Fluß fossiler Brennstoffe in die Kraftwerke kann ihr jeweiliger Anteil an der Stromerzeugung abgelesen werden.

Für 1981 ergibt sich inzwischen folgender Anteil der verschiedenen Energieträger an der Stromerzeugung von insgesamt 38 Mt SKE Endenergie [5,17]:

Steinkohle	29 %
Braunkohle	31 %
Heizöl (S)	3 %
Erdgas	12 %
Kernenergie	17 %
Wasserkraft	6 %
Müll u. ä.	2 %

3.1.2 Umwandlung von chemischer Energie

Die von der Sonne über Jahrmillionen eingebrachte, in den fossilen Brennstoffen gespeicherte "chemische" Energie kann auf 3 Arten wieder umgesetzt und somit nutzbar gemacht werden.

3.1.2.1 Umwandlung von chemischer Energie in Wärme mittels Verbrennung

Die wichtigsten Prozesse bei der Verbrennung fossiler Brennstoffe sind:

(3.1.1) $C + O_2 \rightarrow CO_2 + \text{Energie}$ (≈ 4,5 eV/C-Atom)

(3.1.2) $C_nH_m + O_2 \rightarrow CO_2 + H\ O + \text{Energie}$ (≈(2-6) eV/C-Atom)

(n, m = Anzahl der C- bzw. H-Atome pro Molekül)

Für 1 kg reinen Kohlenstoff erhält man somit eine Abschätzung des Heizwerts durch folgende Rechnung:

Zahl der Mole pro kg	Atome bzw. Molek. pro Mol	Energie (Einzelprozeß) eV	Joule / eV	
$\frac{1000}{12}$ •	$6 \cdot 10^{23}$ •	4,5 •	$1{,}6 \cdot 10^{-19}$	$= 3{,}6 \cdot 10^{7}$ J

Dieser Heizwert entspricht damit etwa

10 kWh ≈ 1,2 kg SKE.

Tabelle 3.1.7: Endprodukte und Heizwert aus verschiedenen Verbrennungsreaktionen (nach [18])

Brennstoff	Endprodukt	Heizwert $\frac{\text{kWh}}{\text{kg Brennstoff}}$
C	CO_2	10
C	CO	2,6
CO	CO_2	2,8
H_2	H_2O-flüssig	40
S	SO_2	2,6
Methan CH_4	CO_2 u. H_2O	~ 19
Aethan C_2H_6	CO_2 u. H_2O	~ 17,5
Azethylen C_2H_2	CO_2 u. H_2O	~ 19
Aethanol	CO_2 u. H_2O	~ 8
Benzin	CO_2 u. H_2O	~ 12

Tabelle 3.1.7 sind Endprodukte und Heizwert bei der Verbrennung verschiedener Substanzen zu entnehmen.

3.1.2.2 Umwandlung von chemischer Energie in Wärme in einem abgeschlossenen Kreislauf (katalytische Verbrennung)

Hierunter versteht man einen Kreisprozeß von Verbrennung und nachfolgender Rückführung der chemischen Substanzen durch Wärmezufuhr in den Zustand vor der Verbrennung: Als technisch praktikables Beispiel sei die Reaktion

$$(3.1.3) \qquad CO + 3\,H_2 \rightleftarrows H_2O + CH_4 \mp 60\ \frac{kWh}{kMol}$$

genannt.

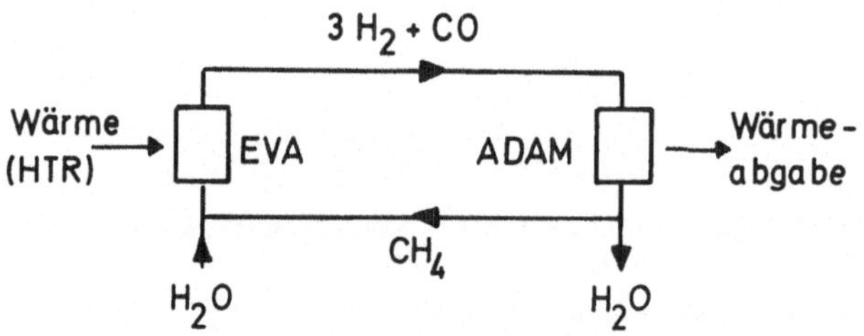

Hochtemperaturwärme (T = 1000° C), z. B. aus einem Hochtemperaturreaktor, ermöglicht in einer "Einzelspaltrohrversuchsanlage" EVA die Umsetzung von CH_4 und H_2O zu CO und $3H_2$, das Pendant ADAM "verbrennt" letztere Substanzen unter Einwirkung von Katalysatoren bei Temperaturen von ~ 100° praktisch vollständig wieder zu Methan und Wasser: Der Energietransfer geschieht ohne nennenswerten Wärmeverlust (nähere Details entnehme man den Abschnitten 4.1.4 und 5.3).

3.1.2.3 Umwandlung von chemischer Energie in elektrischen Strom mittels Brennstoffzellen (BZ)

Bei einer exothermen chemischen Reaktion z. B. des Typs

$$H_2 + 0{,}5\ O_2 \rightarrow H_2O + \text{Energie}$$

erfolgen im Prinzip zwei Prozesse gleichzeitig, zum einen die Oxidation des Wasserstoffs und andererseits die Reduktion des Sauerstoffs (Sauerstoffentzug); die freiwerdende Energie tritt praktisch vollständig als Wärme auf. Die Brennstoffzelle trennt beide Prozesse und läßt den Elektronenaustausch über eine externe Stromleitung erfolgen (sogenannte kalte Verbrennung). Der externe Strom kann Arbeit verrichten. Die Ersetzung von H_2 durch fossile Brennstoffe, wie sie z. B. in der Methangas- oder Methanol-BZ geschieht, ändert nichts Prinzipielles, so daß die Funktionsweise einer BZ am Beispiel der sogenannten H_2/O_2-Brennstoffzelle, deren Entwicklung am weitesten fortgeschritten ist [19], in Abschn. 6.7 näher ausgeführt werden wird.

3.1.3 Nutzung von Kohle

Heute nimmt bei der Nutzung von Kohle als Energiequelle die in Abschnitt 3.1.2.1 erläuterte Wärmegewinnung mittels Verbrennung den wichtigsten Rang ein, die direkte Umwandlung z. B. Kohle zu CO und Strom in einer Brennstoffzelle (Abschn. 6.7) ist dagegen aufgrund noch nicht gelöster technischer Probleme bedeutungslos. Darüber hinaus, wie aus Abschnitt 3.1.1 ersichtlich, übersteigen aber die "vermuteten" Kohle- und Braunkohlereserven die Öl- und Erdgasreserven weltweit um einen Faktor von ungefähr 7, so daß bei Erschöpfung der Öl- und Gasvorräte die Technologien der Kohleverflüssigung und Kohlevergasung wieder verstärkte Aufmerksamkeit verdienen.

3.1.3.1 Nutzung von Kohle durch Verbrennung in Ofen, Kraftwerk und Heizkraftwerk (Kraft-Wärme-Kopplung)

Definiert man als Wirkungsgrad der Wärmegewinnung das Verhältnis

$$\eta_{WÄRME} = \frac{\text{genutzte Heizwärme}}{\text{freigesetzte Verbrennungswärme}} ,$$

so erhält man beim normalen Kohleofen Werte von $\eta_{WÄRME} \approx (50\text{-}70)\,\%$: Man heizt beträchtlich zum Schornstein hinaus. Bei Heiz(kraft)werken läßt sich $\eta_{WÄRME}$ durch bessere Ausnutzung der "heißen Abgase" auf Werte bis zu 90 % steigern. Darüber hinaus (Abschn. 3.1.5) emittieren solche großtechnischen Anlagen bezogen auf die Menge eingesetzten Brennstoffs weniger Schadstoffe als der heimische Ofen. Zum Beispiel können reine Heizwerke mit einer thermischen

Leistung von 30 MW (untere Wirtschaftlichkeitsgrenze) bei einem mittleren Heizwärmebedarf pro Heizperiode von 13 kW pro Jahr und Haushalt etwa 2300 Anschlüsse versorgen und somit in genügend dicht besiedelten Gebieten in zunehmendem Maße Individualheizungen ersetzen.

Wenn die erzeugte Wärme nicht als Heizwärme genutzt, sondern verstromt werden soll, setzt sich der gesamte Wirkungsgrad

$$\eta_{ELEKTR} = \frac{\text{erzeugte elektrische Energie}}{\text{freigesetzte Verbrennungswärme}}$$

nach folgender Skizze zusammen:

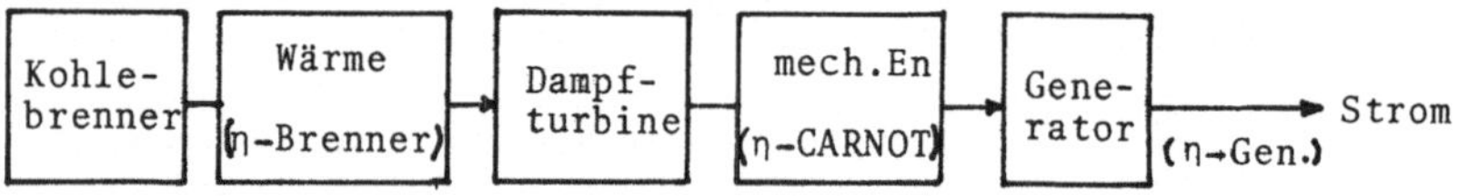

Kohlebrenner → Wärme (η-Brenner) → Dampfturbine → mech.En (η-CARNOT) → Generator (η-Gen.) → Strom

$$\eta^{el}_{IDEAL} = \eta^{BRENNER}_{IDEAL} \cdot \eta^{CARNOT}_{IDEAL} \left(= \frac{T_1 - T_2}{T_1}\right) \cdot \eta^{GEN}_{IDEAL}$$

$$= 1 \cdot 0{,}6 \cdot 1 = 0{,}6$$

$$\eta^{el}_{REAL} = \eta^{BRENNER}_{REAL} \cdot \eta^{CARNOT}_{REAL} \left(\begin{matrix} T_1 = 800\ K \\ T_2 = 325\ K \end{matrix}\right) \cdot \eta^{GEN}_{REAL}$$

$$= 0{,}9 \cdot 0{,}4 \cdot 0{,}99 = 0{,}36$$

Letzterer Wert von 0,36 reduziert sich durch Transformations- und Übertragungsverluste nochmals auf Werte von etwa 0,25 - 0,30: Für Energie, aus der Steckdose des Verbrauchers entnommen, von 1 kWh, müssen also 3 - 4 kWh an Primärenergie aufgewendet werden.

Der Wirkungsgrad für die Stromerzeugung (η^{el} = 36 %) bedeutet einen Verbrauch von 350 (g SKE)/kWh; er konnte innerhalb der letzten 30 Jahre wesentlich verbessert werden: 1950 betrug der Durchschnittswert für Kohlekraftwerke in Deutschland noch 575 (g SKE)/kWh [21]. Auf der Verbrennungsseite läßt die sogenannte Wirbelschichtbefeuerung den Wärmewirkungsgrad noch um etwa 5 % steigen, so daß sich der Kohleeinsatz auf 326 (g SKE)/kWh erniedrigt:

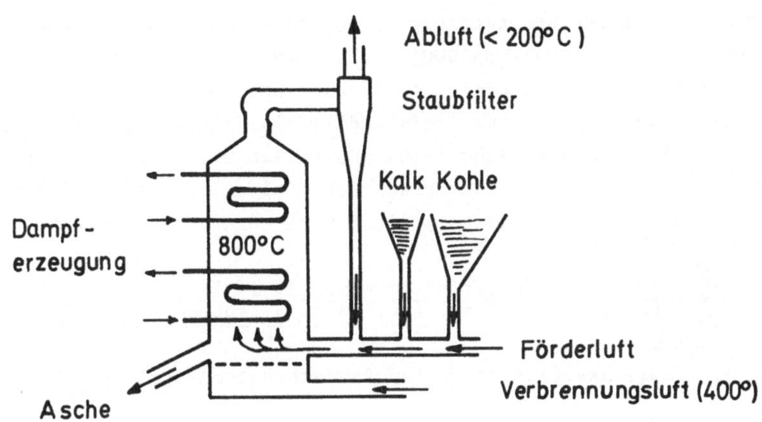

Bild 3.1.4: Prinzip der Wirbelschichtbefeuerung (nach [23])

Feinkörnige Kohle (Durchmesser 6 - 8 mm) wird dem Verbrennungsraum kontinuierlich zugeführt. Von unten zugeführte genau dosierte Verbrennungsluft hält die Kohlepartikel während der Verbrennung zwischen den Kesselrohren in der Schwebe.

Dieses Verfahren bietet neben der Erhöhung des Wirkungsgrades noch weitere bedeutsame Vorteile [21,23]:

- Der Kessel ist gegenüber einem konventionellen Kohlekraftwerk mit Rost- oder Staubbefeuerung bei gleicher Leistung etwa nur halb so groß.
- Die Verbrennungstemperatur von 800° - 900° C ist niedriger als bei konventionellen Verfahren: Bei diesen Temperaturen entstehen nur noch sehr wenig Stickoxide.
- Die Zugabe von etwa 10 % Kalkstein zur Kohle ermöglicht eine Reaktion des in der Kohle gespeicherten Schwefels und reduziert

somit die SO_2-Emission um etwa 95 % [24] (siehe auch Abschn. 3.1.5).

Ein 1982 in Betrieb genommener 30 MW Kraftwerksblock in Völklingen (Saar) arbeitet nach dem Wirbelschichtverfahren; die Abgase betreiben bei diesem Pilotprojekt noch zusätzlich eine Gasturbine mit einem resultierenden Gesamtwirkungsgrad $\eta_{el} = 42\ \%$.

Für ein Kraftwerk der nachfolgend angegebenen Arten mit einer elektrischen Leistung von 200 MW resultiert bei 25-jähriger Lebensdauer, 6000 Betriebsstunden im Jahr und einem Kohlepreis von 245 DM/Tonne [25] (dieser Preis stellt eine obere Grenze dar; Kohle mit relativ hohem Asche- bzw. Schwefelanteil, die in wirbelschichtbefeuerten bzw. rauchgasentschwefelten Anlagen eingesetzt werden könnte, wäre billiger) ein Energie-Erntefaktor ε von

$$\varepsilon = \frac{\text{produzierte Stromenergie in 25 Jahren}}{\text{Energieaufwand für Bau, Betrieb, Kohlebereitstellung}} \, .$$

Für herkömmliches Kraftwerk ohne Rauchgasentschwefelung:

$$\varepsilon = \frac{200 \cdot 10^3 \cdot 6 \cdot 10^3 \cdot 25 \ \text{kWh}}{2{,}5 \ \frac{\text{kWh}}{\text{DM}} \ (300 \cdot 10^6 + 475 \cdot 10^6 + 2700 \cdot 10^6) \ \text{DM}} \approx \frac{3{,}5}{1}$$

Für herkömmliches Kraftwerk mit Rauchgasentschwefelung:

$$\varepsilon = \frac{3 \cdot 10^{10} \ \text{kWh}}{2{,}5 \ \frac{\text{kWh}}{\text{DM}} \ (350 \cdot 10^6 + 950 \cdot 10^6 + 2700 \cdot 10^6) \ \text{DM}} \approx \frac{3}{1}$$

Für wirbelschichtbefeuertes Kraftwerk:

$$\varepsilon = \frac{3 \cdot 10^{10} \ \text{kWh}}{2{,}5 \ \frac{\text{kWh}}{\text{DM}} \ (420 \cdot 10^6 + 475 \cdot 10^6 + 2500 \cdot 10^6) \ \text{DM}} \approx \frac{3{,}6}{1}$$

Aus dieser Bilanz ist auch zu ersehen, daß der Erntefaktor ε für Kohlekraftwerke im wesentlichen durch die Kosten bzw. den Energieaufwand für die Brennstoffbereitstellung bestimmt wird.

Die Wirbelschichtbefeuerung schneidet bei kleineren Anlagen sogar noch günstiger ab, das "Nachschalten" einer Gasturbine könnte nach einer groben Schätzung [26] ε auf 4 steigen lassen.

Grundsätzlich läßt sich der Wirkungsgrad durch eine Vergrößerung der Temperaturspreizung (T_1-T_2, s. Gl. (1.3.2)) erhöhen. Dies könnte geschehen mit Hilfe von sogenannten Magneto-Hydro-Dynamischen Generatoren (Abschn. 3.1.4.5 und 6.4), wobei angemerkt sei, daß eine Erhöhung des Wirkungsgrades durch die Bereitstellung einer sehr aufwendigen und damit teuren Technologie erkauft werden muß.

Ebenso im Planungsstadium befindlich sind Kraftwerksanlagen mit mehreren hintereinander geschalteten Dampfkreisläufen (z. B. Kaliumdampf - Diphenyl - Wasser), die wegen unterschiedlicher Wärmekapazitäten der jeweiligen Stoffe eine bessere Ausnutzung der Verbrennungstemperaturen gewährleisten [27].

All diese Maßnahmen bringen aber entweder nur wenige Prozent Wirkungsgradsteigerung oder sind - wie im Falle des MHD - noch Zukunftsmusik.

Kraft-Wärme-Kopplung: Eine spürbare Verbesserung der Brennstoffausnutzung kann nur durch Nutzung der Abwärme geschehen, der Gesamtwirkungsgrad könnte beim Völklinger Beispiel unter den dort gegebenen Umständen durch Kraft-Wärme-Kopplung von 42 % auf 75 % gesteigert werden.

Physikalisch könnte die gesamte Abwärme als Heizwärme genutzt werden. Einschränkungen ergeben sich aber

- durch zeitlich unterschiedlichen Bedarf für Strom und Wärme,
- durch Beschränkung der Entfernung Kraftwerk - Benutzer für Heizwärmenutzung auf etwa 30 km und damit Beschränkung der Abwärmenutzung auf dichtbesiedelte Regionen,
- durch notwendige Maßnahmen zur Installation von Verbundsystemen.

Für eine solche Nutzung benötigt man aber Vorlauftemperaturen von 90° C - 130° C.

Für den idealen Wirkungsgrad η der Stromerzeugung und einer Vorlauftemperatur von 110° C bedeutet das eine Senkung von

$$\eta^{WKM}_{IDEAL} = \frac{525^\circ\,C - 40^\circ\,C}{525^\circ\,C + 273^\circ\,C} = 61\,\% \quad \text{auf} \quad \frac{525^\circ C - 110^\circ\,C}{525^\circ\,C + 273^\circ\,C} = 52\,\%$$

bzw. für die Realwerte

$$\eta_{REAL}^{110} = \eta_{IDEAL}^{110} \cdot \frac{\eta_{REAL}^{40}}{\eta_{IDEAL}^{40}} = 34\ \%.$$

Aus Abbildung 3.1.5a (Gegendruckkraftwerk) ist ersichtlich, wie eine solche gleichzeitige Entnahme von Strom und Wärme realisiert werden kann. Sinnvoll ist ein solches System aber nur dann, wenn immer gleich viel Strom und Wärme benötigt werden. Technisch aufwendiger wird es, wenn man Strom- und Wärmeentnahme entkoppeln will, sogenanntes Entnahmekondensationskraftwerk (Bild 3.1.5b):

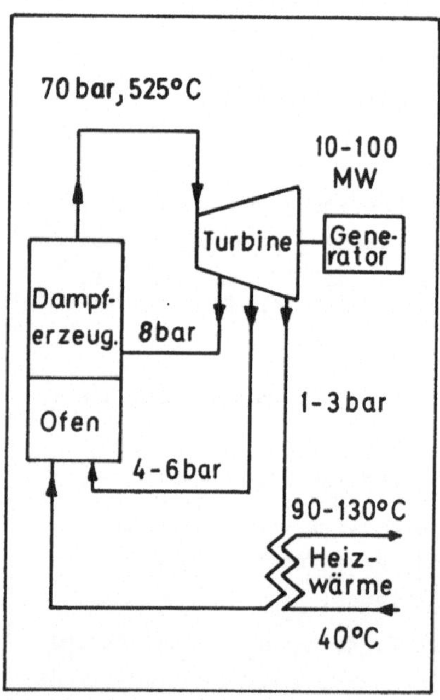

Bild 3.1.5a: Gegendruckkraftwerk (nach [28])

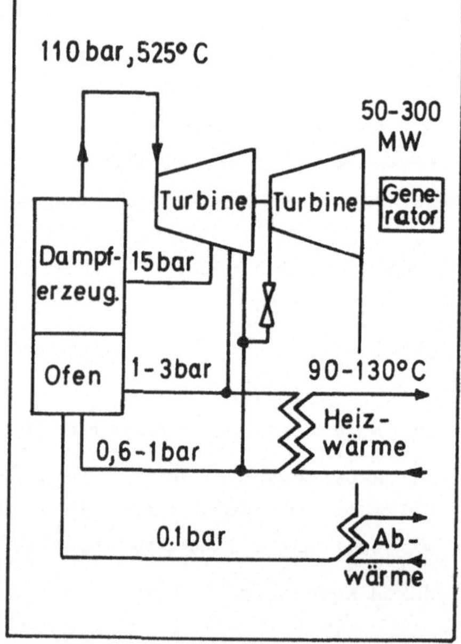

Bild 3.1.5b: Entnahmekondensationskraftwerk (nach [28])

Tabelle 3.1.8 aus [28] vergleicht diverse technische Varianten. Dabei entspricht die Gesamt-Brennstoffausnutzung dem gesamten Wirkungsgrad, die Stromkennzahl dem Verhältnis von erzeugtem

Tabelle 3.1.8: Prozentuale Nutzung der eingesetzten Verbrennungswärme verschiedener Kraft-Wärme-Kopplungssysteme im idealen Einzelfall (nach [28])

		Gegendruckturbine	Entnahme-Kond.-turbine	Anzapf-Kond.-turbine	Gasturbine offener Prozeß	Gasdampfanlage	Diesel- oder Gasmotor
Leistungsbereich	MW	bis 100	5-300	60-700	1-100	10-130	0,1-20
Netto-Wirkungsgrad bei Betrieb ohne Wärmeentnahme (Kondensationsprozeß)	%		33-40	38-41	22-30	33-40	38-40
Gesamt-Brennstoffausnutzung im Heizkraftbereich	%	83-88	bis 80 1)	bis 80 1)	65-83	65-83	60-80
Stromkennzahl bei Vorlauftemperatur $t_v = 80^\circ$ C	%	43-60			36-72	65-108	Diesel 91-118 Gas 65-74
$t_v = 160^\circ$ C	%	27-40			36-72	65-108	wie oben
Stromeinbuße bei $t_v = 80^\circ$ C	%	6-4 2)	6-11 2)		0,4-0,8	3,6-9	0,4-0,8
$t_v = 160^\circ$ C	%	16-22	16-22	6-11	0,4-0,8	14-16	0,8-1,6
Teillastwirkungsgrad		gut	gut	gut	schlecht	gut	sehr gut
Anfahrzeit von kaltem Zustand bis zur Abgabe der Vollast	h	1-3	1,5-3	2-4	0,1-0,15	0,5-1	0,03

1) je nach Anteil der Kondensations-Stromerzeugung

2) je nach Rücklauftemperatur, Kondensatordruck, Aufwärmstufenzahl und Maschinengröße

Strom zu erzeugter Wärme. Bei kleineren Heizkraftwerkseinheiten bis etwa 30 MW elektrischer Leistung hängt die Stromkennzahl nur wenig von der entnommenen elektrischen Leistung ab.

Bedeutung der Kraft-Wärme-Kopplung für die optimale Primärenergienutzung in der BRD: Obwohl die detaillierten Probleme der Fernwärmeübertragung erst in Abschn. 5.2 erläutert werden sollen, läßt sich schon hier konstatieren, daß optimale Wärme-Kraft-Kopplung zu einer beträchtlichen Primärenergieeinsparung führt: Von $360 \cdot 10^6$ Tonnen SKE, die 1981 in der BRD insgesamt zur Energieerzeugung aufgewendet wurden, werden 38 Mt SKE in Strom umgewandelt, dies mit einem Verlust von 78 Mt SKE - entsprechend einem Wirkungsgrad $\eta = 0{,}33$. Von diesen 78 Mt SKE könnten günstigstenfalls etwa 50 % genutzt werden: Oben genannte Einschränkungen (zur Fernwärmeübertragung siehe auch Abschn. 5.2) bedingen Verluste. 39 Mt SKE stehen also als Nutzwärme für Individualverbraucher zur Verfügung, wofür diese sonst (bei einem Wirkungsgrad von $\eta \sim 0{,}7$ für Individualheizungssysteme) weitere 56 Mt SKE hätten aufwenden müssen. Die Einsparung betrüge

$$\frac{56}{360} = 16\ \% \qquad \text{(bezogen auf die Werte von 1981).}$$

Der Anschlußwert aus 366 Heizwerken, 104 Heizkraftwerken betrug

1975 in der BRD jährlich etwa 5 Mt SKE [28],

1980 in der BRD jährlich etwa 6 Mt SKE [29].

Neben der Energieeinsparung lassen weitere Argumente wie Umweltschutz, Deviseneinsparung, Auswirkungen auf den Arbeitsmarkt, Erhöhung der Versorgungssicherheit einen zügigen Ausbau von Fernwärmesystemen sinnvoll erscheinen.

3.1.3.2 Kohlevergasung

Unter Kohlevergasung versteht man die unter Druck und hoher Temperatur und unter Zuführung eines Vergasungsmittels (z. B. Wasserstoff, Wasserdampf) erfolgende Umwandlung von Kohle zu Synthesegasen (CO/H_2-Gemische) und/oder Methan. Die resultierenden Gasgemische, deren Hauptbestandteile von den Prozeßbedingungen und der

Wahl des Vergasungsmittels abhängen, bieten bessere und vielfältigere Einsatzmöglichkeiten (bessere Dosierung, Antrieb von Wärmepumpen o. ä.) als die ursprüngliche Kohle und sind, weil z. B. im allgemeinen besser entschwefelbar, umweltfreundlicher in der Handhabung. Darüber hinaus bietet diese Technologie die Möglichkeit, tiefliegende, nicht konventionell abbauwürdige Kohlevorkommen vor Ort zu vergasen (in-situ-Vergasung).

Man unterscheidet drei verschiedene Formen der Kohlevergasung [27]:

i) die Erzeugung von Wasserstoff nach der Reaktion

(3.1.4) $$C + 2(H_2O)_{Dampf} \rightarrow CO_2 + 2\,H_2, \quad \Delta H = +101 \frac{kJ}{Mol\ C}$$

ii) die Erzeugung von Synthesegasen

(3.1.5) $$2\,C + 2(H_2O)_{Dampf} \rightarrow 2\,CO + 2\,H_2, \quad \Delta H = +131{,}5 \frac{kJ}{Mol\ C}$$

iii) die direkte Methanisierung

(3.1.6) $$2\,C + 2(H_2O)_{Dampf} \rightarrow CO_2 + CH_4, \quad \Delta H = +\ 5{,}6 \frac{kJ}{Mol\ C}$$

Die Änderung der Energie zwischen Anfangs- und Endzustand einer Reaktion, zusammengesetzt aus der Änderung der in den Stoffen gespeicherten (inneren) Energie und der (z. B. durch Verdrängungsarbeit bei der Expansion der erzeugten Gase) nach außen abgeführten Energie, wird als Enthalpiedifferenz, ΔH, bezeichnet (Abschn. 6). Negatives Vorzeichen gilt für exotherme Reaktionen, wobei also Energie freigesetzt wird, positives Vorzeichen für endotherme Reaktionen, die nur unter Zufuhr von Energie ablaufen.

Bezogen auf flüssiges H_2O ergeben sich für die Reaktionen i) - iii) folgende Enthalpiedifferenzen:

Reaktion 3.1.4/5 $\quad \Delta H \quad +175 \frac{kJ}{Mol\ C}$

Reaktion 3.1.6 $\quad \Delta H = +50 \frac{kJ}{Mol\ C}$

Für die Methanerzeugung bieten sich mehrere technische Varianten an [12,30]:

Methanisierung von Kohlenmonoxid

(3.1.7)	$2\,C + 2(H_2O)_{Dampf}$	$\rightarrow 2\,CO + 2\,H_2$	(Reaktion ii))	
	$CO + (H_2O)_{Dampf}$	$\rightarrow H_2 + CO_2$,	ΔH =	$-42{,}3\ \frac{kJ}{Mol}$
	$3\,H_2 + CO$	$\rightarrow CH_4 + H_2O$,	ΔH =	$-205{,}8\ \frac{kJ}{Mol}$

Direkte Methanisierung

(3.1.8)	$C + (H_2O)_{Dampf}$	$\rightarrow CO + H_2$	Reaktion ii))	
	$CO + (H_2O)_{Dampf}$	$\rightarrow H_2 + CO_2$	(s. o.)	
	$C + 2\,H_2$	$\rightarrow CH_4$,	ΔH =	$-87{,}4\ \frac{kJ}{Mol}$

Hydrierende Methanisierung (mit Kohle als Einsatzstoff, noch in der technischen Entwicklung [12,30])

(3.1.9)	$2\,C + 4\,H_2$	$\rightarrow 2\,CH_4$	(s. o.)	
	$CH_4 + (H_2O)_{Dampf}$	$\rightarrow CO + 3\,H_2$,	ΔH =	$+205{,}8\ \frac{kJ}{Mol}$
	$CO + (H_2O)_{Dampf}$	$\rightarrow CO_2 + H_2$,	ΔH =	$-42{,}3\ \frac{kJ}{Mol}$

(3.1.10) $4\,H_2 + 2\,C + 2\,H_2O \rightarrow 4\,H_2 + CH_4 + CO_2$

Ausgehend von $(H_2O)_{flüssig}$ muß man bei dieser Reaktion also im Idealfall 2 • 50 kJ/(Mol CH_4), bzw. bei einem Molvolumen von 22,4 1,4600 kJ pro m³ erzeugtes Methan zuführen, in der Praxis liegt der Wärmebedarf jedoch bei 18800 kJ/m³ [30].

Bei einem Kohleeinsatz von etwa 1 kg/m³ CH_4 ergibt sich das energetische Verhältnis $\frac{\text{Brennwert } CH_4}{\text{Brennwert Kohle + Prozeßwärme}}$ zu ~ 65 %.

Die charakterisierenden Prozeßparameter für den Anteil von z. B. Synthesegas oder Methan im Endzustand sind im einzelnen [30]:

- Wärmehaushalt
- Massenstromführung von Vergasungsstoff und -mittel
- Art des Vergasungsstoffs
- Art der Kohle, Ausbildung des Kohlebettes
- Vergasungstemperatur

Heute gibt es etwa 35 verschiedene Verfahren der Kohlevergasung sowohl mit interner als auch mit externer Wärmezufuhr (autotherme bzw. allotherme Prozesse). Man teilt sie je nach verwendetem Reaktortyp ein in Festbett- (z. B. Lurgi-Verfahren), Wirbelbett- (z. B. Winkler-Verfahren) und Flugstromvergasung (z. B. Koppers-Totzek-Verfahren) [30].

5 Kriterien sind zu berücksichtigen [12]:

- Unempfindlichkeit des Verfahrens gegenüber der Art der eingesetzten Kohle
- Wenig unerwünschte Nebenprodukte
- Minimierung der Umweltbelastung
- Störunanfälligkeit
- Wirtschaftlichkeit des Endproduktes

(Die nachfolgenden Detailinformationen über Kohlevergasung mögen vom Leser, der nur an einem Überblick interessiert ist, überschlagen werden.)

Tabelle 3.1.9 stellt die wichtigsten Verfahren zusammen, von denen zwei näher erläutert werden sollen.

Lurgi-Druckvergasung: Kohle wird von oben eingefüllt, das Vergasungsmittel durch den drehbaren Verbrennungsrost eingeblasen. In der Verbrennungszone erfolgt die Bereitstellung der notwendigen Prozeßwärme, darüber erfolgt die eigentliche Entgasung der Kohle. Das gebildete Rohgas trocknet schließlich die im Gegenstrom nach unten wandernde Kohle. Gemahlene Kohle wird bei Drücken von 15 - 30 bar bei Zugabe von Wasserdampf vergast (siehe Bild 3.1.6 für das Prinzip und Tabelle 3.1.10 für die Betriebsergebnisse).

Das erzeugte CO/H_2-Synthesegas hat einen Brennwert von ~ 60 % der eingesetzten Kohle und kann (Abschn. 3.1.4.4) mittels Gasturbinen verstromt oder in der chemischen Industrie eingesetzt werden. Wie

Tabelle 3.1.9: Verschiedene Techniken der Kohlevergasung (nach [30])

Verfahren	Vergasungsmittel	Entwicklungsstand	Vergaserleistung	Verfahrensmerkmale
Lurgi	H_2O, O_2 (Luft)	Niederdruck industriereif größere Einheiten geplant	35 000 m^3/h 75 000 m^3/h	Festbett Produkt: Synthesegas, synthetisches Erdgas
Winkler	H_2O, O_2 (Luft)	drucklos industriereif	50 000 m^3/h	Wirbelbett Produkt: Synthesegas
Koppers-Totzek	H_2O, O_2	drucklos industriereif Druckerhöhung geplant	60 000 m^3/h	Flugstaub Produkt: Synthesegas
Hydrierende Vergasung (Rheinbraun)	H_2	halbtechnische Anlage 1975 in Betrieb kommerzielle Anlage ab Mitte der 80er Jahre	100 kg C/h ca. 40 t C/h	Wirbelbett Einkopplung nuklearer Prozeßwärme Produkt: Synthetisches Erdgas, Reduktionsgas, Synthesegas
Wasserdampfvergasung (Bergbau-Forschung)	H_2O	halbtechnische Anlage 1975 in Betrieb kommerzielle Anlage ab Mitte der 80er Jahre	100-200 kg C/h ca. 40 t C/h	Wirbelbett Einkopplung nuklearer Prozeßwärme Produkt: Synthetisches Erdgas, Reduktionsgas, Synthesegas
Synthane (US Bureau of Mines)	H_2O, O_2	Planung einer großtechnischen Anlage		Mehrstufige Fahrweise Produkt: Synthetisches Erdgas
BIGAS (Bituminous Coal Research, Inc.)	H_2O, O_2	Bau einer Versuchsanlage		Mehrstufige Fahrweise Produkt: Synthetisches Erdgas
HYGAS (Institute of Gas-Technology)	H_2O, O_2	Pilotanlage in Betrieb		Mehrstufige Fahrweise Produkt: Synthetisches Erdgas

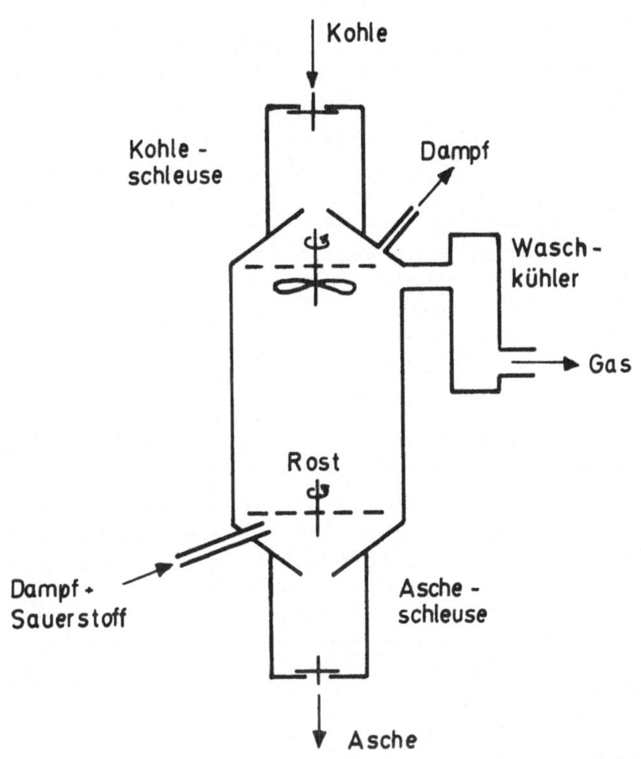

Bild 3.1.6: Prinzip der Lurgi-Druckvergasung (nach [12])

aus den Tabellen 3.1.6 und 3.1.9 ersichtlich, könnte eine Großanlage mit 75 000 m^3/h Synthesegas entsprechend ~ 4 · 10^6 t SKE/Jahr 7 % des Erdgasverbrauchs in der BRD von 1980 liefern, was einer elektrischen Leistung ($\eta_{Gasturbine}$ ~ 0,3, s. Abschn. 3.2.4.4) von 1,2 GW entspräche.

Tabelle 3.1.10: Betriebsergebnisse der Lurgi-Druckvergasung (nach [30])

Brennstoff		Gasflammkohle (Ruhr) H_0 = 6,039 kcal/kg		Rheinische Braunkohle (Knorpel) H_0 = 3,743 kcal/kg	
Kohlenanalyse					
H_2O	%	2,5		20,2	
Asche	%	22,4		4,6	
Reinkohle	%	75,1		75,2	
Vergasungsdruck	at	23,7		26	
Gasanalyse		roh	rein	roh	rein
$CO_2 + H_2S$	%	29,2	2	32,3	2
C_nH_m	%	0,5	0,5	0,5	0,5
CO	%	18,5	25,6	17,4	25,2
H_2	%	41,1	57,0	37,2	54,0
CH_4	%	10,0	13,9	12,1	17,6
N_2	%	0,7	1,0	0,5	0,7
Teeröl-Ausbeute		65 kg/t Kohle		56 kg/t Kohle	
Leichtöl-Ausbeute		11 kg/t Kohle		23 kg/t Kohle	
Einsatz je 1000 Nm^3 ($CO+H_2$)					
Kohle	kg	616		730	
Wasserdampf	kg	1 100		700	
Sauerstoff unter Normalbedingungen	m^3	150		90	

Koppers-Totzek-Verfahren: Feingemahlene Kohle wird ohne Druck bei Temperaturen von etwa 1000° C in wenigen Sekunden zu etwa 2/3 in Synthesegas und 1/3 in Koks umgewandelt (s. Bild 3.1.7). Die hohen Temperaturen ermöglichen den Einsatz minderwertiger Kohle (Aschegehalt bis 40 %!).

Die Betriebsbedingungen bei diesem Verfahren lassen die ("allotherme") externe Wärmezufuhr z. B. von einem Kernreaktor attraktiv erscheinen, die hohen Temperaturen schließen aber z. B. Leichtwasser-

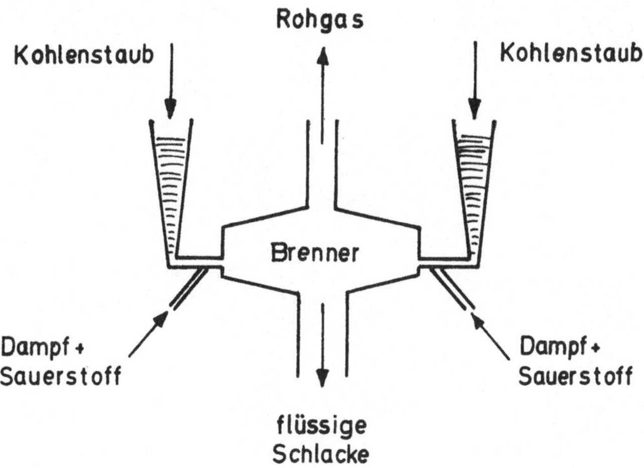

Bild 3.1.7: Prinzip der Koppers-Totzek-Kohlevergasung (nach [12])

Tabelle 3.1.11: Betriebsergebnisse der Koppers-Totzek-Kohlevergasung (nach [30])

Brennstoff	Kohle					
Kohlenanalyse						
H_2O	1 %					
Asche	30 %					
Reinkohle	69 %					
Rohgasgemisch %	CO_2	CO	H_2	CH_4	H_2S	N_2
	11	57,4	28,8	0,1	0,5	2,2
Einsatz je 1000 Nm^3 ($CO+H_2$)						
Kohle	535 kg					
Sauerstoff	426 Nm^3					
Wasserdampf	231 kg					
erzeugter Wasserdampf 35 at, 450° C	(319 kg)					

reaktoren aus. Ideal wäre ein Hochtemperatur-(Kugelhaufen)-Reaktor (Abschn. 3.6.4.7)). Entsprechende Ideen werden von einer Studie der KFA-Jülich in Zusammenarbeit mit der Rheinbraun AG Köln entwickelt [32].

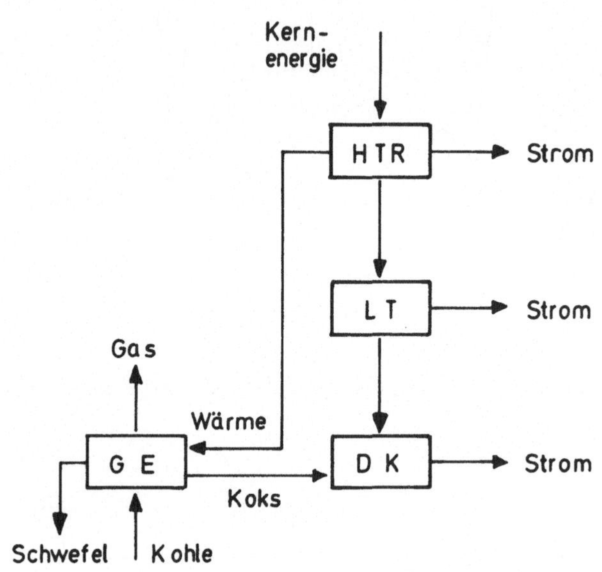

*Bild 3.1.8: Prinzip der Kohlevergasung mit HTR (nach [30])
(HTR = Hochtemperatur-Reaktor, LT = Luftturbine,
DK = Dampfkessel, GE = Gaserzeuger)*

Abschließend zum Thema Kohlevergasung noch einige Details zum Thema "Kohlevergasung unter Tage":

80 % der geschätzten Kohlevorkommen in der BRD liegen unter 1500 m und sind daher nur unter erschwerten Bedingungen abbaubar. Diese Kohle könnte vor Ort (in situ) durch eine Magnesiumbombe [35] zertrümmert und unter Zuführung von erhitztem Wasser bzw. Sauerstoff vergast werden. Die Entnahme der Synthesegase erfolgt über weitere Bohrlöcher (siehe Bild 3.1.9). In der Sowjetunion existiert ein solches Kraftwerk mit einer elektrischen Leistung von 15 MW [8].

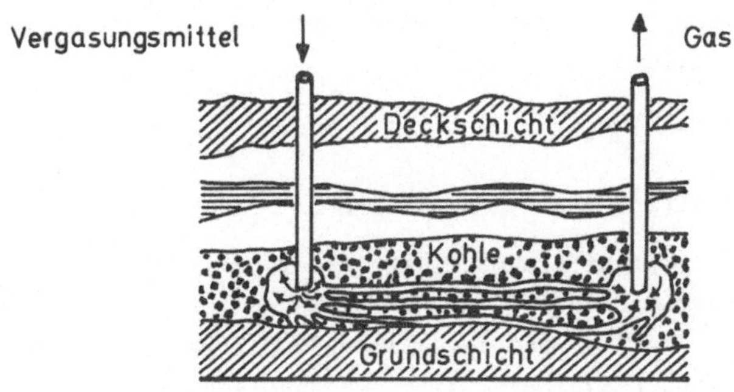

Bild 3.1.9: Prinzip der Untertagevergasung (nach [12])

Projekte in den USA liefern 60000 m^3/Tag Gasgemisch mit vergleichsweise kleinem Energieinhalt von ~ 0,15 kg SKE/m^3.

Die Gefahr von seismischen Auswirkungen sowie Grundwassereinbrüchen in entstehende Hohlräume erfordern noch sorgfältige Untersuchungen der "In-situ-Vergasung".

3.1.3.3 Kohleverflüssigung

Die Ölkrise und die damit verbundene Bewußtseinsänderung in den westlichen Industriestaaten führten zu der Einsicht, Techniken zur Verflüssigung reichlich vorhandener Kohlevorräte wiederaufzugreifen und weiterzuentwickeln (z. B. deckte Deutschland vor dem Zweiten Weltkrieg einen Großteil ($4 \cdot 10^6$ t/a) seines Benzinbedarfs aus verflüssigter Kohle, im Kriege nicht zerstörte Anlagen wurden in der BRD in den sechziger Jahren aus Rentabilitätsgründen stillgelegt).

Grundprinzip bei der Verflüssigung ist die Aufspaltung der vielatomigen (bis zu $5 \cdot 10^5$ Atome/Molekül) Moleküle der Kohlebestandteile und die anschließende Anlagerung von Wasserstoff an die Bruchstücke. Drei Voraussetzungen müssen für eine optimale "Veredelung" der Kohle in z. B. Treibstoffe gewährleistet sein [30]:

- wirksame Wasserstoffanlagerung
- durchgreifende Reduktion
- gelenkte Spaltung

Bei der sogenannten direkten Kohleverflüssigung unterscheidet man 3 Verfahren [12,22]:

- direkte Hydrierung
- Extraktion
- thermische Depolymerisation (Pyrolyse)

Darüber hinaus besteht die Möglichkeit der indirekten Gewinnung von flüssigen Kohlenwasserstoffen durch Vergasung der Kohle zu Synthesegasen (Abschn. 3.1.3.2) und anschließende Verflüssigung der Produkte: Fischer-Tropsch-Synthese, z. B. Methanolsynthese.

Beide Wege ergänzen sich insofern ausgezeichnet, als daß die direkten Umwandlungsmechanismen gut zur Erzeugung klopffester Otto-Kraftstoffe verwendbar sind, hingegen die Fischer-Tropsch-Synthese Diesel und Flugbenzine liefern kann.

Bild 3.1.10 zeigt die Ideenskizze einer zukünftigen kohlechemischen Raffinerie.

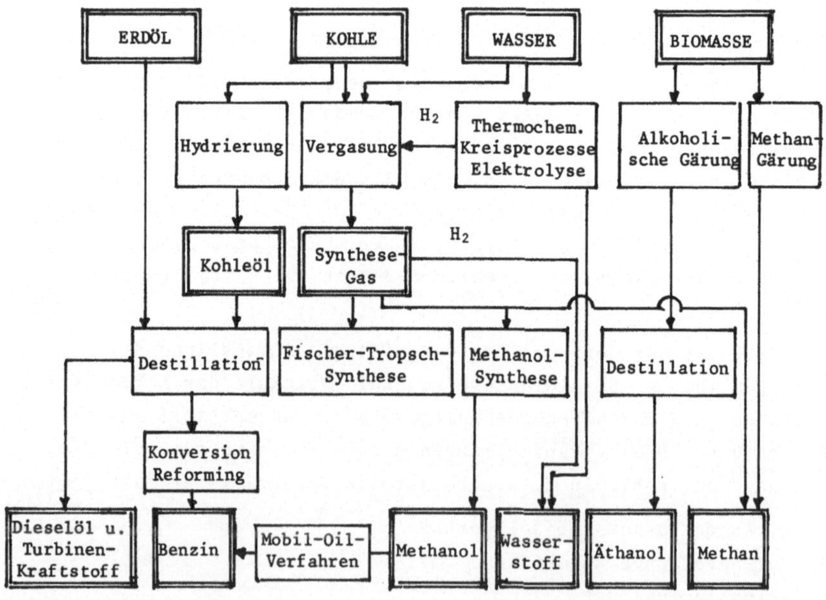

Bild 3.1.10: Alternativen zukünftiger Kraftstofferzeugung (n. [12])

Die Verfahren im einzelnen:

1) Direkte Hydrierung

Die von Bergius und Pier entwickelten Verfahren, die im Vorkriegsdeutschland erfolgreich großtechnisch angewendet wurden, laufen in zwei Phasen ab [12]:

In der ersten sogenannten Sumpfphase wird ein Brei aus entwässerter, gemahlener, mit Schmieröl vermischter Kohle (Kohleanreibung) bei Anwesenheit pulverisierter metallischer Katalysatoren bei Drücken von 200 at und Temperaturen von 450° C in Schwer- und Mittelöle verflüssigt. In der zweiten Stufe (Gasphase) erfolgt die Hydrierung dieser Öle bei Anwesenheit jetzt fest angeordneter Katalysatoren und etwa gleichen Druck- und Temperaturbedingungen z. B. zu Autobenzin.

Modernere hierauf aufbauende Verfahren sind:

- das Consolverfahren [30] (Consolidation Coal Company)

  2,74 t Kohle (80 % C
(Wasser
(aschefrei + 1220 m^3 H_2

  → 1 t Benzin + 0,9 t Koks + Teer etc.

  mit einem Umwandlungsgrad von

  $$\eta = \frac{\text{Kohlenwasserstoffausbeute}}{\text{Kohleeinsatz}} = 0,46$$

- das H-Coal-Verfahren (Hydrocarbon Research Inc.)

  1,95 t Kohle (80 % C
(Wasser
(aschefrei + 1730 m^3 H_2

  → 1 t Benzin + 0,33 t Kohlerückstände

  mit einem sehr hohen Umwandlungsgrad von

  η = 0,725

2) Extraktion [12]

Bei diesem noch in der Testphase befindlichen Verfahren wird überkritisches Toluol (C_7H_8, hitzebeständig!) bei hohen Temperaturen durch poröse Kohle geleitet. Das Extraktionsmittel entzieht der Kohle organische Bestandteile (in britischen Versuchsanlagen bis zu 33 %), die ihrerseits von Toluol in einem separaten Extraktor leicht abgetrennt werden können. Pro Tonne Extrakt (vorwiegend Kohlenwasserstoffe mit Molekulargewicht kleiner 1000) werden etwa 3 t Kohle aufgewendet und fallen etwa 2 t Koks an.

3) Pyrolyse

Die Pyrolyse (Verkohlung, Schwelung durch Erwärmung) ist an sich die direkteste Art der Kohleverflüssigung, ist daher mit geringem apparativen Aufwand, aber auch geringer Benzinausbeute verbunden.

Das COED-Verfahren [30,38] (Chor Oil Energy Development) (Pyrolysierung in hintereinandergeschalteten Wirbelschichtreaktoren mit H_2 als Wirbelgas)

4,17 t Kohle (80 % C
(Wasser
(aschefrei + 585 m³ H_2

→ 1 t Rohöl + 2 t Koks + ~ 2 t CO_2, N_2, H_2S + ...

$\eta = 0{,}325$

Die indirekten Verfahren

1) Fischer-Tropsch-Synthese

Synthesegase bilden bei Drücken von 25 at und Temperaturen von 250° C bei Anwesenheit metallischer Katalysatoren $-CH_2-$ Radikale (und Wasser), die sich je nach Bedingung zu langen Ketten zusammenschließen können:

$$n\,CO + 2\,n\,H_2 \rightarrow (-CH_2-)_n + n\,H_2O; \quad \Delta H = -158 \frac{kJ}{Mol\ CH_2}$$

Obwohl die genauen chemikalischen Grundlagen der Kohlenwasserstoffsynthese aus Wasserstoff und Kohlenmonoxyd sehr komplex und noch nicht bis ins letzte verstanden sind [34], haben weitere Reaktionen der Fischer-Tropsch-Synthese große praktische Bedeutung:

$CO + 2\ H_2 \rightarrow CH_3OH$: Methanolsynthese

$6\ CO + 13\ H_2 \rightarrow C_6H_{14}$ (Hexan) $+ 6\ H_2O$

Eine Großanlage [35] zur Benzinherstellung aus Kohle nach diesem Verfahren mit einem Kohledurchsatz von $6 \cdot 10^6$ t SKE/Jahr und einer Benzinproduktion von $3 \cdot 10^6$ t SKE/Jahr befindet sich im Planungsstadium, könnte also nach Fertigstellung etwa 7 % des jährlichen Benzinbedarfs der BRD abdecken! (Die nach dem Fischer-Tropsch-Verfahren arbeitende Anlage SASOL1 in Südafrika produziert derzeit jährlich 230 000 t Benzin.)

3.1.4 Nutzung von flüssigen und gasförmigen Kohlenstoffverbindungen

3.1.4.1 Aufbereitung von Erdöl

Wie aus Tabelle 3.1.4 ersichtlich, besteht Erdöl fast ausschließlich aus flüssigen Kohlenwasserstoffen (KWS). Diese verschiedenen Stoffe unterscheiden sich in Anzahl und Anordnung von vierwertigen C-Atomen und einwertigen H-Atomen. Da die C-Atome neben der Bindung von Wasserstoff auch eine sogenannte Mehrfachbindung zu anderen C-Atomen eingehen können, ergibt das bei 2 C-Atomen schon 3 Moleküle:

Aethan C_2H_6 Aethen C_2H_4 Aethin (Acetylen)

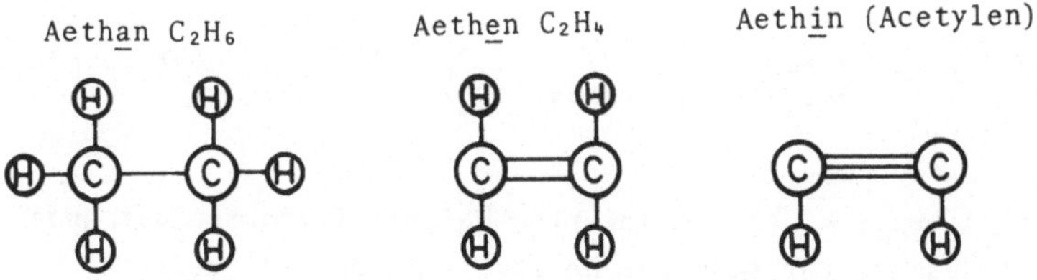

Mit 10 C-Atomen könnte man theoretisch 75 Moleküle formieren, mit 20: $3 \cdot 10^5$, mit 30: $4 \cdot 10^9$. Die Chemiker bezeichnen KWS mit maximaler H-Atom-Anzahl als gesättigt (sogenannte Paraffine, z. B. Aethan), Stoffe mit einer C-Doppelbindung als ungesättigt, d. h. wegen der großen Bereitschaft zur Sättigung reaktionsfreudig (Olefine, z. B. Aethen). KWS mit C-Dreifachbindungen sind extrem ungesättigt (Aethin).

Je nach Anordnung der C-Atome zu Ketten oder zu Ringen unterscheidet man aliphatische und cyclische KWS. Moleküle, die in mehreren (unverzweigten und verzweigten) Anordnungen auftreten, heißen Isomere (z. B. Butan C_4H_{10}, Isobutan C_3H_7-CH_3). Cyclische Paraffine (Anzahl H-Atome = 2 • Anzahl C-Atome) bilden die sehr kältebeständigen Naphtene, KWS mit ringförmiger, zwischen Doppel- und Einfachbindung alternierender C-Atomanordnung sind Aromate (z. B. Benzol C_6H_6, hohe Wärmebeständigkeit).

Erdöl besteht aus gesättigten KWS. Die Aufgabe der Raffinerien liegt darin, dieses Gemisch hinsichtlich weiterer Verwendungszwekke zu zerlegen und gegebenenfalls die chemische Struktur der Komponenten zu verändern, d. h. Paraffine in Olefine umzuwandeln. Ein zwangsläufiges Charakteristikum dieser Zerlegung ist die sogenannte Koppelproduktion von leichten (z. B. Benzin, Dieselöl) und schweren (z.B. schweres Heizöl) Komponenten, für die aber i. a. recht unterschiedlicher Bedarf besteht (Bild 3.1.11):

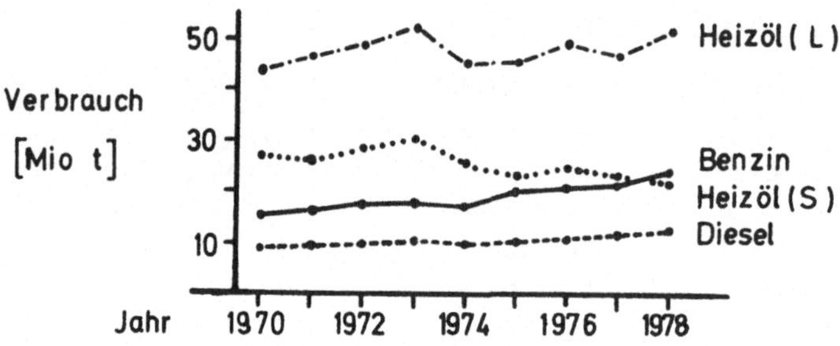

Bild 3.1.11: Verbrauch in Mio t aufgeschlüsselt nach Hauptnutzanwendungen (nach [12])

Während bei einfach konzipierten Heizölraffinerien der Anteil nicht absetzbarer schwerer Heizöle zu groß ist, versucht man in der Kraftstoffraffinerie durch Zuschaltung von "Crackanlagen" die Kraftstoffausbeute zu optimieren, beim dritten (petrochemischen) Raffinerietyp stehen die Anforderungen ("Olefinierung") der weiterverarbeitenden chemischen Industrie im Vordergrund.

Den ersten Raffinierungsschritt bildet die fraktionierende Destillation, die eine Trennung der Komponenten nach deren unterschiedlichen Siedepunkten vornimmt: Das erhitzte Rohöl wird in durch sogenannte "Glockenböden" unterteilte "Toppkolonnen" geleitet (Bild 3.1.12) [27]. Die schwereren Dämpfe haben höhere Siedepunkte (T ~ 350° C), sie kondensieren zuerst und werden in Becken

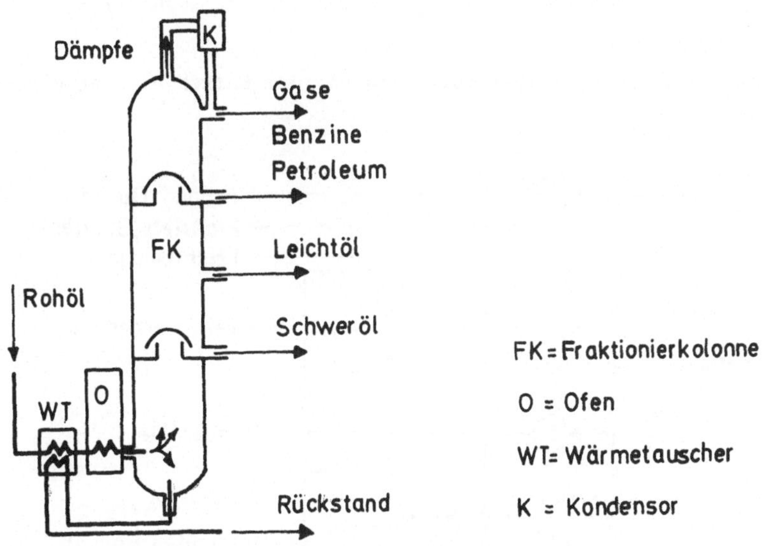

Bild 3.1.12: Schema der Fraktionierung einer Raffinerie

aufgefangen; je leichter die Dämpfe (Benzinsiedepunkt ~ 100° C) sind, desto höher steigen sie auf und werden gegebenenfalls "über den Topp" abgeleitet.

Diese Grobunterteilung reicht aber noch nicht aus, die Chemiker verwenden noch weitere Trennverfahren:

Das Extrahieren beruht auf unterschiedlichem Lösungsverhalten verschiedener KWS in z. B. Wasser.

Beim Reformieren werden die chemischen Eigenschaften von KWS unter dem Einfluß von Katalysatoren "verbessert", z. B. Aromatisierung von Paraffinen, Naphtenen, Isomerisierung von Paraffinen zu Isoparaffinen:

$$C_8H_{18}\ \text{Oktan} \begin{cases} \xrightarrow{\text{Isom.}} C_5H_9 - 3\ CH_3\ \text{(Isooktan)} \\ \xrightarrow{\text{Arom.}} H_2 + C_2H_6\ \text{(Aethan)} + C_6H_6\ \text{(Benzol)}. \end{cases}$$

Hierbei anfallender Wasserstoff wird bei der Entschwefelung eingesetzt:

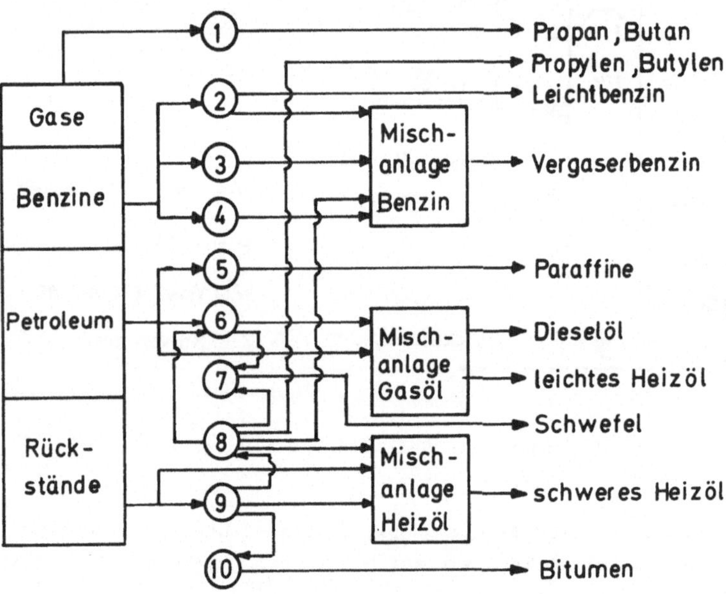

1 Flüssiggastrennanlage
2 Isopentan-Erzeugung
3 Raffinierung von Benzin
4 Reformierung
5 Normal-Paraffin-Erzeugung
6 Entschwefelung und Veredelung
7 Schwefel-Erzeugung
8 Katalytisches Cracken
9 Vakuum-Destillation
10 Bitumen-Erzeugung

Bild 3.1.13: Verfahrensschritte nach der Fraktionierung

Das Cracken spaltet lange KWS-Ketten in kürzere:

(3.1.13) z. B. Pentaeikosan
(Gas-Öl $C_{25}H_{52}$) → Propen C_3H_6
+ Butan C_4H_{10}
+ Okten C_8H_{16}) wichtige
) Benzin-
+ Decen $C_{10}H_{20}$) komponenten

Technische Verfahren sind:

- das rein thermische Cracken,
- das katalytische Cracken (häufiger verwendeter Katalysator: SiO_2 - Al_2O_3),
- das Hydrocracken (der zusätzlich eingesetzte Wasserstoff (500 m³/t) bewirkt in einem technisch aufwendigen und teuren Verfahren [6] eine wesentliche Verringerung von Koksrückständen. Die erzielte Benzinausbeute beträgt bis 60 %, die Heizölausbeute 30 % des eingesetzten Stoffes [12].

Weitere "Behandlungsmethoden" in diesem Falle spezieller, chemisch reiner KWS sind:

- das Alkylieren (umgekehrtes Cracken - wichtig für Flugbenzinerzeugung),
- das Polymerisieren (nebenproduktfreies Aneinanderhängen gleichwertiger Moleküle),
- die Molekularsiebtrennung.

Die Aufbereitung von Erdgas erfordert keinen vergleichbar großen technischen Aufwand wie beim Erdöl. Während trockenes "süßes" Gas direkt von den Feldern in die Versorgungsleitungen eingespeist wird, bedarf es bei "Sauergas" einer Entschwefelung und CO_2-Entfernung [12] mit einem der Verunreinigung proportionalen Aufwand.

3.1.4.2 Erzeugung von Heizwärme mittels flüssiger und gasförmiger fossiler Brennstoffe

40 % des gesamten Endenergieaufkommens in der BRD 1980 wurde für Raumheizungszwecke aufgewendet: 103,2 Mt SKE (Abschn. 2). Private Haushalte verbrauchten insgesamt 69 Mt SKE, im weitaus überwiegenden Teil zum Heizen: 79 % (Licht 8 %, Warmwasser 11 %, Kochen 2 %)! Für Wärme im deutschen Haushalt sorgte zu 59 % Öl, 23 % Erdgas, 9 % Kohle/Koks, 5 % Strom und 4 % Fernwärme [36]. Für die in Privathaushalten heute meist benutzten Gasthermen bzw. Ölbrenner ergeben sich Wirkungsgrade um 90 %. Durch neue gesetzliche Bestimmungen wird der Mindestwirkungsgrad solcher Anlagen je nach Brennerleistung auf etwa 82 % festgelegt. (Gemessen wird der Wirkungsgrad in der Praxis durch Messung der Temperaturdifferenz von Ansaugluft und Abgas, ΔT, sowie des prozentualen CO_2-Gehalts des Abgases, P_{CO_2}:

$$\eta = f \cdot \frac{\Delta T}{P_{CO_2}} .$$

f ist eine brennerabhängige Konstante; sie beträgt für

Ölbrenner $f_{Heizöl} = 0{,}59\ (^\circ C)^{-1}$,

Gasthermen $f_{Gas} = 0{,}42\ (^\circ C)^{-1}$ [20].

3.1.4.3 Antrieb von Motoren

Ottomotoren bei einer durchschnittlichen Fahrleistung von 14 000 km/Jahr und 10 Jahren Lebensdauer "erleben" etwa $6 \cdot 10^8$ Zündungen von Benzin-Luftgemischen mit einer Temperatur von $2\,000^\circ - 2\,500^\circ$ C und Drücken von etwa 30 bar. Dies stellt hohe Anforderungen an die Qualität des Benzins, es muß zwar hervorragend verbrennen, darf sich an heißen Stellen im Zylinder aber nicht von selbst entzünden (klopfen).

Maß der Klopffestigkeit ist die Oktanzahl eines Kraftstoffs, der prozentuale Anteil von klopffestem Isooktan (C_8H_{18}) in einem Isooktan-Normalheptan (C_7H_{16} - klopffreudig)-Gemisch, das in einem Testmotor dieselben Klopfeigenschaften wie der zu untersuchende Kraftstoff entwickelt.

Das Maß ROZ (Research Oktanzahl) wird beim Beschleunigen gemessen, MOZ (Motoroktanzahl) bei konstanter Drehzahl. Normalbenzin muß mindestens 91 ROZ/83 MOZ [37] vorweisen, Super 98 ROZ/88 MOZ. Blei als Antiklopfmittel darf in der BRD nur zu 0,15 g/l enthalten sein.

In der Praxis besteht Benzin zu etwa (5 - 10) % aus Olefinen, (30 - 40) % aus Aromaten und (50 - 65) % aus Paraffinen, Naphtenen [12].

Der ideale Wirkungsgrad des Ottomotors beträgt bei einem Verdichtungsverhältnis von 1 : 8

$$\eta \approx 56\ \% \quad \text{(Abschn. 6.2).}$$

Da aber beim Ottomotor (Wärmekraftmaschine mit offenem Kreislauf) das Betriebsmittel den Kreislauf nach einmaligem Durchlauf als heißes Auspuffgas verläßt, ist der tatsächliche Wirkungsgrad viel geringer. Seine ungefähre Größe soll am Beispiel einer einstündigen s = 100 km-langen PKW-Fahrt auf der Autobahn abgeschätzt werden:

M_{PKW}	=	1000 kg
Querschnittsfläche F_{PKW}	=	1,5 m^2
Rollarbeit	=	$\mu \cdot M_{PKW} \cdot g \cdot s$ = 19,6 MJ
Rollwiderstand (Reibungskoeffizient) Auto - Straße μ	=	0,02 [38]
Arbeit gegen den Luftwiderstand	=	$c_W \cdot \frac{\rho_L}{2} v^2 \cdot F_{PKW} \cdot s$ = 26,2 MJ
Luftwiderstandsbeiwert c_W	=	1 quadratisches Profil
	=	0,04 ideale Stromlinienform (Tropfen)
	=	0,35 heute etwa erreichbarer Wert für PKW
Dichte der Luft ρ_L	=	1,29 g/l

Benzinverbrauch 10 l ~ 300 MJ

$$\eta_{REAL} \text{ (Schätzung)} = \frac{19{,}6 + 26{,}2}{300 \cdot 0{,}9 \text{ (Getriebeverluste)}} = 0{,}17 \,\%$$

Man beachte, daß die Verdopplung der Geschwindigkeit die Arbeit gegen die Luft vervierfacht, ein Auto, das 200 km/h maximal erreicht, benötigt also etwa eine um den Faktor 4 erhöhte Motorleistung als eines, das 100 km/h erreicht.

Der Gesamtwirkungsgrad der Energiekette von Erdöl bis zur PKW-Nutzlast-Fahrt besteht aus folgenden Faktoren:

0,91 (Raffinerie) • 0,98 (Vertrieb) • 0,17 (Motor) • 0,9 (Getriebe) • 0,35 (Nutzlast/Gesamtgewicht) ~ 4,5 % !

Beim Dieselmotor [18] (der mit höherer Kompression arbeitet) beträgt diese Zahl ~ 5,5 %. Der reine Motorwirkungsgrad ist mit 20 % also etwas höher als beim Ottomotor. (Mit sehr langsam drehenden Großdieselaggregaten, z. B. Schiffsmotoren, lassen sich sogar Werte von 50 - 60 % erzielen.)

Mögliche Alternativen wären Rankine- und Stirling-Maschine sowie die Brayton-Turbine [40]. Eine mögliche Wirkungsgradsteigerung auf Werte von etwa 30 % muß aber i. a. durch erhöhten Anschaffungspreis bzw. erhöhtes Materialgewicht erkauft werden. (Nähere Informationen entnehme man Abschn. 6.2.2, insbesondere Tab. 6.2.1.)

Bei Verwendung von Treibstoffen auf Kohlebasis muß zusätzlich noch der Umwandlungswirkungsgrad (etwa 50 %) berücksichtigt werden, so daß man in einer groben Schätzung das Verhältnis

$$\frac{\text{Preis für Benzin aus Kohle}}{\text{Preis für Benzin aus Erdöl}} \approx 2$$

erwarten sollte (ohne den jeweiligen Steueranteil von derzeit etwa 50 %).

Preis für 1 l Kohlebenzin

= (derzeit Preis für Benzin • 2) + Steueranteil
(aus Erdöl (ohne Steueranteil))

= 0,75 • 2 + 0,75 = 2,25 DM/l

Die relativen Preisverhältnisse verschiedener Treibstoffe auf Kohlebasis, bezogen auf gleichen Brennwert, lassen sich hingegen genauer festlegen [41]:

Tabelle 3.1.12: Treibstoff auf Kohlebasis (nach [12])

Energieträger aus Kohle	Treibstoff/100 km		Kosten/100 km	Eigenschaften
	Gewicht kg	Volumen l	DM	
Benzin	10	14	31,00	problemlos
Diesel	10	14	27,00	problemlos
CH_3-OH Methanol	19	24	29,50	günstige Abgaswerte
CH_4 Methan, flüssig	9	19	37,20	Siedepunkt -175° C, Kryotank erforderlich, günstige Abgaswerte
H_2 flüssig (Abschn. 6.6)	3,6	50	ca. 35	ideales Abgas, Kryotank erforderlich, starke Sicherheitsrisiken

Methanol hat zwar einen niedrigeren Brennwert als Benzin (0,8 kg SKE gegenüber 1,49 kg SKE), erreicht aber hohe Oktanzahlen, d. h. ermöglicht hohe Verdichtungen. Der Einsatz von Methanol als Benzinersatz bzw. -beimengung ist zwar nicht problemlos (reines Methanol: Kaltstartprobleme, Schmierungsprobleme; Methanol/Benzin-Mischungen entmischen sich), aber durch Beigaben diverser Komponenten realisierbar. Methanol läßt sich durch Reaktion an hochporösen Al-SiO_2-Katalysatoren (Zeolithen) auch in konventionelle Otto-Kraftstoffe umwandeln (Mobil-Oil-Verfahren).

3.1.4.4 Antrieb von Wärmepumpen mit fossilen Brennstoffen

Wärmepumpen, auf die in Abschnitt 6 noch ausführlich eingegangen wird, sind Wärmekraftmaschinen, die den in Abschnitt 1.3 beschriebenen Zyklus einer idealen Wärmekraftmaschine in umgekehrter Richtung durchlaufen, d. h. bei niedrigen Temperaturen (T_2) Wärme aufnehmen, bei hohen (T_1) abgeben: Paradebeispiel ist der Kühlschrank.

Der Wirkungsgrad ist definiert als das Verhältnis der bei hohen Temperaturen abgegebenen Wärme zur Antriebsenergieaufnahme der Wärmepumpe:

$$(3.1.11) \qquad \eta_{WP}^{ID} = \frac{W_1}{A} = \frac{1}{\eta_{WKM}^{ID}} = \frac{T_1}{T_1 - T_2} > 1$$

η_{WP}^{ID} ist somit umgekehrt proportional zur Temperaturdifferenz, was eine Wärmepumpe im Sommer effektiver macht als im Winter. Daß der Wirkungsgrad Werte > 1 annimmt, ist natürlich keine Verletzung des Energiesatzes: Die abgegebene Wärme W_1 (T_1) setzt sich zusammen aus der aufgenommenen Wärme W_2 (T_2) und der Antriebsenergie der Pumpe. Diese kann betrieben werden entweder mit einem Elektromotor oder mit einem fossil befeuerten Verbrennungsmotor. Es läßt sich zeigen, daß nur in letzterem Fall ein realer Wirkungsgrad mit Werten deutlich über 1 zu erreichen ist (Abschn. 3.2.5.2), und zwar sowohl mit einer nach dem Absorber- als auch nach dem Kompressorprinzip arbeitenden Wärmepumpe (Abschn. 6.3).

3.1.4.5 Antrieb von Gasturbinen und Magnetohydrodynamischen Generatoren (MHD)

In Gasturbinen wird die kinetische Energie eines Gases in Rotationsenergie des Turbinenläufers umgewandelt. Die Einbringung der Energie geschieht durch Erhitzung, die Entnahme in der Turbine bewirkt eine Temperaturminderung (Gleichdruck-Aktionsturbine) oder Druck- und Temperaturminderung (Überdruck-Reaktionsturbine). Der elektrische Wirkungsgrad einer Gasturbine mit vorgeschaltetem Brenner beträgt etwa (offener Kreislauf) 22 - 30 % (Tab. 3.1.8).

Bedeutung haben Gasturbinen bei Heizkraftwerken oder bei Ausnutzung der in den heißen Brennerabgasen normaler Dampfkraftwerke gespeicherten Energie, wobei die Turbine Abgastemperaturen bis ungefähr 1000° C verkraftet. Die Steigerung des Gesamtwirkungsgrades einer Kraftwerksanlage mit "Abgasturbine" beträgt zwar nur wenige Prozent [21], aber die schnelle Zuschaltmöglichkeit der Turbine hilft Spitzenbelastungen abzufangen (s. auch Abschn. 3.1.3.1).

Beim magnetohydrodynamischen Wandler MHD versucht man den Wirkungsgrad gemäß Gleichung (1.3.2) durch Nutzung von Wärme bei Temperaturen T_1 um 2000° C gegenüber dem konventioneller Kraftwerke deutlich zu steigern. Zur Stromerzeugung nutzt man dabei den Effekt aus, daß bei diesen hohen Temperaturen Gase ionisiert werden und beim Durchlaufen eines Magnetfeldes Strom erzeugen (Abschn. 6.4): Dem konventionellen Teil eines Dampfkraftwerks wird hierbei ein "ultraheißer" Gaskreislauf mit spezieller düsen-ähnlicher Brennerform und MHD-Generator vorgeschaltet (Bild 3.1.14):

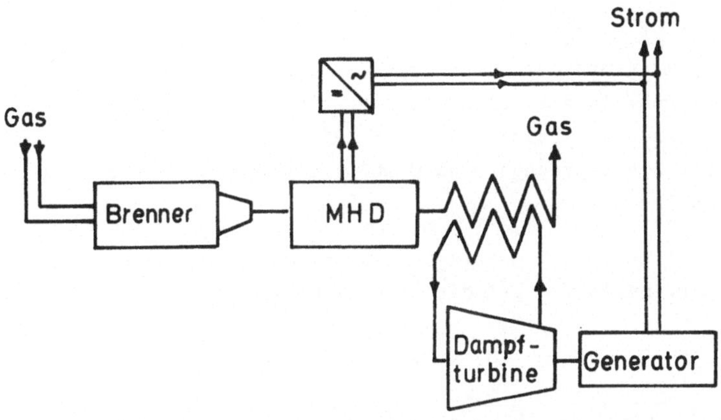

Bild 3.1.14: Prinzip eines Kraftwerks mit vorgeschaltetem MHD-Generator (nach [27])

Der zu erwartende Gesamtwirkungsgrad einer solchen Anlage sollte ungefähr 50 % betragen [18]: Eine Versuchsanlage in der Sowjetunion liefert zu konventionell erzeugter Stromleistung von 50 MW noch weitere 25 MW über MHD [27]. Die technisch sehr aufwendige Konstruktion des MHD selbst, sowie die Installation eines zweiten "hochtemperaturfesten" Kreislaufs erfordern aber sehr hohe Investitionskosten, so daß ein wirtschaftlicher Einsatz von MHDs in näherer Zukunft fraglich erscheint.

3.1.5 Umweltbelastung bei der Nutzung fossiler Brennstoffe

Umweltbelastung durch den Gebrauch von Kohle blickt auf eine lange Geschichte zurück: Schon 1257 verließ die Frau Heinrichs III von England die Stadt Nottingham aus Furcht vor dem Kohlestaub, im 16. Jahrhundert existierte ein Notfond für die Beseitigung von Gebäudeschäden durch Kohlenrauch an der St. Pauls-Kathedrale in London [42].

Die Industrialisierung und die damit verbundene Steigerung des Einsatzes fossiler Brennstoffe verwandelte im Zeitraum von etwa 200 Jahren solche lokalen Beeinträchtigungen in globale Probleme mit z. T. heute noch unübersehbaren Folgen.

Abwärme, als grundsätzliches Problem jeglicher Energienutzung, kann sehr wohl lokale Beeinträchtigungen hervorrufen, ist aber global vernachlässigbar: Die $8{,}7 \cdot 10^9$ t SKE jährlicher Weltenergieverbrauch entsprechen etwa 0,005 % der von der Sonne eingestrahlten Energie.

Ebenfalls prinzipiell unvermeidlich bei der Energiegewinnung aus fossilen Brennstoffen ist die Produktion von CO_2:

$$C + O_2 \rightarrow CO_2 + 4{,}5 \text{ eV (Abschn. 3.1.2.1)}$$

Nicht vollständiger Abbrand sowie das Vorhandensein anderer Elemente als C in Steinkohle verringern diesen stöchiometrischen Wert, so daß bei Verbrennung von 1 t Steinkohle 2,9 t CO_2 an die Atmosphäre zwangsläufig emittiert werden. Leider besteht für das Kohlendioxid keine praktikable Möglichkeit des Rückhalts.

Der vornehmlich durch das Verbrennen fossiler Brennstoffe, aber auch durch das Abholzen tropischer Regenwälder bedingte CO_2-Anstieg in der Atmosphäre läßt - über den Treibhauseffekt - schon in absehbaren Zeitspannen von 50 - 100 Jahren drastische Verschiebungen der Klimazonen erwarten, wovon zumindest der Lebensraum eines großen Teils der Erdbevölkerung bedroht wird. Auf dieses wahrscheinlich gewichtigste Problem der Umweltbelastung durch Energiebereitstellung wird in Abschnitt 8.3 im Detail eingegangen.

Die Emission von weiteren Schadstoffen bei der Nutzung der verschiedenen fossilen Energieträger ist in Tabelle 3.1.13 - bezogen

Tabelle 3.1.13: Schadstoffemission bei der Nutzung der verschiedenen fossilen Energieträger, bezogen auf den Einsatz von jeweils 1 t SKE

Emission an → bei Nutzung von ↓	SO_2	NO_x (†)	C_mH_n	CO	Staub, Ruß, Blei
	(Mittelwerte $\frac{kg}{t\ SKE}$)				
1 Steinkohle SK in Kraftwerken	26	7	0,1	0,5	3,5 (St) 0,01 (Bl)
2 Steinkohle bei industrieller Nutzung	26	6,5	0,5	5	6,7 (St) 0,02 (Bl)
3 Steinkohle bei privater Nutzung	20	1,5	5	50	24 (St) 0,07 (Bl)
4 Braunkohle BK in Kraftwerken	23	8,5	0,1	0,1	4,5 (St) 0,015 (Bl)
5 Heizöl (S) bei industrieller Nutzung + in Kraftwerken	23	5	0,8	0,2	1,5 (St)
6 Heizöl (L) bei industrieller Nutzung	8	5	0,8	0,2	1,5 (St)
7 Heizöl (L) bei privater Nutzung	8	1,5	0,2	1,0	0,2 (St)
8 Gas in Kraftwerken + Industrie	-	5	-	-	-
9 Gas bei privater Nutzung	-	1,5	-	-	-
10 Benzin im Straßenverkehr ⊕	0,38	9,5	9,0	245	0,38 (Bl)
11 Diesel im Straßenverkehr ⊕	3,8	7,3	1,8	28,5	1,5 (Ru)

⊕ *1000 l = 1,05 t SKE. Nach einer Studie im Auftrage des BMFT für das Durchschnittsfahrverhalten gilt: 60 % Stadt, 30 % Landstraße, 10 % Autobahn. Die Zahlen in Zeilen 10 und 11 wurden entsprechend gemittelt.*

† $NO_x = NO, NO_2, NO_3, N_2O, \ldots, N_2O_6$

auf gleiche Mengen an Primärenergie-Einsatz, in Tabelle 3.1.14 bezogen auf die Gesamtmenge an Primärenergie-Einsatz durch verschiedene Benutzer zusammengestellt (Zahlen aus [43,53]).

Tabelle 3.1.14: Anteil von 11 Hauptbenutzergruppen an der Emission verschiedener Schadstoffe (10^6 t)

		SO_2	NO_x	C_mH_n	CO	Staub, Ruß, Blei	Total
1	(SK. Strom)	0,933	0,25	0,0036	0,018	$0,13^{St}$	1,08
2	(SK. Ind.)	0,953	0,238	0,018	0,18	$0,245^{St}$	1,63
3	(SK. Priv.)	0,11	0,0082	0,028	0,273	$0,13^{St}$	0,55
4	(BK. Strom)	0,874	0,323	0,0038	0,0038	$0,171^{St}$	1,38
5	(Öl,S Ind.)	0,69	0,15	0,024	0,006	$0,045^{St}$	0,92
6	(Öl,L Priv.)	0,5	0,09	0,0125	0,06	$0,0124^{St}$	0,67
7	(Öl,L Ind.)	0,1	0,065	0,01	0,01	$0,02^{St}$	0,2
8	(Gas Ind. Strom)	-	0,2	-	-	-	0,2
9	(Gas Priv.)	-	0,033	-	-	-	0,033
10	(Benzin PKW)	0,0125	0,313	0,3	8,1	$0,00125^{Bl}$	8,73
11	(Diesel LKW)	0,0646	0,124	0,03	0,49	$0,026^{Ru}$	0,73
12	BRD (1981)	4,24	$1,8^{+}$	0,43	9,14	$0,75^{St}$	16,36
13	BRD (1970)	3,6	1,3	0,4	7,8	$0,8^{St}$	13,9
14	Welt (1981)	99,6	42,3	10,1	214,8	$17,6^{St}$	384,4

+ *Hinzu kommen noch ca. $1 \cdot 10^6$ t NO_x aus dem Einsatz von Kunstdünger.*

Die Zahlen wurden durch Multiplikation der Zahlen aus Tabelle 3.1.13 mit den sich aus Abschnitt 3.1.1 bzw. 3.1.4 ergebenden Verbrauchsaufschlüsselungen errechnet, letztere wurden in Zeile 14 als auch für die Welt gültig angenommen.

Emissionssenkende Maßnahmen, wie z. B. Rauchgasentschwefelung oder Wirbelschichtbefeuerung für Kohlekraftwerke könnten zu einer Senkung dieser für 1975 gültigen Emissionswerte insbesondere von SO_2 und NO_x geführt haben. Die Angaben für die Gesamtausstoßmenge SO_2 schwanken zwischen $3,5 \cdot 10^6$ t (BRD, 1981) [26] und $4,05 \cdot 10^6$ t [46], davon gehen etwa 5 % zu Lasten der chemischen Industrie [12]. Der in Tabelle 3.1.14 angegebene Wert ist mit diesen Zahlen konsistent, wenn man bedenkt, daß 1981 etwa 14 % der Steinkohlekraftwerke mit Entschwefelungsanlagen arbeiten [26] und andere Emittenten ebenfalls Schwefelrückhaltemaßnahmen zahlenmäßig noch nicht erfaßter Wirksamkeit durchgeführt haben.

Aus Tabelle 3.1.14 entnimmt man z. B., daß bei der Stromerzeugung auf fossiler Brennstoffbasis zwar nur etwa 15 % aller Emissionen (ohne CO_2) anfallen, aber z. B. ca. 43 % der SO_2-Emission, der Autoverkehr hingegen fast den gesamten Kohlenmonoxidausstoß und somit etwa 58 % aller Emissionen überhaupt verursacht.

Im folgenden werden die "ökologischen" Auswirkungen und Möglichkeiten der Reduzierung der einzelnen Emissionen untersucht.

Die Emission von Schwefeldioxid, SO_2: Ihr kommt (Stichwort "Saurer Regen") die größte Aktualität zu: Obwohl der durch natürliche Verwesungsprozesse entstehende Schwefelgehalt ($\sim 65 \cdot 10^{-9}$ g/m^3 Luft) global in derselben Größenordnung liegt wie die zusätzliche Emission, kann das Verhältnis (zusätzliche Emission/natürliche Emission) in Ballungsgebieten Werte von 100 - 1000 annehmen. SO_2 ruft schon in geringer Konzentration (einige Milligramm/m^3 Luft) bei Menschen Schleimhautreizungen und Bronchialmuskulaturverkrampfungen hervor, was besonders bei Kranken und Alten zusätzlich Gesundheitsrisiken bedingt. Schätzungen schwanken zwischen 1000 und 10000 Toten durch SO_2 pro Jahr in der BRD (Abschn. 8). Pflanzen reagieren, wahrscheinlich durch eine Hemmung der Photosynthese [47], noch empfindlicher: Schon wenige Stunden nach Entstehen der Belastung können sich Blätter verfärben; im Umkreis älterer SO_2-erzeugender Anlagen verödete die Landschaft. Biologen haben darüber hinaus gezeigt, daß sich Hydrogen-Sulfit-Ionen (HSO_3^-) in Desoxyribonucleinsäuremolekülen anlagern und somit Erbanlagen verändern können [47], so daß zumindest prinzipiell die Schwefelemission auch genetische Schäden hervorrufen könnte.

Der in den sechziger Jahren begonnene Bau hoher Schornsteine befreite zwar von lokalen Sorgen extrem belasteter Ballungszentren und gab somit zur Erfolgsmeldung über rückläufige SO_2-Imissionen in Ballungsgebieten Anlaß, exportierte jedoch das Problem lediglich.

Das Schwefeldioxid verbindet sich in der Luft mit Wasser letztlich zu Schwefelsäure, die mit dem Regen zur Erdoberfläche zurückkehrt.

Mögliche Reaktionen der Bildung der Schwefelsäure sind:

(3.1.15) $2\ SO_2 + O_{2,Luft} \rightarrow 2SO_3; \qquad SO_3 + H_2O \rightarrow H_2SO_4$

(3.1.16) $SO_2 + H_2O \rightleftarrows H^-SO_3 + H^+ \xrightarrow{\text{Oxidation}} H_2SO_4$

(In älteren Lehrbüchern wird das Ionengemisch $H^-SO_3 + H^+$ auch als schweflige Säure H_2SO_3 bezeichnet, die nur als Lösung im Wasser existiert und bei Extraktion sofort in $H_2O + SO_2$ zerfällt.)

Maß für den Säureanteil einer Flüssigkeit ist der pH-Wert, d. h. der negative Logarithmus (zur Basis 10) der H^+-Ionenkonzentration [g/l].

$$pH = 0 \ \hat{=}\ 10^0\ gH^+/l \quad \text{extrem sauer}$$

$$pH = 7 \ \hat{=}\ 10^{-7}\ gH^+/l \quad \text{neutral}$$

$$pH = 14 \ \hat{=}\ 10^{-14}\ gH^+/l \quad \text{extrem alkalisch}$$

Schon 1974 fiel in Schottland Regen mit einem pH-Wert 2,5 [43], dem pH-Wert von Tafelessig entsprechend. Besonders betroffen vom sauren Regen sind Gebiete mit silikatreichen und kalkarmen Gesteinen (Skandinavien, z. T. deutsche Mittelgebirge), weil hier die Möglichkeit fehlt, die Säure insbesondere durch Reaktion mit Kalkstein $CaCO_3$ zu neutralisieren:

(3.1.17) $H_2SO_4 + CaO \rightarrow CaSO_4 + H_2O$

(3.1.18) $(H^-SO_3 + H^+) + CaO \rightarrow CaSO_3 + H_2O$

$(H^-SO_3 + H^+) + CaCO_3 \rightarrow CaSO_3 + H_2O + CO_2$

Calcium-carbonat → Calcium-sulfit

(3.1.19) $CaSO_3 + O + H_2O \rightarrow CaSO_4 \cdot 2\,H_2O$ (Gips)

Die Auswirkungen des sauren Regens auf die Biosphäre - vornehmlich von SO_2 verursacht, aber auch merklich von den Stickstoffoxiden, NO_x (s. folg. Abschn.) sind vielschichtig und von Ort zu Ort sehr unterschiedlich: So wird z. B. das beobachtete Waldsterben sowohl durch direkte Einwirkung des Schwefels auf Blätter und Nadeln der Bäume als auch über vermehrte Lösung toxischer Schwermetalle im Boden und über Förderung von Pilzerkrankungen der Wurzeln, beides durch die eingeregnete Säure, verursacht [48].

Die alarmierenden Folgen der sauren Regen haben die Politiker veranlaßt, Richtlinien für die Maximalemissionswerte von SO_2 festzulegen. Die für die BRD geltende technische Anweisung Luft [12] legt für neuerrichtete Großfeuerungsanlagen mit einer thermischen Leistung von mehr als 4 TJ/a (~ 420 MW_{el}) je nach Standort zwischen 650 und 850 Milligramm SO_2 pro m^3 Rauchgas fest: Stand 1974. Eine Verordnung [148] (1981) setzt als neue Obergrenze sogar 400 mg/m^3 an und verlangt die Umrüstung bereits bestehender Kraftwerke innerhalb von 5 Jahren, bzw. - falls letztere den Betreibern bei veralteten Anlagen zu unökonomisch erscheint - die Stillegung innerhalb von 10 Jahren.

Die 26 kg SO_2/t SKE, die derzeit noch emittiert werden (Tabelle 3.1.14) entsprechen (grob genähert) etwa 2,7 g/(m^3 Abgas). Die T. A. Luft (Verordn. über Großfeuerungsanlagen, Feb. 83) fordert also eine Reduktion um ungefähr 85 %.

Praktikable Entschwefelungstechniken gliedern sich in drei Gruppen, von denen eine bereits vorgestellt wurde (Abschn. 3.1.3.1):

Die Entschwefelung bei der Verbrennung im Wirbelschichtverfahren [44] ermöglicht eine bis zu 95 % Entschwefelung durch Beigabe von Kalkstein. Nachteilig ist hier, daß die Umrüstung bereits bestehender Anlagen i. A. nicht möglich ist.

Bei der Entschwefelung der Kohle vor der Verbrennung kann man 3 Wege gehen:

i) Physikalische Entschwefelung
Da (20 - 70)% des in der Kohle befindlichen Schwefels mit

Eisen zu FeS_2 (Pyrit, Feuerstein) gebunden ist, Pyrit aber schwach paramagnetisch ist, läßt sich durch das Anlegen starker Magnetfelder eine Kohle-Pyrit-Trennung vornehmen: Eine Pilotanlage in Essen [21] sammelt erste Erfahrungen. Die Erzabtrennung ist auch durch Waschverfahren oder auf elektrostatischem Wege möglich, gemeinsam ist diesen Methoden derzeit aber noch ein hoher Kohleverlust [12] und eine geringe Effizienz.

ii) Chemische Entschwefelung

Hier lassen sich, allerdings mit großem Aufwand mit damit hohem Preis bzw. Energieeinsatz, sehr gute Abtrennungseffizienzen erreichen: Das Meyer-Verfahren [50] basiert auf folgender Reaktion:

$$FeS_2 + \underset{\text{Eisen(III)sulfat}}{4{,}6\ Fe_2(SO_4)_3} + 4{,}8\ H_2O \rightarrow \underset{\text{Eisen(II)sulfat}}{10{,}2\ FeSO_4} + 0{,}8\ S + 4{,}8\ H_2SO_4$$

$$9{,}6\ FeSO_4 + 2{,}4\ O_2 + 4{,}8\ H_2SO_4 \rightarrow 4{,}8\ Fe_2(SO_4)_3 + 4{,}8\ H_2O$$

Nachteil: Lange Kontaktzeiten erforderlich.

Weitere Verfahren:

- Umwandlung von FeS_2 mit wäßriger Natronlauge zu Natriumsulfid unter Druck und Temperatur (~ 300° C),
- ebenfalls unter Druck (~ 50 bar) und Temperatur (200° C) erfolgende oxidative Entschwefelung mit O_2 und H_2O zu H_2SO_4.

Selbst Thiobacillus ferrooxidans [8] könnte beim Kampf gegen den sauren Regen mithelfen: Bei der in mehreren Schritten ablaufenden Reaktion

$$6\ FeS_2 + 6\ H_2O + 21\ O_2 \rightarrow 6\ FeSO_4 + 6\ H_2SO_4$$

können diese Bakterien beschleunigend wirken [12].

iii) Kohleverflüssigung, -vergasung mit anschließender Entschwefelung der Endprodukte
Der dann i. A. als Schwefelwasserstoff H_2S gebundene Schwefel wird dabei im "Claus-Ofen" nach der Reaktion

$$2\,H_2S + O_2 \rightarrow 2\,S + 2\,H_2O \text{ bzw. } 2\,H_2S + SO_2 \rightarrow 3\,S + 2\,H_2O$$

zu elementarem Schwefel verbrannt (Claus-Verfahren).

Entschwefelung nach der Verbrennung: Von mehr als 70 verschiedenen technischen Verfahren zur Rauchgasentschwefelung seien vorgestellt:

Kalk(CaO)/Kalkstein($CaCO_3$)-Waschverfahren: Die chemischen Reaktionen sind identisch mit Gleichungen (3.1.17) - (3.1.19). In der Praxis werden die SO_2-Dämpfe durch wäßrigen CaO- bzw. $CaCO_3$-Schlamm gepumpt. Das entstehende Calciumsulfit ist ein Umweltgift und wird durch eine nachgeschaltete Oxidation in harmloses und sogar weiterverwertbares Gips ($CaSO_4 \cdot 2\,H_2O$) verwandelt. (Die Effizienz des Verfahrens kann bis zu 99 % betragen.) Störende Ablagerungen des Calciumsulfits werden durch zusätzliche Einspeisung von Ameisen- bzw. Salzsäuredämpfen vermieden: Saarberg-Hölter-Verfahren. Technische Praktikabilität beweist das Verfahren in dem bereits erwähnten Völklinger Modellkraftwerk. Weitere - besonders in Japan, einem Vorreiter im Kampf gegen den sauren Regen - entwikkelte Varianten werden z. Zt. in der BRD getestet: Kraftwerk Mehrum.

Bei der Magnesiumoxidwäsche wird analog das SO_2 mit MgO bzw. $Mg(OH)_2$ zu Magnesiumsulfit und Magnesiumsulfat ausgewaschen. Demselben Zwecke können Natriumsulfit, Natriumcarbonat dienen [43]. Bei diesem Prozeß reagiert Natriumcarbonat (Soda) $NaCO_3$ mit H_2O und SO_2 zu Natriumsulfit, H_2O und CO_2. Die Umkehrung dieses Prozesses liefert flüssiges SO_2.

Die Flugstaubentschwefelung nutzt das "natürliche" Vorhandensein von CaO, MgO bzw. Na_2O in der Asche insbesondere von Braunkohle aus: Dieses Verfahren gleicht dann die den Anwohnern von insbesondere Braunkohlekraftwerken wohlbekannte Tatsache aus, daß die Flugstaubzurückhaltung die SO_2-Emission gesteigert hat.

Abschließend erwähnt sei eine Variante, die in einem Lünener Kraftwerk der STEAG erfolgreich eingesetzt wird: Adsorption des etwa 110° C heißen SO_2 an Aktivkoks. Letzterer wird chemisch aufbereitet und ist wiederverwendbar.

Technisch ist die Entschwefelung also "machbar", im allgemeinen ist die Effizienz proportional den Kosten und häufig leider auch indirekt proportional dem Stromwirkungsgrad: Entschwefelung kostet Energie. Schätzungen von Experten [44] lassen für eine etwa 95 % SO_2-Reduktion eine Strompreis- bzw. allgemeine Endproduktpreissteigerung von (15 - 20) % erwarten: Ein Preis, den uns die Umwelt wert sein sollte!

Emission von Stickstoffoxiden, NO_x: NO, NO_2, NO_3, N_2O_6-Emissionen entstehen bei Verbrennung fossiler Brennstoffe insbesondere bei hohen Temperaturen ($T > 1000^\circ$ C). Die Verursacher entnehme man Tabellen 3.1.13 und 3.1.14. Die Gesundheitsschädigungen entstehen, ähnlich dem SO_2, hauptsächlich im Bereich der Atmungsorgane. Bei zusätzlichem Vorhandensein von Kohlenwasserstoffverbindungen in der Luft begünstigen sie die Bildung von Ozon (O_3) und damit die Bildung von photochemischem Smog (Sonnen-Smog, Los Angeles-Smog). Ozon seinerseits reizt die Atemwege und kann mit anderen luftverunreinigenden Verbindungen neue Schadstoffe bilden, z. B. mit NO_2 und H_2O Salpetersäure, einer weiteren wesentlichen Komponente des sauren Regens [42].

Die entschwefelnden Techniken der Rauchgaswaschung verringern den Stickoxidanteil nur um (10 - 15) % [12].(Grund: Stickstoff ist reaktionsunwillig. Der Aufspaltungsprozeß $N_2 \rightarrow 2\ N$ ist stark endotherm (170 kcal/Mol)).

Trotzdem werden diese Verfahren aber (wiederum insbesondere in Japan) zu einem simultanen SO_2/NO_x-Entzug weiterentwickelt.
Der SO_2-Entzug geschieht mit Hilfe von Kupferoxid zu Kupfersulfat. Letzteres wird mit H_2 und Wärme wieder in Kupferoxid und flüssige Schwefelverbindungen überführt: $CuO + SO_2 + O \rightarrow CuSO_4$. Der NO_x-Entzug kann z. B. in folgender Reaktion ablaufen:

$$4\ (NH_4)_2\ SO_3 + 2\ NO_2 \rightarrow 4\ (NH_4)_2\ SO_4 + N_2.$$

Ein wesentlicher Beitrag zur Senkung der NO_x-Emission besteht darin, die Stickoxide durch Senkung der Verbrennungstemperatur gar nicht erst zu bilden (Wirbelschichtbefeuerung oder Rückführung relativ kühler (450° C) Rauchgase in den Brenner können bis zu 75 % NO_x zurückhalten [12].

Emission von Kohlenmonoxid, CO: CO-Emissionen stammen zu ungefähr 95 % aus Autoabgasen. CO kann sich sehr viel besser als Sauerstoff an den roten Blutfarbstoff Hämoglobin anlagern und somit den Sauerstoffhaushalt behindern oder auch die Zellatmung blockieren. Die häufig als lästig empfundene TÜV-Abgaskontrolle ist also ein wichtiger Beitrag zum Umweltschutz: Ein PKW erzeugt bei durchschnittlicher Belastung (siehe Anmerkung zu Tabelle 3.1.13) etwa 7 m^3 Abgas pro Liter Benzin, d. h. der CO-Gehalt im Abgas beträgt etwa 3 %, der TÜV akzeptiert einen CO-Gehalt bis zu 5,5 % maximal. Bei schlecht eingestellten Vergasern beträgt der Anteil bis zu 10 %!

Emission von Kohlenwasserstoffen, C_mH_n: Hauptverursacher ist wiederum zu etwa 70 % der Autofahrer. Einige Kohlenwasserstoffe, z. B. Benzpyren, sind krebserregend, so daß das Einatmen schon geringer Konzentrationen ähnlich wie bei der Radioaktivität das Krebsrisiko um einen entsprechenden Faktor erhöht.

Staub-Emissionen: Die T.A.Luft (1974) schreibt einen Maximalwert von 150 mg/(m^3-Abgas) für neue Kraftwerke vor. Damals war die Emission mit etwa 300 mg/m^3 doppelt so hoch (Tab. 3.1.13 , die darin angegebenen Werte beziehen sich auf Mittelwerte emittierter Staubmengen 1975). Die technisch im Vergleich z. B. zur Entschwefelung weitaus unproblematischere Staubfilterung erlaubt aber eine Zurückhaltung von bis zu 99 % [42] der anfallenden Staubmengen. Der Einsatz neuer bzw. die Umrüstung alter Kraftwerke dürfte also die Staubemissionswerte um einen noch nicht neu ermittelten Betrag verringert haben.

Trotzdem wird eine Kraftwerkseinheit von 1 GW_{el} pro Jahr bei voller Auslastung mit einem Kohleeinsatz von ca. $3 \cdot 10^6$ t und optimaler Staubfilterung anstelle von 11200 t Staub nur noch etwa 100 t Staub in die Luft blasen, davon 230 kg an Schwermetallen, vor allem Blei und Cadmium und einige 100 kg an Arsen [39] . Der meist sehr feinkörnige Schwermetallstaub wird nämlich bei der Filterung (Korngröße ~ 3 µm) wesentlich schlechter zurückgehalten als normaler Staub, so daß sein relativer Anteil von 0,003 % auf 0,23 % steigt [45]. In dieser Menge an emittierten Schwermetallstäuben sind auch ca. 0,5 kg an radioaktiven Substanzen, vorwiegend Uran $^{238}_{92}U$, Radium $^{226}_{88}Ra$ und $^{228}_{88}Ra$, Blei $^{210}_{82}Pb$ und Thorium $^{228}_{90}Th$ mit einer Gesamtradioaktivität von ca. 1 Ci (Abschn. 3.6.1) enthalten. Die aus der *Emission radioaktiver Stoffe* aus der Gesamtheit aller Kohlekraftwerke in der BRD resultierende Strahlenbelastung beträgt maximal ca. 1 mrem/a [20]; dieser Wert entspricht etwa 1 % der Strahlenbelastung aus der natürlichen Radioaktivität (Abschn. 3.6.1.5).

Neben den Beeinträchtigungen und Gefahren, die durch die *Verbrennung* fossiler Stoffe entstehen, müssen natürlich auch jene aufgezählt werden, die durch die Beschaffung der Brennstoffe entstehen. Letztere betreffen zwar im allgemeinen nur bestimmte Gebiete oder bestimmte Personengruppen, müssen aber bei der Kalkulierung von Gesamtschadensrisiken und dem Vergleich zu den Risiken anderer Energieträger berücksichtigt werden. Erwähnt seien an dieser Stelle:

- Der *Flächenbedarf* und die ökologischen Nahbereichsveränderungen bei der Gewinnung inländischer Vorräte (insbesondere: der Flächenbedarf für den Braunkohletagebau in der BRD von ca. 1000 km² [20], für den Abbau der Ölschiefervorkommen in Ostniedersachsen, für den Abraum der Kohleförderung von bis zu 3 t Abraum pro t Kohle [5]),
- der *Wasserbedarf* und das damit anfallende Abwasser bei der Kohlegewinnung (etwa 1 m³ Wasser/t Steinkohle),
- *Transportschäden* beim Transport des Erdöls von der Quelle bis zum Verbraucher: (1969 zeichneten z. B. folgende Verursacher für einen Gesamtverlust von $2 \cdot 10^6$ t Öl - ungefähr 0,6 % der Weltjahresförderung - verantwortlich [3]:

Tanker und andere Schiffe	50 %
Ölförderung auf dem Meer	5 %
Unfälle	10 %
Raffinerien	15 %
Industrieabfälle	20 %

- Unfall- und Gesundheitsrisiko bei der Förderung fossiler Brennstoffe: Nach einer 1968 in den USA erstellten Studie hat man pro 10^8 t geförderte Steinkohle folgende Verluste zu beklagen:

Tote	~	80
Unfallopfer ohne Tote	~	2500
Staublungenerkrankungen	~	30000
Schwere Staublungenerkrankungen	~	10000

1978 forderte der Bergbau in der BRD 150 Tote, was die größenordnungsmäßige Übertragbarkeit dieser Zahlen auf bundesrepublikanische Verhältnisse zeigt.

Die Berücksichtigung und Gewichtung all dieser Faktoren geschieht in den Sicherheitsstudien für die verschiedenen Energie-Technologien. Die Ergebnisse dieser Studien werden in Abschnitt 8 erläutert.

3.2 Sonnenenergie

3.2.1 Sonne als Energiequelle

Die Sonne ist für menschliche Zeiträume eine stetige, gleichbleibend ergiebige Energiequelle. Im Sonneninnern wird bei einer Temperatur um $2 \cdot 10^7$ K ständig Energie durch Verschmelzung von Wasserstoffkernen, Protonen p, zu Heliumkernen, He, - über mehrere Zwischenreaktionen - freigesetzt (Abschn. 3.7.2). Die Reaktionsbilanz lautet:

$$4\,p \rightarrow 1\,He + 2\,e^+ + 2\,\nu_e + \text{kinetische Energie}$$
$$\text{(ca. 26 MeV/He-Kern)}$$

(e^+ = Positron, ν_e = Neutrino)

Insgesamt sollte die Sonne einen Brennstoffvorrat ausreichend für einige Mrd Jahre Brenndauer haben. Die bei der Kernverschmelzung freigesetzte kinetische Energie der Reaktionsprodukte wird bis auf ca. 5 % (Anteil der Neutrinos, die die Sonne ungehindert verlassen), rasch durch Stöße und Strahlung in Wärme umgewandelt. Diese führt zu einer Temperatur an der Sonnenoberfläche von ca. 5800 K. Dabei steht die Sonnenoberfläche im Temperaturgleichgewicht zwischen Wärmezufuhr aus dem Innern und Abstrahlung von elektromagnetischer Energie nach außen in den Weltraum. Die Intensitätsverteilung dieser Strahlung in Abhängigkeit von Frequenz ν bzw. Wellenlänge λ der Strahlung ist durch das Plancksche Strahlungsgesetz gegeben:

(3.2.1)
$$E_\nu d\nu = \frac{2\,h\nu^3}{c_0^2(e^{h\nu/kT} - 1)} d\nu \quad \text{bzw.}$$

$$E_\lambda d\lambda = \frac{2\,hc_0^2}{\lambda^5(e^{hc_0/\lambda kT} - 1)} d\lambda$$

(E_ν, E_λ = Energiedichte bezüglich Frequenz ν bzw. Wellenlänge λ, h = Plancksches Energiewirkungsquant, k = Boltzmann-Konstante, c_0 = Lichtgeschwindigkeit)

Gemäß der Oberflächentemperatur von T = 5800 K resultiert die in Bild 3.2.1 gezeigte Intensitätsverteilung der Strahlung von der Sonne. Die Wellenlänge im Intensitätsmaximum, $\lambda_{max.}$, ist durch das Wiensche Verschiebungsgesetz - das durch Differenzieren des Planckschen Strahlungsgesetzes abgeleitet werden kann - festgelegt,

(3.2.2)
$$\lambda_{max} \cdot T = \text{const} = \frac{hc_0}{4{,}965 \cdot k}$$

$$= 2{,}89 \cdot 10^{-3}\ [\text{m} \cdot \text{K}].$$

Es besagt, daß sich mit steigender Temperatur das Intensitätsmaximum zu kleineren Wellenlängen verschiebt. Für die Sonnenoberfläche folgt $\lambda_{max} \approx 0{,}5 \cdot 10^{-6}$ m, d. h. das Intensitätsmaximum der Strahlung liegt im Bereich des sichtbaren Lichts. Die Leistung L der Sonnenstrahlung erweist sich durch Integration des Planckschen Strahlungsgesetzes als proportional zur 4. Potenz der Temperatur T,

(3.2.3)
$$\frac{L}{F} = \sigma \cdot T^4$$

(Stefan-Boltzmann-Strahlungsgesetz mit σ = $5{,}67 \cdot 10^{-8}$ W/(m²K⁴) und L/F = abgestrahlte Leistung pro m² Abstrahlungsfläche).

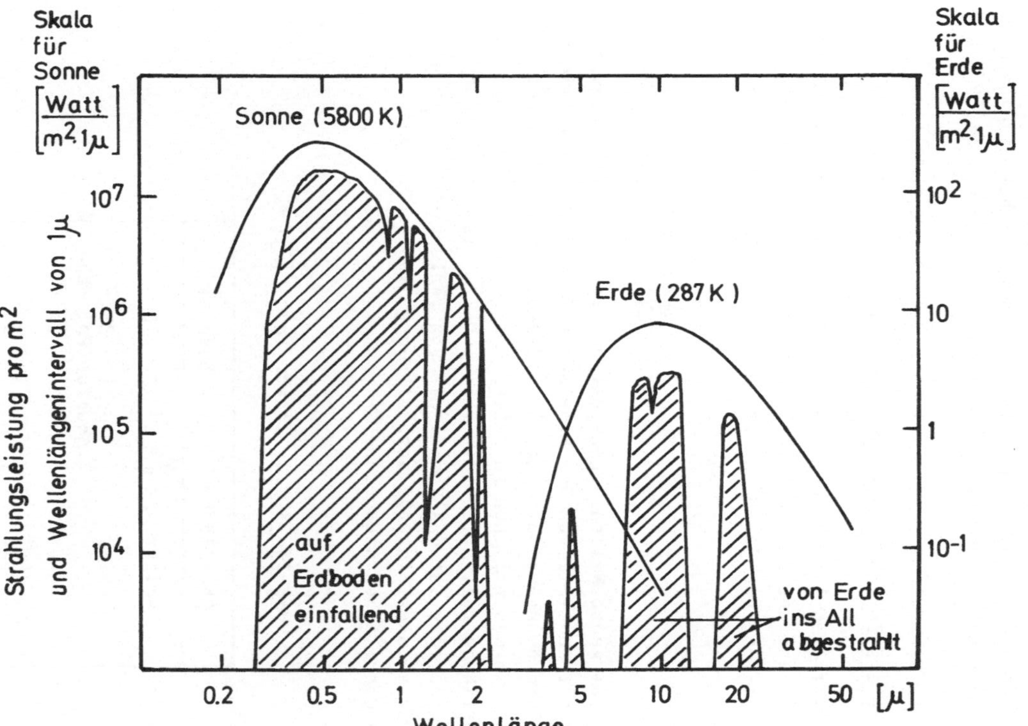

Bild 3.2.1: Spektren der elektromagnetischen Strahlung von Sonne und Erde (nach [52])

Für die Sonne resultiert eine abgestrahlte Leistungsdichte bei einer Oberflächentemperatur von T = 5800 K von $L/F = 6{,}41 \cdot 10^7$ W/m^2. Integriert über die Sonnenoberfläche bei einem Sonnenradius von $6{,}96 \cdot 10^8$ m, so folgt $L = 3{,}9 \cdot 10^{26}$ W. Diese Leistung unterliegt kleinen Schwankungen, z. B. durch unterschiedliche Bedeckung der Sonnenoberfläche mit Sonnenflecken. Die größte bislang gemessene Schwankung innerhalb einiger Jahre betrug ca. 0,5 %. (Eine Änderung der Intensität der Sonnenabstrahlung um 0,5 % hat eine Änderung der mittleren Temperatur auf der Erdoberfläche von ca. 0,3 K zur Folge.)

3.2.2 Erde als Empfänger von Sonnenenergie

Bei einem mittleren Abstand der Erde von der Sonne von $149{,}5 \cdot 10^9$ m beträgt die auf der Erde außerhalb der Lufthülle einfallende Strahlungsleistung von der Sonne pro m^2 senkrecht zur Einstrahlungsrichtung

$$\frac{L}{F} = 1{,}39 \cdot 10^3 \frac{W}{m^2} .$$

Diese über das ganze Wellenlängenspektrum verteilte Strahlungsleistung wird nur zum Teil von der Erde absorbiert und in verschiedene Energieformen umgewandelt. Ca. 30 % dieser einfallenden Leistung werden im wesentlichen an Wolken, in der Luft, aber auch an der Erdoberfläche reflektiert. In Tabelle 3.2.1 ist der typische Reflexionsgrad, das ist das Verhältnis von reflektierter zu einfallender Strahlungsleistung, auch Albedo genannt, für Sonnenlicht an einigen Oberflächen angegeben.

Tabelle 3.2.1: Albedo (nach [3])

Oberfläche	Albedo %
Wolken	20 - 70
Wasser	5 - 25 Äquator/Pol-Nähe
Schnee	30 - 70
Grünland	10 - 20
Wüste	30

Weiter wird von der einfallenden Strahlung schon in der Atmosphäre ein Anteil von ca. 17 % absorbiert, der kurzwellige Anteil ($\lambda < 0{,}3\ \mu$) davon, im wesentlichen die Ultraviolettstrahlung, schon in der hohen Atmosphäre durch das Ozon; aus dem langwelligen Teil der Strahlung von $\lambda \approx (1 - 50)\ \mu$, im Infrarot, werden einzelne Wellenlängenbereiche durch Wasserdampf und Kohlendioxid der Atmosphäre ausgefiltert (Bild 3.2.1). Von der auf die Erde außerhalb der Lufthülle eingestrahlten Leistung von 1,3 kW/m² werden schließlich auf dem Erdboden bei klarem Himmel ca. 1 kW/m² bei senkrechtem Einfall absorbiert, weltweit über die variierenden Wetterbedingungen gemittelt nur ca. 0,7 kW/m² bei senkrechtem Einfall.

Die Erdoberfläche selbst ist in für uns überschaubaren Zeiten abgesehen von jahreszeitlichen Schwankungen im Temperaturgleichgewicht; d. h. die Erde strahlt im zeitlichen und geographischen Mittel genau so viel Energie in den Weltraum ab, wie sie aus der Sonnenstrahlung aufnimmt. Die gesamte Leistung der in der Lufthülle und auf der Erdoberfläche absorbierten Sonneneinstrahlung beträgt

$$L_{ein} = \pi R_E^2 \cdot 1\ \text{kW/m}^2 = 1{,}27 \cdot 10^{17}\ \text{W}.$$

(R_E = mittlerer Erdradius, 6370 km)

Dagegen sind sowohl der Wärmefluß aus dem Erdinnern an die Erdoberfläche von ca. $3 \cdot 10^{13}$ W als auch die globale Wärmefreisetzung durch menschliche Energienutzung von derzeit ca. $8 \cdot 10^{12}$ W vernachlässigbar.

Gemäß dem Strahlungsgesetz von Stefan-Boltzmann (Gl. (3.2.3)) sollte im Gleichgewicht von abgestrahlter Leistung L_{aus} gleich der absorbierten Leistung L_{ein} eine mittlere Temperatur nahe der Erdoberfläche von

$$T = \left(\frac{L_{aus}}{\sigma \cdot 4\pi\ R_E^2} \right)^{1/4} \approx 258\ \text{K} = -15^\circ\ \text{C}$$

erwartet werden.

Der tatsächlich beobachtete - über geographische Breiten und Jahreszeiten gemittelte - Wert der Temperatur nahe der Erdoberfläche beträgt aber

$$T \approx 287\ K = +15^{o}\ C.$$

Dieser, gegenüber dem berechneten Wert wesentlich höhere beobachtete Wert wird weitgehend durch die Behinderung der Wärmeabstrahlung der Erde in der Lufthülle bedingt: Einige der in der Luft enthaltenen Gase, vornehmlich Kohlendioxid CO_2 und Wasserdampf H_2O absorbieren wesentliche Teile der Wärmeabstrahlung der Erde und strahlen sie teilweise wieder zur Erde zurück. Mittels der genannten Gase wirkt die Lufthülle also wie ein wärmeisolierendes Glasfenster, durch das das sichtbare Sonnenlicht nahezu ungehindert eingestrahlt, die längerwellige Wärmestrahlung dagegen durch Absorption an der Ausstrahlung wesentlich behindert werden kann (Abschn. 8.3). Diese Behinderung bewirkt eine zusätzliche Erwärmung. Sie führt zu einer höheren Temperatur an der Erdoberfläche und damit gemäß Gl. (3.2.3) wiederum zu einer entsprechend höheren Abstrahlungsleistung mit einer zu kleinen Wellenlängen hin verschobenen spektralen Verteilung. Damit erweist sich auch in diesem Fall das Gesetz von der Erhaltung der Gesamtenergie als gültig.

Das Spektrum der Wärmestrahlung eines Körpers mit einer Oberflächentemperatur von 287 K mit seinem Intensitätsmaximum bei einer Wellenlänge von ca. 10 µ und das tatsächliche, durch Absorption beeinflußte Spektrum der Wärmestrahlung der Erde sind in Bild 3.2.1 dargestellt. Die praktisch vollständige Absorption der Wärmestrahlung (z. B. nahe dem Maximum der Erdabstrahlung bei Wellenlängen von 15 µ) schon durch den geringen Gehalt der Luft an Kohlendioxid von derzeit 340 Millionstel (ppm) Volumenanteil ist aus dem hohen Absorptionsvermögen dieses Gases für bestimmte Wellenlängenbereiche zu verstehen. Für den durch die Lufthülle transmittierten Bruchteil $B(\lambda)$ der von der Erdoberfläche abgestrahlten Wärme mit der Wellenlänge λ gilt [3]

$$B(\lambda) = 2^{-\mu_\lambda \cdot x} = 2^{-\mu_\lambda \cdot x_0 \cdot (x/x_0)} = 2^{-b_\lambda \cdot (x/x_0)} \qquad (3.2.4)$$

(μ_λ = wellenlängenabhängiges Absorptionsvermögen pro durchstrahlter Gasschichtdicke

b_λ = auf die Gesamtschichtdicke eines Gases in der Atmosphäre bezogenes Absorptionsvermögen x = Gasschichtdicke in Einheiten von Gewicht pro Fläche

x_0 = Gesamtschichtdicke eines Gases in der Atmosphäre, $x_0(CO_2)$ = 0,53 g/cm² = 340 ppm Volumenanteil von CO_2 in der Luft; $x_0(H_2O)$ = 1,0 g/cm²) .

Die Variation des auf die Gesamtschichtdicke von CO_2 und H_2O in der Atmosphäre bezogenen Absorptionsvermögens mit der Wellenlänge ist in Bild 3.2.2 dargestellt.

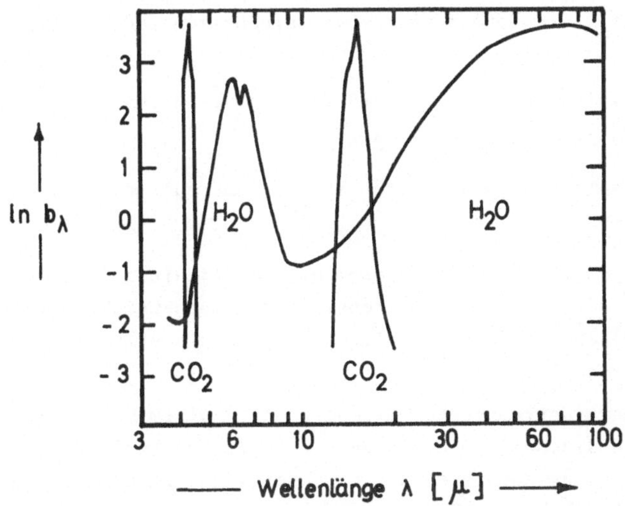

Bild 3.2.2: Absorptionsvermögen b_λ von CO_2 und H_2O in der Luft für Wärmestrahlung (nach [3])

Hohe Werte von b_λ, dementsprechende Werte von ln $b_\lambda \geq 1$, bedeuten hohe Absorption im jeweiligen Wellenlängenbereich, hervorgerufen durch resonanzartige Anregung der Moleküle des Absorbergases zu Schwingungen. Im Fall der Strahlungsabsorption bei einer Wellenlänge um 15 μ durch Kohlendioxid wird beim heutigen CO_2-Gehalt der Luft von 340 ppm die Strahlungsintensität in diesem Wellenlängenbereich auf einer Schichtdicke von 17 % der Gesamtdicke um 1 Größenordnung erniedrigt. (Bei einem CO_2-Gehalt von 600 ppm - siehe

Abschnitt 8.3 - würde die Strahlungsintensität schon auf einer relativen Schichtdicke von 10 % um 1 Größenordnung reduziert werden.)

Die eingestrahlte absorbierte Sonnenenergie wird in der Natur vorübergehend gespeichert, der Löwenanteil als Wärme in Land und Wasser nahe der Erdoberfläche. Ca. 20 % werden zur Verdunstung von Wasser verbraucht, ca. 2 % werden in Windenergie umgewandelt, ca. 0,1 % werden über Photosynthese in chemische Energie umgesetzt [3, 53]. Eine Übersicht der auf die Erde eingestrahlten Energie und der Umwandlung dieser in die genannten anderen Energieformen ist in Bild 3.2.3 dargestellt.

Dem Menschen bietet die Sonnenenergie weitere Nutzungsmöglichkeiten, z. B. durch

- vermehrte gezielte Photosynthese (Erzeugung von Biomasse),
- direkte Umwandlung von Licht in Strom,
- Absorption des Lichts zu Wärme für Heizung und zum Betrieb von Kraftwerken.

All diese Nutzungsmöglichkeiten werden durch die jahreszeitliche und tageszeitliche Variation der Intensität der Sonneneinstrahlung auf die Erdoberfläche je nach ihrer geographischen Breite mehr oder minder stark beeinflußt.

Für Orte mit einer geographischen Breite um 51°, einem mittleren Wert für die Bundesrepublik Deutschland, ist die Sonneneinstrahlung wegen der Neigung der Achse der Eigenrotation der Erde gegen die Achse der Umlaufbahn der Erde um die Sonne im Winter bis zu einem Faktor 3,4 kleiner als im Sommer (s. Bild 3.2.4a). Die ebenfalls durch die genannte Achsenneigung bedingte jahreszeitliche Variation der Tageslänge und der Länge des vom Licht zu durchquerenden Weges durch die lichtabsorbierende Luft erhöhen diesen Faktor auf einen Wert von ca. 5. Die somit jahreszeitlich und tageszeitlich variierende Sonneneinstrahlung auf Orte in der BRD ist in Bild 3.2.4b und c dargestellt.

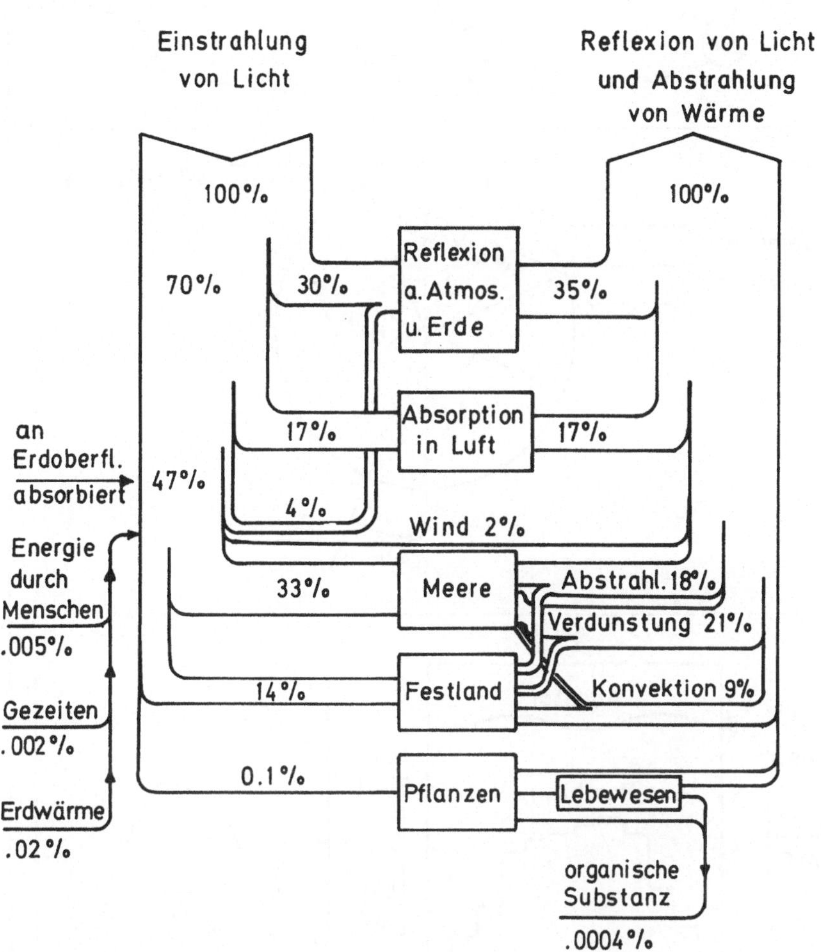

Bild 3.2.3: *Energiefluß auf der Erde zwischen Einstrahlung und Ausstrahlung (nach [54])*

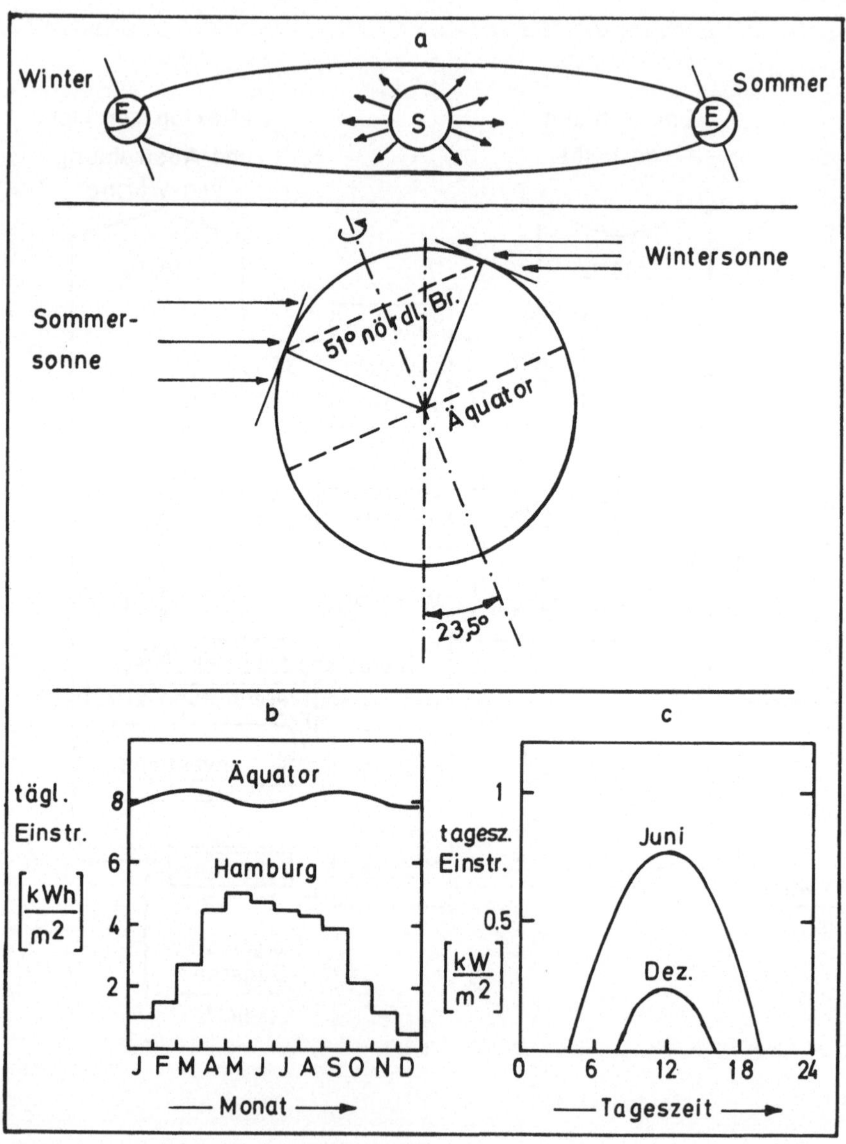

Bild 3.2.4: *a) Sonneneinstrahlung auf 51° nordlicher Breite*

b) Tägliche Einstrahlung am Äquator unter 90°, in Hamburg auf Fläche 45° nach Süden geneigt (nach [18])

c) Tageszeitliche Variation der Einstrahlung bei unbewölktem Himmel auf Erdoberfläche in 51° nördlicher Breite

3.2.3 Nutzung des Sonnenlichts über Photosynthese

Bei der Photosynthese wird Kohlendioxid, CO_2, (aus der Luft) mit Wasser, H_2O, unter Aufwendung von Energie (primär in Form von Licht) zu Biomasse mit geringerer Bindungsenergie der C-Atome in den gebildeten Molekülen als vorher im CO_2, dies unter Freisetzung von Sauerstoff, O_2, umgewandelt. Damit wird die primärseitig als Licht einfallende Energie zu einem gemäß Abschnitt 1.3 beschränkten Teil, hier in potentielle chemische Energie umgewandelt und gespeichert.

Die Reaktionsbilanz lautet:

(3.2.5) $$CO_2 + H_2O + \text{Sonnenlicht} \rightarrow -CH_2O- + O_2$$

Bedarf pro einzubindendes C-Atom : $\text{ca. } 50 \text{ eV} = \dfrac{\text{ca. 5 eV gespeich. E.}}{\text{Wirkungsgrad bei der Umwandlung}}$ z. B. in Form von Zuckermolekülen $C_6H_{12}O_6$

Der Reaktionsablauf in umgekehrter Richtung entspricht der Verbrennung, also der Wärmefreisetzung der primär gespeicherten, chemischen Energie von ca. 5 eV pro C-Atom, entsprechend ca. $4 \cdot 10^4$ J oder 0,01 kWh pro Gramm Kohlenstoff C (= Brennwert von C).

Allgemein bedeutet die Umwandlung von Sonnenenergie in potentielle chemische Energie die Umwandlung von Energie eines ungeordneten Zustands (diffuses Streulicht) in Energie eines geordneten Zustands (gespeicherte potentielle chemische Energie in neugebildeten Molekülen). Speziell im Fall der Photosynthese wird Licht aus einer Quelle hoher Temperatur partiell umgewandelt letztlich in potentielle, chemische Energie unter Freisetzung von Wärme bei einer tieferen Temperatur. Demnach kann man diesen Vorgang mit der Gewinnung von Energie eines geordneten Zustands aus Wärme mittels einer Wärmekraftmaschine vergleichen. Die Umwandlung unterliegt damit den in Abschnitt 1.3 genannten Beschränkungen des Umwandlungswirkungsgrads.

Die Photosynthese läuft in einem Kreisprozeß in zwei Schritten ab, in einer Phase der Lichtabsorption und einer Phase der Kohlenstoffeinbindung (Bild 3.2.5). In der Phase der Lichtabsorption

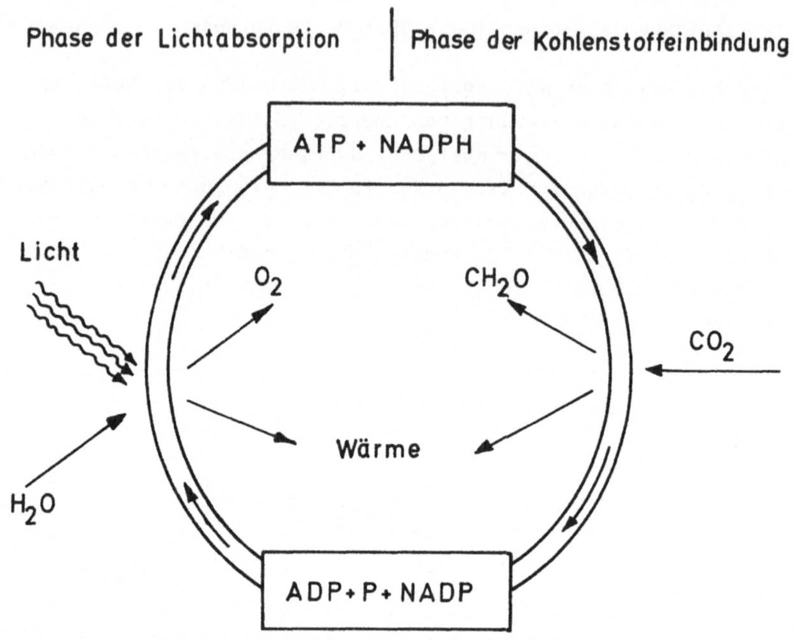

Bild 3.2.5: *Kreisprozeß der Photosynthese (ADP, ATP*

(ADP, ATP = Adenosin- di/tri -phosphat,

NADP = Nikotinamid-adenin-dinucleotid-phosphat,

P = anorganischer Phospor)

wird die in Form von Lichtquanten mit Energie hν pro Quant einfallende und absorbierte Sonnenenergie über Oxidation von Wasser unter Abgabe von Sauerstoff und Wärme durch Umwandlung von bestimmten Phosphatmolekülen (ADP, P, NADP; s. Bild 3.2.5) mit hoher Bindungsenergie in andere Phosphatmoleküle (ATP, NADPH) mit vergleichsweise geringerer Bindungsenergie in Form von potentieller, chemischer Energie vorübergehend gespeichert. (In dieser Phase werden in einer Zwischenreaktion bei der Ionisation von Wasser kurzzeitig Wasserstoffionen freigesetzt. Wie in Abschnitt 3.2.3.4 noch näher erläutert, besteht die Möglichkeit, durch Abbruch der Photosynthese in diesem Stadium photobiologisch Wasserstoff zu gewinnen.

In der Phase der Kohlenstoffeinbindung werden Kohlendioxidmoleküle durch Nutzung der vorübergehend gespeicherten chemischen Energie unter Rückwandlung der Phosphat-Speichermoleküle in ihre ursprünglichen, stark gebundenen Formen zu Molekülen von Biomasse, z. B. Zucker, eingebunden.

Der Wirkungsgrad für die Umwandlung von Sonnenlicht zu potentieller chemischer Energie beträgt ca. 10 %. Er ist optimal bezüglich der pro Zeiteinheit gebildeten Menge an Biomasse. Dies sei kurz skizziert:

Biochemische Untersuchungen haben gezeigt, daß pro Einbindung eines C-Atoms 8 Lichtquanten mit je mindestens 1,8 eV Energie entsprechend einer Lichtwellenlänge von 0,7 µ, also rotem Licht, benötigt werden. Für den Kreisprozeß Photosynthese mit entsprechendem roten, monochromatischem Licht würde der Umwandlungswirkungsgrad η_{rot} also

$$\eta_{rot} = \frac{\text{Brennwert}}{\text{absorb. Licht (hier monochromat.)}}$$

$$= \frac{5 \text{ eV}}{8 \cdot 1{,}8 \text{ eV}} \approx 35 \%$$

betragen.

Im Fall des weißen Sonnenlichts mit seinem Spektrum an Lichtquanten im Wellenlängenbereich von $\lambda > 0{,}4$ µ (s. Bild 3.2.1) kann ein Teil der Lichtintensität, nämlich alle Quanten mit $\lambda > 0{,}7$ µ nicht zur Photosynthese genutzt werden; beim verbleibenden Teil der Lichtintensität, Quanten mit $\lambda < 0{,}7$ µ kann jeweils pro Lichtquant nur der Bruchteil 1,8 eV/E_{Quant} zur Photosynthese herangezogen werden; der verbleibende Bruchteil wird in Wärme umgewandelt. Diese Verluste berücksichtigt, reduziert sich der Wirkungsgrad für Photosynthese mit weißem Licht gegenüber dem mit rotem Licht auf

$$\eta_{weiß} \approx 10 \% .$$

Der ideale Wirkungsgrad für Photosynthese mit monochromatichem rotem Licht läßt sich - als Kreisprozeß einer Wärmekraftmaschine aufgefaßt - gemäß Gl. (1.3.2) als Funktion der Temperatur der Lichtquelle, T_1, und der Temperatur des Absorbers nach der Photosynthese, T_2, angeben:

(3.2.6) $$\eta_{rot}^{ideal} = \frac{T_1 - T_2}{T_2},$$

beschreibt also den Bruchteil der in Arbeit umsetzbaren - hier gespeicherten - Energie aus der einfallenden Lichtenergie. Die einfallende Lichtenergie entstammt einer Lichtquelle der Temperatur T_1; bei der Umwandlung wird der nicht in Arbeit umzuwandelnde Anteil der Lichtenergie als Wärme bei der Temperatur T_2 abgegeben. T_2 entspricht der mittleren Temperatur an der Erdoberfläche, also $T_2 \approx 300$ K. Würde die Photosynthese nur bei direktem Sonnenlicht ablaufen, so entspräche T_1 gemäß Gl. (3.2.2) der Temperatur eines Strahlers mit einem Intensitätsmaximum bei der Wellenlänge $\lambda \approx 0{,}7\ \mu$, also eines Strahlers mit dem Maximum im Bereich des sichtbaren Lichts, demnach ähnlich heiß wie die Sonnenoberfläche mit ihrer Temperatur von 5800 K. Die Photosynthese läuft aber bei jeglicher Art von Tageslicht ab, also auch bei bewölktem Himmel. Für die Temperatur der Lichtquelle ist also die fiktive Temperatur einer Sonnenstreulichtquelle zu setzen. Diese Temperatur läßt sich aus dem Vergleich der Entropien (Abschn. 6.5) von direktem und gestreutem Sonnenlicht berechnen:

Gemäß Gl. (6.8) gilt für die Temperatur T der Lichtquelle

$$T = \frac{\text{Energie des Strahlungsfeldes}}{\text{Entropie des Strahlungsfeldes}} = \frac{E}{S}.$$

Die Entropie S ist gemäß Gl. (6.11) mit der thermodynamischen Gleichverteilungswahrscheinlichkeit Pr, hier der Lichtquanten im Raumwinkel zwischen Quelle und Absorber, verknüpft,

$$S = k \cdot \ln Pr$$

(k = Boltzmann-Konstante) .

Für direktes Sonnenlicht, das in einem engbegrenzten Raumwinkel Ω auf die Erde eingestrahlt wird, lautet obige Reaktion

(3.2.8) $$S_{dir} = \frac{h\nu}{T_{dir}} = \frac{8 \cdot 1{,}8\ \text{eV}}{\text{ca. } 5800\ \text{k}} = k \ln Pr_{dir},$$

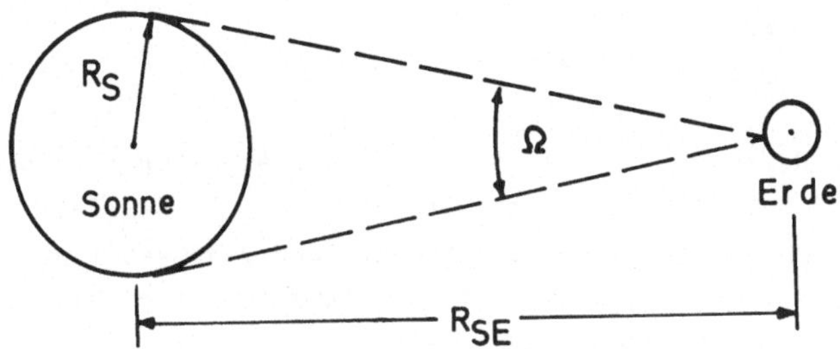

für isotrope Streustrahlung im vollen Raumwinkel von 4 π:

$$(3.2.9) \qquad S_{Streu} = \frac{h\nu}{T_{Streu}} = \frac{8 \cdot 1{,}8 \text{ eV}}{T_{Streu}} = k \ln Pr_{Streu}$$

Die Wahrscheinlichkeiten, Pr, in beiden Fällen verhalten sich bei Gleichverteilung der Lichtquanten im jeweiligen Raumwinkel wie ihre Raumwinkel,

$$(3.2.10) \qquad Pr_{dir} : Pr_{Streu} = \Omega : 4\pi .$$

Damit folgt für S_{Streu}

$$(3.2.11) \qquad S_{Streu} = k \cdot \ln \left(Pr_{dir} \cdot \frac{4\pi}{\Omega}\right)$$

$$= k \cdot \ln Pr_{dir} + k \ln \frac{4\pi}{\Omega} .$$

Der Raumwinkel Ω beträgt

$$\Omega = \frac{R_S^2 \pi}{R_{SE}^2} = 0{,}68 \cdot 10^{-4} \text{ sterad.}$$

Damit folgt für die (fiktive) Temperatur der Streulichtquelle

$$T_1 = \frac{h\nu}{S_{Streu}} \approx 1100 \text{ K},$$

für $\qquad \eta_{rot}^{ideal} = \frac{1100 - 300}{1100} = 73\ \% .$

Dieser Wert ist zu vergleichen mit dem für monochromatisches, rotes Licht realen Wirkungsgrad

$$\eta_{rot}^{real} \approx 35\ \%\ .$$

Der ideale Wirkungsgrad wäre nur zu erreichen, wenn der Umwandlungsprozeß unendlich langsam ablaufen würde. Im Realfall ist gleichzeitig sowohl ein möglichst hoher Energieumwandlungsgrad als auch eine möglichst hohe Ausbeute an Biomasse nötig. Man kann zeigen, daß dieses Optimum für den Fall

$$\eta^{real} \approx \frac{1}{2}\,\eta^{ideal}$$

erreicht wird. (Am Beispiel der Nutzung einer elektrischen Batterie unter möglichst hoher Ausnutzung der gespeicherten Energie und gleichzeitig unter möglichst hoher Leistungsabgabe bedeutet dies Gleichheit von Innenwiderstand und Lastwiderstand.)

In der natürlichen Photosynthese wird dieses Optimum an Energienutzung und gleichzeitig an Ausbeute von Biomasse gemäß dem Wirkungsgrad $\eta_{rot}^{real} \approx 0{,}35\ \%$ für monochromatisches, rotes Licht entsprechend einem realen Wirkungsgrad $\eta_{weiß}^{real} \approx 0{,}10\ \%$ für das weiße Sonnenlichtspektrum also nahezu erreicht.

Die Ausbeute an Biomasse über Photosynthese hängt wesentlich von der Intensitätdes einfallenden Sonnenlichts und vom Gehalt der Luft an Kohlendioxid ab, aber auch von weiteren Faktoren, wie z. B. der den Pflanzen zugänglichen Wassermenge. Der Kohlendioxidgehalt der Luft wird im jahreszeitlichen Mittel durch den natürlichen Kohlenstoffkreislauf zwischen Atmosphäre, Biosphäre und den Ozeanen (s. Bild 3.2.6) annähernd konstant gehalten. Er beträgt derzeit ca. 340 Millionstel (ppm) Volumenanteil der Luft.
Bei einer Änderung des Kohlendioxidgehalts ist - zumindest für geringfügige Änderungen - auch eine proportionale Änderung der Neubildung von Biomasse zu erwarten, so daß im Gleichgewicht von erhöhtem CO_2-Gehalt und erhöhter Bildung von Biomasse ca. die Hälfte der erhöhten CO_2-Abgabe in die Atmosphäre durch vermehrte Neubildung von Biomasse wieder entnommen werden sollte.
Genau dies ist in der Natur zu beobachten: Durch menschliche Energienutzung werden jährlich ca. 5 Gigatonnen Kohlenstoff C über Verbrennung fossiler Energieträger und weitere 1 - 3 Gt C vorwie-

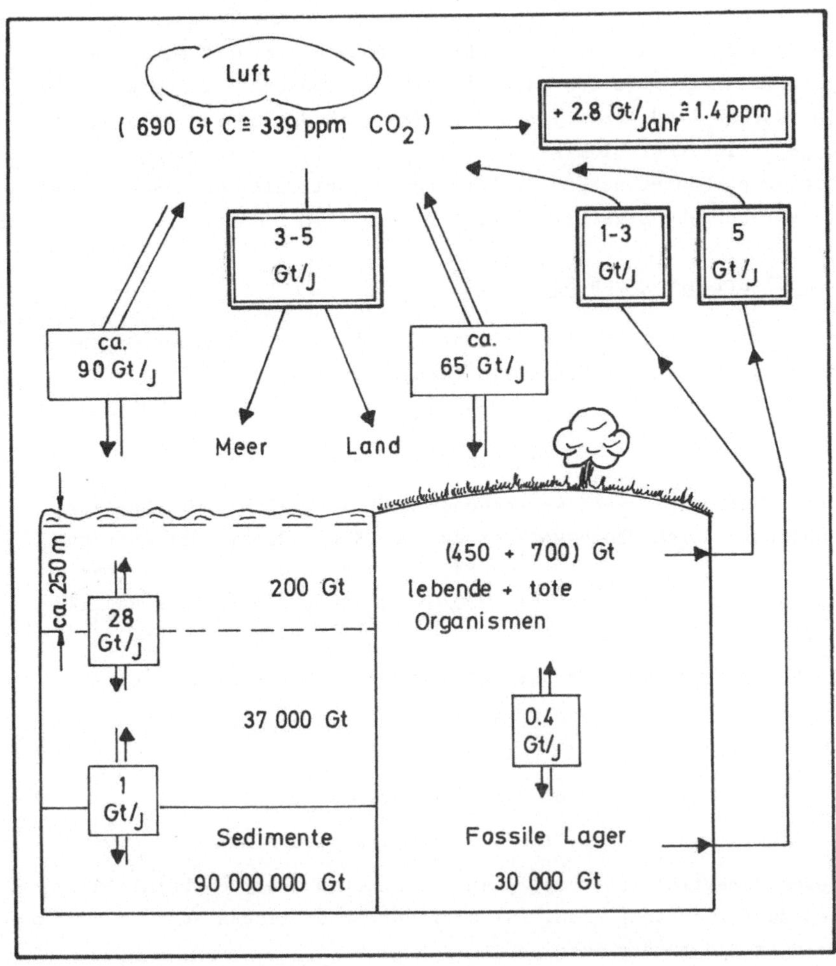

Bild 3.2.6: Natürlicher und durch menschliche Aktivitäten bedingter Kohlenstoffkreislauf auf der Erde (nach [55])

gend über den Abbau tropischer Regenwälder in Form von CO_2 an die Atmosphäre abgegeben. Davon verbleiben auf Dauer in der Luft pro Jahr ca. 2,8 Gt C entsprechend einer jährlichen Erhöhung des Kohlendioxidgehalts der Luft um 1,4 ppm, dies zumindest über den bislang beobachteten Zeitraum von einigen Jahrzehnten.

Die Gesamtmenge an weltweit jährlich neugebildeter Biomasse entspricht einer Menge von ca. 100 Gt C. (Davon entfallen etwa 2/3 auf Biomasse an Land, etwa 1/3 auf Biomasse in den Meeren.) In dieser Menge an lebender Biomasse wird ca. 1 Promille der von der Erde absorbierten Sonnenenergie in Form von potentieller chemischer Energie vorübergehend gespeichert.

3.2.3.1 Erzeugung von Biomasse

Das weltweite Potential an Biomasse in Form von lebenden Organismen entspricht einer Kohlenstoffmenge von etwa

450 Gt C auf dem Land und

200 Gt C in den Meeren.

Dieses Potential steht weitgehend im Gleichgewicht zwischen der Neubildung durch Photosynthese aus dem Kohlendioxid der Luft und der Rückwandlung über Atmung, Fäulnis und Verwesung zu Kohlendioxid, beides von jährlich ca. 100 Gt C, davon 2/3 zu Land und 1/3 in den Meeren [2,53].

Die Neubildung von Biomasse auf dem Land ist verteilt zu etwa

24 Gt C/a in Sümpfen, Steppen, Tundras,

29 Gt C/a in Wäldern,

10 Gt C/a in kultivierten Böden [2].

Dieses Potential ist verglichen mit unserem heutigen Primärenergiebedarf zwar sehr groß, ist aber der menschlichen Nutzung nur in geringem Maß zugänglich.

Die Ausbeute an Biomasse auf kultivierten Böden hängt stark von Bodenqualität, Klimaverhältnissen, Bearbeitung und Düngung ab, wie aus Tabelle 3.2.2 zu ersehen ist. (Bei uns steigt der Bedarf an Düngemitteln (Abschn. 3.2.6) derzeit um 10 % pro Jahr.)

In der Bundesrepublik Deutschland könnte schätzungsweise folgendes Potential an Biomasse für Energiegewinnung verfügbar gemacht werden: 53 % der Fläche der BRD werden landwirtschaftlich genutzt;

Tabelle 3.2.2: Ausbeute an Biomasse (nach [53])

Zuckerrohr	(Hawaii)	$73 \cdot 10^2$ g C/($m^2 \cdot$a)
Mais	(Israel)	$73 \cdot 10^2$ g C/($m^2 \cdot$a)
Zuckerrüben	(BRD)	$54 \cdot 10^2$ g C/($m^2 \cdot$a)
wenig bis nicht bearbeitete Wälder		$(5\text{-}15) \cdot 10^2$ g C/($m^2 \cdot$a)

dies entspricht einer Fläche von $1,3 \cdot 10^{11}$ m^2. Davon werden derzeit 2,8 % = $3,7 \cdot 10^9$ m^2 für Anbau von Zuckerrüben benutzt. Wenn davon die Hälfte und zusätzlich derzeit nicht genutzte Flächen von ca. $3 \cdot 10^9$ m^2, also zusammen ca. $5 \cdot 10^9$ m^2 zur Gewinnung von Zuckerrüben als Primärenergieträger verfügbar gemacht würden, so könnte damit jährlich Biomasse entsprechend

$$54 \cdot 10^2 \cdot 5 \cdot 10^9 = \underline{2,7 \cdot 10^{13}\ \text{g C/a}}$$

gewonnen werden [54].

Hinzu kommt ein weiteres Potential [55] z. B. in Form von

Hausmüll (20 Mio t)	≙	$5 \cdot 10^{12}$ g C/a
Überschußstroh	=	$(5\text{-}10) \cdot 10^{12}$ g C/a
Holz (Abfälle + Einschlag)	=	$2,5 + (10\text{-}13) \cdot 10^{12}$ g C/a
Tierexkremente	=	$9 \cdot 10^{12}$ g C/a

Von diesem Potential kann sicherlich nur ein Teil, etwa 25 - 50 %, entsprechend

$$(9\text{-}18) \cdot 10^{12} \text{ g C/a}$$

zur Energiegewinnung genutzt werden.

Diese Gesamtmenge an Biomasse ist nutzbar entweder direkt als Brennstoff oder indirekt als Ausgangsprodukt für Gewinnung von Alkohol und Biogas (Treibstoffe). Der Brennwert dieser verschiedenen kohlenstoffhaltigen Potentiale ist unterschiedlich groß (siehe

Tab. 3.1.1). Berücksichtigt man dies, so entspricht das obige nutzbare Gesamtpotential von ca. (30-45) · 10^{12} g C/a einer Menge an Primärenergie von jährlich ca. 20 - 30 Mio t SKE. (Zum Vergleich den Gesamtverbrauch an Primärenergie in der BRD von derzeit (1981) jährlich ca. 360 Mio t SKE.)

3.2.3.2 Umwandlung von Biomasse zu Alkohol

Die Umwandlung von Biomasse zu Alkohol geschieht über Fermentation und Destillation [56], z. B.

$$C_6H_{12}O_6 \xrightarrow[\text{(Ferment.)}]{\text{+ Hefe}} 2\ C_2H_5OH + 2\ CO_2.$$

Mit 20prozentigem Zuckersirup als Ausgangsprodukt erhält man 8 - 10prozentigen Äthylalkohol. Um als Treibstoff verwendet werden zu können, muß dieser niederprozentige Alkohol zu hochprozentigem Alkohol destilliert werden; dazu ist Energie nötig (Bild 3.2.7).

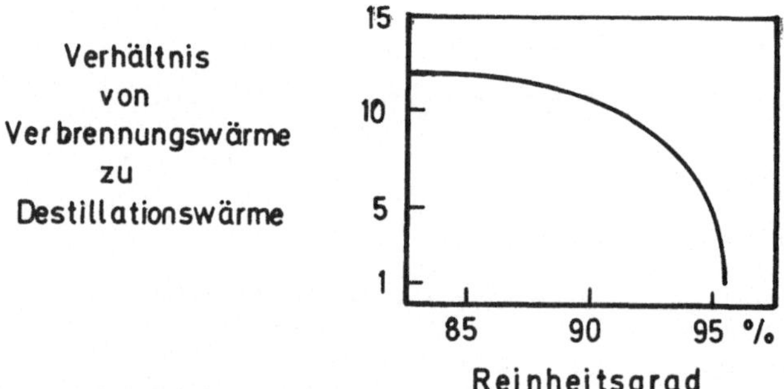

Bild 3.2.7: Energieaufwand für Destillation (nach [57])

Um den Energiebedarf für die Konzentration von Alkohol in vertretbaren Grenzen zu halten, kann Alkohol z. B. zunächst auf etwa 85 % destilliert werden, dann durch weiteren Wasserentzug über Chemikalien wie Zellulose auf einen Reinheitsgrad von 98 % konzentriert werden. Der Energiebedarf für die reine Umwandlung kann dabei im günstigsten Fall auf 10 % des Alkoholbrennwerts beschränkt werden [57], im Realfall liegt er bei (25-50) % [59].

Dabei ist aber noch nicht der Energieaufwand für Landwirtschaft und Transport der Biomasse und für Bau und Betrieb der Konzentrationsanlagen berücksichtigt. Als Beispiel dazu der typische Energieaufwand für Äthanolgewinnung aus Zuckerrohr in Brasilien, bezogen auf die Menge von 1 Liter [1] [58]:

Aufwand für Gewinnung und Transport von Zuckerrohr	$(0{,}5-1) \cdot 10^7$ J/l
Prozeßenergie für Äthanolgewinnung (hauptsächlich Destillationswerke)	$(1{,}3-4) \cdot 10^7$ J/l

Bei einem Brennwert von $2{,}14 \cdot 10^7$ J/l für Äthanol folgt daraus ein Verhältnis von erzeugtem Brennwert zu Energie-Aufwand von

$$\frac{\text{Brennwert des erzeugten Alkohols}}{\text{Gesamtenergieaufwand zur Alkoholgewinnung}} \approx 0{,}5 - 1 .$$

Geht man davon aus, daß die für Destillation benötigte Energie aus der Verbrennung eines Teils der Biomasse und des Trockenabfalls der Biomasse bezogen werden kann (Reduktion des Prozeßenergie-Anteils auf ca. $0{,}5 \cdot 10^7$ J/l), so resultiert ein Wirkungsgrad für die Äthanolerzeugung von

$$\frac{\text{Brennwert des erzeugten Alkohols}}{\text{externer Energieaufwand zur Alkoholgewinnung}} = \frac{2{,}14}{(0{,}5-1) + 0{,}5} \approx 2.$$

Für großtechnische Herstellung von Äthanol in der BRD aus Weizen und Zuckerrüben werden die Produktionskosten auf (1,7-2,3) DM/l Äthanol geschätzt [59]. Daraus würde für das Verhältnis von Energiegewinn zu Energieaufwand für den Bau der Gewinnungsanlagen ein Wert von

$$\frac{\text{E-Gewinn}}{\text{E-Aufwand}} \approx \frac{6\ \text{kWh/l}}{(1{,}7-2{,}3)\ \frac{\text{DM}}{\text{l}}/0{,}4\ \frac{\text{DM}}{\text{kWh}}} \approx 1 - 1{,}4$$

folgen.

Die maximale jährliche Menge an Treibstofferzeugung aus Biomasse in der BRD läßt sich wie folgt abschätzen:

Zur Erzeugung von 1 l Äthanol sind 11,8 kg Zuckerrüben nötig [59].

Geht man von einer maximal verfügbaren Menge an Zuckerrüben von jährlich 2,7 • 10^{13} gC aus (Abschn. 3.2.3.1), und würde man die nötige Destillationswärme im Idealfall aus der Verbrennung weiterer Biomasse beziehen, so ließen sich damit 2,3 • 10^{9} l Äthanol pro Jahr gewinnen. Diese Menge entspricht etwa 3,7 % unseres heutigen Energiebedarfs an flüssigen Treibstoffen bzw. 0,5 % unseres heutigen Primärenergiebedarfs. (Dabei ist allerdings nicht berücksichtigt der zur Gewinnung benötigte Aufwand an Primärenergie von mindestens 70 % der gewinnbaren Energie in Form von Alkohol.)

3.2.3.3 Umwandlung von Biomasse zu Biogas

Die Umwandlung von Biomasse zu Biogas geschieht - wie im Fall der Umwandlung zu Alkohol - durch Fermentation (also mikrobielle Umwandlung) unter Luftabschluß. Hauptbestandteil des dabei entstehenden Biogases ist Methan, CH_4. Die Ausbeute an Biogas aus trokkener Biomasse beträgt ca. 2,3 m^3 Biogas/kg Biomasse bei einem Brennwert des Biogases von ca. 7 kWh/m^3 entsprechend 25 • 10^6 J/m^3 [55]. Der Wirkungsgrad zur Erzeugung von Biogas unterscheidet sich nicht wesentlich von dem für die Gewinnung von Alkohol aus Biomasse.

Als Anwendungsbeispiel sei erwähnt die Nutzung eines Motors von 55 kW Gesamtleistung zur gleichzeitigen Erzeugung von Strom und von Heizwärme: Mit einem Einsatz von 8 m^3 Biogas pro Stunde liefert der Motor 15 kW in Form von elektrischem Strom und ca. 35 kW in Form von Heizwärme. Diese hier benötigte Menge an Biogas kann z. B. aus dem Mist von ca. 120 Rindern gewonnen werden. (Daraus kann man auch ersehen, daß man aus dem Mist eines Rindes eine Dauerleistung (an Wärme + Strom) von knapp einer Pferdestärke (1 PS) gewinnen kann.)

Bei Anlagekosten für Biogas-Konverter um DM 1000,-- pro Großvieheinheit [59] zuzüglich der Kosten für Gasbehälter und Brenner bzw. Motor kann - ein großer Viehbestand vorausgesetzt - die Menge an gewinnbarer Nutzenergie im Lauf der Lebensdauer der Anlage den Energieaufwand für den Bau der Anlage bis um ca. einen Faktor 10 übersteigen.

Die maximale jährlich in der BRD gewinnbare Menge an Biogas läßt sich wie folgt schätzen:

Aus der jährlich maximal nutzbaren Menge an Hausmüll, Holz und landwirtschaftlichen Abfällen von ca. (9-18) $\cdot 10^{12}$ g C (Abschn. 3.2.3.1), entsprechend einer Menge von ca. (22-44) $\cdot 10^{12}$ g Biomasse, sollten ca. (5-10) $\cdot 10^{10}$ m^3 Biogas mit einem Brennwert von ca. (2,8-5,6) $\cdot 10^{17}$ Joule gewinnbar sein. Diese Gewinnung bedarf aber eines externen Energieaufwands von etwa der Hälfte der erzeugbaren Energiemenge. Die somit netto verbleibende Energiemenge von ca. (1,4-2,8) $\cdot 10^{17}$ Joule entspricht dem Brennwert von (8-15) % des derzeitigen jährlichen Verbrauchs an Erdgas in der BRD (bezogen auf den Verbrauch von 1981) bzw. (1,3-2,6) % unseres derzeitigen Primärenergiebedarfs.

3.2.3.4 Erzeugung von Wasserstoff

Wie in Abschnitt 3.2.3 erläutert, werden in einem Zwischenschritt der Photosynthese Wasserstoff in ionisierter Form und freie Elektronen erzeugt. Im Prinzip besteht die Möglichkeit, über Enzyme die Wasserstoffionen mit den freien Elektronen zu molekularem Wasserstoff umzuwandeln, die Photosynthese also mit diesem Schritt abzubrechen [60].

Der Wirkungsgrad, definiert als das Verhältnis von Brennwert des erzeugten Wasserstoffs und der dazu benötigten Energie aus dem sichtbaren Licht, beträgt im Idealfall $\eta_{id} = 9$ %. Bei einer über Tageszeit und Wetterbedingungen einfallenden mittleren Lichtintensität von 120 W/m^2 in unserer geographischen Breite wäre damit im Idealfall eine Bildung von ca. 80 l Wasserstoffgas pro m^2 und Tag, entsprechend einem Brennwert von 0,24 kWh, zu erwarten. Laborversuche mit Blaualgen [60] erbrachten bislang eine Ausbeute von etwa 1 l H_2 (gasförmig) pro 1 l Algenkultur und Tag. Der Wirkungsgrad η_{real} für diese Bildungsrate liegt damit bislang noch bei ca. 1 %.

3.2.3.5 Nutzung von Holz

Das weltweite Potential an Holz in Form jeglicher Art von Wäldern entspricht einer Menge an Kohlenstoff von ca. 400 Gt C [2,61], aufgeteilt in

- tropische Regenwälder (100 Gt),
- subtropische Wechselgrünwälder (165 Gt),
- gemäßigte Nadelwälder (60 Gt),

- gemäßigte Wechselgrünwälder (55 Gt),
- Buschwälder (20 Gt).

Dieses Potential ist annähernd im Gleichgewicht zwischen einer jährlichen Neubildung von ca. 30 Gt C und einer entsprechend großen Verlustmenge weitgehend durch Vermodern. Der menschliche Holzeinschlag pro Jahr beträgt ca. 0,8 Gt C, davon entfallen auf die Entwicklungsländer etwa 0,3 Gt C. Der Einsatz von ca. 0,3 Gt C an Holz zur Bereitstellung von Energie deckt ca. 4 % des derzeitigen Bedarfs an Primärenergie.

Während der Einschlag in den gemäßigten Zonen durch Holzneubildung mehr oder minder weitgehend ausgeglichen zu sein scheint, werden die tropischen Regenwälder wegen der raschen Erosion des abgeholzten Bodens durch den derzeit stattfindenden Einschlag unwiederbringlich mit derzeit etwa 0,3 % pro Jahr reduziert. Die Nutzung über Verbrennung, Vergasung (nach dem Zweiten Weltkrieg bei uns eine sehr aktuelle Methode des Kfz-Antriebs) verläuft mit ähnlichen Wirkungsgraden wie bei der Nutzung von fossilen Brennstoffen und von Biomasse.

3.2.4 Nutzung des Lichts zur Stromerzeugung mit Solarzellen

3.2.4.1 Prinzip von Solarzellen

Licht kann direkt in elektrische Energie in Form von Strom J bei einer Spannung U durch Nutzung des photovoltaischen Effekts in sogenannten Solarzellen umgewandelt werden. Solarzellen sind bei dieser Umwandlungsart Halbleiterdioden, die sich von Metallen hinsichtlich ihrer elektrischen Leitfähigkeit dadurch unterscheiden, daß Elektronenvorratsbereich (Valenzband) und Elektronenleitungsbereich (Leitungsband) energetisch voneinander getrennt sind (Bild 3.2.9).

Ihr Aufbau und ihre Wirkungsweise seien kurz beschrieben (Bild 3.2.8): Die Halbleiterdiode besteht aus 2 Halbleiterschichten, z. B. Silizium Si, wobei eine Schicht durch Einbau einer kleinen Menge von Fremdatomen in das Si-Gitter eine geringe Elektronenleitfähigkeit (n- leitend), die andere Schicht durch Einbau von Fremdatomen eine geringe Leitfähigkeit durch Wandern von Elektro-

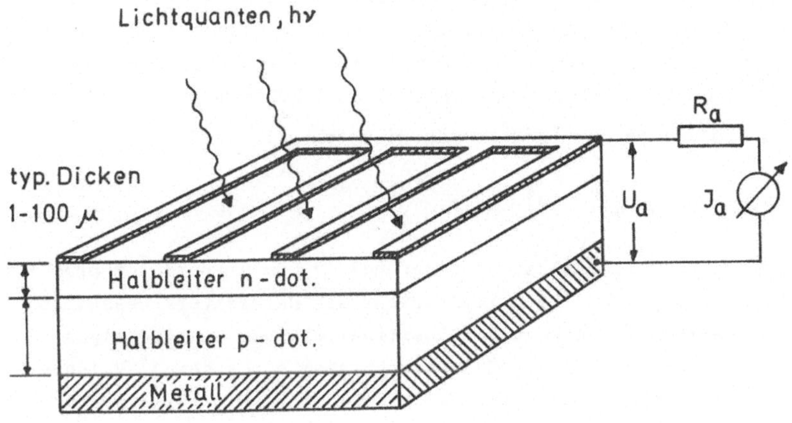

Bild 3.2.8: Aufbau-Prinzip einer Solarzelle

nenfehlstellen, positiven Ladungsträgern entsprechend (p- leitend), aufweist. Das reine, undotierte Halbleitermaterial hat eine extrem geringe Eigenleitfähigkeit. Die atomaren Elektronen sind bei normalen Temperaturen - einer mittleren kinetischen Energie kT entsprechend - fast alle in ihren einzelnen Atomen fest gebunden. Nur eine extrem kleine Zahl von Elektronen - z. B. $\rho_- = 1$ Elektron pro 10^{10} Atome - hat eine ausreichend hohe Energie, die sie aus dem Potential des Valenzbands in das Leitungsband bringt, wo sie im atomaren Gitter frei beweglich für Stromleitung zur Verfügung stehen. Diese

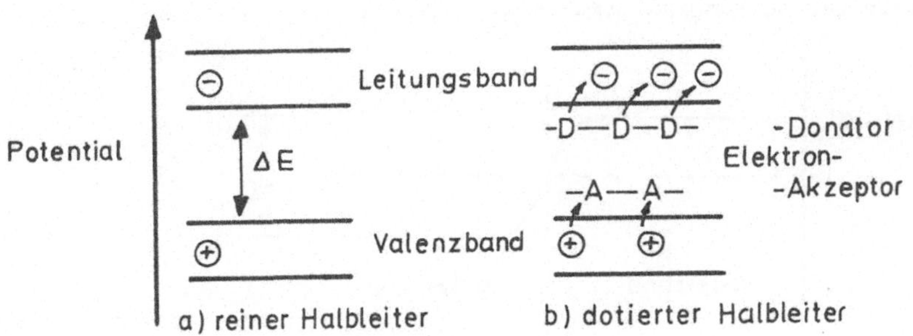

Bild 3.2.9: Potentialschema eines Halbleiters

Leitungselektronen hinterlassen negative Fehlstellen im Valenzband des Atomgitter; diese können durch Elektronenaustausch von Atom zu Atom weitergeleitet werden, was einer Leitung von positiven Ladungsträgern mit Dichte ρ_+ entspricht (Bild 3.2.9a).

Für das Produkt beider Ladungsträgerdichten gilt [62]

$$\rho_- \cdot \rho_+ = \rho_i^2 = e^{-\frac{\Delta E}{kT}} . \tag{3.2.12}$$

Durch Einbau von Fremdatomen (Dotierung) (z. B. 1 Fremdatom pro 10^6 Gitteratome) kann die Leitfähigkeit des Halbleiters wesentlich geändert werden: Bei Einbau von 5wertigem Phosphor in 4wertiges Silizium bringt praktisch jedes Phosphoratom eines seiner Valenzelektronen in das Leitungsband des Wirtsgitters ein (Bild 3.2.9b). Der Phosphor wirkt hier als Elektron-Donator, bringt also negative Ladungsträger ein, macht den Haltleiter n-leitend. Beim Einbau von 3wertigem Bor in 4wertiges Silizium entzieht praktisch jedes Boratom ein Elektron aus dem Valenzband des Siliziumgitters. Das Bor wirkt hier als Elektron-Akzeptor, erzeugt also im Valenzband des Wirtsgitters negative Fehlstellen, positiven Ladungsträgern entsprechend, macht den Halbleiter p-leitend.

An der Berührungsfläche von p- und n-leitender Schicht diffundieren Leitungselektronen wegen des Konzentrationsunterschieds aus der n-leitenden Schicht in die p-leitende Schicht, analog in umgekehrter Richtung die negativen Fehlstellen im Valenzband. Dabei wird an der Grenzschicht ein elektrisches Spannungsgefälle U_D aufgebaut bis zu einer Höhe, bei welcher sich Diffusions- und Entladestrom gerade kompensieren (Bild 3.2.10).

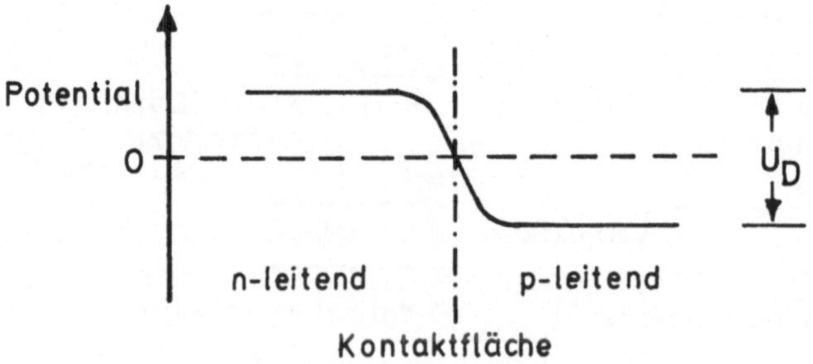

Bild 3.2.10: Spannungsgefälle an der Dioden-p-n-Grenzschicht

Die n-leitende Schicht wird also gegenüber der p-leitenden Schicht positiv aufgeladen. Die Höhe von U_D hängt vom Dichteunterschied der Ladungsträger in beiden Schichten, also von der Dotierungsstärke, ab.

Im Gleichgewicht gilt für das Verhältnis der von n nach p diffundierten Elektronendichte ρ_-^p zur Elektronendichte im n-leitenden Teil ρ_-^n

$$(3.2.13)\qquad \frac{\rho_-^p}{\rho_-^n} = e^{-\frac{e_0 U_D}{kT}} .$$

ρ_-^n ist gleich der Donatordichte ρ_D, e_0 = Elementarlad., für ρ_-^p gilt gemäß Gl. (3.2.12)

$$\rho_-^p = \frac{\rho_i^2}{\rho_D} = \frac{\rho_i^2}{\rho_A} ;$$

damit folgt für die Spannung U_D

$$\frac{\rho_i^2}{\rho_A \cdot \rho_D} = e^{-\frac{e_0 U_D}{kT}} \quad \text{bzw.}$$

$$(3.2.14)\qquad U_D = \frac{kT}{e_0} \cdot \ln \frac{\rho_i^2}{\rho_A \cdot \rho_D} .$$

Im vorliegenden Beispiel von $\rho_i = 10^{-10}$ pro Si-Atom, $\rho_A = \rho_D = 10^{-6}$ pro Si-Atom und T = 300 K entsprechend kT = 0,026 eV ergibt sich die Spannung U_D zu

$$U_D = \frac{0{,}026}{1} \ln (10^8) = 0{,}48 \text{ V.}$$

Dies entspricht der für Halbleiter-Solarzellen typischen Spannung. U_D ist die maximale Spannung, die an der Solarzelle, hier einer Si-Zelle, genutzt werden kann.

Solange kein Licht auf die Halbleiterschichten der Solarzelle einfällt, wird diese Spannung U_D durch gegenläufige Spannungen an den beiden Grenzflächen zwischen Halbleiterschicht und Metallkontakt gerade zu Null kompensiert; die an den beiden Metallkontaktschichten außen abgreifbare Spannung ist Null, es kann kein Strom im äußeren Stromkreis fließen.

Bei Einfall von Licht in die Halbleiterschichten mit einer Energie der Lichtquanten $h\nu > \Delta E$ können Elektronen diese Energiequanten absorbieren und damit aus dem Potential des Valenzbands ins Potential des Leitungsbands gehoben werden. Damit werden also weitere Ladungsträger in Form von Elektronen-Loch-Paaren bereitgestellt. Diese Ladungsträger bauen bei entsprechender Lichtintensität die Grenzschichtspannung U_D zwischen den beiden Halbleiterschichten ab. An den Metallkontakten wird die Gegenspannung von maximalem Betrag gleich $|U_D|$ abgreifbar. Bei geschlossenem äußerem Stromkreis fließt ein Entladestrom, der bei kurzgeschlossenem äußeren Stromkreis, also $U_a = 0$, den maximalen Wert erreicht.

Eine für Solarzellen typische Strom-Spannungs-Charakteristik ist in Bild 3.2.11 dargestellt.

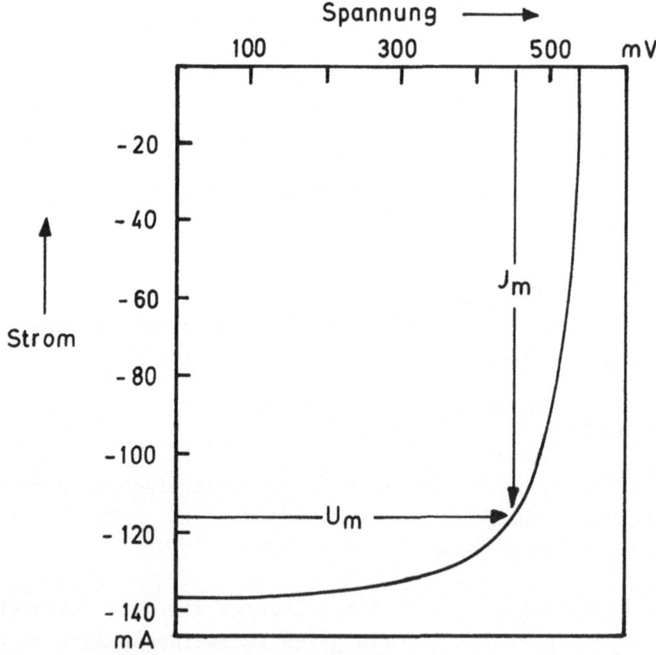

Bild 3.2.11: Strom-Spannungs-Charakteristik einer 2 • 2 cm² Silizium-Zelle (nach [63])

Die maximal der Zelle entnehmbare Leistung L entspricht der Fläche der größten Rechtecks, $L = U_m \cdot I_m$, das der Strom-Spannungs-Kennlinie eingeschrieben werden kann. Dies kann durch entsprechende Anpassung des Widerstands R auf der Verbraucherseite erreicht werden. Ein Wert $U_m = 0{,}5$ V ist typisch für die meisten Solarzellen. Um verbraucherseitig eine höhere Spannung zu erreichen, muß eine entsprechende Anzahl von Zellen in Serie zusammengeschaltet werden.

Die Temperaturabhängigkeit der Leerlaufspannung U_D wird durch die Abhängigkeit gemäß Gl. (3.2.14) und die darin implizit enthaltene Abhängigkeit der Eigenleitfähigkeit ρ_i (T) von der Temperatur bestimmt; letztere bestimmt auch die Temperaturabhängigkeit des Kurzschlußstroms. Insgesamt ergibt sich eine mit steigender Temperatur fallende Zellenleistung L(T) (Bild 3.2.12).

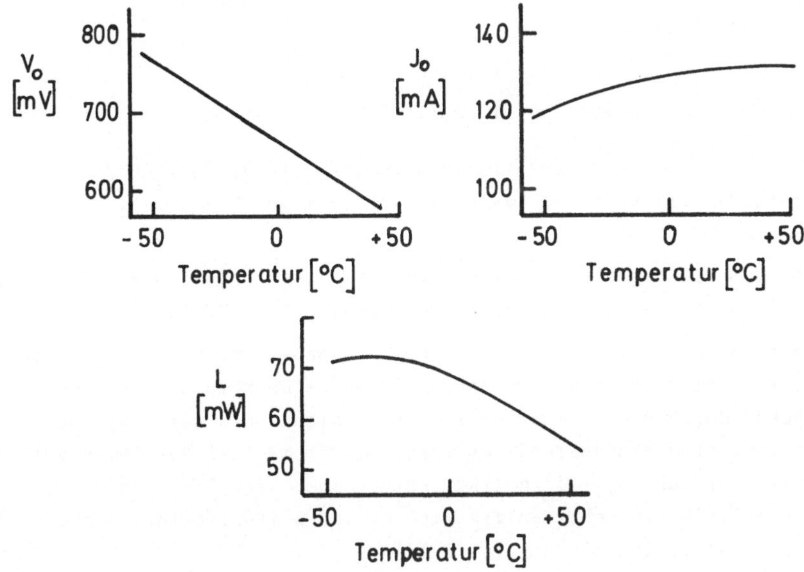

Bild 3.2.12: Temperaturabhängigkeit von Leerlaufspannung (a), Kurzschlußstrom (b) und Leistung (c) einer 2 • 2 cm² Siliziumzelle (nach [63])

3.2.4.2 Wirkungsgrad von Solarzellen

Als Wirkungsgrad η wird definiert das Verhältnis von maximal abgegebener Zellenleistung $L = U_m \cdot I_m$ zu senkrecht auf die Zelle eingestrahlter Lichtleistung,

$$(3.2.15) \qquad \eta = \frac{\text{maximale Zellenleistung}}{\text{senkrecht eingestrahlte Lichtleistung}} = \frac{U_m \cdot I_m}{L_{ein(\perp)}} .$$

Das eingestrahlte Licht wird zum Teil reflektiert, zum Teil absorbiert. Das Reflexionsvermögen R des jeweiligen Materials ist gemäß der Beerschen Beziehung (Gl. (3.2.16)) - gültig für senkrechten Einfall - eine Funktion sowohl des wellenlängenabhängigen Brechungsindex $n(\lambda)$ als auch des jeweiligen Absorptionskoeffizienten α (s. Bild 3.2.14).

$$(3.2.16) \qquad R = \frac{(n-1)^2 + (\frac{\alpha \cdot \lambda}{4\pi})^2}{(n+1)^2 + (\frac{\alpha \cdot \lambda}{4\pi})^2} .$$

Im Fall der meisten Solarzellenmaterialien ist der Einfluß des Licht-Einfallswinkels auf das Reflexionsvermögen R vernachlässigbar klein.

Si und CdS als typische Solarzellenmaterialien haben ein mittleres Reflexionsvermögen von ca. 40 % bzw. 20 % (Bild 3.2.13b).

Der absorbierte Anteil der Lichtenergie kann im Prinzip vollständig in Photostrom umgewandelt werden, sofern die Energie der Lichtquanten genau der Energiedifferenz zwischen Valenz- und Leitungsband, dem sogenannten Bandabstand, entspricht. Die maximal der Zelle entnehmbare Leistung $U_m \cdot I_m$ beträgt entsprechend der Strom-Spannungs-Charakteristik typischer Solarzellen ca. 80 % (Füllfaktor) der erzeugten Photozellenleistung (s. Bild 3.2.11).

In der Tat wurde für Siliziumzellen mit einem Bandabstand von $\Delta E = 1{,}12$ eV bei Einstrahlung von monochromatischem Licht mit einer Energie gleich dem Bandabstand der somit erwartete maximale Wirkungsgrad von $\eta = (1-R) \cdot \text{Füllfaktor} \approx 50$ % gemessen [63].

Die Verwendung von sichtbarem Licht bewirkt eine Verminderung des Wirkungsgrades, da der Anteil des Lichts mit Wellenlängen einer

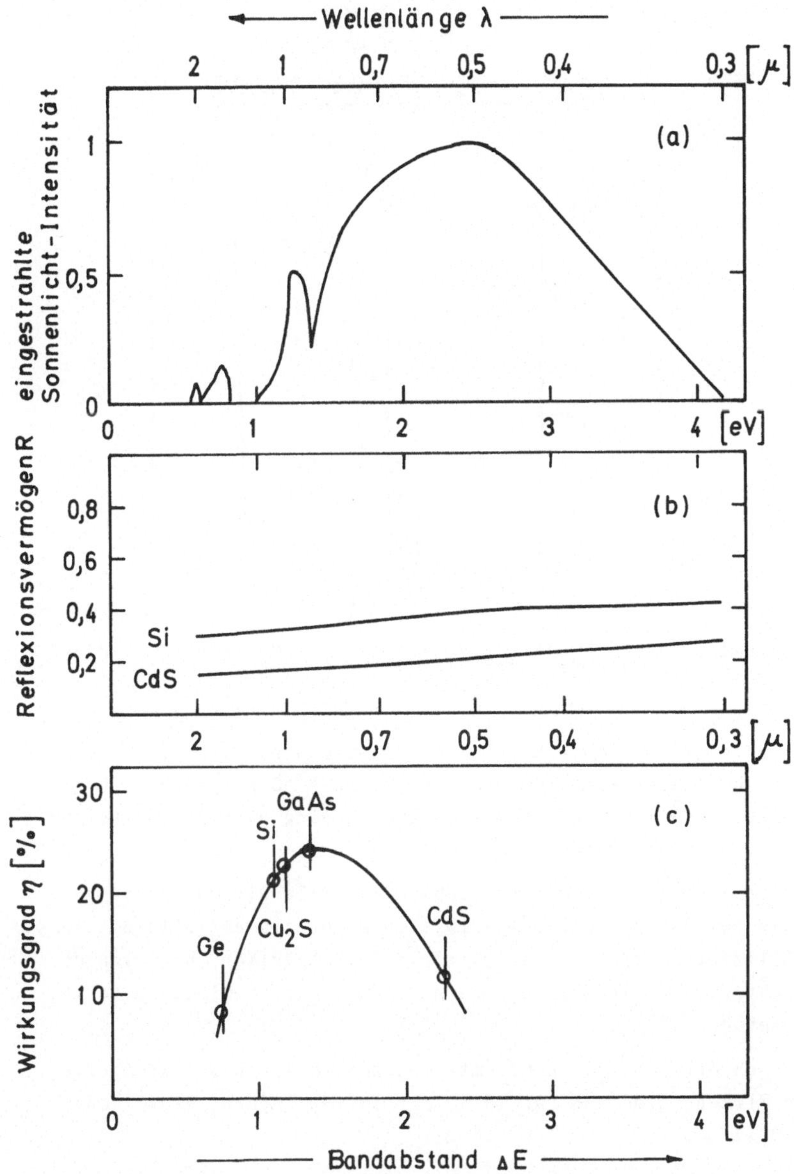

Bild 3.2.13: *Eingestrahlte Sonnenlichtintensität (a), Reflexionsvermögen (b) und maximaler Wirkungsgrad η (c) (nach [64]) als Funktion der Lichtwellenlänge λ bzw. der Energie des Lichts bzw. des Halbleiter-Bandabstands ΔE*

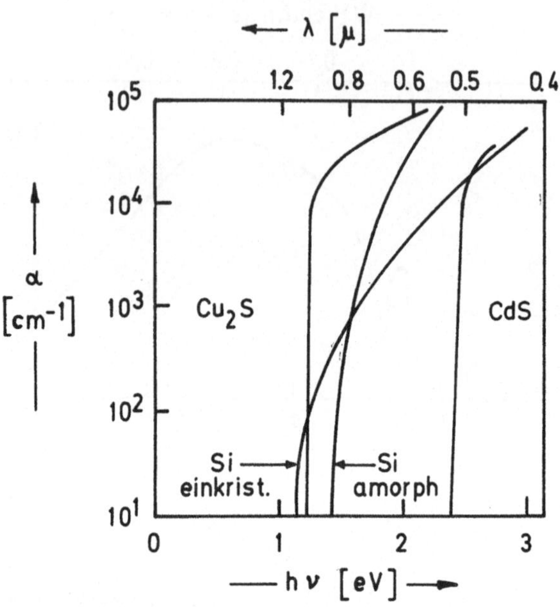

Bild 3.2.14: Absorptionskoeffizienten α verschiedener Halbleitermaterialien (nach [64])

Quantenenergie von $h\nu = hc_0/\lambda < \Delta E$ entsprechend nicht zur Stromerzeugung beitragen kann, Quanten mit $hc_0/\lambda > \Delta E$ nur jeweils einen Energiebruchteil gleich ΔE zur Stromerzeugung einbringen. Der andere Teil wird in Wärme umgewandelt.

Der für sichtbares Licht erreichbare maximale Wirkungsgrad hängt jeweils vom Bandabstand des Halbleitermaterials ab (Bild 3.2.13c). Für Silizium beträgt er ca. 21 %; der größtmögliche Wert von ca. 24 % wäre z. B. mit Gallium-Arsenid (GaAs) als Halbleitermaterial zu erreichen.

Technisch erreicht man heute mit monokristallinen Siliziumzellen einen Wirkungsgrad von ca. 15 %, mit Zellen anderer Bauart ca. 5 - 10 %.

3.2.4.3 Technische Entwicklung von Solarzellen

Die Solarzellenentwicklung begann mit der Nutzung von hochreinem Silizium in monokristalliner Form. Dieses Material wurde zylinderförmig mit einem Durchmesser von ca. 5 - 8 cm aus einer z. B. mit Bor dotierten (p-leitend), hochreinen Siliziumschmelze bis zu Kristallängen von ca. 75 cm gezogen und dann in möglichst dünne Zellenscheibchen von ca. 0,3 mm zersägt. Anschließend wurden die Scheibchen an einer Oberfläche bei hoher Temperatur durch Diffusion von z. B. Phosphoratomen bis in eine Tiefe von ca. 0,2 μ dotiert (n-leitende Schicht).

Die Herstellung monokristalliner Siliziumzellen ist sehr energieaufwendig: Basierend auf den heutigen Kosten für Si-Solarzellenanlagen ist ein Energieaufwand für ihre Herstellung von ca. (40 bis 300) kWh pro Zelle (mit Maximalleistung von 1 W) abzuleiten.

Bei einer angenommenen Lebensdauer einer Solarzellenanlage von 25 Jahren und einer Bestrahlung mit direktem Sonnenlicht während günstigstenfalls 2000 Stunden pro Jahr (auf senkrechtem Lichteinfall von 1 kW/m^2 normiert) steht obigem Energieaufwand ein Energiegewinn von günstigstenfalls 50 kWh pro Zelle von 1 W Maximalleistung gegenüber.

Der Energieaufwand zur Herstellung von Solarzellen wird zu einem großen Teil von der benötigten Menge an hochreinem Halbleitermaterial bestimmt. Es ist deshalb naheliegend - so technisch machbar - die Halbleiterschichten so dünn wie möglich zu halten. Die optimale Dicke D dieser Schicht hängt stark vom Absorptionsvermögen α der Halbleitermaterialien für Licht verschiedener Wellenlänge ab.

Für den erreichbaren Photostrom I gilt

$$(3.2.17) \qquad I \sim \text{Lichtintensität} \cdot (1 - e^{-\alpha \cdot D}) \, .$$

Typische Werte für das Absorptionsvermögen einiger Halbleitermaterialien sind in Bild 3.2.14 gezeigt. Während bei einkristallinem Silizium 90 % der absorbierbaren Strahlung innerhalb von ca. 20 μ Schichtdicke absorbiert werden, bedarf es dazu in Cu_2S und CdS nur ca. 1 μ.

Die technische Entwicklung von Solarzellen zeigt heute vornehmlich in Richtung von Dünnschichtzellen. Dünne Schichten können mit einem relativ geringen Aufwand z. B. durch Bedampfen, Kathodenzerstäubung oder elektrochemische Beschichtung hergestellt werden.

Der Materialaufbau verschiedener Dünnschichtzellen - mit Halbleiter-Halbleiter als auch Halbleiter-Metall-Übergängen - und die dabei erreichten Wirkungsgrade sind in Tabelle 3.2.3 zusammengestellt.

Tabelle 3.2.3: Aufbau verschiedener Dünnschichtsolarzellen [64]

Schichtmaterialien		typischer Wirkungsgrad
$CdS - Cu_2S$	(n - p)	9 %
$CdS - CuInSe_2$	(n - p)	7 %
$Cu - Cu_2O$	(Met. - p)	0,4 %
amorphes Si - Pt	(p,n - Met.)	5,5 %

Dabei ist die Entwicklung der CdS-Cu_2S-Zellen am weitesten fortgeschritten; Wirkungsgrade zwischen 8 % und 10 % wurden damit erreicht. Dünnschichtzellen können auch relativ einfach aus amorphem Silizium hergestellt werden. Der damit erreichbare Wirkungsgrad ist auf ca. 5 % beschränkt, vornehmlich bedingt durch die sehr kurze Diffusionslänge der durch Lichteinfall freigesetzten Ladungsträger in amorphem Silizium.

Weitere verfolgte Entwicklungswege sind

- Dünnschichtsysteme mit mehreren Übergangsschichten verschiedener Bandabstände (um das Sonnenlichtspektrum besser ausnutzen zu können),
- Konzentration von Licht auf Zellen und Umwandlung von Licht über Fluoreszenz in monochromatisches Licht, möglichst dem Bandabstand angepaßt [65],
- "Nasse Solarzellen", bei denen ein Übergang zwischen einem Halbleiter und einem flüssigen Elektrolyten vorliegt (der Energieaufwand für die Herstellung solcher Zellen sollte geringer sein als der für Festkörper-Dünnschichtzellen) [66].

Das Verhältnis ε von Energiegewinn zu Energieaufwand kann wieder aus den Herstellungskosten abgeschätzt werden: Bei einer großtechnischen Serienfertigung von CdS-Cu_2S-Dünnschichtzellen - wie sie innerhalb eines Jahrzehnts möglich werden könnte - sollten Kosten für die Zell-Herstellung von ca. 2 DM pro 1 Watt Maximalleistung, Kosten für ein gesamtes Solarzellensystem von ca. 4 DM/1 W Maximalleistung erreichbar sein.

Aus diesen erhofften Kosten resultiert das Verhältnis für den günstigsten Fall ständiger, optimaler Zell-Nutzung (bezogen auf 1 W maximale Zellenleistung) von

$$\varepsilon = \frac{\text{Energiegewinn in 25 Jahren}}{\text{Energieaufwand zum Bau der Anlage}} = \frac{50\ \text{kWh}}{8\ \text{kWh}} \sim 6.$$

3.2.4.4 Nutzung von Solarzellen auf der Erde und im Weltraum

In unseren Breiten beträgt die Sonneneinstrahlung während der Tageslichtzeit je nach Wetterlage zwischen 100 W bis 1 kW pro m^2 Fläche senkrecht zur Einfallsrichtung. Demnach lassen sich damit aus Solarzellenfeldern von 1 m^2 Fläche während der Tageslichtzeit etwa 10 - 100 W an elektrischer Energie gewinnen. In kleinen Mengen ist diese Energie auch in üblichen Batterien speicherbar. (Leider ist bislang der Energieaufwand zur Herstellung von Batterie-Speichern etwa gleich groß wie ihre Abgabe von gespeicherter Energie innerhalb der Batterielebensdauer von einigen Jahren.)

Selbst wenn Dünnschichtsolarzellen in etwa 1 - 2 Jahrzehnten in großem Maßstab verfügbar gemacht werden können, wird in unserem Land nicht zuletzt wegen des Faktors wirtschaftlicher Speichermöglichkeiten die maximal erreichbare Stromerzeugung aus Solarzellen weit geringer sein als unser Bedarf an elektrischer Energie.

Dagegen könnte in den meist äquatornahen Entwicklungsländern mit ihrem viel kleineren Energiebedarf die Energiebereitstellung aus Solarzellen von wesentlich größerer Bedeutung werden.

Die Nutzung von Solarzellen im Weltraum ist im Leistungsbereich bis zu einigen kW bei der Raumfahrt eine wohlerprobte Technik. Es wurden auch Vorstellungen entwickelt [67] zur Gewinnung von Solarenergie mittels Solarzellen großflächiger Solarzellen-Satellitenstationen auf einer geostationären Bahn, also 36000 km hoch über dem Äquator, einzusetzen. Hier könnte durch ständiges Nachführen der Flächenausrichtung gegen die Sonne nahezu permanent Energie gesammelt werden. Mit einer Solarzellenfläche von 4 • 4 km^2 sollte eine Leistung von 10 GW erreicht werden; diese Leistung sollte in Form von Mikrowellen gerichtet auf eine Fläche der Empfangsantennen auf der Erde von ca. 10 • 10 km^2 übermittelt werden. Dabei wird ein Wirkungsgrad für die Energieübertragung zur Erde von bis zu 70 % als möglich angesehen.

Ob der mögliche Energiegewinn einer solchen Anlage allerdings den Energieaufwand zu Bau und Betrieb übersteigt, ist fraglich. Allein schon der im Vergleich zu allen heute bekannten Kraftwerkstypen sehr hohe finanzielle und technische Aufwand läßt eine solche Solarzellen-Satellitenstation utopisch erscheinen.

3.2.5 Nutzung des Sonnenlichts als Wärmequelle zur Gewinnung von Wärme und Strom

3.2.5.1 Wirkungsweise von Sonnenlichtkollektoren

Sonnenlichtkollektoren können das einfallende Sonnenlicht in thermische Energie, also Wärme, umwandeln. Die Leistung des eingestrahlten Lichts variiert von etwa 1000 W/m^2 senkrecht zur Einstrahlrichtung bei klarem Himmel, bis ca. 100 W/m^2 bei stark bewölktem Himmel. Die Kollektoren stehen dabei im thermischen Gleichgewicht zwischen Energieaufnahme durch eine möglichst weitgehende Absorption des einfallenden Sonnenlichts und Energieabgabe durch Abstrahlung im Wellenlängenbereich der Wärmestrahlung und durch Entnahme von Nutzwärme.

Bild 3.2.15 zeigt ein mögliches Prinzip eines einfachen Sonnenlichtkollektors:

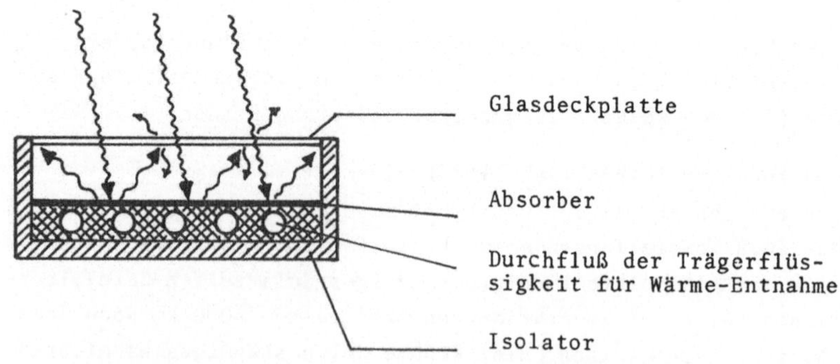

Bild 3.2.15: Prinzip eines Sonnenlichtkollektors

Die maximal erreichbare Temperatur des Absorbers hängt dabei von der eingestrahlten Intensität, vom Grad der Behinderung der Wärmeabstrahlung des Kollektors, z. B. durch eine lichtdurchlässige, aber Wärmestrahlung absorbierende Deckscheibe, und schließlich von der Menge der abgeführten Nutzwärme ab.

Ein Sonnenlichtkollektor soll möglichst die gesamte eingestrahlte Lichtenergie absorbieren und damit eine Aufheizung des Absorbers bewirken (Absorptionsgrad a_λ des Absorbers für sichtbares Licht mit Wellenlängen λ, $a_\lambda \sim 1$, d. h. der Absorber soll für sichtbares Licht schwarz sein).

Um eine möglichst hohe Temperatur des Absorbers, T_A, zu erreichen, muß die Abstrahlung des Kollektors zum Beispiel durch eine für sichtbares Licht durchlässige Glasdeckplatte (a_λ (sichtbares Licht) ≈ 0), die aber für Wärmestrahlung mit Wellenlängen λ undurchlässig ist (a_λ (Wärmestrahlung) ≈ 1), möglichst stark behindert werden. Dies sei mit Bild 3.2.16a+b verdeutlicht.

Das Glas absorbiert die vom Absorber emittierte Wärmestrahlung und strahlt sie selbst wieder allseitig ab, also im Mittel zur Hälfte nach außen, zur Hälfte zurück zum Absorber. Ohne Nutzwärmeentnahme muß im thermischen Gleichgewicht die absorbierte Strahlungsleistung L_{ein} gleich der emittierten Strahlungsleistung L_{aus} sein.

Die abgestrahlte Leistung des Absorbers ist gemäß Gleichung (3.2.3) der 4. Potenz der Temperatur T_A proportional.

Dies gilt für jede Schicht eines Kollektors. Bei einem Kollektor mit Mehrschichtglas-Abdeckung (n-Schichten) ergibt sich in grober Näherung die auf den eigentlichen Absorber eingestrahlte Gesamtleistung gemäß Bild 3.2.17 zu

$$L^{+ges.}_{ein} = (n+1) \cdot L^{++v.Sonne}_{ein} \tag{3.2.18}$$

($^{+}$ Auf Absorber von Kollektor mit n Abdeck-Glasplatten
$^{++}$Auf Kollektor)

und daraus die Absorbertemperatur zu

$$T_A \begin{bmatrix} \text{n Abdeck-} \\ \text{schichten} \end{bmatrix} = T \begin{bmatrix} \text{1 Abdeck-} \\ \text{schicht} \end{bmatrix} \cdot (n+1)^{1/4} \tag{3.2.19}$$

Dazu ein Beispiel: Ein Absorber habe ohne Glasabdeckung im Strahlungsgleichgewicht eine Temperatur von T_A (n=0) = 300 K (≙ 27° C). Mit n = 3 Glasabdeckschichten erhöht sich die Absorbertemperatur

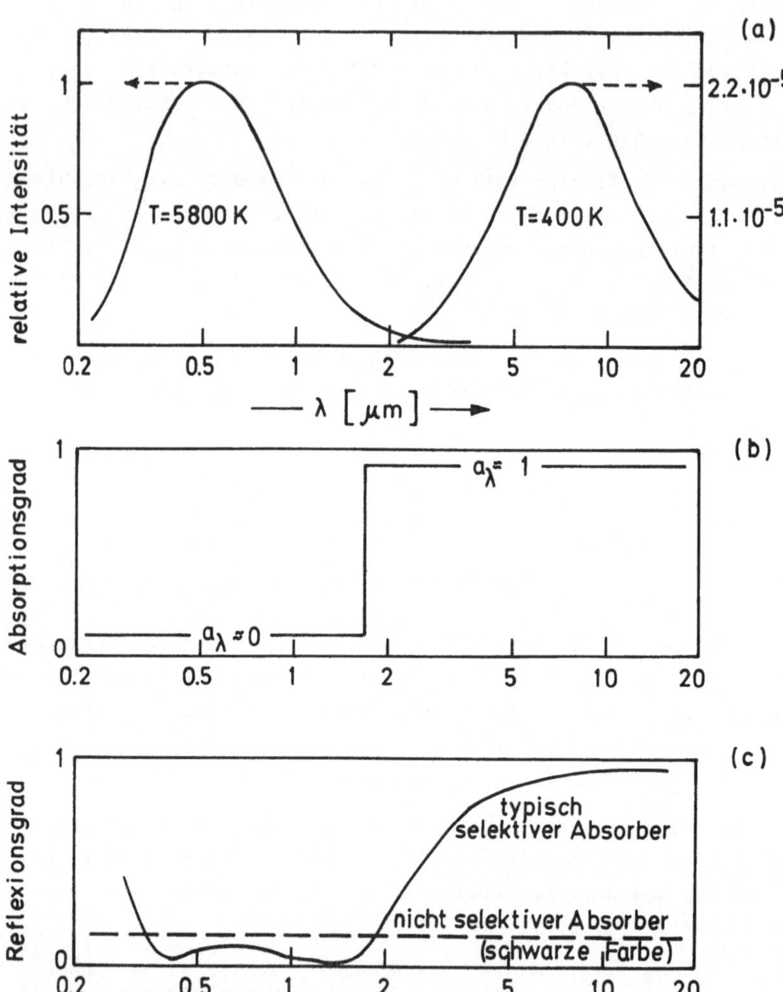

Bild 3.2.16: *(a) Spektren der Strahlungsintensität eines Strahlers bei Temperaturen von 5800 K bzw. 400 K*

(b) Idealisierter Absorptionsgrad a_λ eines Solarwärmekollektors in Abhängigkeit von der Wellenlänge der Strahlung

(c) Reflexionsgrad von Solarlichtkollektoren in Abhängigkeit von der Wellenlänge der Strahlung (nach [18])

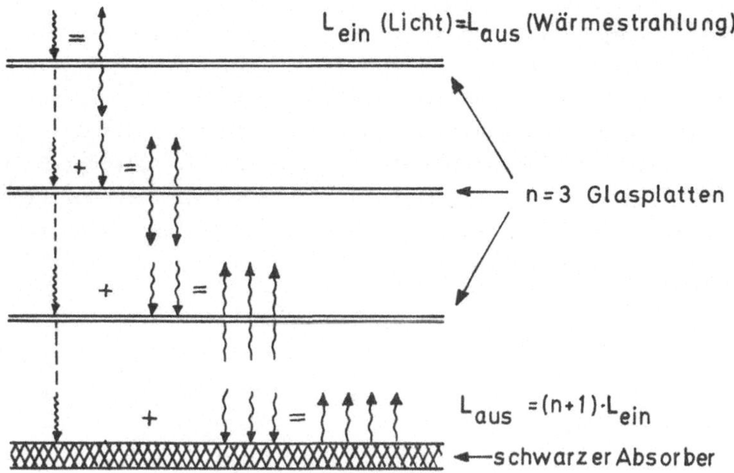

Bild 3.2.17: Schematische Darstellung der Leistungsbilanz von Ein- und Ausstrahlung für einen Kollektor mit n = 3 Abdeckschichten (nach [3])

auf T_A (n=3) = 300 · $(3+1)^{1/4}$ = 425 K (= 152° C). Bei obiger grober Näherung wurden Verluste durch Reflexion und Absorption der einfallenden Strahlung sowie Verluste durch Wärmeleitung und Konvention vernachlässigt. Weiter wurde vorausgesetzt, daß sich die Spektren von einfallender und emittierter Strahlung nicht partiell überlappen. Die Berücksichtigung all dieser Effekte beschränkt die maximal sinnvolle Anzahl von Abdeckplatten auf einige wenige und beschränkt entsprechend die maximal erreichbare Absorbertemperatur.

Eine demgegenüber verbesserte Möglichkeit, etwas höhere Absorbertemperaturen zu erreichen, bietet die Nutzung bestimmter Absorbermaterialien, die für sichtbares Licht einen hohen Absorptionsgrad, für Wärmestrahlung dagegen einen geringen Emissionsgrad aufweisen.

Zum Verständnis der Möglichkeit solcher Materialeigenschaften einige physikalische Grundlagen: Energieerhaltung bei Einstrahlung besagt, daß die gesamte eingestrahlte Energie aller Wellenlängen λ sich aufteilt in einen absorbierten Anteil, a_λ, und einen reflektierten Anteil r_λ

(3.2.20) $$a_\lambda + r_\lambda = 1.$$

Weiter zeigt sich die Energieerhaltung auch in dem sogenannten Kirchhoffschen Satz, wonach für jede Wellenlänge λ der Absorptionsgrad a_λ (Verhältnis von absorbierter zu einfallender E-Einstrahlung) gleich dem Emissionsgrad e_λ(Verhältnis von emittierter zu einfallender E-Einstrahlung im Strahlungsgleichgewicht zwischen Absorber und Umgebung) ist.

(3.2.21) $$a_\lambda = e_\lambda$$

Aus der Kombination der Gleichungen (3.2.20) und (3.2.21) folgt für den Emissionsgrad:

(3.2.22) $$e_\lambda = 1 - r_\lambda$$

Wenn das Reflexionsvermögen mit der Wellenlänge λ variiert, so variiert, wie in Bild 3.2.16c gezeigt, das Emissionsvermögen entsprechend; man spricht in diesem Fall von einem (Wellenlängen-)selektiven Absorber bzw. Strahler.

Zwei technische Beispiele für selektive Absorber mit dem in Bild 3.2.16c gezeigten Reflexionsvermögen sind in Bild 3.2.18 skizziert.

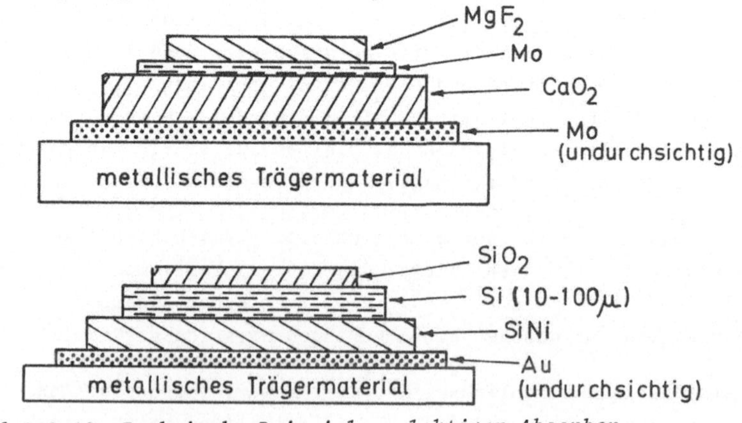

Bild 3.2.18: Technische Beispiele selektiver Absorber (nach [68,69])

Dieses wellenlängen-selektive Emissionsvermögen ist kein Widerspruch zur Energieerhaltung. Es führt in obigen Beispielen nur zu einer Temperaturerhöhung des Absorbers und damit gemäß Gleichung (3.2.2) zu einer Verschiebung des Spektrums der abgestrahlten Wellen zu kleineren Wellenlängen mit dafür größerem Emissionsvermögen.

Technisch realisierbar ist ein Verhältnis von Absorptionsvermögen (für sichtbares Licht) zu Emissionsvermögen (für Wärmestrahlung) von:

$$\underset{\text{(sichtbares Licht)}}{a_\lambda} : \underset{\text{(Wärmestrahlung)}}{e_\lambda} \sim 0{,}9 : 0{,}1 \sim 10 \quad [3]$$

Ohne Entnahme von Nutzwärme aus dem Kollektor und ohne weitere Verluste wären demnach gemäß Gleichung (3.2.3)

$$L \cdot \underset{\text{(sichtbares Licht)}}{a_\lambda} = \underset{\text{(Wärmestrahlung)}}{e_\lambda} \cdot \sigma \cdot T^4$$

für eine eingestrahlte Leistung von 1000 W/m² bzw. 100 W/m² eine maximale Kollektorabsorber-Temperatur von T_A = 630 K (= 357° C) bzw. T_A = 447 K (= 164° C) zu erreichen.

Dieser Wert wäre in vorher genanntem Beispiel eines idealen Mehrschichtglaskollektors mit 9 Glasschichten zu erreichen.

Für den Realfall der Nutzung von Solarwärme-Kollektoren ist sowohl die mögliche abführbare Menge an Nutzwärme als auch die dabei zu erreichende Temperatur des Wärmeträgers von Interesse: Gemäß der Energieerhaltung folgt für die Energiebilanz des Kollektors:

$$\underset{\text{(durch Deckschicht eingestrahlte Leistung)}}{L_{ein}\left(1-a_\lambda\begin{bmatrix}\text{sichtb. Licht}\\ \text{in Decksch.}\end{bmatrix}\right)} = \underset{\text{(abgeführte Nutzleistung)}}{L_N} + \underset{\text{(Verluste durch Abstrahlung und Wärmeleitung)}}{L_V} \qquad (3.2.23)$$

Für die abgeführte Nutzleistung gilt:

$$(3.2.24) \qquad L_N = C_W \cdot \frac{\Delta M_W}{\Delta t} \cdot (T_A - T_R)$$

(C_W = spezifische Wärme des Wärmeträgers,

$\frac{\Delta M_W}{\Delta t}$ = Flußmenge des Wärmeträgers pro Zeit,

T_A = Absorbertemperatur bzw. Vorlauftemperatur des Wärmeträgers,

T_R = Rücklauftemperatur des Wärmeträgers)

Die Verlustleistung ist annähernd der Temperaturdifferenz zwischen Absorber und Umgebung des Kollektors proportional:

$$(3.2.25) \qquad L_V = R_V \cdot (T_A - T_u)$$

(T_u = Umgebungstemperatur)

Die Proportionalitätskonstante R_V liegt für verschiedene Kollektorarten im Bereich von

$$R \approx (1 - 50) \frac{W}{m^2 \cdot K} ;$$

ein für gute Kollektoren typischer Wert ist

$$R = 5 \frac{W}{m^2 \cdot K}$$ [18,70].

Aus obiger Energiebilanz folgt für den Wirkungsgrad η, definiert als das Verhältnis von abgeführter Nutzwärmeleistung zu eingestrahlter Lichtleistung

$$(3.2.26) \qquad \eta = \frac{L_N}{L_{ein}}$$

$$= (1 - \underbrace{r_\lambda}_{\text{(sichtb. Licht Decksch.)}}) \cdot \underbrace{a_\lambda}_{\text{(sichtb. Licht Absorber)}} - \frac{R_V}{L_{ein}} (T_A - T_u).$$

Ohne Verluste ergibt sich der maximale Wirkungsgrad bei einem Absorptionsvermögen a_λ des Absorbers von 0,9 und einem Reflexionsvermögen r_λ der Deckschicht von 0,1 zu

$$\eta_{id.} = 0{,}8.$$

Bei Berücksichtigung von Verlusten ist bei der maximalen Einstrahlung von 1000 W/m^2 mit

$$R_V = 5 \frac{W}{m^2 \cdot K}$$

und typischen Temperaturen von $T_A = 60^\circ$ C, $T_u = 15^\circ$ C ein realer Wirkungsgrad von

$$\eta_{real} = 0{,}6$$

zu erreichen.

Um höhere Kollektortemperaturen zu erhalten, ist eine Konzentrierung des eingestrahlten Lichts nötig:

So kann z. B. über 2-dimensionale Fokussierung des direkten Sonnenlichts mittels Fresnellinsen und reflektierender Rohre (s. Bild 3.2.19) eine Verdichtung der eingestrahlten Leistung um einen Faktor 2 - 10 erreicht werden. Damit sollten bei 90 % Wärmeabfuhr Kollektortemperaturen bis zu 500° C erreichbar sein [69].

Um noch höhere Kollektortemperaturen zu erreichen, bedarf es der 3-dimensionalen Fokussierung des einfallenden direkten Lichts. Im Idealfall kann auf diese Art eine Kollektortemperatur gleich der Temperatur der Strahlungsquelle, also 5800 K, erreicht werden, im Realfall bei Wärmeentnahme wurden bislang Temperaturen bis zu ca. 3600° C erzielt.

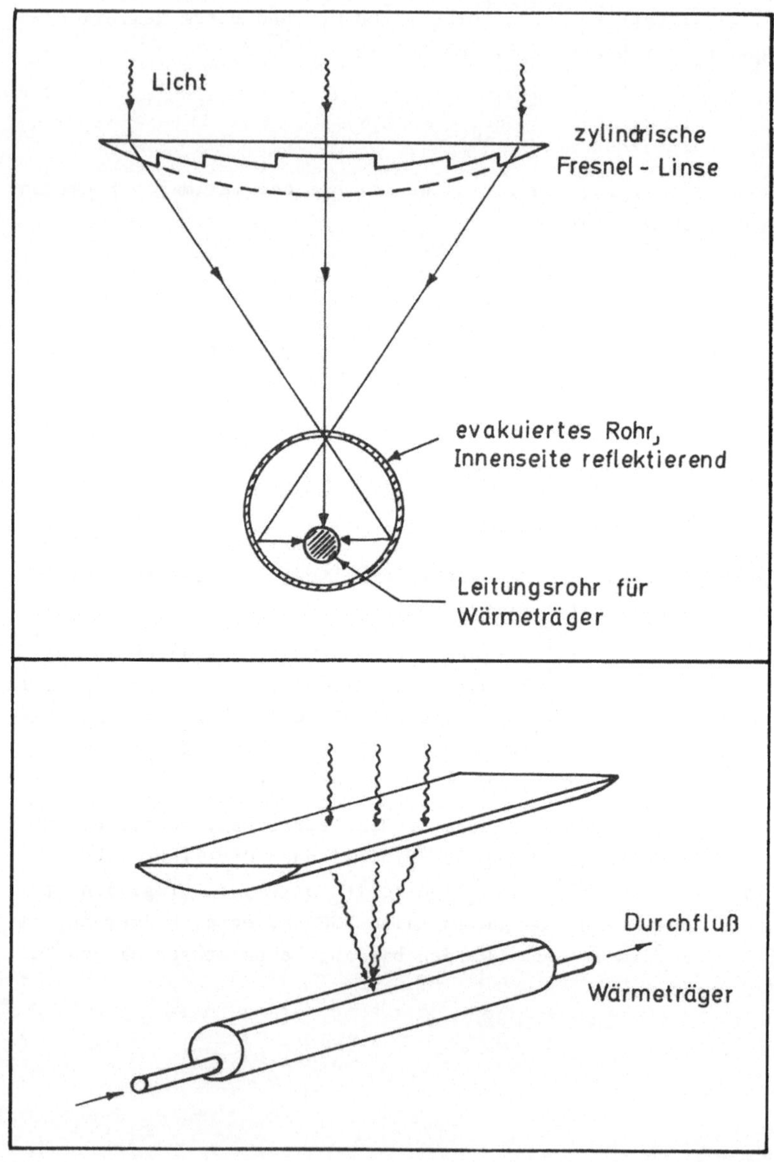

Bild 3.2.19: *2-dimensionale Fokussierung des Sonnenlichts über Fresnellinsen*

3.2.5.2 Absorption in Flachkollektoren

In der Bundesrepublik mit ihrer Lage in der geographischen Breite um ca. 50° N beträgt die mittlere Sonnenscheindauer bei wolkenlosem Himmel ca. 1500 - 1800 Stunden pro Jahr (Bild 3.2.20), entsprechend 17 - 20 % der Gesamtzeit. (Vergleichsweise beträgt die Sonnenscheindauer in manchen äquatornäheren Zonen mehr als 3000 Stunden pro Jahr, entsprechend mehr als 34 % der Gesamtzeit.)

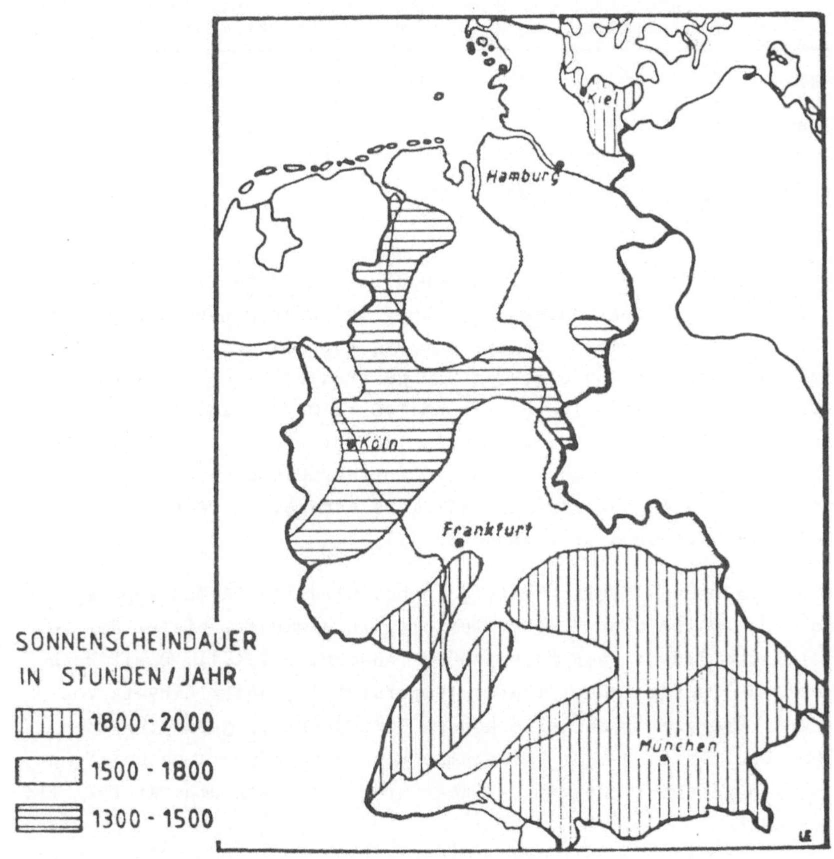

Bild 3.2.20: Zonen gleicher durchschnittlicher Sonnenscheindauer in der Bundesrepublik (nach [71])

Die Intensität der Sonneneinstrahlung, wie sie in der BRD anzutreffen ist, teilt sich je nach Bewölkungsgrad verschieden auf in direktes Licht und in Streulicht (s. Tab. 3.2.4).

Tabelle 3.2.4: Maximale Intensität der Sonneneinstrahlung, Aufteilung in direktes und in gestreutes Licht (nach [72,73])

Himmel	Intensität der Einstrahlung⁺ Sommer	Winter	aufgeteilt in Direktlicht	Streulicht
klar	1000	700	80 %	20 %
bewölkt	200	150	10 %	90 %

⁺W/m^2 Fläche senkrecht zur Sonne

Eine konzentrierende Sammlung von direktem Sonnenlicht ist wegen der relativ kurzen Sonnenscheindauer in unserem Land wenig sinnvoll. Dagegen bietet sich die Nutzung von Flachkollektoren, geeignet zur Sammlung von direktem und gestreutem Licht, zur Gewinnung von Nutzwärme bei Temperaturen um $(40 - 100)^{o}$ C an. Dabei läßt sich im Sommer mehr Nutzwärme als im Winter gewinnen; dementsprechend kann diese Wärme vorwiegend für Warmwasserbereitung genutzt werden, solange keine wirtschaftliche Langzeitspeicherung von Heizwärme verfügbar ist (Abschn. 4.1).

Eine ergänzende Möglichkeit, auch bei niedrigen Außentemperaturen noch Nutzwärme über Flachkollektoren zu gewinnen, bietet der zusätzliche Einsatz von Wärmepumpen (Abschn. 3.1.4.4). Damit kann Wärme W, verfügbar bei tiefer Temperatur T_u, unter Einsatz von externer Energie A, auf eine höhere Temperatur T_o gepumpt werden. Über den Einsatz einer Wärmepumpe kann also Wärme auch bei Temperaturen gesammelt werden, welche unter der Außentemperatur T_u liegen können.

Dabei kann dann Wärme nicht nur aus dem vom Kollektor absorbierten Sonnenlicht (tageszeitlich beschränkt), sondern auch (zeitlich unbeschränkt) aus dem Wärmeinhalt der den Kollektor umströmenden Luft über Wärmeleitung entnommen werden (s. Bild 3.2.21). Letzere ergibt eine Wärmeleistung annähernd proportional der Temperaturdiffe-

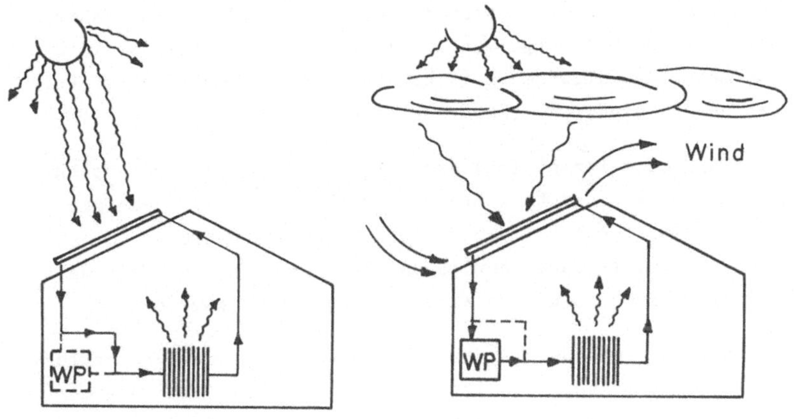

Bild 3.2.21: Prinzip der Wärmesammlung eines Solardaches

renz zwischen Kollektor und Umgebung. Je nach Windgeschwindigkeit sind dabei übertragene Wärmeleistungen von ca. 15 - 25 W/m² pro Grad Temperaturdifferenz zu erreichen.

Kühlt man mittels einer Wärmepumpe den Kollektor um einige Grad gegenüber der Umluft ab - was typisch ist für solche Anlagen - so erreicht man über Wärmeentnahme aus der Umluft Wärmeleistungen von $L_{Luft} \approx 60$ W/m²-Kollektorfläche [18]. (Zum Vergleich die Wärmeleistung aus Absorption von Licht: $L_{Licht} = L_{ein} \cdot \eta_{real}$ = (150 - 1000) W/m² · 0,6 = (100 - 600) W/(m²-Kollektorfläche).)

Der reale Gewinn an Nutzenergie, hier in Form von Heizwärme, mittels eines Solarlicht- und Luftwärmekollektors, gegebenenfalls unter Einsatz einer Wärmepumpe (solche Kollektoranlagen auf einem Hausdach werden als Energiedach bezeichnet), läßt sich aus dem Verhältnis an gewonnener Nutzwärme zum Aufwand an Primärenergie für Bau und Betrieb solcher Kollektoranlagen ablesen:

Die im Realfall zu gewinnende Menge an Nutzwärme ist in der BRD u. a. am Beispiel mehrerer Solarhäuser, an welchen verschiedene Firmen unterschiedliche Kollektortechniken unter möglichst optimaler Nutzung der gewonnenen Solarwärme erprobten, über Zeiträume von ein bis mehreren Jahren gemessen worden [71,74-76]. Dabei wurden von der auf einen ortsfesten Kollektor innerhalb eines Jahres eingestrahlten Energiemenge von ca. 1100 kWh pro m^2 Kollektorfläche eine Menge an Nutzwärme zwischen 180 und 668 kWh/m^2 durch Kollektoren unterschiedlicher Bauart gewonnen.

Eine hohe Ausbeute ist bislang auch mit einem entsprechend hohen Aufwand für den Bau der Kollektoren verknüpft. Über Anlagen mit Kollektoren dieser Art auf den Dächern von "Solarhäusern" wurden dabei im Jahresmittel zwischen 55 und 82 % des Gesamtbedarfs der Heizwärme für Raumheizung und Warmwasserbereitung gewonnen.

Der Aufwand an Primärenergie für den Bau von Solarwärme-Kollektoranlagen hängt stark von der Wirtschaftlichkeit der Fertigungsmethoden ab; bei der Fertigung großer Stückzahlen wird ein Aufwand für die Gesamtanlage je nach Kollektorart von mindestens 250 - 500 DM entsprechend (625-1250) kWh pro m^2 Kollektorfläche als erreichbar angesehen [71]. (Vergleichsweise belaufen sich heute die Kosten pro m^2 Kollektorfläche auf ca. (1000 - 2000) DM.)

Bei der Aufstellung der Energiebilanz ist gegebenenfalls auch noch der Einsatz an Primärenergie zum Betrieb der zwischen Kollektor und Verbraucher geschalteten Wärmepumpe zu berücksichtigen. Dieser Aufwand belief sich am Beispiel diverser Solarhäuser in der BRD pro m^2 Kollektorfläche und Jahr auf (70-140) kWh, wenn man den Wirkungsgrad für den Primärenergieeinsatz zum Betrieb der Wärmepumpe zu 70 % veranschlagt.

Für eine erwartete Lebensdauer der Kollektoranlagen von 25 Jahren resultiert damit - den für die Zukunft erhofften günstigsten Kostenaufwand vorausgesetzt - folgender Energieerntefaktor pro m^2 Kollektorfläche (Aufwand und Ausbeute sind korreliert) :

$$\frac{\text{gewonnene Nutzwärme im Verlauf von 25 Jahren}}{\text{Energieaufwand zu Bau + Betrieb (WP) der Kollektoranlage}} = \frac{25 \cdot (180\text{-}668)}{(625\text{-}1250) + 25 \cdot (70\text{-}140)} \approx \frac{2\text{-}5}{1}$$

Nach dieser Energiebilanz für Solarwärmegewinnung im Einzelfall folgt nun eine grobe Abschätzung des aus Solarwärme gewinnbaren Anteils des gesamten Heizwärmebedarfs in der BRD:

Der Heizwärmebedarf betrug in der BRD im Jahre 1980 ca. $8{,}1 \cdot 10^{11}$ kWh. Dieser Bedarf sollte sich auf längere Sicht durch bessere Wärmedämmung und durch sparsameren Verbrauch um etwa 1/3 des heutigen Werts reduzieren lassen, also auf ca. $5{,}5 \cdot 10^{11}$ kWh/Jahr. Würden auf lange Sicht (30 - 50) % aller Haushalte über Einzel- und Gemeinschaftsanlagen jeweils 68 % - dieser Wert entspricht dem unter optimalen Bedingungen bezüglich Absorbergüte und Nutzung erreichten Wert in einem Solarhaus in der BRD - ihres Heizwärmebedarfs aus Solarwärme-Kollektoranlagen beziehen, so würden damit (20 - 34) % des Heizwärmebedarfs in der BRD, entsprechend $(1{,}1 - 1{,}9) \cdot 10^{11}$ kWh pro Jahr, aus Solarwärme gewonnen. Dies würde eine Einsparung am Primärenergieeinsatz unter Berücksichtigung eines Wirkungsgrads von 70 % für die Primärenergienutzung zu Heizzwecken von $(1{,}6 - 2{,}7) \cdot 10^{11}$ kWh/Jahr, entsprechend (20 - 33) Mio t SKE, erbringen bzw. (6 - 9) % des Gesamtbedarfs an Primärenergie in der BRD im Jahr 1980.

Dieser Einsparung steht ein Mehraufwand an Primärenergie für Bau und Betrieb der Kollektoranlagen von ca. (12 - 50) % dieses Wertes gegenüber.

3.2.5.3 Absorption in konzentrierenden Kollektoren: Solarkraftwerke

Eine Gewinnung von Solarwärme in großem Umfang, dies bei Temperaturen von einigen 100^{0} C, ist über lichtkonzentrierende Kollektoren realisiert, dies aber nur in Gebieten mit einer Sonnenscheindauer von z. B. mehr als etwa 3000 Stunden pro Jahr, entsprechend mehr als 34 % der Zeit. Diese Bedingung ist praktisch nur in den Wüstengebieten Afrikas, Asiens und Australiens und in Teilen Nordamerikas erfüllt (Bild 3.2.22). Diese so gewonnene Wärme kann z. B. in Dampfkraftwerken zur Stromerzeugung genutzt werden. Die anfallende Kraftwerksabwärme bei niedriger Temperatur kann unter Umständen zur Gewinnung von Süßwasser über Entsalzung von Meerwasser eingesetzt werden (Bild 3.2.23).

Im folgenden wird das Modell eines thermischen Solarkraftwerks für die Erzeugung einer elektrischen Leistung von 1 GW skizziert: Bei

Bild 3.2.22: Mittlere Anzahl der Stunden ungetrübten Sonnenscheins pro Jahr (nach [77])

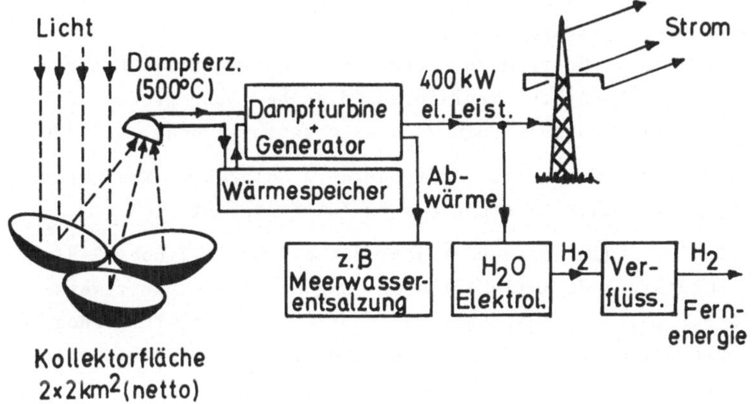

Bild 3.2.23: Prinzip eines Sonnen-Wärme-Kraftwerks

einer Intensität des eingestrahlten Lichts von 1 kW/m² könnten während 34 % der Tageszeit durch ständiges Nachführen der Hohlspiegel-Kollektoren in die Sonnenrichtung 0,9 kW/m² absorbiert und davon 0,8 kW/m² als Nutzwärme abgeführt werden. Diese Wärme könnte während der Tageslichtzeit direkt, während der Dunkelzeit über Wärmespeicher (Abschn. 4.1) zur Stromerzeugung genutzt werden.

Der Wirkungsgrad für Stromerzeugung in einem Dampfkraftwerk sei 40 %, bei Zwischenschaltung eines Wärmespeichers 0,8 • 40 = 32 %. Daraus resultiert im 24-Stunden-Mittel ein Wirkungsgrad von 35 %. Um 24 Stunden lang eine elektrische Leistung von 1 GW zu erzeugen, muß dazu innerhalb von 8 Stunden eine Menge an Solarwärme von 1 GW • (24/8) • (1/0,35) = 8,6 GW gewonnen werden. Dazu ist eine Netto-Kollektorfläche von

$$F_{Koll.} = \frac{8,6 \cdot 10^6\ kW}{0,8\ kW/m^2} \approx 11\ km^2$$

nötig. (Für ein Solarzellen-Kraftwerk gleicher Leistung - mit einem Solarzellen-Wirkungsgrad η_{real} = 0,1 - würde eine Netto-Kollektorfläche von mindestens 30 km² benötigt.)

Der Bau solcher Solarwärme-Kraftwerke sollte zumindest für Industriestaaten keine unüberwindlichen technischen Schwierigkeiten bereiten; der zu erwartende technisch relativ einfache Betrieb solcher Kraftwerke könnte gerade industriell weniger entwickelten Ländern die Möglichkeit geben, einen wesentlichen Teil ihres Eigenbedarfs an Energie zu decken und gegebenenfalls Energie z. B. in Industrieländer zu exportieren, dies bei sehr großen Entfernungen unter Umständen in Form von Wasserstoff (Abschn. 4.4.2 u. 5.1).

Derzeit wird diese Kraftwerkstechnik in Solarwärme-Kraftwerken mit einer elektrischen Leistung bis zu 10 kW erprobt.

Tabelle 3.2.5 gibt eine Übersicht dieser zum Teil über 3-dimensionale fokussierende Kollektoren als sogenannte Turmkraftwerke (Bild 3.2.24), zum Teil über 2-dimensionale konzentrierende Kollektoren (Bild 3.2.19) als sogenannte Farmkraftwerke ausgelegte Anlagen.

Tabelle 3.2.5: Existierende Solarwärmekraftwerke (nach [78])

Turmkraftwerke		Nominalleistung MWe	Temperatur °C	Arbeitsmedium	Inbetriebnahme
1. EURELIOS	EG-Italien	1	530	Wasserdampf	I/1981
2. SSPS-CRS	IEA-Spanien	0,5	530	Natrium	II/1981
3. NIO	Japan	1	250	Wasserdampf	II/1981
4. SOLAR 1	USA-Calif.	10	510	Wasserdampf	IV/1981
5. THEMIS	Frankreich	2	520	Eutekt.Salz	IV/1981
6. CESA 1	Spanien	1,2	520	Wasserdampf	IV/1982
Farmkraftwerke		kWe			
7. COOLIDGE	USA	150	295	Thermoöl	IV/1979
8. GETAFE	Dtschl./Span.	50	295	Thermoöl	III/1980
9. NIO	Japan	1000	370	Wasserdampf	II/1981
10. KUWAIR	Dtschl./Kuwait	100	+320	Thermoöl	II/1981
11. SSPS-DCS	IEA	500	295	Thermoöl	II/1981
12. SHENANDOAH	USA-Georgia	400	+400	Thermoöl	II/1982
13. STEP 70	Dtschl./Austr.	70	+300	Thermoöl	IV/1981
14. KORSIKA	Frankreich	100	+	Gilotherme	Ende 1981
15. SONNTLAN	Dtschl./Mexiko	100	+300	Thermoöl	1982

\+ *gleichzeitig oder alternativ auch Prozeßwärme*

Bild 3.2.24: Skizze eines Solarwärme-Turmkraftwerks

Nun zur Energiebilanz, also dem Verhältnis von gewonnener Solarenergie zum Energieaufwand für den Bau von Solarkraftwerken: Diese kann bislang nur für einzelne Versuchskraftwerke mit ihrer relativ kleinen Leistung angegeben werden [80]. Das derzeit größte Solarkraftwerk (SOLAR 1) erbringt eine elektrische Leistung von ca. $2,5 \cdot 10^7$ kWh/a. Der Aufwand zum Bau dieser Anlage einschließlich ihres Wärmespeichers betrug an Kosten - auf DM umgerechnet - etwa 250 Mill., damit an Primärenergieaufwand zum Bau dieser Anlage ca. $250 \cdot 10^7$ [DM] $\cdot 1/0,4$ [kWh/DM] $= 6,25 \cdot 10^8$ kWh. Diese Anlage (SOLAR 1) kann also demnach erst in 25 Jahren Betriebszeit die Menge an aufgewendeter Energie wieder erbringen.

Es ist zu erwarten, daß dieses Verhältnis bei einem wirtschaftlichen Bau von Großkraftwerken verbessert werden kann. Es ist jedoch heute schon zu erkennen [2], daß der Energieaufwand zum Bau eines Solarkraftwerkes, hauptsächlich bedingt durch den Materialbedarf für die Spiegel und Ständer, die sehr genau justierbar sein müssen und daher den Bau großflächiger Betonfundamente nötig machen, z. B. ein Vielfaches des Aufwandes für den Bau konventioneller Kernkraftwerke gleicher Leistung betragen wird: Im günstigsten Fall würde nach 6 - 8 Jahren Betriebszeit die Energiemenge zu gewinnen sein, die zum Bau der Anlage aufzuwenden wäre [59]. Bei einer hypothetischen Lebensdauer von Solarkraftwerken von $\geq$ 25 Jahren resultiert daraus ein Energie-Erntefaktor von $\varepsilon \geq 3 - 4$. (Ein Unsicherheitsfaktor in der Energiebilanz von Solarkraftwerken ist eine mögliche starke Beschränkung der Lebensdauer der Spiegeloberflächen bedingt durch Beeinträchtigung des Reflexionsvermögens z. B. durch Einwirkung von Sand und Wind.)

Ein Beispiel für _Solaröfen zur Erzeugung sehr hoher Temperaturen_ ist der Sonnenofen von Odeillo in den französischen Pyrenäen (Bild 3.2.25). Für die tageszeitliche Nachführung sind 63 steuerbare Spiegel mit je 42 m² Spiegelfläche stufenförmig angeordnet. Diese Spiegel, die jeweils in 180 Planspiegel unterteilt sind, reflektieren das einfallende Sonnenlicht auf einen feststehenden Parabolspiegel mit einer Fläche von 2000 m². Im Brennfleck des Spiegels befindet sich ein Schmelzofen, in dem Temperaturen bis zu 3500° C erreicht werden können.

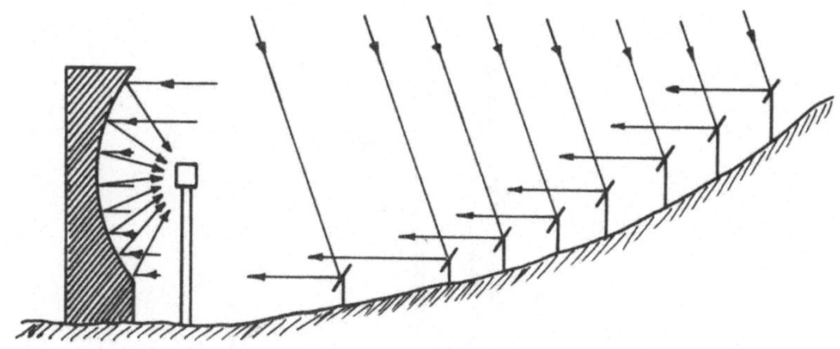

Bild 3.2.25: Schematische Darstellung des Sonnenofens in Odeillo (nach [20])

Der Ofen wird zum Vakuumschmelzen von Speziallegierungen verwendet und hat einen täglichen "Ausstoß" von 3 Tonnen bei einer jährlichen Betriebsdauer von 2000 Stunden [19].

3.2.5.4 Aufwind-Solarkraftwerke

Das Prinzip eines Aufwind-Solarkraftwerks ist aus Bild 3.2.26 zu ersehen. Das durch ein lichtdurchlässiges Dach eingestrahlte Sonnenlicht wird am Boden absorbiert, erwärmt die darüberliegende Luftschicht ähnlich wie in einem Treibhaus und bewirkt damit einen Druckanstieg der Luft. Dieser Überdruck kann sich über einen möglichst hohen Kamin und damit über eine möglichst große Druckdifferenz zwischen Außenluftdruck am Erdboden p_0 und Außenlagedruck in der Höhe der Turmspitze p(h) gemäß der höhenabhängigen Luftdruckverteilung

$$(3.2.27) \qquad p(h) = p_0 \cdot e^{-\frac{\rho_{Luft} \cdot g \cdot h}{p_0}} = p_0 \cdot e^{-\frac{h}{8430\ m}}$$

gerichtet entspannen. Die damit verbundene gerichtete Luftströmung durch den Kamin kann eine Windturbine und somit einen Stromgenerator antreiben.

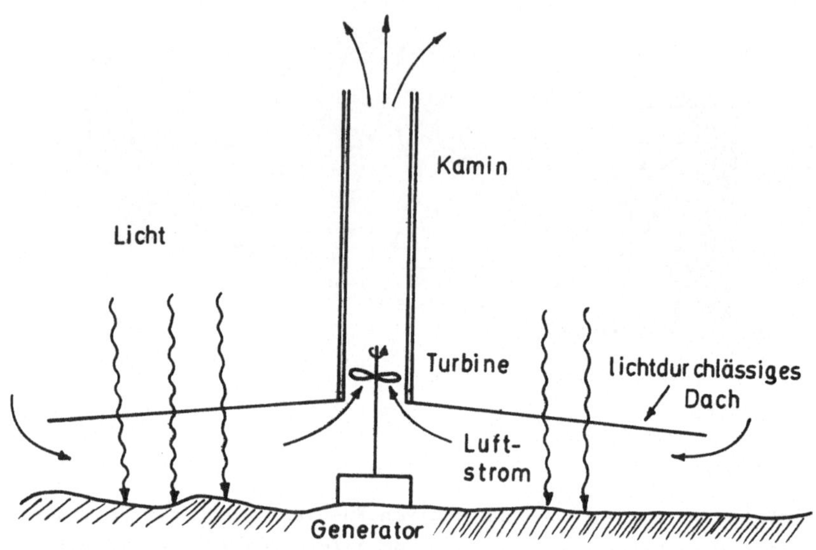

Bild 3.2.26: *Aufwind-Solarkraftwerk*

Ein Versuchskraftwerk dieser Art wurde in Südspanien errichtet:

Die in ca. 2 m über dem Boden mit transparenter Folie überdachte Fläche beträgt 50000 m². Der Kamin hat einen Durchmesser von 2 m und eine Höhe von 200 m. Bei einer maximalen Erwärmung der Luft um 20° C im überdachten Bereich sollen Windgeschwindigkeiten im Kamin bis zu 20 m/s und damit eine Turbinenleistung von 100 kW erreicht werden.

Das Verhältnis von maximal abgegebener Turbinen- bzw. Generatorleistung zu maximal eingestrahlter Sonnenwärme beträgt dabei

$$\frac{\text{max. Turbinenleistung}}{\text{max. Sonneneinstrahlung}} = \frac{10^5\,[\mathrm{W}]}{800\,[\mathrm{W/m^2}]\cdot 50000\,[\mathrm{m^2}]} = 0{,}25\ \%.$$

Im Fall dieses Versuchskraftwerks ist der Energieaufwand für den Bau der Anlage noch weit höher als der maximal mögliche Energiegewinn über einige Jahrzehnte.

Einen wirtschaftlichen Betrieb dagegen erhoffen sich die Erbauer des genannten Versuchskraftwerks für Großanlagen mit einer überdachten Absorberfläche von 5 km Durchmesser, einer Kaminhöhe von 800 m und einer Leistungsabgabe von 500 MW. In diesem Fall würde das Verhältnis von maximaler Leistungsabgabe bei maximaler Sonnenlichteinstrahlung einige Prozent betragen.

3.2.5.5 Sonnenteiche

Eine weitere Möglichkeit, Solarwärme in Strom umzuwandeln, bieten die Salzseen in den heißen Gebieten auf der Erde [18,81]. Prinzip: Salzseen weisen bei Süßwasserzufluß an der Oberfläche meist eine starke Zunahme der Salzkonzentration in den ersten Metern mit zunehmender Tiefe auf; dies ist bedingt durch die höhere Dichte von Salzwasser im Vergleich zum Süßwasser. Das einfallende Sonnenlicht wird vornehmlich in den Schichten von einigen Metern Tiefe absorbiert. Das in dieser Tiefe erwärmte Salzwasser relativ hoher Konzentration kann aber nicht durch Konvektion an die Oberfläche aufsteigen, da es wegen seines Salzgehaltes auch im erwärmten Zustand immer noch schwerer ist als das relativ salzarme Oberflächenwasser.

Somit bietet sich die in der Tiefe von einigen Metern bei einer hohen Temperatur T_1 gespeicherte Solarwärme, verbunden mit einem Temperaturgefälle auf eine niedrigere Temperatur T_2 bis zur Oberfläche, zur Stromerzeugung mittels einer Wärmekraftmaschine an:
In der erwärmten Tiefenzone kann ein geeignetes Treibmittel einer Wärmekraftmaschine durch Wärmeaufnahme verdampft, über den Antrieb einer Turbine entspannt und im relativ kühlen Oberflächenwasser wieder kondensiert werden.

Ein Versuchskraftwerk dieser Art wird derzeit am Toten Meer erprobt. Es erbrachte bei einer Temperatur $T_1 = 90^\circ$ C und einer Temperaturdifferenz $T_1 - T_2 \sim 60^\circ$ C eine maximale Leistungsabgabe von 150 kW und eine Energieabgabe über die Dauer eines Jahres von 25 kWh pro m^2 Wasserfläche und Jahr.

Gemäß Gleichung (1.3.2) ist für diese Wärmekraftmaschine ein idealer Wirkungsgrad von

$$\eta_{ideal} = \frac{T_1 - T_2}{T_1} = \frac{60\ K}{(90+273)\ K} = 16\ \%$$

zu erwarten.

Der im obigen Realfall - welcher von den Betreibern als technisch ausgereift angesehen wird - erreichte Wirkungsgrad beträgt

$$\eta_{real} = \frac{\text{mittlere erzeugte elektr.Leistung}}{\text{mittlere absorbierte Solarenergie}}$$

$$(= \text{mittl.einfall.Solarenergie} \cdot (1\text{-Albedo})$$

$$= \frac{2{,}8\ \text{W}}{240\ \text{W} \cdot (1\text{-Albedo})} \approx 1\ \% .$$

Die große Diskrepanz zwischen idealem und real erreichbarem Wirkungsgrad ist vornehmlich in den Beschränkungen bei Wärmeaufnahme und Abgabe zwischen Wasser und Betriebsmittel bezüglich Flächengröße der Wärmeaustauscher und Durchsatz an Wassermenge zu sehen (s. auch Abschn. 3.3.4). In dieser Diskrepanz und ihrer Ursache zeichnet sich auch ein entsprechend hoher Energieaufwand für Bau und Unterhalt solcher Kraftwerksanlagen ab. Noch ist abzuwarten, ob der Energieertrag solcher Kraftwerke den Energieaufwand wesentlich übersteigen kann.

Bei einer hypothetischen Nutzung der gesamten Fläche des Toten Meeres von ca. 1000 km^2 zur Stromerzeugung über Solarkraftwerke obiger Art könnte damit jährlich $2{,}5 \cdot 10^{10}$ kWh an elektrischer Energie bereitgestellt werden. Dies entspricht der Leistung von 3 Kraftwerken mit je 1 GW Leistungsabgabe. (Dabei ist der Energieaufwand für Bau und Betrieb der Anlagen nicht berücksichtigt.)

Um diese Nutzung möglich zu machen, ist geplant, vergleichsweise salzarmes Wasser aus dem Mittelmeer als Deckschicht ins Tote Meer zu leiten. (Bei einem Höhenunterschied von ca. 400 m zwischen Mittelmeer und Totem Meer und der geplanten Menge an Zulaufwasser von $1{,}6 \cdot 10^9$ m^3 pro Jahr könnte allein damit über Wasserkraftwerke (Abschn. 3.5.1) elektrische Energie von jährlich $1{,}7 \cdot 10^{11}$ kWh, also achtmal mehr als mit dem hier größtmöglichen Sonnenteich, erzeugt werden.)

3.2.6 Umweltbelastung bei der Nutzung von Sonnenenergie

Die landwirtschaftliche Erzeugung von Biomasse bedingt Urbarmachung von Böden, z. B. durch Rodung, künstliche Bewässerung vorher trockener Böden und intensive Kunstdüngung ständig genutzter

Böden. Heute werden ca. 3 % der Erdoberfläche landwirtschaftlich genutzt [59]. Dadurch wurde die Albedo dieser Flächen gegenüber den ursprünglichen Waldflächen um ca. 5 % erhöht. Dies bewirkte lokal merkliche Klimaänderungen; weltweit wurde dadurch die Absorption des Sonnenlichts auf der Erde um ca. 1 - 2 Promille vermindert. Der globale Einfluß dieser Verminderung auf das Klima ist gegenüber anderen Einflüssen klein. Die intensive Kunstdüngung belastet zum einen örtlich die Grundwasser spürbar, zum anderen trägt sie z. B. über die biologische Umwandlung des Düngerstickstoffs zu flüchtigem Stickoxid N_2O und Emission dieses Gases in die Atmosphäre auf lange Sicht wesentlich zur Klimaänderung über den Treibhauseffekt (Abschn. 8.3) bei.

Die Nutzung von Holz, hier hauptsächlich die Rodung tropischer Regenwälder, hat sowohl die Erosion der gerodeten Böden zur Folge als auch einen Beitrag von (20 - 40) % zum Treibhauseffekt durch den Anstieg des Kohlendioxidgehalts der Luft (Abschn. 8.3).

Bei der Herstellung der verschiedenen Materialien für den Bau der diversen Energiegewinnungsanlagen werden Schadstoffe verschiedenster Art in Luft und Abwasser emittiert. Die Höhe der Schadstoffemission ist im Mittel dem Energie- bzw. Materialaufwand für Bau und Betrieb dieser Anlagen proportional. Dieser Aufwand ist bezogen auf die Menge an erzeugter Nutzenergie für die Solarenergietechniken ähnlich hoch, zum Teil - z. B. im Fall der Solarkraftwerke - sogar höher als für Energiebereitstellung aus Kohlekraftwerken und Leichtwasser-Kernkraftwerken.

Ähnlich wie bei allen Energietechniken sind auch bei der Nutzung der Solarenergietechniken - beispielhaft herausgehoben sei hier die Erzeugung und Nutzung von Wasserstoff - Risiken für Sach- und Personenschäden verknüpft. Ein Vergleich all dieser Risiken wird in Abschnitt 8.4 gegeben.

3.3 Wärme aus Erde, Wasser Luft

3.3.1 Wärmereservoir Erde

Im Erdinnern ist eine Wärmemenge von ca. 10^{31} Joule gespeichert. Der - bis zu einer Tiefe von ca. 10 km gemessene, für größere Tiefen modellhaft berechnete - Temperaturverlauf dieses Wärmespeichers als Funktion der Erdtiefe ist in Bild 3.3.1 dargestellt. In der äußeren Erdkruste steigt die Temperatur pro km Tiefe um ca. 30° C. Im Erdkern erreicht sie vermutlich Werte von mehreren tausend Grad C.

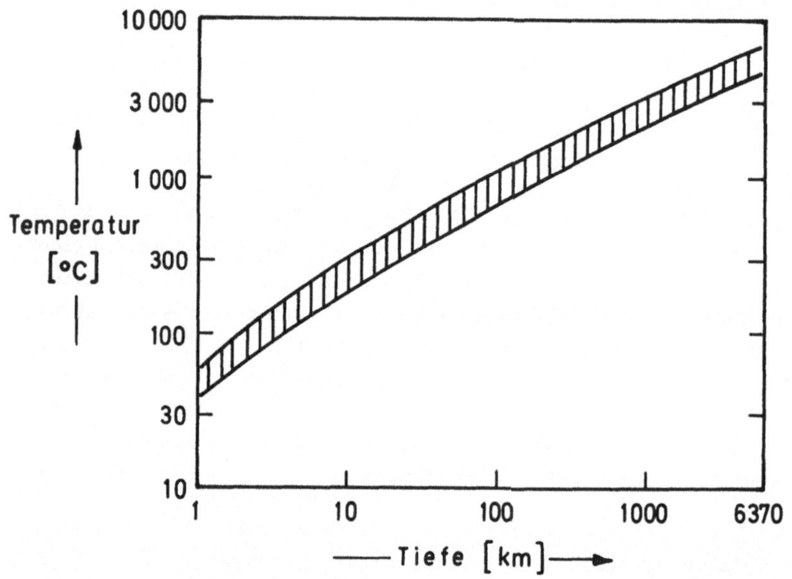

Bild 3.3.1: Temperaturverlauf im Erdinnern als Funktion der Tiefe

Beobachtbar ist ein Wärmefluß aus dem Erdinnern an die Erdoberfläche von ca. 0,06 W/m² bzw. über die gesamte Erdoberfläche integriert von ca. $3 \cdot 10^{13}$ W. Diese Gesamtwärmeleistung entspricht ca. 0,25 o/oo der aus der Sonneneinstrahlung von der Erde absorbierten Wärme. Dieser Wärmefluß aus der Erde kommt nur zu einem kleinen Teil aus dem heißen Erdinnern, zum überwiegenden Teil aus dem radioaktiven Zerfall der Spurenelemente Uran und Thorium im Gestein der Erdkruste:

Tabelle 3.3.1: Gewichtsanteil radioaktiver Stoffe im Gestein und die daraus resultierende Zerfalls-Wärme

Stoff	Gewichtsanteil im Gestein	Zerfallswärme pro Gramm Gestein und Jahr [J/(g·a)]
Uran	$(1 - 5) \cdot 10^{-6}$	$(0,3 - 1,5) \cdot 10^{-5}$
Thorium	$(3 - 20) \cdot 10^{-6}$	$(0,3 - 1,7) \cdot 10^{-5}$

Die Nutzung der Wärme aus dem tiefen Erdinnern verbieten sowohl die menschliche Vernunft, diesen Hochdruck-Feuerball anzustechen, als auch unüberwindlich scheinende technische Schwierigkeiten. Die tiefsten Bohrungen haben heute Tiefen von ca. 10 km erreicht (Abschnitt 3.1.1). Der Aufwand für jede einzelne Bohrung bis zu solcher Tiefe beläuft sich auf mehrere 100 Mio DM.

Menschlicher Nutzung zugänglich ist nur der Wärmeinhalt der äußersten Erdkruste bis zu Tiefen von einigen wenigen km.

3.3.2 Wärme aus natürlichen Heißwasser- und Heißdampf-Quellen

Eindringendes Grundwasser kann in den Vulkangürtelbereichen durch Magmaflüsse in Tiefen bis zu einigen tausend Metern zu Heißwasser oder Heißdampf aufgeheizt werden:

Tabelle 3.3.2: Eigenschaften natürlicher Heißdampf- und Heißwasser-Quellen (nach [53])

	Temperatur [°C]	Druck [bar]	Tiefe [m]
Heißdampf	200 - 250	8 - 10	1000 - 2500
Heißwasser	80 - 150	1 - 10	300 - 2500

Derzeit werden aus natürlichen Erdwärmequellen permanent ca. 2 GW an elektrischer Leistung und ca. 10 GW Leistung für Heiz- und Prozeßwärme gewonnen. Zusammen entspricht dies ca. 1,5 o/oo des weltweiten Energiebedarfs.

Geplant ist derzeit eine Erweiterung der Nutzung auf ca. 10 GW an elektrischer Leistung (s. Tab. 3.3.3).

Tabelle 3.3.3: Existierende und geplante Leistung aus natürlichen Heißdampf- und Heißwasserquellen (nach [9])

Land	derzt.exist.Nutzleistg. an Wärme u.Elektrizität [MW]	[MW]	geplant.Nutzleistg. an Elektrizität [MW]
USA	85	1000	2000
Italien	75	455	480
Neuseeland	210	203	272
Japan	45	218	6000
Mexiko		150	400
Island	770	64	
Philippinen		58	440
UdSSR	5200	5	200
China	100	3	200
Türkei		0,5	15
Ungarn	670		
Frankreich	20		
Costa Rica			80
Chile			110
Nicaragua			200
Indonesien			125
Summe	7125	2156,5	10522

3.3.3 Künstliche Wärmeentnahme aus der Erdkruste

Die Erdkruste bis zu einer Tiefe von ca. 10 km stellt ein Wärmereservoir von ca. $1{,}5 \cdot 10^{26}$ J bei Temperaturen bis maximal ca. 300° C dar. Dieses Energiereservoir ist einige 1000mal reichhaltiger als das der gesamten gesicherten Vorräte an fossilen Brennstoffen.

Leider stehen der künstlichen Wärmeentnahme aus der Erdkruste sehr große Schwierigkeiten physikalischer als auch technischer Art gegenüber:

Die künstliche Wärmeentnahme geschieht im sogenannten "Hot-Dry-Rock"-Verfahren. Dabei wird in der Tiefe von einigen km Wasser über ein Bohrloch eingebracht, vom trockenen, heißen Gestein aufgeheizt; der entstehende Heißdampf kann über eine weitere Bohrung entnommen werden (Bild 3.3.2).

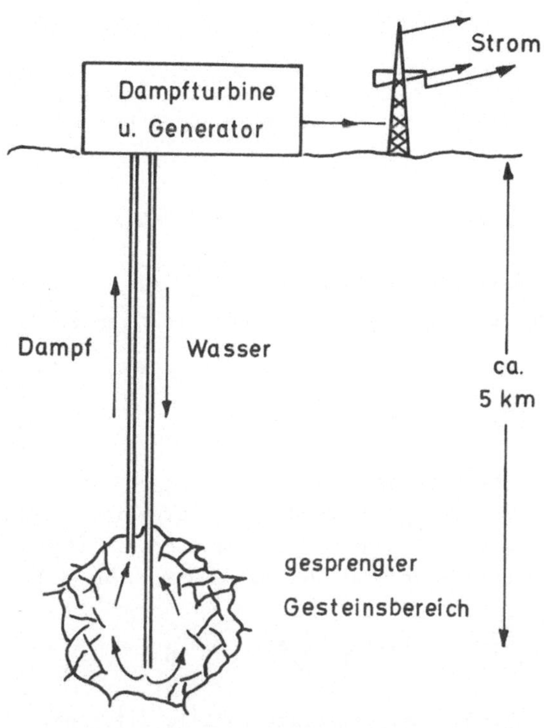

Bild 3.3.2: Künstliche Entnahme von Erdwärme im "Hot-Dry-Rock"-Verfahren

Die größte physikalische Beschränkung dieser Methode ist in der geringen Wärmeleitfähigkeit von Gestein, λ_G, begründet. Sie beträgt für die eruptiven, metamorphen Gesteinsarten - wie z. B. Granit - aus denen die Erdkruste vorwiegend aufgebaut ist, ca.

2 - 4 W/(m • K) [9] (Tab. 4.1.2). Dementsprechend bedarf es einer relativ großen Gesteinsoberfläche, um nennenswerte Wasserflüsse aufheizen zu können. Dies sei an folgendem theoretischen Beispiel einer Hot-Dry-Rock-Wärmequelle erläutert:

Angestrebt sei die Entnahme einer thermischen Leistung von 10 MW bei einer Dampftemperatur von 200° C, erreichbar z. B. in einer Tiefe von wenigstens 5 km. Der Wärmevorrat des Gesteins, W_G, ist proportional dessen spez. Wärme c_G, Dichte ρ_G und Temperatur T_G

(3.3.1) $$W_G = c_G \cdot \rho_G \cdot T_G$$

und beläuft sich für Granit mit $c_W \approx 10^3$ J/(kg • K) und $\rho_G = 2{,}5 \cdot 10^3$ kg/m³ auf

$$W_G = 10^3 \cdot 2{,}5 \cdot 10^3 \quad (200+273) = 1{,}2 \cdot 10^9 \text{ J/m}^3.$$

Für die Wärmeentnahme durch Wasser, ΔW_W, das von 40° C auf 200° C erhitzt wird, gilt analog (3.3.1) bei einer spez. Wärme von Wasser $c_W = 4{,}2 \cdot 10^3$ J/(kg • K) und der Dichte $\rho_W = 1$ kg/l

$$\Delta W_W/l = 4{,}2 \cdot 10^3 \cdot 1 \cdot 160 = 6{,}7 \cdot 10^5 \text{ J/l}.$$

Für die Entnahme der thermischen Leistung von 10 MW werden demnach ca. 15 l Wasser pro Sekunde benötigt. Die der Gesteinsoberfläche F_G entnommene Wärme muß aus dem Gesteinsinnern an deren Oberfläche nachfließen; für den Wärmefluß dW/dt gilt

(3.3.2) $$\frac{dW}{dt} = \lambda_G \cdot \int_{F_G} \text{grad } T \cdot dF_G$$

(grad T = Temperaturgefälle zwischen Gesteinsinnerem und Gesteins-Oberfläche).

Um ausreichend große Gesteinsoberflächen in einem praktikabel kleinen Gesteinsvolumen zu erreichen, wird das solide Gestein durch künstliche Sprengung zerkleinert, z. B. in Bruchstücke von im Mittel 1 m³. Legt man z. B. ein gesprengtes Gesteinsvolumen von 3 • 10⁵ m³ entsprechend einem Durchmesser von ca. 100 m zugrunde und nutzt man eine Gesteinsabkühlung bis um $\Delta T_G = 50$ K, so kann man obigem Steinsvolumen gemäß (3.3.1) insgesamt eine Wärmemenge von ca. $4 \cdot 10^{13}$ J entziehen. Bei einer Entnahme von 10 MW thermischer Leistung ist der nutzbare Wärmevorrat des Gesteinsvolumens nach 45 Tagen erschöpft.

Eine Wiedererwärmung durch den Wärmefluß aus dem ungebrochenen umgebenden Gestein dauert Jahrzehnte.

Für die Wärmegewinnung über längere Zeiträume mittels des Hot-Dry-Rock-Verfahrens bedeutet dies, daß in kurzen Zeitabständen (Größenordnung Monat) Neubohrungen und Neusprengungen nötig sind; damit verknüpft ist ein großer Flächenbedarf an der Erdoberfläche und ein hoher Aufwand.

Technische Realisierung des Hot-Dry-Rock-Verfahrens: Der größte Test dieses Verfahrens bislang erfolgte in New Mexico durch das Los Alamos Laboratory [82]. Dabei wurde einem hydraulisch gesprengten Gesteinsvolumen in 5 km Tiefe bei 185° C über 75 Tage eine Wärmeleistung von 5 MW entnommen.

In der Bundesrepublik werden Versuchsbohrungen in Gebieten mit überdurchschnittlich hohem Temperaturanstieg bei zunehmender Tiefe (bei Urach in der Schwäbischen Alb und bei Falkenburg in Ostbayern) durchgeführt [59]. Bild 3.3.3 zeigt die Temperaturverteilung in einer Tiefe von 1000 m für das Gebiet der Bundesrepublik.

Technische Beschränkungen und Probleme des Hot-Dry-Rock-Verfahrens: Der Wirkungsgrad für eine mögliche Stromerzeugung in von gefördertem Heißdampf betriebenen Kraftwerken ist durch die vergleichsweise niedrige Dampftemperatur von ca. $(120 - 200)^{\circ}$ C gemäß Gleichung (1.3.2) beschränkt,

im Idealfall $$\eta_{id} \leq \frac{200 - 40}{473} \leq 0{,}34,$$

im Realfall $$\eta_{real} \leq 0{,}1 - 0{,}2.$$

Probleme stellen auch hohe Wasserverluste und eine sehr starke Belastung des geförderten Heißwassers bzw. Heißdampfes mit Mineralstoffen dar, die die Gefahr von Korrosionsschäden in sich bergen und die deshalb aus dem Heißwasser abgeschieden werden müssen.

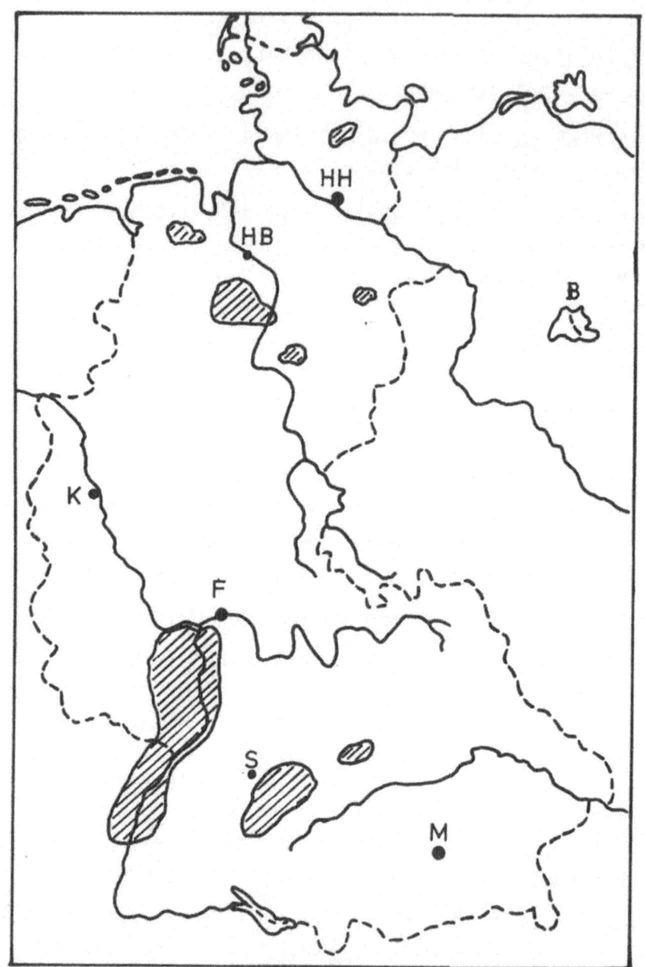

Bild 3.3.3: *Temperaturverteilung in 1000 m Tiefe im Bereich der Bundesrepublik Deutschland (nach [83])*
(In den schraffierten Bereichen beträgt die Temperatur in 1000 m Tiefe ca. (50 - 60)° C, außerhalb ca. (30 - 50)° C.)

Der Aufwand an Kosten bzw. an Energie für Bau und Betrieb solcher Geowärme-Anlagen ist noch nicht bekannt; Abschätzungen lassen einen etwa viermal höheren Aufwand als den für Kohlekraftwerke erwarten [59]. Dies könnte bedeuten, daß der Energieaufwand den Gewinn an Nutzenergie übersteigen würde.

Umweltbelastung: Die größte Umweltbelastung solcher Hot-Dry-Rock-Anlagen ist durch die anfallende Menge an Mineralstoffen zu erwarten, welche ohne Gefahr für mögliche Grundwasserverseuchungen zu deponieren sind. Auch ist bislang nicht auszuschließen, daß die nötigen häufigen Sprengungen in großer Tiefe, vor allem in den für die Nutzung in Frage kommenden Bereichen geothermaler Anomalien, zumindest lokal Erdbeben auslösen könnten.

3.3.4 Nutzung von Wärme und Temperaturgefälle der Meere

Die tropischen Meere weisen ein Temperaturgefälle zwischen 26° C an der Oberfläche und ca. 5° C in großer Tiefe auf (Bild 3.3.4). Die Temperatur an der Oberfläche ist weitgehend bestimmt durch das Gleichgewicht zwischen der täglichen Erwärmung durch Sonneneinstrahlung und der Abkühlung durch Abstrahlung, Verdunstung und Strömung in die kälteren Zonen hoher geographischer Breite. Die Tieftemperatur wird durch Zustrom kühler Ströme aus Zonen dieser hohen Breite bestimmt.

Der Temperaturausgleich zwischen warmer Oberfläche und kalter Tiefe aufgrund von Wärmeleitung und Konvektion ist geringfügig und erfolgt sehr langsam. Das gezeigte Temperaturgefälle resultiert aus dem Gleichgewicht der genannten Prozesse.

Es liegt zumindest im Prinzip nahe, dieses Temperaturgefälle mittels einer Wärmekraftmaschine zur Gewinnung von mechanischer bzw. über einen Generator von elektrischer Energie zu nutzen: Gemäß Gleichung (1.3.2) ist dabei ein idealer Wirkungsgrad für die Umwandlung von Wärme aus dem Oberflächenwasser in elektrische Energie von

$$\eta_{id} = \frac{T_1 - T_2}{T_1} = \frac{26^o\ C - 5^o\ C}{(273 + 26)\ K} = 0{,}07$$

zu erwarten. Der im Realfall erreichbare Wirkungsgrad ist wesentlich kleiner. Dies sei am Beispiel einer Rankine-Wärmekraftmaschine (s. Abschn. 6.1.3) mit Freon als Betriebsmittel erläutert (Bild 3.3.5).

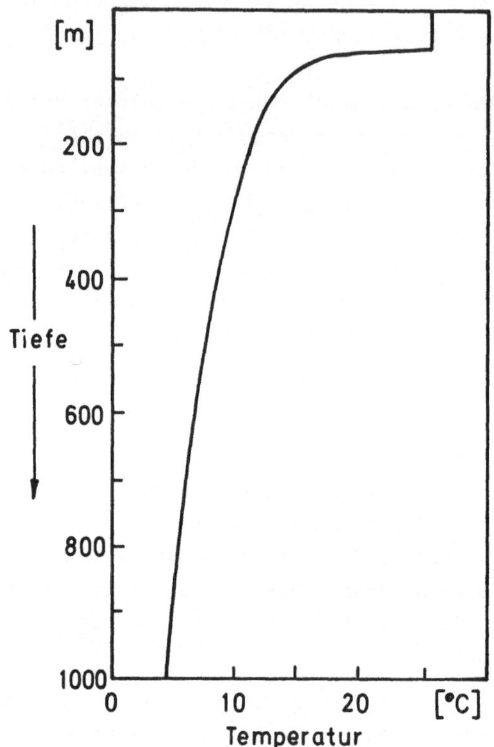

Bild 3.3.4: Temperaturverlauf in tropischen Meeren in Abhängigkeit von der Tiefe (nach [84])

Die für den benötigten raschen Wärmeaustausch bedingten Temperaturgefälle in beiden Wärmeaustauschern von jeweils einigen °C beschränken die real erreichbare Temperaturdifferenz des Betriebsmittels Freon zwischen Einstrom und Ausstrom an der Turbine auf ca. 11 °C [19]. Berücksichtigt man weiter noch die im Realfall unvermeidbaren Reduktionen des Wirkungsgrads durch unvollständige Energieumwandlung in Turbine (0,8) und Generator (0,94) und Wärmeverluste beim Pumpen des Betriebsmittels (0,94), so resultiert schließlich ein real erreichbarer Wirkungsgrad der Wärmekraftmaschine von

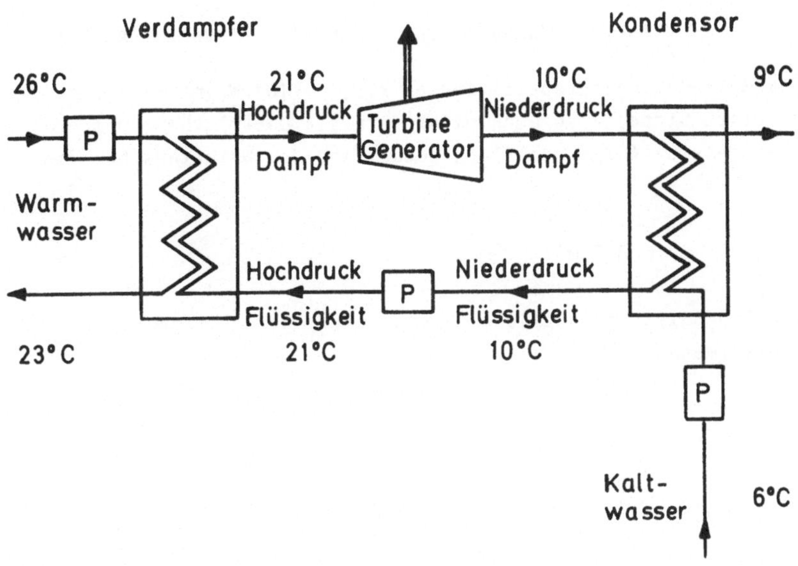

Bild 3.3.5: *Prinzip der Energiegewinnung aus der Meereswärme über den Betrieb einer Wärmekraftmaschine im Temperaturgefälle des Meeres*

$$\eta_{real} = \frac{11}{299} \cdot 0{,}8 \cdot 0{,}94 \cdot 0{,}94 \approx 0{,}026.$$

Daraus folgt, daß für die Gewinnung einer elektrischen Leistung von z. B. L_{el} = 1 MW eine thermische Leistung durch Wärmeentnahme aus dem Oberflächenwasser von

$$L_{therm} = \frac{L_{el}}{\eta_{real}} \approx 37 \text{ MW}$$

benötigt wird. Legt man weiter die in Bild 3.3.5 angegebenen Temperaturdifferenzen zwischen Wassereinlauf und Wasserauslauf beider Wärmeaustauscher von jeweils ca. 3 ^{o}C zugrunde, so resultiert daraus der benötigte Wasserfluß durch die Wärmeaustauscher gemäß Gleichung (3.3.1) von jeweils 2,6 m^3 pro Sekunde und MW elektrischer Leistung. Dieser relativ große Wasserfluß bedingt wiederum entsprechend große und damit aufwendige Wärmeaustauscherflächen F. Für die Größe dieser Flächen gilt [19]

$$(3.3.3)\quad F = L_{therm} / (k_{Wand} \cdot (\Delta T_{Vor} - \Delta T_{Rück}) / \ln(\Delta T_{Vor} / \Delta T_{Rück}))$$

mit dem Wärmedurchgangskoeffizienten $k_{Wand} \sim 10^3$ W/(m² · K) für nicht verschmutzte, also auch nicht veralgte Oberflächen. Obige Werte eingesetzt folgt ein Flächenbedarf beider Wärmetauscher von jeweils

$$F \sim 10\,000 \text{ m}^2.$$

In Bild 3.3.6 ist ein möglicher Aufbau einer Wärmekraftmaschine zur Meerwärmenutzung skizziert.

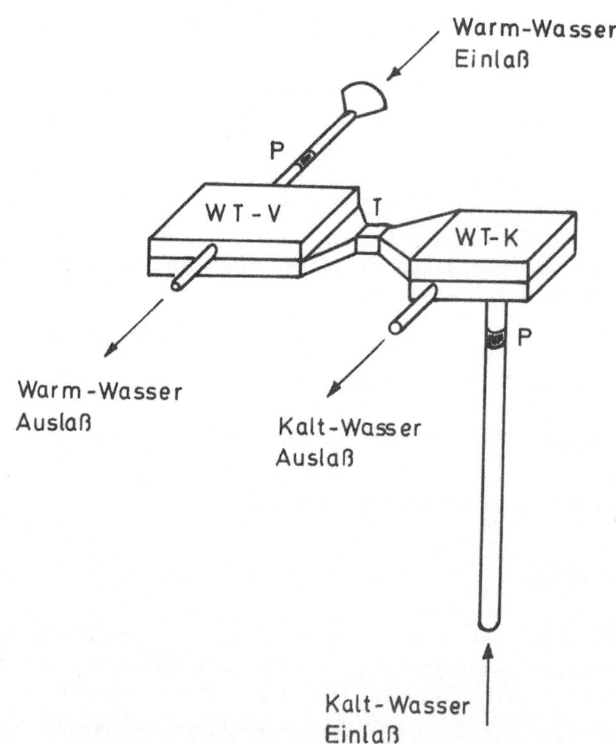

Bild 3.3.6: Schematische Darstellung einer Wärmekraftmaschinenanlage zur Nutzung der Meereswärme (nach [63]).
(P = Pumpen, T = Turbine, WT = Wärmetauscher (V = Verdampfer, K = Kondensor, vergl. Bild 3.3.5))

Die zum Betrieb der Wasserpumpen erforderliche elektrische Leistung wurde von [63] unter Berücksichtigung der Reibungsverluste beim Durchströmen der großflächigen Wärmetauscher zu ca. 30 % der von der Wärmekraftmaschine gewinnbaren elektrischen Leistung abgeschätzt.

Realisierung einer Wärmekraftmaschine zur Meereswärme-Nutzung: Eine Kleinanlage mit einem elektrischen Leistungsgewinn von 1 MW ist seit 1980 auf einem US-Marinetanker in Erprobung [59]. Der Energieaufwand zum Bau solcher Anlagen mit größerem Energiegewinn ist noch unbekannt. Es wird geschätzt [85], daß dieser Aufwand allein infolge der sehr großen Wärmetauscher und der benötigten Stabilität auch bei schwerem Seegang den Aufwand zum Bau von Kohlekraftwerken um etwa einen Faktor 10 übersteigen wird. Erst entsprechende Versuchsanlagen könnten aufzeigen, ob mit dieser Methode überhaupt mehr Energie verfügbar gemacht werden kann, als Energie zum Bau und Betrieb solcher Anlagen aufgewendet werden muß.

Umweltbelastung: Eine spezifische Umweltbelastung solcher Anlagen liegt in der Notwendigkeit, die großen Wärmetauscherflächen vor Veralgung und Verschmutzung freizuhalten. Dies wurde bei den bisherigen Kleinanlagen durch ständiges Spülen mit Säuren bewerkstelligt.

Mögliche Nutzung der Wärme hiesiger Seen: Auch in Binnenseen besteht ein Temperaturgefälle zwischen Oberfläche und Tiefe. Nur ist diese Temperaturdifferenz geringer als in tropischen Meeren und schwankt zudem jahreszeitlich. Trotzdem ist z. B. die in Stauseen bei einem nutzbaren Temperaturgefälle von ΔT in der Wassermasse M gespeicherte Wärmeenergie W_{pot} im allgemeinen größer als die in Stauhöhe h gespeicherte potentielle Energie E_{pot}:

Gemäß Gl. (3.3.1) gilt für die gespeicherte Wärmeenergie

$$W_{pot} = M \cdot c_w \cdot \Delta T.$$

Bei einem Temperaturgefälle von $\Delta T = 15^o\ C - 5^o\ C = 10^o\ C$ entspricht diese Energiemenge gemäß Gl. (1.1.3)

$$E_{pot} = M \cdot g \cdot h$$

einer Höhendifferenz h zwischen Stausee und Turbine von

$$h = \frac{c_w \cdot \Delta T}{g} = \frac{4{,}18 \cdot 10^3 \cdot 10}{9{,}81} = 4250 \text{ m.}$$

Praktisch nutzbar über die Wärmekraftmaschine mit einem realen Wirkungsgrad von

$$\eta_{real} \approx 0{,}4\ \eta_{id.} = 0{,}4 \cdot \frac{10}{(273+15)} \approx 0{,}014$$

wäre nur der Anteil einer Stauhöhe von

$$h_{real} = h \cdot \eta_{real} = 60 \text{ m.}$$

Allerdings wäre der Investitionsaufwand für eine entsprechende Wärmekraftmaschinenanlage sicherlich ein Vielfaches des Aufwandes für ein konventionelles Wasserturbinenkraftwerk.

3.3.5 Nutzung von Wärme aus Luft, Boden, Grund- und Oberflächenwasser über Wärmepumpen (WP)

Die in Außenluft, Boden, Grund- und Oberflächenwasser bei meist niedriger Temperatur T_2 gespeicherte Wärme W_{sp} kann über den Einsatz von Wärmepumpen (s. Abschn. 6.3) als Heizwärme W_{HEIZ} bei entsprechender höherer Temperatur T_1 genutzt werden (s. Bild 3.3.7).

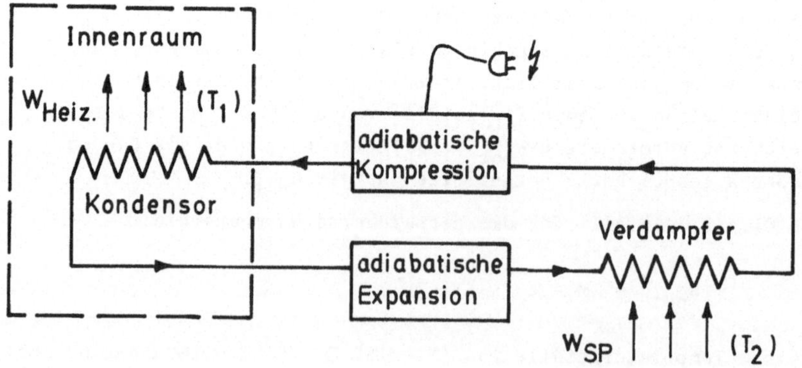

Bild 3.3.7: Schematischer Aufbau einer Heizung über eine Wärmepumpe

Wirkungsgrad der Wärmepumpen-Heizanlagen: Gemäß Gl. (3.1.11) ist der Wirkungsgrad, definiert als das Verhältnis von abgegebener Heizwärme bei T_1 zur aufgenommenen Energie zum Betrieb der Wärmepumpe, proportional zur Vorlauf-Temperatur T_1 der Heizflüssigkeit und umgekehrt proportional zur Temperaturdifferenz $T_1 - T_2$. Im Sommer arbeitet eine Wärmepumpe bei entsprechend relativ hoher Temperatur T_2 des äußeren Wärmespeichers (z. B. Außenluft) also effektiver als im Winter.

Beispielsweise beträgt der ideale Wirkungsgrad für eine Vorlauftemperatur des Heizwasser von $T_1 = (273 + 50)$ K $\hat{=}$ 50^0 C und einer Temperatur des Wärmespeichers von $T_2 = (273 + 5)$ K

$$\eta_{id}^{WP} = \frac{(273 + 50)\ K}{45\ K} \approx 7.$$

Im Realfall ist für obige Temperaturverhältnisse u. a. wegen der endlichen Temperaturdifferenz zwischen dem Wärmespeicher mit T_2' und dem um einige Grad kälteren wärmeaufnehmenden Betriebsmittel der WP mit T_2 ein realer Wirkungsgrad von

$$\text{(3.3.4} \qquad \eta_{real}^{WP} \approx 0{,}4 \cdot \eta_{id}^{WP} \approx 3$$

erreichbar. (Um den Wirkungsgrad möglichst hoch zu halten, sollte die Vorlauftemperatur des Heizmittels, T_1, möglichst niedrig sein. Dies läßt sich am günstigsten durch eine entsprechend großflächige Fußbodenheizung erreichen.)

Dieser Wirkungsgrad (Gl. (3.3.4)) ist bezogen auf die zum Betrieb der Wärmepumpe aufzubringende Nutzenergie in Form von elektrischem Strom oder von mechanischer Energie beim Antrieb der WP über einen Verbrennungsmotor. $\eta_{real} \approx 3$ bedeutet, daß die bereitgestellte Heizwärme zu 2/3 aus dem Wärmespeichermedium und zu 1/3 aus der Antriebsenergie der Wärmepumpe gewonnen wird.

Um den Wirkungsgrad einer solchen Wärmepumpen-Heizanlage mit einer Ofen- oder Fernwärme-Heizung bezüglich des Aufwands an Primärenergie (z. B. in Form fossiler Brennstoffe) vergleichen zu können, ist der jeweilige Aufwand an Primärenergie für den Betrieb der Wärmepumpen in Rechnung zu stellen. Wird die Wärmepumpe beispielsweise elektrisch betrieben mit Strom aus einem Kohlekraftwerk, dessen Abwärme nicht als Fernwärme genutzt wird, so ist für den Gesamtwirkungsgrad der Wärmepumpenheizung, η^{WP}_{Gesamt}, auch noch der Wirkungsgrad für die Stromerzeugung einschließlich der Stromübertragung zum Verbraucher von $\eta_{Strom} \approx 0,3$ zu berücksichtigen (Bild 3.3.8a):

$$\eta^{WP}_{Gesamt} = \eta_{Strom} \cdot \eta^{WP}_{real} \underset{z.B.}{=} 0,3 \cdot 3 = 0,9 \tag{3.3.5}$$

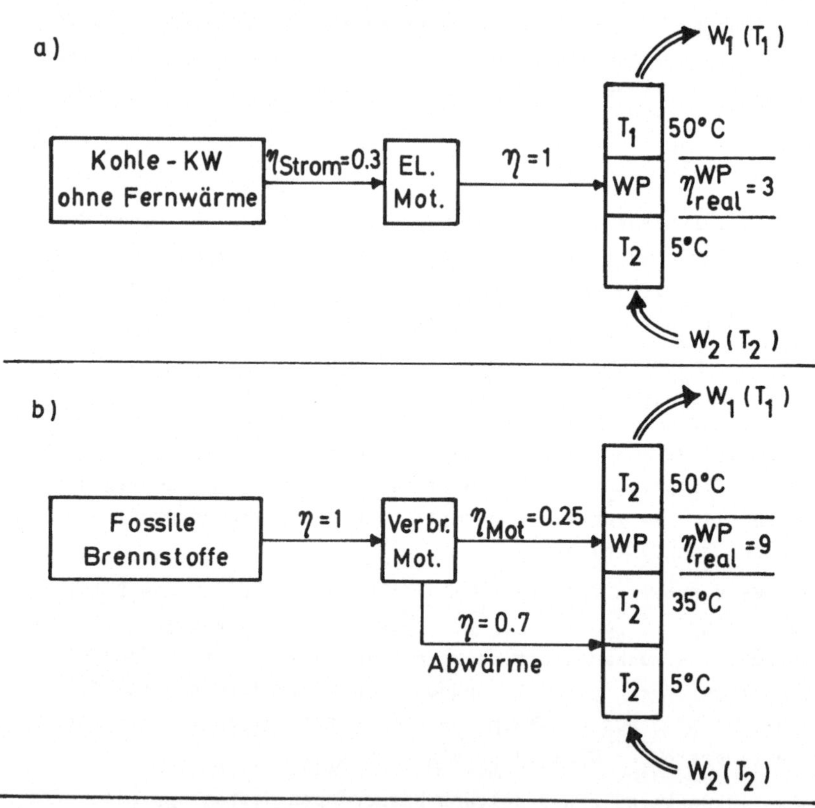

Bild 3.3.8: *Schema für den Wirkungsgrad einer Wärmepumpenheizung*
a) mit Elektromotor,
b) mit Verbrennungsmotor betrieben

Wird dagegen die Wärmepumpe mit einem fossil befeuerten Verbrennungsmotor angetrieben [86] bei einem Motorwirkungsgrad $\eta_{Motor} = 0{,}25$, so kann die Abwärme des Motors - im Realfall mit ca. 70 % - zu einer zusätzlichen Erwärmung des Betriebsmittels von T_2 auf T_2' und damit zu einer Erhöhung des realen Wirkungsgrads der Wärmepumpe gemäß Gl. (3.1.11) genutzt werden: Für dieses Beispiel (Bild 3.3.8b) folgt eine Erwärmung des Betriebsmittels um 30° C von $T_2 = (273 + 5)$ K auf $T_2' = (273 + 35)$ K. Damit folgt eine Erhöhung des realen Wirkungsgrads der Wärmepumpe von

$$\eta^{WP}_{real}\,(T_2' \to T_1) = \eta^{WP}_{real}\,(T_2 \to T_1) \cdot \frac{T_1 - T_2}{T_1 - T_2'} \quad (3.3.6)$$

$$\underset{z.B.}{=} 3 \cdot \frac{45^\circ\,C}{15^\circ\,C} = 9.$$

Für den Gesamtwirkungsgrad der Wärmepumpenheizung folgt ein Wert von

$$\eta^{WP}_{Gesamt} = \eta_{Motor} \cdot \eta^{WP}_{real}\,(T_2' \to T_1) \quad (3.3.7)$$

$$\underset{z.B.}{=} 0{,}25 \cdot 9 \approx 2{,}3.$$

Zum Vergleich von Ofen- bzw. Fernwärmeheizung und Heizung über Wärmepumpen sind typische Werte für den jeweiligen Gesamtwirkungsgrad der Nutzung von Primärenergie zur Gewinnung von Heizwärme in Tabelle 3.3.4 zusammengestellt.

Tabelle 3.3.4: Vergleich von η_{Gesamt} = (erzeugte Heizwärme)/(Primärenergie-Einsatz) für Wärmepumpen-Heizanlage und für Ofen- und Fernwärme-Heizung

Anlage		η_{Gesamt}
Wärmepumpe	elektrisch betrieben	0,8 - 1,2
	mit Verbrennungsmotor betrieben	1,5 - 2,5
Ofenheizung - Fernwärmeheizung		0,6 - 0,8

Außenluft als Wärmequelle ist leicht zugänglich; nur bedingen die relativ großen tageszeitlichen und jahreszeitlichen Temperaturschwankungen der Luft entsprechende Schwankungen des Wirkungsgrads der Wärmepumpe; dies wiederum macht die Auslegung der Größe einer Wärmepumpenanlage problematisch. Um eine optimale Nutzung der Wärmepumpe z. B. über die genannte Heizperiode eines Jahres zu erreichen, wird sie häufig gekoppelt mit einer konventionellen Heizanlage, über die der Spitzenbedarf an Heizwärme gedeckt werden kann. Die für ein Einfamilienhaus mit 100 m^2 Wohnfläche während der kalten Jahreszeit typische Heizleistung von ca. 10 kW ist beispielsweise zu 2/3 aus der Außenluft zu entnehmen:

Der Wärmeinhalt der Luft, W_L, im Volumen, V_L, ist gegeben durch

$$W_L = V_L \cdot \rho_L \cdot c_L \cdot \Delta T \tag{3.3.8}$$

mit dem spezifischen Gewicht der Luft

$$\rho_L \approx 1{,}29 \text{ kg/m}^3$$

und der spezifischen Wärme der Luft

$$c_L \approx 10^3 \text{ J/(kg} \cdot \text{K)}.$$

Der Wärmeentzug geschieht im allgemeinen durch Abkühlung von Luft in großflächigen Wärmetauschern, wobei das Treibmittel der Wärmepumpe verdampft wird. Bei einer typischen Abkühlung der Luft von $\Delta T = 5\,^{\circ}C$ können pro m^2 Absorberfläche der Luft etwa 100 W entnommen werden. Somit resultiert bei einer Wärmeentnahme von 6,7 kW ein pro Sekunde abzukühlendes Luftvolumen von $V_L = 1\ m^3$. Die Luftmenge muß durch Ventilatoren in den Wärmetauscher angesaugt und wieder abgeblasen werden.

Erdreich als Wärmequelle: Hier kann die im Erdreich gespeicherte Sonnenwärme durch Abkühlung entzogen werden. Um Frostschäden an den Wurzeln der Vegetation und Frosthebungen zu vermeiden, ist eine Wärmeentnahme in einer Mindesttiefe von 1 - 2 m ratsam. Auch nehmen die - einer optimalen Auslegung der Wärmepumpe hinderlichen - jahreszeitlichen Temperaturschwankungen mit zunehmender Tiefe rasch ab (Bild 3.3.9).

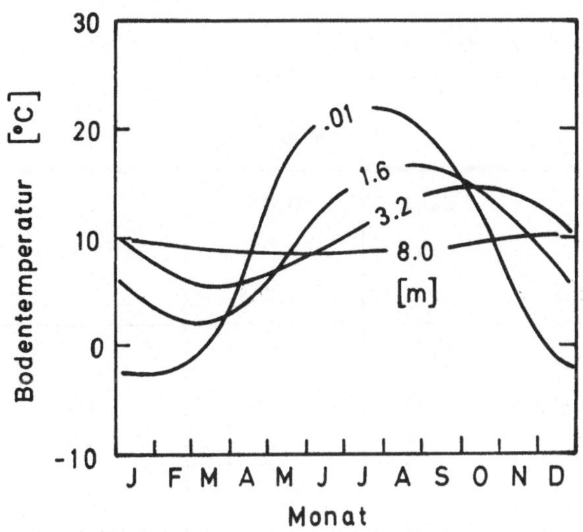

Bild 3.3.9: Jahreszeitliche Variation der Temperatur des Erdreichs in verschiedenen Tiefen (Messungen aus St. Paul, Minnesota, USA, 45° nördlicher Breite) (nach [87])

Die Wärmekapazität und die Wärmeleitfähigkeit des Erdreichs hängt stark von der Art des Erdreichs und von seinem Wassergehalt ab. Typische Werte sind Tabelle 3.3.5 zu entnehmen.

Dabei können dem Erdreich je nach Wärmeleitfähigkeit (20 - 30)W/m^2 entzogen werden, dies durch Verdampfung des Wärmepumpen-Betriebsmittels in großflächig verlegten Rohrleitungen (typische Wärmeleistungsaufnahme von 1 kW in 300 m Rohrlänge mit Rohrdurchmesser von 2 cm).

Eine Heizleistung der Wärmepumpenanlage von z. B. 10 kW bedingt nach Abzug der Antriebsenergie der Wärmepumpe eine Wärmeentnahme aus dem Erdreich von ca. 6,7 kW, dies, je nach Wärmeleitfähigkeit des Erdreichs, aus einer Bodenfläche von ca. 200 - 350 m^2.

Tabelle 3.3.5: Spez. Wärme c_W und Wärmeleitfähigkeit λ_W verschiedener als Wärmelieferanten für WP in Frage kommender Stoffe

		$\lambda_W \left[\frac{W}{m \cdot K}\right]$	$c_W \left[\frac{J}{m^3 \cdot K}\right]$
fester Boden (trocken)	Sand	0,03	(2 - 2,5) · 10^6
	Lehm	0,02	
	Torf	0,005	
fester Boden (20 % Wassergehalt)	Sand	0,23	(2,4-2,8) · 10^6
	Lehm	0,13	
	Torf	0,01	
Wasser (bei 10^0 C)		0,58	4,2 · 10^6

Grundwasser als Wärmequelle: Eine weitere mögliche Wärmequelle stellt das Grundwasser dar, das z. B. in einer Tiefe von ca. 20 m eine über alle Jahreszeiten konstante Temperatur von ca. 10^0 C aufweist. Zum Wärmeentzug muß es über einen Förderbrunnen gepumpt, nach Abkühlung im Kondensor der Wärmepumpenanlage in einem zweiten, dem sogenannten Schluckbrunnen, wieder in das Grundwasser eingespeist werden. Eine Heizleistung von 10 kW entsprechend einer Wärmeentnahme aus dem Wasser von ca. 6,7 kW bedingt eine zu pumpende und um 5 ^{0}C abzukühlende Wassermenge von ca. 0,3 l/s. (Der Aufwand an Primärenergie zum Antrieb der Pumpe beträgt einige Prozent der Heizenergie.)

Oberflächenwasser (Seen, Flüsse) ist - wo vorhanden - sicherlich die zugänglichste und ergiebigste Wärmequelle für Wärmeentnahme über eine Wärmepumpe. Zur Wärmeentnahme kann der Betriebsmittelverdampfer z. B. direkt in die Strömung des Flußwassers eingesetzt werden.

Aufwand an Energie zum Bau der Wärmepumpenanlagen: Ein Vergleich der Anlagekosten bzw. daraus resultierend des Energieaufwands zum Bau der verschiedenen Wärmepumpenanlagen [88] mit der aus Wasser,

Luft und Erdreich gewonnenen Heizwärme zeigt, daß

- im Fall der Luft-Wärmepumpe nach ca. 3 Jahren Betriebszeit,
- im Fall der Grundwasser-Wärmepumpe nach ca. 5 Jahren Betriebszeit,
- im Fall der Erdreich-Wärmepumpe nach ca. 7 - 15 Jahren Betriebszeit

gerade soviel Heizwärme aus dem jeweiligen Medium gewonnen wurde wie zum Bau der Anlage aufgewendet werden mußte.

Bei der Abschätzung des Erntefaktors ist außer dem Aufwand für den Bau der Wärmepumpen-Anlage auch noch der Aufwand an Primärenergie E_{prim} zum Betrieb der Wärmepumpen zu berücksichtigen:
Letzterer beläuft sich für den günstigsten Fall einer fossil betriebenen Wärmepumpe mit einem Gesamtwirkungsgrad von $\eta = 2,5$ (s. Tabelle 3.3.4) für eine Heizleistung von $L_{Heiz} = 10$ kW während einer jährlichen Heizperiode von 6 Monaten im Laufe der hypothetischen Lebensdauer der Anlage von 15 Jahren auf

$$
\begin{aligned}
E_{prim} &= \frac{1}{\eta_{WP}} \cdot L_{Heiz} \cdot \text{Sek./6 Mte.} \cdot \text{Lebensdauer } [a] \\
&= \frac{1}{\eta_{WP}} \cdot E_{Heiz} \\
&= \frac{1}{2,5} \cdot L_{Heiz} \cdot 1,6 \cdot 10^{7} \cdot 15 \\
&= \frac{1}{2,5} \cdot 2,4 \cdot 10^{12} = 9,6 \cdot 10^{11} \text{ J.}
\end{aligned}
$$

Daraus resultiert für die oben genannten verschiedenen Arten von heutzutage auf dem Markt befindlichen technisch ausgereiften Wärmepumpen-Anlagen ein Energie-Erntefaktor von

$$
\begin{aligned}
\varepsilon &= \frac{\text{abgegebene Heizenergie}}{\text{Aufwand an Primärenergie für } \underline{\text{Bau}} + \underline{\text{Betrieb}} \text{ der Anlage}} \\
&= \frac{E_{Heiz}}{\frac{3 \text{ bis } 15}{15} \cdot E_{Heiz} + \frac{1}{\eta_{WP}} \cdot E_{Heiz}} \\
&= \frac{1}{(0,2 \text{ bis } 1) + 0,4} = 0,7 \text{ bis } 1,7.
\end{aligned}
$$

Umweltbelastung: Auf den ersten Blick zeigen sich wegen der geringen Anzahl und Kleinheit der Anlagen zur Heizwärmegewinnung über Wärmepumpen keine spezifischen Umweltbelastungen. Bezieht man jedoch das Ausmaß möglicher Umweltbelastungen auf die Menge der erzeugbaren Nutzenergie, so resultiert für obige Techniken entsprechend des benötigten Materialaufwands zum Bau der Anlagen pro kWh gewonnener Heizwärme eine Umweltbelastung durch Emission von Schadstoffen bei der Materialherstellung von vergleichbarem Ausmaß wie bei vielen anderen Energietechniken, so z. B. diversen Techniken der Solarenergie-Gewinnung (s. Bild 8.4.1).

3.4 Windenergie

3.4.1 Verfügbares Windpotential

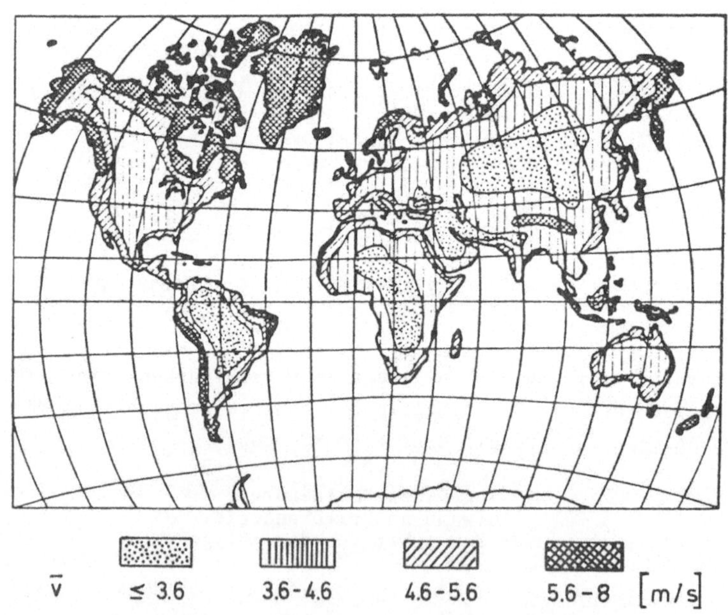

Bild 3.4.1: Verteilung des jahreszeitlichen Mittels der Windgeschwindigkeiten, $\bar{v}$, über die Kontinente in 10 m Höhe (nach [9])

Ca. 2 % der auf die Erde eingestrahlten Sonnenenergie werden in Windenergie umgewandelt. Daraus resultiert ein weltweites Windpotential von ca. $4 \cdot 10^{15}$ W. Die im Wind enthaltene Leistung L pro Fläche senkrecht zur Windrichtung ist abhängig von der Geschwindigkeit v.

$$\frac{L}{F} = v \cdot \frac{\rho_L}{2} v^2 = \frac{\rho_L}{2} v^3 \left[\frac{W}{m^2}\right] \tag{3.4.1}$$

Technisch sinnvoll nutzbar ist das Windpotential bei mittleren Windgeschwindigkeiten von $\overline{v} \approx (5 \text{ bis } 20)$ m/s.

Bezüglich der Nutzung von Windenergie soll hier nur auf die Möglichkeit der Erzeugung von elektrischem Strom (und Wärme) mittels

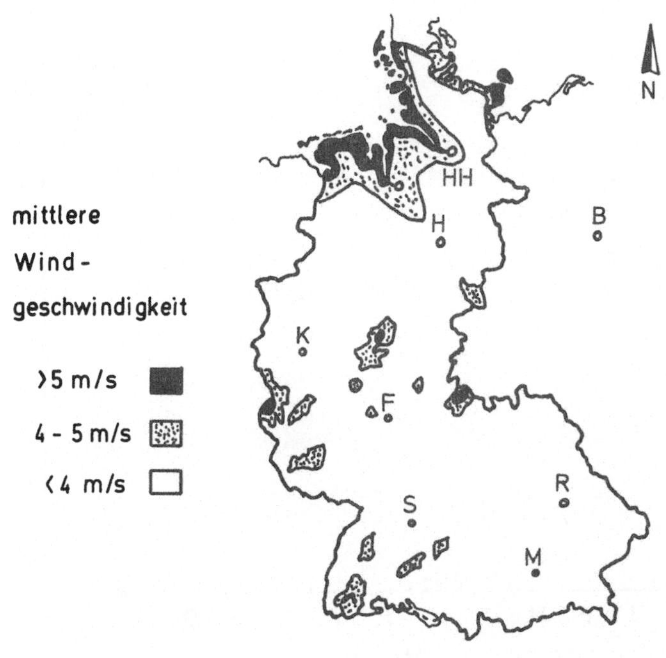

Bild 3.4.2: *Verteilung des jahreszeitlichen Mittels der Windgeschwindigkeiten, $\overline{v}$, über die Bundesrepublik Deutschland in 10 m Höhe (nach [89])*

Windturbinen eingegangen werden. (Der weiteren Möglichkeit, Windenergie z. B. zum Antrieb von (Segel-)Schiffen zu nutzen, wird heute in Industriestaaten keine wirtschaftliche Bedeutung beigemessen.)

In der Bundesrepublik ist eine sinnvolle Nutzung der Windenergie beschränkt auf etwas weniger als 20 Prozent ihrer Fläche, nämlich nur auf die küstennahen Gebiete Niedersachsens und Schleswig-Holsteins und einige sehr kleine Gebiete in den Höhenlagen der Mittelgebirge, des Schwarzwalds und der Alpen (Bild 3.4.2).

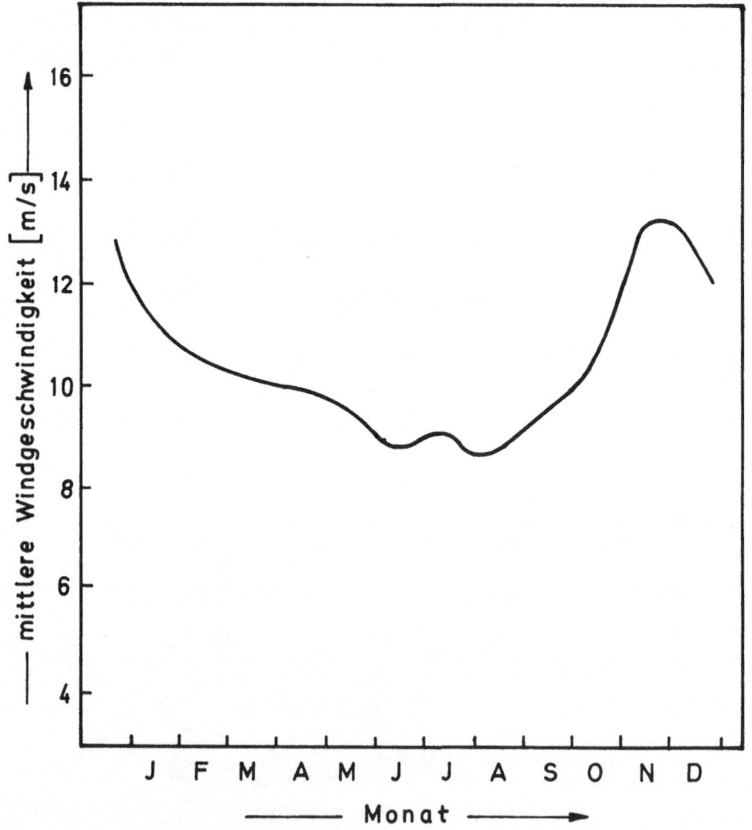

Bild 3.4.3: *Jahreszeitliche Variation des Monatsmittels der Windgeschwindigkeit in 100 m Höhe für die Position des Feuerschiffs Elbe 1 (nach [90])*

Mit steigender Höhe vom Erdboden nimmt die Windgeschwindigkeit zu, da der Einfluß der bodennahen Reibung der Luftmassen entsprechend geringer wird. Als grober Richtwert für die Höhenabhängigkeit der Windleistung gilt [90]

$$L\,\binom{\text{in 100 m Höhe}}{\text{über Boden}} \approx 1{,}4 \cdot L\,\binom{\text{in 10 m Höhe}}{\text{über Boden}}.$$

Stabilitätsprobleme jeglicher Art von Windrädern beschränken die Nutzung der Windleistung auf Höhen von nicht wesentlich mehr als 100 m über Bodenniveau. Die jahreszeitlichen Schwankungen des Monatsmittels der Windgeschwindigkeit variieren beträchtlich wie in Bild 3.4.3 für die Position von Feuerschiff Elbe 1 an der Nordseeküste gezeigt wird.

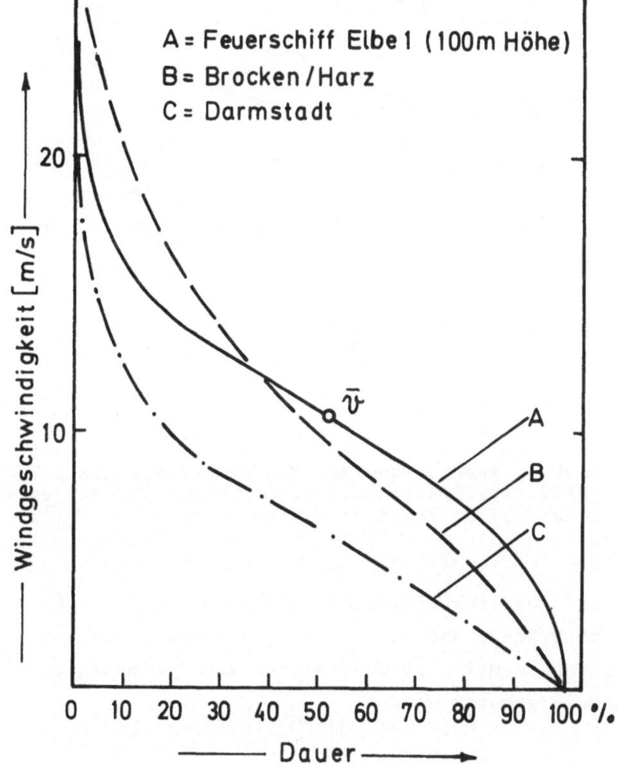

Bild 3.4.4: Prozentuale Aufteilung des Spektrums der Windgeschwindigkeit über die Dauer eines Jahres in 100 m über Bodenniveau für verschiedene Positionen in der BRD (nach [90])

Die prozentuale Aufteilung des Spektrums der Windgeschwindigkeit über die Dauer eines Jahres für verschiedene Positionen in der Bundesrepublik Deutschland ist in Bild 3.4.4 dargestellt.

Demnach ist der Bereich der nutzbaren Windgeschwindigkeiten von $v \approx 5$ bis 20 m/s auch in den windgünstigsten Gebieten auf ca. 70 bis 80 % der Zeit beschränkt.

Für eine - vor allem großflächige - Nutzung des Windpotentials ist auch noch die Richtungsverteilung des Windes von Interesse (siehe Bild 3.4.5).

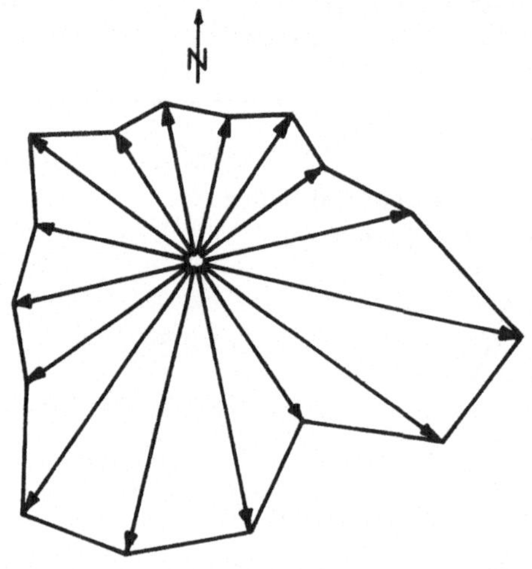

Bild 3.4.5: Richtungsverteilung des Windes auf Norderney (im Jahre 1972). Die Pfeillängen sind ein Maß für den zeitlichen Anteil einer bestimmten Windrichtung (nach [91])

Das örtlich und zeitlich verfügbare Windpotential kann über den Antrieb von Windrädern und Windturbinen zur Gewinnung von mechanischer Energie und damit über Generatoren zur Gewinnung von elektrischer Energie genutzt werden.

3.4.2 Leistungen von Windrädern

Idealfall eines Windrads mit horizontaler Welle: Dabei werden folgende idealisierende Voraussetzungen gemacht. Die mittlere Umlaufgeschwindigkeit der Flügelspitzen des Windrads soll wesentlich größer als die Windgeschwindigkeit sein; die Windrichtung stehe senkrecht zur Rotorfläche; Reibungsverluste werden vernachlässigt.

Die vom Wind mit Masse M_L auf das Windrad übertragene Energie, E_{ROT}, ergibt sich unter diesen Voraussetzungen als Differenz der kinetischen Energie des Windes vor dem Rad (Index 1) und hinter dem Rad (Index 2):

$$(3.4.2) \qquad E_{ROT} = \frac{M_L}{2} (v_1^2 - v_2^2)$$

Der sekundliche Luftstrom durch das Windrad mit einer vom Rotor überstrichenen Fläche F beträgt

$$(3.4.3) \qquad \frac{dM_L}{dt} = \rho_L \cdot F \cdot \tilde{v}$$

mit ρ_L = Dichte der Luft,

$\tilde{v} = \frac{1}{2} (v_1 + v_2)$.

Daraus resultiert die im Idealfall auf das Windrad übertragene Leistung

$$(3.4.4) \qquad L_{ROT}^{id} = \frac{1}{2} \rho_L \cdot F \cdot \tilde{v} (v_1^2 - v_2^2).$$

Die primäre Windleistung beträgt gemäß Gl. (3.4.1)

$$(3.4.5) \qquad L_{Wind} = \frac{1}{2} \rho_L \cdot F \cdot v_1^3.$$

Das Verhältnis beider Leistungen gemäß Gl. (3.4.4) und Gl. (3.4.5) definiert den Nutzungsgrad der Windleistung durch ein Windrad (sogenannter Leistungsbeiwert)

$$(3.4.6) \qquad \tilde{\eta}_{id} = \frac{L_{ROT}^{id}}{L_{Wind}} = \frac{\tilde{v} (v_1^2 - v_2^2)}{v_1^3} .$$

Die maximal mögliche Leistungsentnahme folgt aus der Maximumsbedingung für die Ableitung

$$\frac{d}{dv_2} (\tilde{\eta}_{id}) = 0$$

und dem daraus folgenden Wert für

$$v_2 \text{ (max. Leistungsentnahme)} = \frac{1}{3} v_1$$

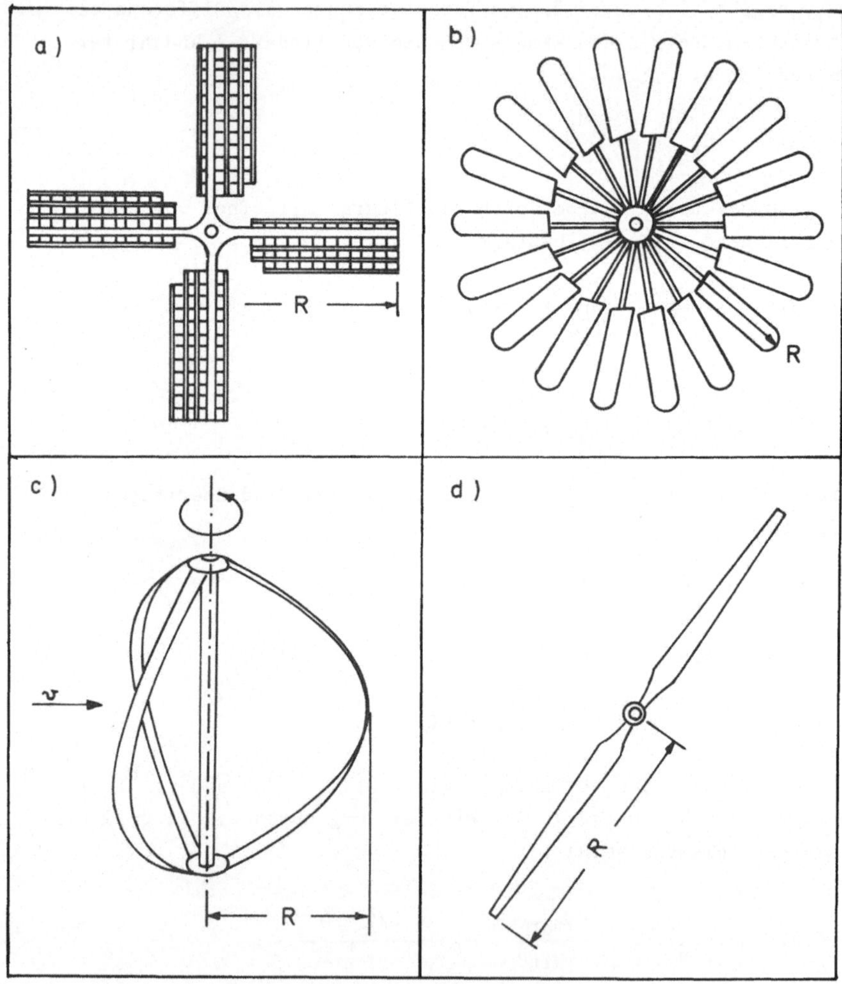

Bild 3.4.6: *Verschiedene Arten typischer Windräder:*
a) Historische Windmühle
b) Moderner Vielblattkonverter
c) Vertikalachsen-Konverter (Darrieus-Rotor)
d) Moderner Zweiblatt-Konverter

zu

$$\tilde{\eta}_{id}^{max} = 0{,}593.$$

3.4.3 Realisierung von Windrädern

Im Realfall der verschiedenen Windradarten (s. Bild 3.4.6 und Tabelle 3.4.1) wird im wesentlichen durch beschränkte Rotorgeschwindigkeit bzw. Schnellaufzahl, diese definiert als das Verhältnis

Tabelle 3.4.1: Einige Parameter typischer Windräder

Windrad	typ. Rotor- durch- messer [2 R]	typ. Dreh- zahl [Uml./s]	typ. Leistung [L]	typ. maximaler Windnutzungsgrad [$\tilde{\eta}_{real}$]
historische Windmühle	≲ 10 m	0,5	5 kW	0,15
moderner Viel- blatt-Konverter	≲ 10 m	1	(1-50) kW	0,4
moderner 1- b.3- Blatt-Konverter	≲ 100 m	0,3 - 2	kW - MW	0,45
moderner Verti- kalachs-Konver- ter (Darrieus)	≲ 10 m	1	(1-10) kW	0,35

der Geschwindigkeit der Rotorblattspitze zur Windgeschwindigkeit (s. Bild 3.4.7), ein Nutzungsgrad der Windleistung mit Werten von

$$\tilde{\eta}_{real} \lesssim 0{,}35 - 0{,}44$$

erreicht.

Weiter reduzieren die unvermeidlichen Rotorreibungsverluste den realen Nutzungsgrad $\tilde{\eta}_{real}$ um einen Faktor von günstigstenfalls ca. 0,8.

Damit resultiert ein real erreichbarer Wirkungsgrad η_{real} für Umwandlung von Windleistung in mechanische bzw. elektrische Leistung über moderne Windenergiekonverter für die optimale Windgeschwindigkeit (meist von 10 m/s) von maximal

$$\eta_{real}^{max} \sim 0{,}3 - 0{,}35.$$

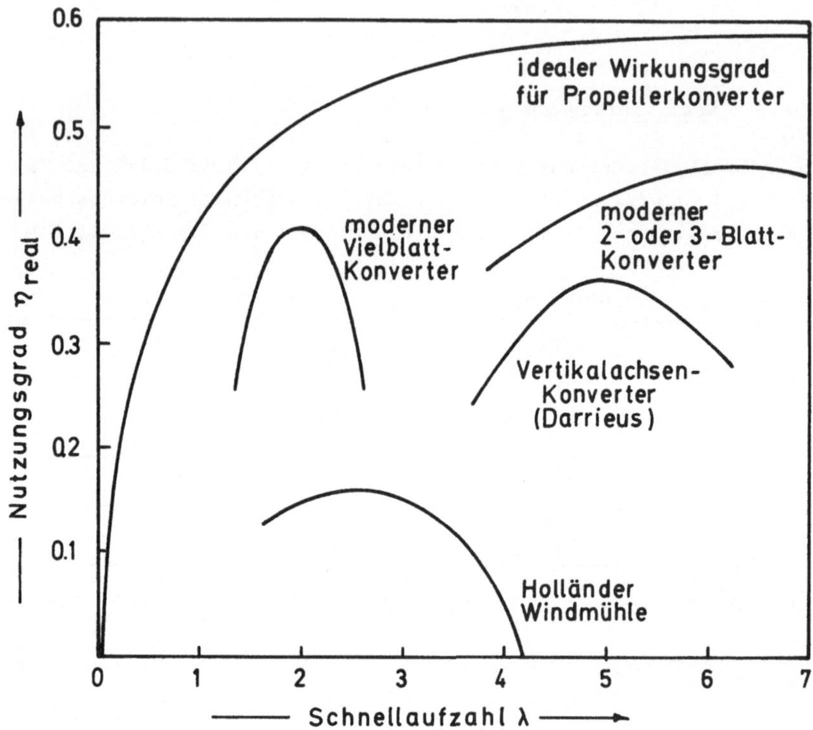

Bild 3.4.7: Realer Nutzungsgrad der Windleistung mittels eines Windrads, η_{real}, (sogenannter Leistungsbeiwert) für verschiedene Windradarten als Funktion der Schnelllaufzahl λ (Verhältnis von Blattspitzengeschwindigkeit zu Windgeschwindigkeit) (nach [90])

Für Windgeschwindigkeiten unterhalb als auch oberhalb der konverterabhängigen Optimalgeschwindigkeit ist der Wirkungsgrad kleiner (s. Tabelle 3.4.2 und Bild 3.4.8).

Für eine Leistungsabgabe ist eine Mindestgeschwindigkeit des Windes von ca. (4 - 6) m/s erforderlich. Bei Windgeschwindigkeiten von mehr als ca. (20 - 24) m/s muß die Anlage aus Sicherheitsgründen stillgesetzt werden.

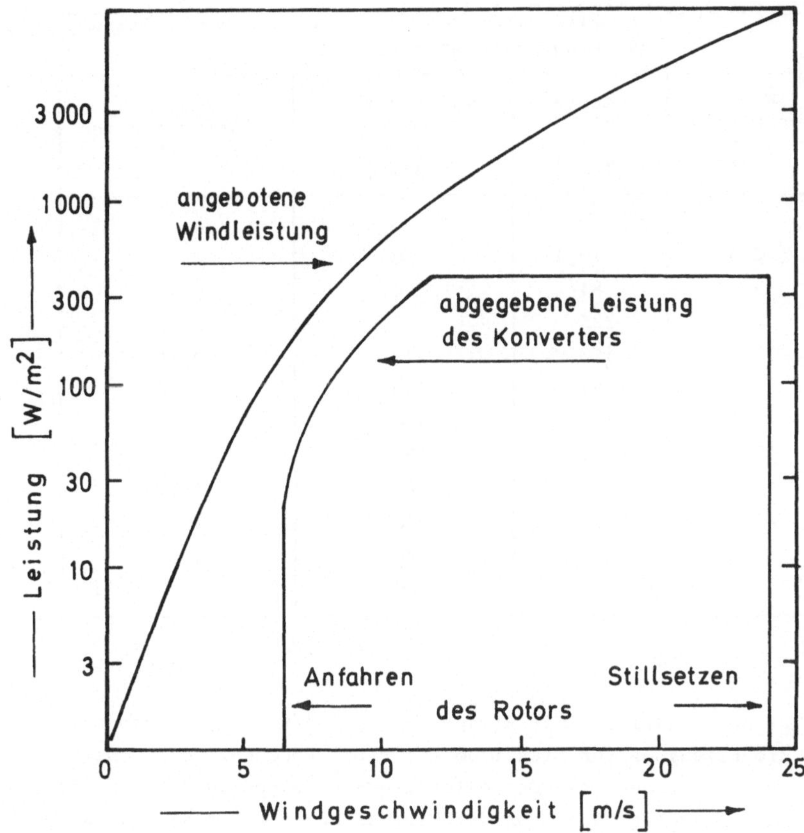

Bild 3.4.8: Leistungsabgabe eines typischen Windenergiekonverters in Abhängigkeit von der Windgeschwindigkeit

Folgende Nutzungsmöglichkeiten bieten sich an:

- mechanische Energie zum Antrieb von Mühlen und Pumpen,
- elektrische Energie über Antrieb von Generatoren,
- Wärmeerzeugung über mechanische Quirl- oder elektrische Widerstandsheizung.

Über den Antrieb eines Generators kann im Prinzip entweder Gleichstrom oder Wechsel- bzw. Drehstrom erzeugt werden.

Tabelle 3.4.2: Nutzung der Windenergie über einen 2-Flügel-Konverter (hier GROWIAN, s. Abschn. 8.4.3) in Abhängigkeit zur Windgeschwindigkeit [92]

Windgeschwindigkeit [m/s]	angebotene Windleistung [W/m²]	von Konverter umgesetzte el. Leistung [W/m²]	realer Wirkungsgrad des Konverters
1	0,65	0	0
2,5	10,1	0	0
5	81	0	0
7,5	225	72	0,26
10	650	222	0,34
11,8	1165	380	0,36
12,5	1265	380	0,30
15	2185	380	0,17
17,5	3475	380	0,11
20	5200	380	0,07
22,5	7400	380	0,05
≥ 24	≥ 9000	0	0

Für große Windanlagen mit Einspeisung ins öffentliche Stromnetz ist die Erzeugung von Drehstrom mit einer Frequenz von 50 Hz geboten. Damit ist auch die Generatorfrequenz festgelegt. Das Optimum der Rotorfrequenz hängt von der Windgeschwindigkeit ab. Die Kopplung des Rotors an den Generator erfolgt über ein frequenzabhängig steuerbares Getriebe. Im allgemeinen ist der Rotor in seiner Bauweise bezüglich einer bestimmten mittleren Windgeschwindigkeit optimiert. Anpassung zu kleineren als auch zu größeren Windgeschwindigkeiten geschieht z. B. durch mehr oder minder große Änderung der Schrägstellung der Rotorblätter.

Verfügbar sind heute Windturbinen verschiedener Bauarten im Leistungsbereich von einigen kW bis zu einigen 10 kW (ausgereifte Technik) und Leistungen bis zu einigen MW (einige wenige Anlagen in Bau und Erprobung) [89].

Als Beispiel für letztere sei die Großwindanlage GROWIAN in Schleswig-Holstein nahe der Elbmündung genannt, die folgende Parameter aufweist [92]:

- Zweiflügelkonverter mit Nabenhöhe von 100 m und Flügelspannweite von 2 R = 100 m (damit Spitzenhöhe ≈ Höhe des Kölner Doms).
- Maximale Leistungsabgabe von 3 MW bei Windgeschwindigkeiten von (12 - 24) m/s (s. Tabelle 3.4.2 und Bild 3.4.8).

Tabelle 3.4.3: Kosten- bzw. Energieaufwand für den Bau von Windkonverteranlagen im Vergleich zum Energiegewinn aus solchen Anlagen während einer angenommenen Lebensdauer von 15 Jahren

Nennleistung der Anlagen	Energieabgabe während der Lebensdauer	Kosten bzw. Energieaufwand zum Bau der Anlagen (ohn.Berücks.v.Betriebskost.)	
1 - 3 kW	$(60- 180)\cdot 10^3$ kWh	16- 26 kDM	$(40- 63)\cdot 10^3$ kWh
4 - 8 kW	$(240- 480)\cdot 10^3$ kWh	24- 60 kDM	$(60-150)\cdot 10^3$ kWh
10 - 15 kW	$(600- 900)\cdot 10^3$ kWh	40- 80 kDM	$(100-200)\cdot 10^3$ kWh
20 - 45 kW	$(1200-2700)\cdot 10^3$ kWh	70-120 kDM	$(175-300)\cdot 10^3$ kWh
1 - 3 MW	$(80- 240)\cdot 10^3$ kWh	20- 50 MDM⁺	$(50-125)\cdot 10^6$ kWh
GROWIAN 3 MW	$240\cdot 10^6$ kWh	75 MDM	$190\cdot 10^6$ kWh

Nennleistung der Anlagen	Erntefaktor ε : $\frac{\text{Energieabgabe während Lebensdauer}}{\text{Energieaufwand zum Bau der Anlage}}$
1 - 3 kW	$\varepsilon = \frac{120}{40 - 63} = 2 - 3$
4 - 8 kW	$\varepsilon = \frac{360}{60 - 150} = 2{,}4 - 6$
10 - 15 kW	$\varepsilon = \frac{750}{100 - 200} = 3{,}7 - 7{,}5$
20 - 45 kW	$\varepsilon = \frac{1950}{175 - 300} = 6{,}5 - 11$
1 - 3 kW	$\varepsilon = \frac{160}{50 - 125} = 1{,}3 - 3{,}2$
GROWIAN 3 MW	$\varepsilon = \frac{240}{190} \sim 1{,}3$

⁺ *Schätzpreis für Serienfertigung*

- Erwarteter zeitlicher Verlauf der Leistungsabgabe:
  27 % der Zeit : Nennleistung von 3 MW
  48 % der Zeit : Leistung zwischen 100 kW und 3 MW
  23 % der Zeit : keine Leistung wegen zu geringer Windgeschwindigkeit
  2 % der Zeit : keine Leistung wegen zu hoher Windgeschwindigkeit

  Über diesen zeitlichen Verlauf der Leistungsabgabe summiert ist eine jährliche Energieabgabe von ca. 12 GWh/a zu erwarten.

Energiebilanz (Rentabilität) für Windkonverter: Für kleine Konverteranlagen werden von den Herstellern Lebensdauern von ca. 15 Jahren angenommen; für Großanlagen, wie z. B. GROWIAN, 20 Jahre. In Tabelle 3.4.3 wird der Energiegewinn der Anlagen innerhalb ihrer Lebensdauer mit dem Kosten- bzw. Energieaufwand für den Bau der Anlagen verglichen [59]. Dabei wird - wie am Beispiel des GROWIAN ersichtlich - eine jährliche Energieabgabe entsprechend der Abgabe der Nennleistung über 46 % der Zeit angesetzt. (Die relativ zu den Baukosten vermutlich geringen Betriebskosten wurden bei der Abschätzung des Energie-Erntefaktors vernachlässigt.)

Die Erntefaktoren sind am günstigsten für Anlagen mittlerer Größe mit Nennleistungen im Bereich einiger 10 kW. Ob dagegen Großanlagen im MW-Bereich rentabel werden können, muß sich erst in der Erprobung von Testanlagen erweisen.

Umfang der gewinnbaren Windenergie: In der Bundesrepublik Deutschland kann in einem Bereich von ca. 10 % ihrer Fläche, im wesentlichen in den küstennahen Gebieten, und gegebenenfalls installiert auf stationär verankerten Schiffen vor der Küste, Windenergie am günstigsten über Kleinanlagen von einigen 10 kW Nennleistung genutzt werden. Damit könnte z. B. der Bedarf an Strom und Heizwärme im Einzelfall bis zu 70 % - allerdings mit großen zeitlichen Schwankungen des Leistungsangebots - für die in den genannten Gebieten dezentral wohnende Bevölkerung, insgesamt also für einige wenige Prozent der Bevölkerung der BRD gedeckt werden.

Dagegen ist die Gewinnung von Strom in größeren Mengen über Großanlagen im Leistungsbereich einiger MW zumindest sehr aufwendig und erscheint bislang als fragwürdig: Um 300 MW elektrische Leistung - dies beschränkt auf bestenfalls 30 % der Zeit - und weitere 30 bis 300 MW - dies beschränkt auf bestenfalls weitere 50 % der Zeit - zu gewinnen, bedarf es einer "Farm" von 100 GROWIANen, aufzustellen im Abstand von ca. 1 km voneinander. Mit einer solchen Anlage könnten - im zeitlichen Mittel - gerade 3 o/oo des Strombedarfs in der BRD gewonnen werden.

Auch weltweit ist die Windenergienutzung vor allem auf die küstennahen Regionen beschränkt (Bild 3.4.1). In Entwicklungsländern bietet sich die Windenergie vor allem zum Pumpen von Wasser an. Hier sind die zeitlichen Leistungsschwankungen der Windenergie am ehesten zu tolerieren.

Umweltbelastung, Risiken: Die einzige bislang erkennbare Umweltbelastung ist in der Emission von Schadstoffen bei der Herstellung der für die Anlagen benötigten Materialien, vorwiegend Metalle, bedingt. Diese Belastung ist, bezogen auf gleiche Energiemengen, von ähnlicher Höhe wie z. B. bei diversen Solarenergietechniken. Weitere mögliche Schadensrisiken liegen - wie sich bei vielen Versuchsanlagen gezeigt hat - in der Einsturzgefahr der Anlagen bei Sturmböen.

3.5 Wasserkraft

Die Nutzung von Wasserkraft ist auf mehrere Arten möglich:

Im Wasserkreislauf von Verdunstung, Niederschlag und Strömung des Wassers über Gefälle zurück auf Meeresniveau in die Ozeane kann die Energie des fließenden Wassers, die ohne menschliche Eingriffe über Reibung letztlich in Wärme umgesetzt wird, über Turbinen und Generatoren in mechanische und elektromagnetische Energie umgewandelt werden.

An den Mündungen der Flüsse in die Meere verdünnt das einströmende Süßwasser das viel salzhaltigere Meerwasser. Bei der Verdünnung wird Ausdehnungsarbeit der expandierenden Salzmoleküle und Ionen freigesetzt. Auch dieses Energiepotential könnte - zumindest im Prinzip - über Osmose des Süßwassers in das Salzwasser in mechanische und elektromagnetische Energie umgewandelt werden.

Eine Möglichkeit, aus der Rotationsenergie der Erde Nutzenergie zu gewinnen, bieten Gezeitenkraftwerke.

Die relativ starke Erwärmung des Oberflächenwassers der Meere in den äquatornahen Zonen im Vergleich zu der der polnahen Zonen durch die Sonneneinstrahlung führt zu Meeresströmungen, die - im Prinzip - genutzt werden könnten.

Durch Reibung wird Windenergie an der Wasseroberfläche in kinetische Energie von Wasserwellen umgesetzt; diese könnten sowohl auf hoher See als auch in der Küstenbrandung genutzt werden.

Als letztes Beispiel einer möglichen Nutzung von Wasserkraft sei das Potentialgefälle zwischen zwei Wasserreservoiren, von denen eines durch starke Sonneneinstrahlung einer entsprechenden Verdunstung und damit einer Absenkung seines Wasserspiegels unterworfen ist, erwähnt (Helio-Hydro-Elektrizität).

3.5.1 Wassergefälle

Die Art der Nutzung hängt von der Höhe des Gefälles h ab (Bild 3.5.1).

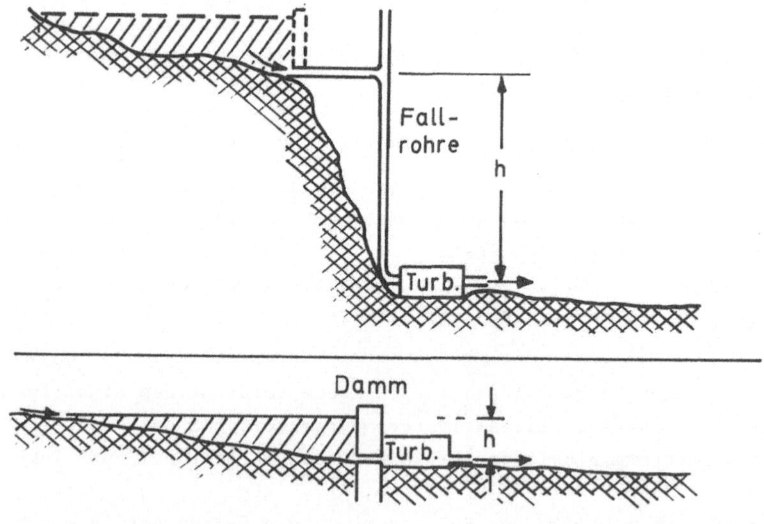

Bild 3.5.1: Prinzip von Wasserkraftwerken bei großem bzw. kleinem Wassergefälle

In bergigen Gebieten stellen Flußläufe mit meist relativ geringen Wassermengen, aber großem Gefälle - ohne Wasserspeicherung - jahreszeitlich oft stark schwankende Leistungspotentiale dar. Weit weniger stark schwanken dagegen die der großen Flußläufe, ausgezeichnet durch große Wassermengen bei relativ kleinem Gefälle.

Der Wirkungsgrad für die Umwandlung der kinetischen Energie des strömenden Wasser, $(M/2)\cdot v^2$, bzw. der potentiellen Energie des mit Gefällhöhe h gespeicherten Wasser, $M \cdot g \cdot h$, über Turbinen in mechanische Rotationsenergie und daraus über Generatoren in elektromagnetische Energie ist im Idealfall gleich eins:

$$(3.5.1) \qquad \eta_{id} = 1.$$

Im Realfall beschränken Reibungsverluste des der Turbine zufließenden Wassers - in den Rohrleitungen proportional dem Quadrat der Wassergeschwindigkeit, der Leitungslänge l bzw. h und dem Inversen des Leitungsdurchmesser - sowie Reibungsverluste und Eigenverbrauch von Turbine und Generator den Wirkungsgrad im günstigsten Fall auf

$$(3.5.2) \qquad \eta_{real} = 0{,}85 - 0{,}9.$$

Wegen der schnellen Schaltbarkeit von Wasserturbinen eignet sich Wasserkraft hervorragend zur Deckung von Lastspitzen im elektrischen Leistungsbedarf.

Die Leistungsabgabe von Wasserkraftwerken liegt je nach verfügbarer Wasserleistung im Bereich von kW bis GW. Der Welt derzeit größtes Wasserkraftwerk mit einer maximalen Leistungsabgabe von 12,6 GW wurde 1982 in Itaipu an der brasilianisch-paraguayanischen Grenze fertiggestellt.

Das weltweite Potential an Wasserkraft ist in Tabelle 3.5.1 aufgeschlüsselt nach verschiedenen Ländern und Erdteilen zusammengestellt.

Umweltbelastung: Der Ausbau von Flußläufen zur Wasserkraftnutzung führt in den angrenzenden Gebieten häufig zu einer spürbaren Veränderung der Höhe des Grundwasserspiegels. Dies hat z. B. entsprechende Rückwirkungen auf die Ökologie der betroffenen Gebiete. Besonders drastisch sichtbar werden ökologische Veränderungen an

Tabelle 3.5.1: Wasserkraft-Potential (nach [53, 77])

Region	maximal vorhanden [GW]	davon techn. im Prinzip nutzbar [GW]	heute (1974) genutzt [GW]	daraus heute Deckg. d.Bedarfs an Ges.-Energie (an el. Energie)
Europa (ohne USSR) davon BRD	500 11	80 4,5	46 2,3 + 3,6+	 0,8 % (5 %)+
USSR	450	130	15	
USA + Kanada	700	150	60	
Lateinamerika	600	210	14	
Japan + China	1000	164	13	
Afrika	730	230	4	
Asien (ohne Japan + China + USSR)	850	137	9	
Australien + Ozeanien	171	85		
Welt	ca. 5000	1200	160	< 2 %

+ *Aus 561 Laufwasser-Kraftwerken mit einer Maximalleistung von insgesamt 2,3 GW und 65 Speicher-u. Pumpspeicher-Kraftwerken mit einer Maximalleistung von insgesamt 3,6 GW wurden in der BRD 1979 16 Mrd. kWh an elektrischer Energie gewonnen. Bei vollständiger Nutzung des realisierbaren Potentials sollte ein jährlicher Gewinn an elektrischer Energie von ca. 22 Mrd. kWh erreichbar sein [54].*

sehr großen Wasserkraftwerken, wie z. B. dem Assuan-Staudamm: Hier muß ein wesentlicher Teil der gewinnbaren Energie zur Erzeugung von Kunstdünger aufgewendet werden. Dieser wird benötigt als Ersatz für die ausbleibende Düngung durch die Ablagerung bei den jährlichen Nilüberschwemmungen.

Kunstdünger einerseits und rasch zunehmende Versalzung des aufgestauten Wassers durch Verdunstung andererseits belasten die Qualität des Nilwassers und gefährden in zunehmendem Maße die Versorgung Ägyptens mit Trinkwasser.

Will man also allzu bedrohliche Eingriffe in das ökologische Gleichgewicht der Natur vermeiden, so kann vom technisch verfügbaren weltweiten Potential des Laufwassers wohl nur ein kleiner Anteil zur Energiegewinnung genutzt werden.

Rentabilität von Wasserkraftwerken: Die Anlagekosten für Wasserkraftwerke sind relativ hoch, der Betriebsaufwand dagegen relativ niedrig.

In der BRD belaufen sich heute die typischen Anlagekosten für Wasserkraftwerke diverser Art auf ca. (3000 - 4000) DM pro 1 kW Kraftwerksleistung [59]. Bei einer Kraftwerkslebensdauer von erfahrungsgemäß mindestens 50 Jahren und einer im Kraftwerks- und Jahresmittel abgegebenen Leistung von ca. 30 % des Nominalwerts - dieser Wert ist typisch für die BRD - resultiert ein sehr hoher Erntefaktor ε,

$$\varepsilon = \frac{\text{abgegebene Energie in 50 Jahren}}{\text{Energieaufwand zum Bau}}$$

$$= \frac{0{,}3 \cdot 8750 \cdot 50 \text{ kWh}}{(7{,}5 - 10) \cdot 10^3 \text{ kWh}} = 13 - 18.$$

Grönland-Schmelzwasser: Ein im letzten Jahrzehnt entwickelter, etwas utopisch klingender Plan zieht die Nutzung der Schmelzwassermassen in Grönland in Betracht [19]: Die Eisfläche Grönlands beträgt ca. $1{,}5 \cdot 10^6$ km^2 und erreicht Höhen bis zu 3,3 km. Die Vorstellung ist, das bislang unkontrolliert ablaufende Schmelzwasser in künstlichen Querrinnen zu sammeln und die potentielle Energie des gesammelten Wassers über Wasserkraftwerke in elektromagnetische Energie umzuwandeln. Als Schmelzwasser-Einzugsgebiet eines Großkraftwerks ist eine Fläche von $200 \cdot 200$ km^2 mit jährlichen Abschmelzhöhen von 1 - 2 m während der Sommerzeit vorgesehen. Dies entspricht einer nutzbaren Wassermenge V von

$$V = (4 - 8) \cdot 10^{10} \text{ m}^3/\text{a}$$

und bei einer Fallhöhe von (1 - 2) km einem mittleren Potential von von

$$E_{Pot} = V \cdot \rho_{H_2O} \cdot g \cdot h \sim 9 \cdot 10^{17} \text{ J}.$$

Daraus kann bei einem realen Wirkungsgrad des Kraftwerks von $\eta = 0{,}85$ eine elektrische Leistung von ca. 24 GW gewonnen werden. Insgesamt könnten - zumindest theoretisch - 20 Kraftwerke dieser

Größe in Grönland errichtet werden mit einer elektrischen Gesamtleistung von 480 GW. Die so gewonnene elektrische Energie könnte z. B. über Elektrolyse zur Erzeugung von Wasserstoff verwendet werden. Dieser könnte verflüssigt als Fernenergie zum Verbraucher transportiert werden. Bei einem Wirkungsgrad der Elektrolyse von 0,4 und einem Energieverbrauch für die Verflüssigung von 10 % des Wasserstoff-Heizwerts (Idealfall), für den Transport von im Mittel weiteren 10 %, stünde dem Verbraucher schließlich eine jährliche Wasserstoffmenge von ca. $2{,}4 \cdot 10^8$ m^3 in flüssiger Form, entsprechend einer über das Jahr gemittelten Heizleistung von 0,15 TW (gleich 2 % des heutigen weltweiten Bedarfs), zur Verfügung.

3.5.2 Osmose

Eine weitere - zumindest theoretische - Möglichkeit, die Energie des Laufwassers der Flüsse in nutzbare Energieformen umzuwandeln, besteht in der Nutzung des osmotischen Drucks beim Einströmen des Süßwassers der Flüsse in das Salzwasser der Meere:

Die im Salzwasser gelösten Salzmoleküle, hauptsächlich NaCl (diese weitgehend dissoziiert in Na^+- und Cl^--Ionen) können als ideales Gas mit der Teilchenzahldichte n/V gleich der Anzahl der Moleküle bzw. Ionen pro Volumen V betrachtet werden. Dieses ideale Gas stellt einen (osmotischen) Druck, p_{osm}, dar von

$$p_{osm} = \frac{n}{V} \cdot k \cdot T \tag{3.5.3}$$

(k = Boltzmannkonstante, T = absolute Temperatur).

Bei der Vermischung von Süßwasser (Volumen V_1) mit Salzwasser (Volumen V_2) wird das Salzwasser entsprechend verdünnt; d. h. die im Salzwasser gleichverteilten Salz-Moleküle bzw.-Ionen expandieren bei der Verdünnung auf das Gesamtvolumen ($V_1 + V_2$). Dabei leistet das "Gas" Verdünnungsarbeit, welche letztlich in Wärme umgewandelt wird.

Man könnte nun die Mischung von Süßwasser mit Salzwasser im Prinzip auch zur Gewinnung von potentieller Energie nutzen. Dazu ist das Süßwasser-Reservoir vom Salzwasser-Reservois durch eine semipermeable Wand (im Prinzip ein Molekülsieb) zu trennen, welche für die Wassermoleküle durchlässig, für die Salzmoleküle bzw. Ionen aber undurchlässig ist (Bild 3.5.2).

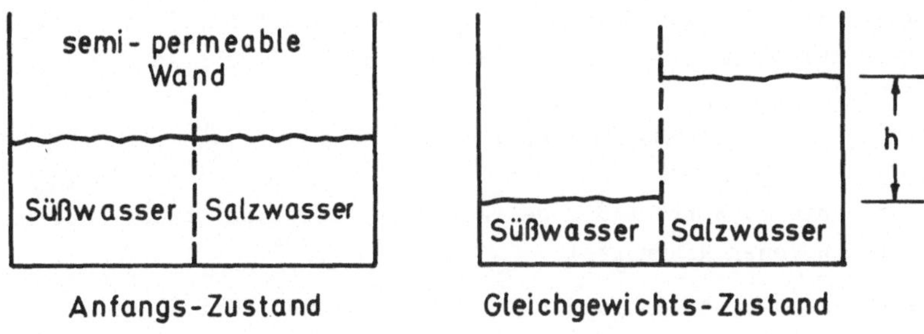

Bild 3.5.2: Prinzip der Diffusion von Süßwasser durch eine semipermeable Wand in Salzwasser (Osmose)

Der Konzentrationsausgleich verläuft einseitig durch Diffusion des Süßwassers in das Salzwasser, und zwar so lange, bis sich durch die Volumen-Vergrößerung auf der Salzwasserseite ein Überdruck, $p_Ü$, ausgebildet hat,

(3.5.4) $$p_Ü = \rho_{H_2O} \cdot g \cdot h,$$

der dem osmotischen Druck des Süßwassers in das Salzwasser entgegenwirkt, diesen im Gleichgewichtszustand gerade kompensiert. Die Steighöhe h des Salzwassers im Gleichgewichtszustand folgt aus $p_Ü = p_{osm}$ zu

(3.5.5) $$h = \frac{p_{osm}}{\rho_{H_2O} \cdot g} .$$

Der Gewinn an potentieller Energie, E_{pot}, beträgt demnach

(3.5.6) $$E_{pot} = M_{H_2O} \cdot g \cdot h$$

und kann z. B. über ein Wasserkraftwerk in kinetische Energie bzw. elektrische Energie umgewandelt werden.

Ein konkretes - dennoch hypothetisches - Beispiel eines Osmose-Kraftwerks sei für den Zufluß des Rheins in die Nordsee skizziert:

Die Nordsee hat einen Salzgehalt von 3 Gewichtsprozenten entsprechend 30 kg Salz pro 1 m^3 Wasser. Der Salzgehalt des Rheins mit ca. 1 o/oo ist demgegenüber vernachlässigbar klein. 1 l Nordseewasser enthält also 30 g NaCl bzw. 30/58 mol NaCl. Dies entspricht einer Teilchenzahldichte n im Volumen eines Liters von

$$n = n_{NaCl} + n_{Na^+} + n_{Cl^-} \sim 1{,}8 \cdot \frac{30}{58} \cdot 6 \cdot 10^{23}.$$

(Der Faktor 1,8 trägt der weitgehenden Dissoziation der NaCl-Molekühle in Ionen Rechnung.)

Daraus resultiert ein osmotischer Druck gemäß (3.5.3) bei einer Temperatur von T = 300 K von

$$p_{osm} = n \cdot k \cdot T \approx 23 \text{ bar}.$$

Dieser Druck entspricht einer Höhe h der Wassersäule gemäß (3.5.5) von

$$h = \frac{p_{osm}}{\rho_{H_2O} \cdot g} \approx 230 \text{ m}.$$

Daraus resultiert bei einer sekundlichen Diffusionsmenge $\dot{M}$ des Süßwassers in das Salzwasser eine Kraftwerksleistung L von

$$L = \dot{M} \cdot g \cdot h. \tag{3.5.7}$$

Die Diffusionsmenge $\dot{M}$ ist von der diffundierenden Flüssigkeit als auch von Membraneigenschaften abhängig: Die Konstante C_w, definiert als die Zahl der pro Sekunde durch eine Fläche von 1 m^2 bei einem Druckunterschied von 1 bar diffundierenden Flüssigkeitsmolekühle, beträgt für Wasser durch gebräuchliche Membranen

$$C_w \sim 6 \cdot 10^{21} \frac{\text{Moleküle}}{\text{s} \cdot \text{m}^2 \cdot \text{bar}}. \tag{3.5.8}$$

(Für Salzmoleküle bzw. Ionen ist sie um einen Faktor tausend kleiner.)

Um die Leistung des Kraftwerks zu optimieren, kann nicht der - sich erst nach unendlich langer Zeit ausbildende - osmotische Druck ausgenutzt werden, sondern nur ein sich bei Kraftwerksbetrieb mit entsprechender Wasserentnahme und damit Reduktion von h ausbildender mittlerer Druck p. Der Wasserzustrom durch die semipermeablen Wände der Fläche F_s bei Kraftwerksbetrieb ist der Druckdifferenz $(p_{osm} - p)$ proportional und beträgt

$$(3.5.9) \qquad \dot{M} = (p_{osm} - p) \cdot F_s \cdot C_w \cdot M_M$$

$(M_M$ = Molekülmasse) .

Damit kann am Fuß der Wassersäule dieser eine Leistung gemäß (3.5.5), (3.5.7) von

$$(3.5.10) \qquad L = p \cdot (p_{osm} - p) \cdot F_s \cdot C_w = \dot{M} \cdot g \cdot h$$

entnommen werden.

Für eine maximale Leistungsentnahme L_{max} gilt für den Betriebsdruck p

$$p = \frac{1}{2} p_{osm}.$$

Für die maximale Leistungsentnahme gilt also

$$(3.5.11) \qquad L_{max} = p_{osm}^2 \cdot F_s \cdot \frac{C_w}{4}.$$

Aus diesen Gleichungen lassen sich nun bei bekannter Menge des einströmenden Flußwassers, im angeführten Beispiel des Rheins mit ca. 10^3 m^3 Wasser pro Sekunde, die Parameter des Osmose-Kraftwerks ableiten:

Aus dem sekundlichen Zustrom von 10^3 m^3 Wasser und der Höhe der Wassersäule von 115 m resultiert eine Leistung von

$$L = 1 \text{ GW}.$$

Aus (3.5.11) folgt für die benötigte Fläche an semipermeablen Wänden

$$F_s = 5 \cdot 10^8 \text{ m}^2.$$

Die Grundfläche F_g der hochsteigenden Wassersäule folgt bei vorgegebenem Wasservolumen V und der Steighöhe h zu

$$F_g = \frac{V_{Wassersäule}}{h} = 10\ m^2.$$

Denkt man sich die semipermeablen Wände mit einer Länge von 1 m und einer Höhe von 20 m zueinander parallel gepackt, so müßten auf einer Breite von 10 m 25 Millionen dieser Wände mit salzwasserseitigem Abstand von nur 0,02 mm aufgestellt sein (Bild 3.5.3):

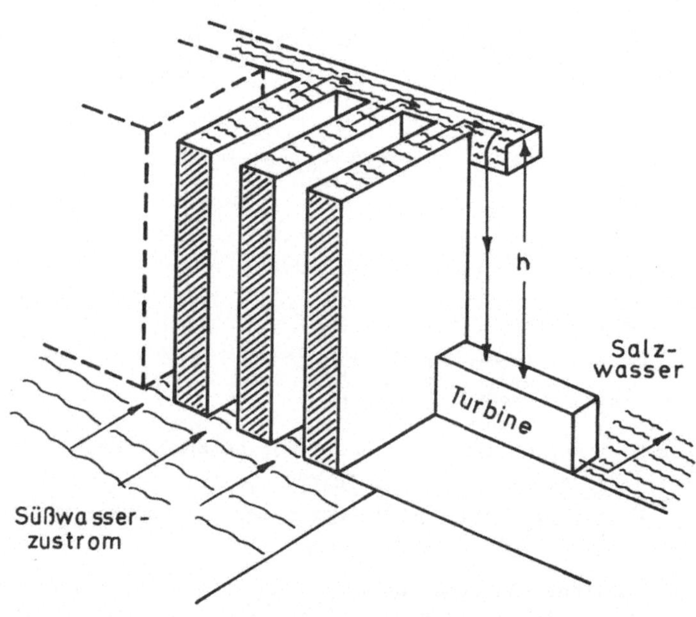

Bild 3.5.3: Prinzipskizze eines Osmosekraftwerks

Mehr als ein Problem lassen die Nutzung der Osmose als Energiequelle extrem fragwürdig erscheinen: So müßten z. B. die großflächigen Membranen von Verschmutzung ständig frei gehalten werden.

3.5.3 Gezeiten

Die Gezeiten bieten eine Möglichkeit, die nahezu unerschöpfliche Energie der Eigenrotation der Erde zu nutzen: Die in der Rotation der Erde gespeicherte Energie E_{Rot} (s. Bild 3.5.4) beträgt

$$E_{Rot} = \frac{1}{2}\,\omega^2\,\bar{\rho} \int R^2 \sin^2\vartheta \; dV \qquad (3.5.12)$$

mit $\omega = 2\,\pi\nu$, ν = Frequenz der Erdrotation, $\bar{\rho}$ = mittlere Dichte der Erde und dem Voluminterval1 $dV = R^2\, dR\, d\cos\vartheta\, d\varphi$; ϑ, φ = Polar- und Azimutwinkel, bezogen auf die Achse der Erdrotation.

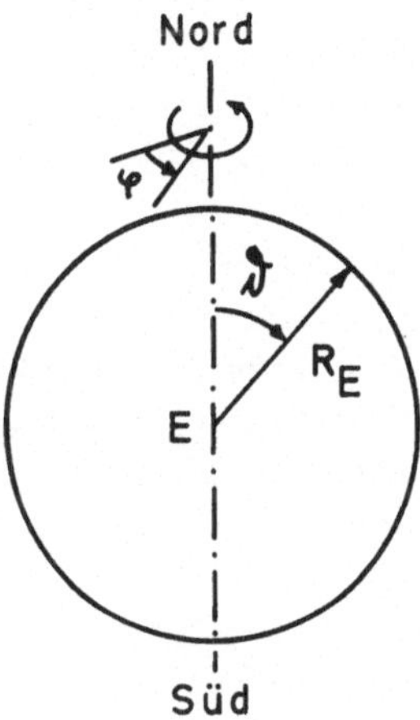

Bild 3.5.4: Skizze zum Koordinatensystem der rotierenden Erde

Mit der Rotationsfrequenz von 1/(24 Stunden) und einer mittleren Dichte der Erdmaterie von $\bar{\rho} \sim 5\ g/cm^3$ folgt für die Rotationsenergie

$$E_{Rot} = 2 \cdot 10^{29}\ \text{Joule}.$$

(Zum Vergleich die jährlich auf die Erdoberfläche eingestrahlte Sonnenenergie, $E_S = 3{,}9 \cdot 10^{24}$ J, und der jährliche Energiebedarf der Menschheit, $E_M = 2{,}5 \cdot 10^{20}$ J.)

Zur vollständigen Beschreibung des Gezeitenablaufs müßte die Überlagerung von mehreren Bewegungen und Kräften berücksichtigt werden,

- die Eigenrotation der Erde,
- die Rotation des Erde-Mond-Systems um seinen gemeinsamen Schwerpunkt,
- die Anziehung zwischen Mond und Erde,
- die Rotation der Erde um die Sonne,
- die Anziehung zwischen Sonne und Erde.

Der Übersichtlichkeit halber werden hier in erster Näherung nur die ersten 3 Punkte in Betracht gezogen. Zusätzlich wird vorausgesetzt, daß die Achse der Eigenrotation der Erde und die Achse der Rotation von Erde und Mond um den gemeinsamen Schwerpunkt zueinander parallel sind. Der gemeinsame Schwerpunkt S von Erde und Mond liegt noch in der Erde und hat vom Erdmittelpunkt E den Abstand

$$R_{SE} \sim 0{,}73\ R_E$$

(s. Bild 3.5.5). Rotation der Erde um diesen Schwerpunkt bedeutet, daß jeder Punkt der Erde eine Kreisbahn mit dem Radius R_{SE} beschreibt, der Erdmittelpunkt E um den Schwerpunkt S, jeder andere Punkt P der Erdoberfläche um einen Punkt S_p, der jeweils die 4. Ecke im Parallelogramm $PESS_p$ darstellt (s. Bild 3.5.5b). Durch diese Rotation erfahren z. B. alle Punkte auf der Erdoberfläche eine Fliehbeschleunigung $\vec{a}_f$, die für jeden dieser Punkte in Richtung und Größe gleich ist,

$$a_f = \omega_{EM}^2 \cdot R_{SE}. \tag{3.5.13}$$

Mit

$$\omega_{EM} = \frac{2\,\pi}{27{,}3}\ \left[\frac{1}{\text{Tage}}\right]$$

folgt für den Betrag von a_f

$$a_f \approx 3{,}32 \cdot 10^{-5}\ \left[\frac{m}{s^2}\right].$$

Die Richtung ist parallel zur Äquatorebene und vom Mond abgewandt (s. Bild 3.5.6a).

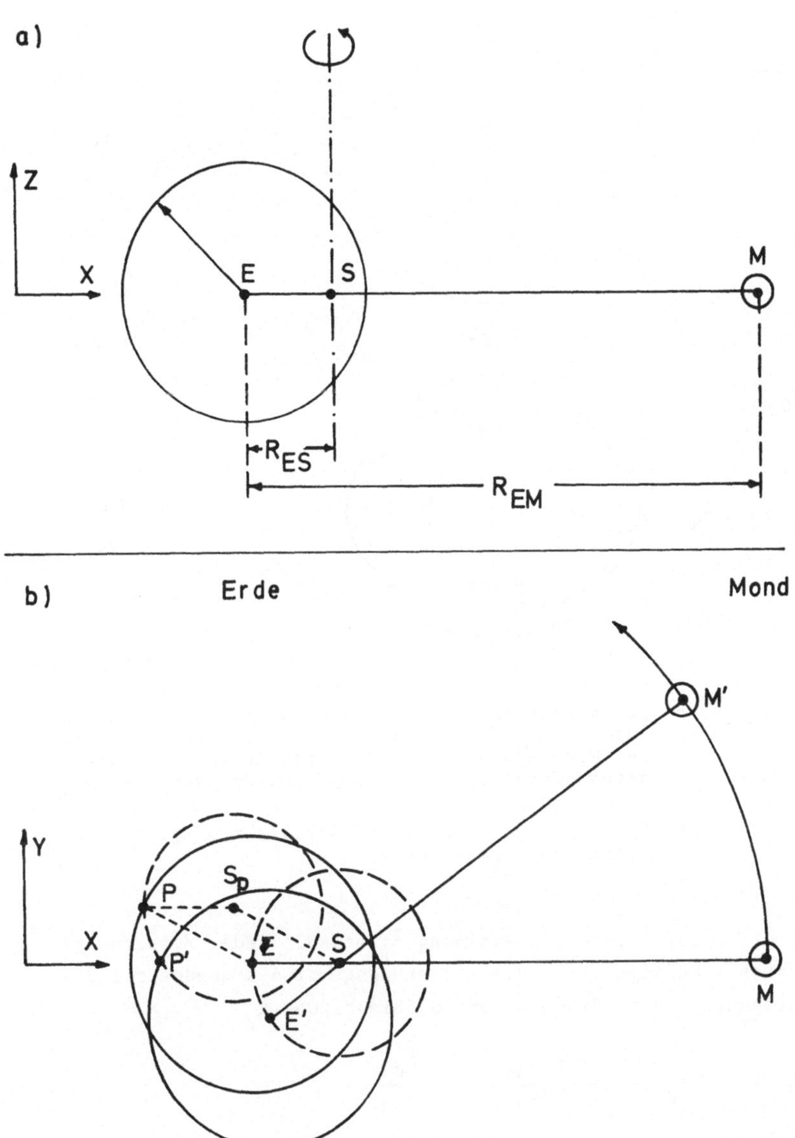

Bild 3.5.5: Rotation von Erde und Mond um ihren gemeinsamen Schwerpunkt S

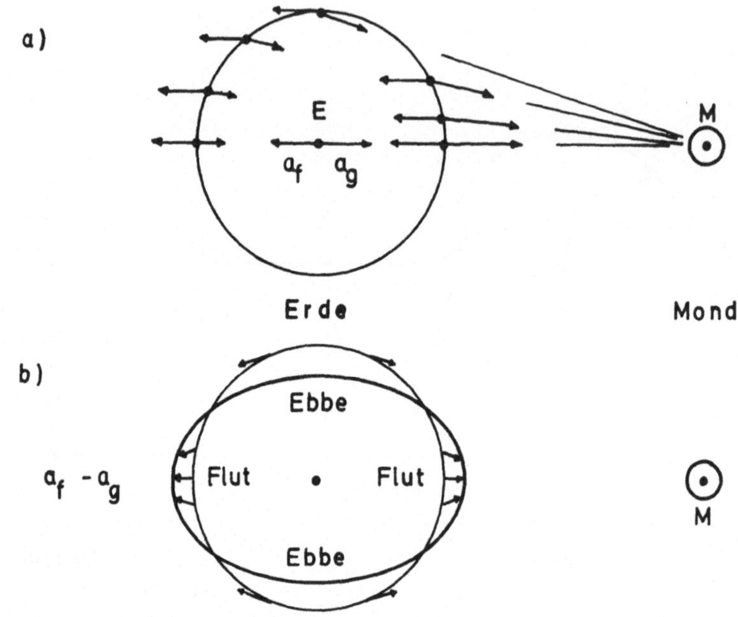

Bild 3.5.6: *a) Fliehbeschleunigung $\vec{a}_f$, verursacht durch die Erdrotation um den gemeinsamen Schwerpunkt von Erde und Mond und vom Mond verursachte Gravitationsbeschleunigung $\vec{a}_g$, beide für Massenpunkte auf dem Erdäquator;*

b) Resultierende aus beiden Beschleunigungen (stark übertrieben gezeichnet)

Zusätzlich zur Fliehbeschleunigung $\vec{a}_f$ erfährt jeder Massenpunkt der Erde - bedingt durch die Anziehungskraft des Mondes auf den Massenpunkt - eine Gravitationsbeschleunigung $\vec{a}_g$

$$(3.5.14) \qquad \vec{a}_g = \frac{f \cdot M_{Mond}}{R_{PM}^2} \cdot \frac{\vec{R}_{PM}}{|R_{PM}|}$$

(mit f = Gravitationskonstante, R_{PM} = Abstand Erdpunkt P vom Mondmittelpunkt), die stets auf den Mond hin gerichtet ist. Deren Betrag von a_g z. B. für den mondfernsten und für den mondnächsten Punkt ergibt sich gemäß Gl. (3.5.14) mit den entsprechenden Abständen

$$R_{PM} = R_{EM} \pm R_{PE} = (384\,400 \pm 6\,378)\ \text{km}$$

zu

$$a_g \approx (3,32 \pm 0,11) \cdot 10^{-5} \left[\frac{m}{s^2}\right].$$

Die beiden Beschleunigungsvektoren für Massenpunkte entlang dem Äquator sind in Bild 3.4.6a skizziert. Die als Summe der beiden Beschleunigungsvektoren $\vec{a}_f$ und $\vec{a}_g$ resultierende Beschleunigung ist dem Betrag nach auf der mondzugewandten und auf der mondabgewandten Seite von nahezu gleicher Höhe (Bild 3.5.6b).

Für die Gezeiten sind nur die Komponenten der resultierenden Beschleunigung (Bild 3.5.6b) jeweils tangential zur Erdoberfläche von Bedeutung. Sie verursachen je einen Flutberg sowohl auf der dem Mond zugewandten, als auch auf der dem Mond abgewandten Seite. Diese Flutberge wandern entsprechend der Eigenrotation der Erde in ca. 6-stündigem Wechsel zwischen Ebbe und Flut um die Polachse. Zusätzlich verschiebt sich jeder Tidenwechsel um weitere 13 Minuten, bedingt durch die Rotation des Mondes um die Erde innerhalb von 27,3 Tagen. Das Gezeitenpotential ist maximal am Äquator, minimal an den Polen.

Die Wirkung der Sonne auf die Gezeiten ist etwa halb so groß wie die Wirkung des Mondes; beide in gleicher Richtung wirkend führen zu sogenannten Springfluten, in entgegengesetzter Richtung wirkend zu Nippfluten.

Wäre die Erde vollständig mit Wasser überdeckt, so würden Gezeitenhöhen gemäß Tabelle 3.5.2 zu erwarten sein:

Tabelle 3.5.2: Theoretische Gezeitenpotentiale auf hoher See

	bewirkt von	
	Mond	Sonne
Flutanhebung	0,35 m	0,16 m
Ebbeabsenkung	0,17 m	0,08 m

Diese theoretischen Erwartungen stimmen größenordnungsmäßig mit den auf hoher See gemessenen Tidenhüben von ca. 1 m gut überein [18].

Weit höhere Tidenhübe - bis zu 20 m - sind aber an einigen Küstengebieten, vor allem in bestimmten Buchten und Flußmündungen zu beobachten. Diese lassen sich als resonanzartige Anregungen der Eigenschwingung der Wassermassen in diesen Mündungsbecken durch die periodisch auf- und ablaufenden Gezeiten verstehen: Wenn die Eigenfrequenz sehr nahe der Gezeitenfrequenz $\nu_g \approx 1/(12h)$ ist (oder einem Vielfachen davon), kann sich der Tidenhub in den Becken aufschaukeln.

Die Eigenfrequenz ν_o hängt im vereinfachten Fall eines rechteckigen Beckens mit konstanter mittlerer Tiefe von Tiefe z_o und Länge l des Beckens ab, die resonante horizontale Schwingungsamplitude Δx der Wassermassen und der resonante Tidenhub Δz vom Unterschied zwischen Eigenfrequenz und Gezeitenfrequenz und von der Reibung der schwingenden Wassermassen an Boden und Seiten des Beckens.

Eigenfrequenz ν_o und Wellenlänge $\lambda_o = v/\nu_o$ (v = Ausbreitungsgeschwindigkeit der Wasserwelle im Becken) können aus Bewegungsgleichung und Kontinuitätsgleichung für ein inkompressibles, schwingendes Medium hergeleitet werden [18]: Die Ausbreitungsgeschwindigkeit ergibt sich zu

(3.5.15) $$v = \sqrt{g \cdot z_o}$$

(g = Erdbeschleunigung),

die Eigenfrequenz für ein einseitig offenes Becken (Bild 3.5.7) mit Länge $l = \lambda_o/4$ zu

(3.5.16) $$\nu_o = v/\lambda_o.$$

Für den Verlauf von horizontaler Amplitude Δx der Wasserschwingung und von Tidenhub Δz in Abhängigkeit von Zeit und Ort x entlang des Beckens folgen

(3.5.17) $$\Delta x(x,t) = \Delta x_{max} \cdot \sin(2\pi \frac{x}{2l}) \cdot \cos(2\pi \nu_o \cdot t),$$

(3.5.18) $$\Delta z(x,t) = \Delta z_{max} \cdot \frac{\cos(2\pi \frac{x}{\lambda_o})}{\cos(2\pi \frac{l}{\lambda_o})} \cdot \cos(2\pi \nu_o \cdot t).$$

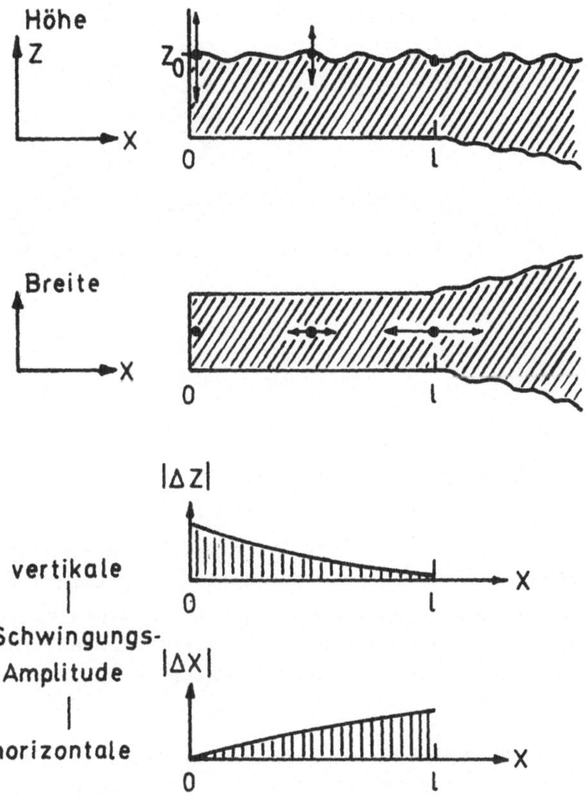

Bild 3.5.7: *Resonante Wasserschwingung in einem einseitig offenen Becken*

Eine Resonanz findet statt für

$$\nu_o \approx \nu_g .$$

Als ein Beispiel für diesen Fall gilt die Bucht von Neufundland (Bild 3.5.8) mit einer Länge von ca. 270 km und einer mittleren Tiefe von ca. 75 m [98]. Die Eigenfrequenz beträgt in diesem Fall

$$\nu_o \approx \frac{1}{11} \left[\frac{1}{h}\right] ,$$

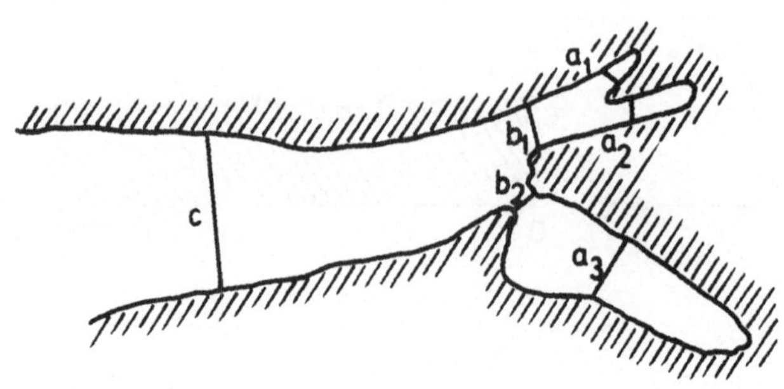

Bild 3.5.8: Schematische Zeichnung der Bay of Fundy, Neufundland, mit möglichen Eindämmungen [93]

stimmt also mit der Gezeitenfrequenz nahezu überein. In der Tat sind in dieser Bucht Tidenhübe bis zu 12 m zu beobachten.

Eine Nutzung des Tidenhubs in einer Bucht zur Energiegewinnung kann über Eindämmung der Bucht mit Turbinen in der Dammsohle geschehen. Mittels dieser Turbinen kann sowohl durch das bei Flut einströmende Wasser als auch das bei Ebbe ausströmende - zur Flutzeit bis um den Tidenhub hochgelaufene - Wasser Energie gewonnen werden.

Jede Eindämmung kann aber auch zu einer Verstimmung zwischen Eigenfrequenz des nun geschlossenen Beckens und der erregenden Gezeitenfrequenz führen.

Bild 3.5.8 zeigt mögliche Eindämmungen der Bay of Fundy. Durch einen Damm wirkt das vom Meer getrennte Becken als Resonator wie eine geschlossene Orgelpfeife: am Damm entstehen Schwingungsknoten.

Rechnungen für die eingezeichneten Eindämmungen ergaben [93], daß die Dämme b und c eine totale Verstimmung verursachen würden und damit den Hub von 12 m um ein Drittel herabsetzen würden. Der günstigste Damm ist a_3: die Periodendauer von 13 h würde durch den Damm sogar auf ca. 12 h 30' in Resonanz geschoben. Dadurch würde der Hub von derzeit 12 m noch um einige m ansteigen. Ein Gezeitenkraftwerk an diesem Damm könnte im zeitlichen Mittel ca. 3 - 4 GW an elektromagnetischer Leistung liefern.

Für den Turbinenbetrieb ist eine bestimmte Höhendifferenz zwischen den Wasserspiegeln von Meer und Staubecken erforderlich. Dies bedingt im einfachsten Fall der Betriebsart zwei Totzeiten für Leistungsabgabe innerhalb einer Tide, die mit der täglichen Verschiebung der Tidezeiten wandern. Diese Totzeiten könnten z. B. durch Nutzung eines weiteren Staubeckens, das während des hohen Leistungsanfalls mit Pumpwasser gefüllt werden könnte, überbrückt werden.

Bislang sind weltweit nur 2 Gezeitenkraftwerke in Betrieb, eines davon an der Rance-Mündung in der Normandie seit 1966 [77]. Dieses Kraftwerk kann durch Rohrturbinen im Damm in beiden Richtungen der Wasserströmung betrieben werden und dabei für 2 • 11 Stunden pro Tag eine mittlere elektrische Leistung von ca. 70 MW erbringen.

Weitere Standorte für geplante Gezeitenkraftwerke sind in Tabelle 3.5.3 und Bild 3.5.9 zusammengestellt.

Bild 3.5.9: Standorte geplanter Gezeitenkraftwerke (nach [71])

Bei gleichzeitigem Betrieb all dieser Kraftwerke könnten damit zumindest innerhalb der durch Verlandung begrenzten Lebensdauer dieser Kraftwerke von schätzungsweise 50 Jahren etwa 4 Prozent des heutigen weltweiten Energiebedarfs gedeckt werden.

Tabelle 3.5.3: Geplante Gezeitenkraftwerke (nach [71])

Seegebiet	Nr.	Standort	Install. Leistung MW	Status
Barents-See	13	Lumbovsker Bucht (UdSSR)	340	Vorschlag
	14	Kislogubsk "	0,3	in Betrieb
Weißes Meer	15	Mesener Weiß-meerbusen "	14000	Vorschlag
	15	Kuloja-Mündung "	500	Vorschlag
	15	Mesen-Mündung "	2000	Vorschlag
Ochotsker Meer	16	Ust-Penshino "	650	Vorschlag
	17	Jelistratov "	mehrere tausend	Vorschlag
Bucht von St. Michel	8	Chausey Insel (Fr.)	bis 10000	Vorschlag
	6	Rance-Mündung "	240	in Betrieb
Bristol Kanal	5	Severn-Mündung (GB)	7260 bis 35000	Vorschlag
Irische See	1	Solway-Firth "	1600	Vorschlag
	4	Dee-Mündung "	ca. 670	Vorschlag
	3	Morecambe-Bucht "	ca. 3500	Vorschlag
Nordsee	2	Humber-Mündung "	ca. 670	Vorschlag
Fundy-Bucht	20	Passamaquoddy-Bucht (USA/Kan.)	bis 10000	Vorschlag
	20	Chignecto-Bucht "	ca. 2000	Vorschlag
	20	Minas-Bucht "	ca. 2000	Vorschlag
	20	Anapohs-Bucht "	ca. 2000	Vorschlag
Südatlantik	25	San Jose (Argentin.)	ca. 4000	Vorschlag
Indischer Ozean	32	Kimberleys (Austr.) (bis zu 25 Möglichkeiten)	insgesamt bis 270000	Voruntersuchung+
		zusammen ca.	360000	

+ *Sehr optimistische Schätzung*

Rentabilität von Gezeitenkraftwerken: Aus den Baukosten von umgerechnet ca. 450 Mill. DM (Preisniveau von 1974 mit einer damaligen Wertschöpfung von ca. 0,25 DM pro 1 kWh Einsatz an Primärenergie) folgt bei einer angenommenen Lebensdauer dieser Kraftwerke von 50 Jahren das Verhältnis

$$\frac{\text{Energieabgabe in 50 Jahren}}{\text{Energieaufwand für den Bau des KW}} \approx 16.$$

(Dabei ist der Aufwand für den Betrieb der Anlage noch nicht berücksichtigt.)

3.5.4 Meereswellen

Ein wesentlicher Teil des weltweiten Windpotentials wird auf offener See durch Reibung an der Wasseroberfläche in Wellenenergie umgewandelt. Bei der fortschreitenden Wellenbewegung kreisen die Wasserteilchen der Oberfläche in vertikalen Kreisbahnen um ortsfeste Zentren (s. Bild 3.5.10).

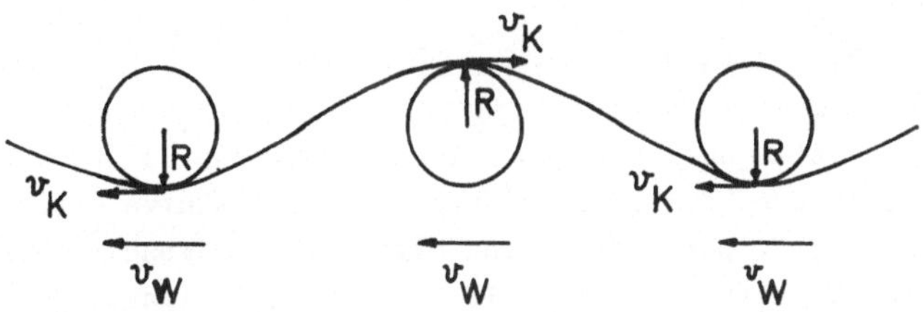

Bild 3.5.10: Bewegung der Wasserteilchen einer fortschreitenden Oberflächenwelle

Dabei beträgt bei einer Ausbreitungsgeschwindigkeit der Welle von v_W die Geschwindigkeit der Wasserteilchen im Wellenberg

$$v_B = v_W - v_K,$$

dagegen im Wellental

$$v_T = v_W + v_K,$$

wobei v_K die mittlere Geschwindigkeit der Kreisbewegung mit Frequenz ν_K ist,

$$v_K = 2 \pi R \cdot \nu_K .$$

Die höhere Geschwindigkeit der Wasserteilchen im Wellental wird durch die Umwandlung von potentieller in kinetische Energie beim Abrollen der Wasserteilchen mit Masse M vom Wellenberg ins Wellental bewirkt,

$$(3.5.19) \qquad \Delta E_{kin} = E_{kin}^{Tal} - E_{kin}^{Berg}$$

$$= \frac{M}{2} (v_T^2 - v_B^2) = 2 M v_W \cdot v_K$$

$$= 2 M v_W \cdot 2 \pi R \nu_K$$

$$= M \cdot g \cdot 2 R = \Delta E_{Pot} .$$

Daraus folgt für die Ausbreitungsgeschwindigkeit v_W der Welle

$$(3.5.20) \qquad v_W = \frac{g}{2 \pi \nu_K} .$$

Für relativ kleine Auslenkungen zwischen Berg und Tal kann die Wellenoberfläche näherungsweise durch eine Sinuskurve beschrieben werden. Dafür gilt per Definition folgender Zusammenhang von Ausbreitungsgeschwindigkeit der Welle und der Wellenlänge λ_W

$$(3.5.21) \qquad v_W = \nu_K \cdot \lambda_W$$

bzw. unter Berücksichtigung von (3.5.20)

$$v_W = \sqrt{\frac{g \lambda_W}{2 \pi}} .$$

Die Fortpflanzungsgeschwindigkeit ist also abhängig von der Wellenlänge; die langwelligen Komponenten dieser Welle laufen den kurzwelligen davon. Letztere vernichten sich schnell durch Turbulenzen.

Übrig bleiben die langwelligen Komponenten mit Ausbreitungsgeschwindigkeiten gemäß folgender Tabelle 3.5.4.

Tabelle 3.5.4: Ausbreitungsgeschwindigkeit v_W von Oberflächenwasserwellen mit Wellenlänge λ

λ [m]	v_W [m/s]
10	4
100	12,5

Leistung von Oberflächenwellen: In Bild 3.5.11 ist die Massenverteilung einer Welle und die Lage des Massenschwerpunkts, SP, von Wellenberg und Wellental skizziert:

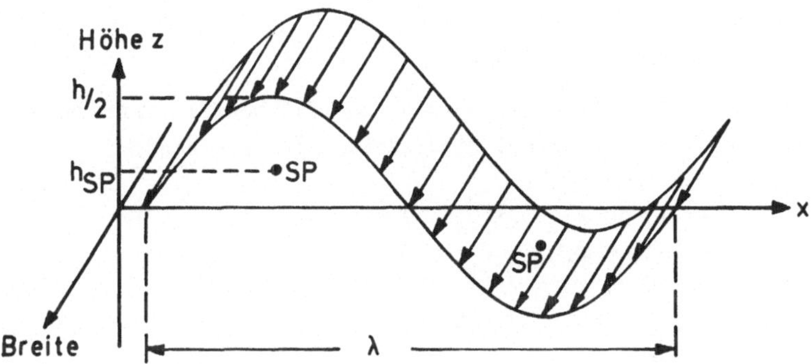

Bild 3.5.11: Massenverteilung einer Oberflächenwelle

Für die Massenverteilung der oberen Halbwelle (Wellenberg) entlang des Wellenquerschnitts gilt:

$$(3.5.22) \qquad M = b \cdot \rho_{H_2O} \cdot \frac{h}{2} \int_0^{\lambda/2} \sin(2\pi \frac{x}{\lambda})\, dx$$

$$= b \cdot \rho_{H_2O} \cdot \frac{\lambda \cdot h}{2\,\pi}$$

(b = Breite der Wellenfront)

Bei einem Wellendurchgang fällt die Wassermenge M um das Doppelte der Schwerpunktshöhe h_{SP},

$$(3.5.23) \qquad h_{SP} = \frac{\int_0^{\lambda/2} z_o \cdot \sin(2\pi \frac{x}{\lambda})\, dM}{\int dM} = \frac{\pi h}{16} .$$

Damit folgt für die Differenz der potentiellen Energie von Wellenberg und Wellental

$$(3.5.24) \qquad \Delta E_{Pot} = M \cdot g \cdot 2\, h_{SP} = b \cdot g \cdot \rho_{H_2O} \cdot \lambda \cdot \frac{h^2}{16} .$$

Die Leistung der Oberflächenwelle ist definiert als das Produkt der Differenz der potentiellen Energie mit der Frequenz der Welle $\nu_W = \nu_K$

$$(3.5.25) \qquad L = \Delta E_{Pot} \cdot \nu_W$$

Beispielsweise enthält eine typische Oberflächenwelle mit folgenden Parametern (Anregung bei Windstärke 5 entsprechend)

$\lambda = 50$ m $\quad (\rightarrow v_W \sim 9$ m/s, $\nu_W = 0{,}18\ s^{-1})$,
$h = 5$ m,
$b = 1$ km,

eine Leistung von

$L \sim 140$ MW

pro 1 km Wellenfront.

Entsprechend dem stetigen Wechsel der Wellenenergie zwischen potentieller und kinetischer Energie bieten sich mehrere Arten der möglichen Nutzung dieser Energie an (Tab. 3.5.5).

Tabelle 3.5.5: Nutzungsmöglichkeiten von Wellenenergie

potentielle Energie	kinetische Energie
(1) Wellenhub (3) Druckschwankungen unterhalb der Oberfläche	(2) Wellenlauf (4) Brandungswellen an der Küste

Möglichkeit (1) wird zur Erzeugung kleiner Leistungen im Bereich (50 - 500) W genutzt, z. B. zur Energieversorgung von Bojen und Leuchttürmen [53] (s. Bild 3.5.12).

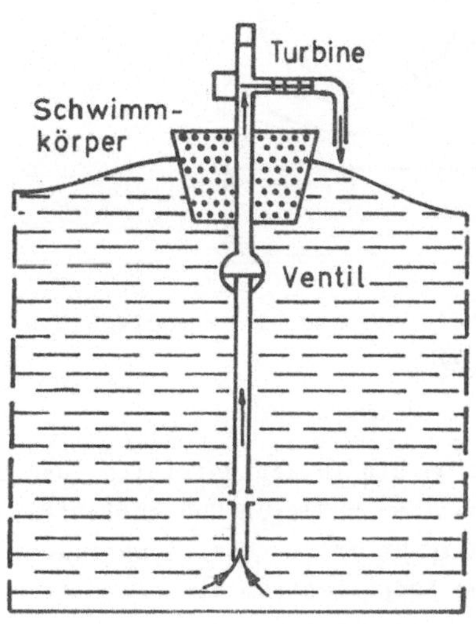

Bild 3.5.12: Skizze eines Wellenhub-Energiewandlers (nach [68])

Dabei strömt beim Eintauchen des Schwimmkörpers ins Wellental Wasser durch das offene Klappventil ins obere Reservoir, beim Aufschwimmen des Schwimmkörpers über den Wellenberg kann das so über Nutzung der Wellenenergie hochgepumpte Wasser zum Antrieb eines Turbinen-Generators genutzt werden.

Zur Gewinnung großer Leistungen werden bislang - weitgehend auf Planung und Modellversuche beschränkt - die Möglichkeiten (2) und (3) in Betracht gezogen.

Nutzung des Wellenlaufs (2) könnte z. B. über periodisches Aufrichten asymmetrischer Kippräder (Bild 3.5.13) zur Kompression eines Gases und darüber zum Antrieb einer Turbine genutzt werden.

In einem anderen, derzeit untersuchten System, dem Damm-Atoll-Projekt, wird untersucht, die im allgemeinen parallel laufenden Wel-

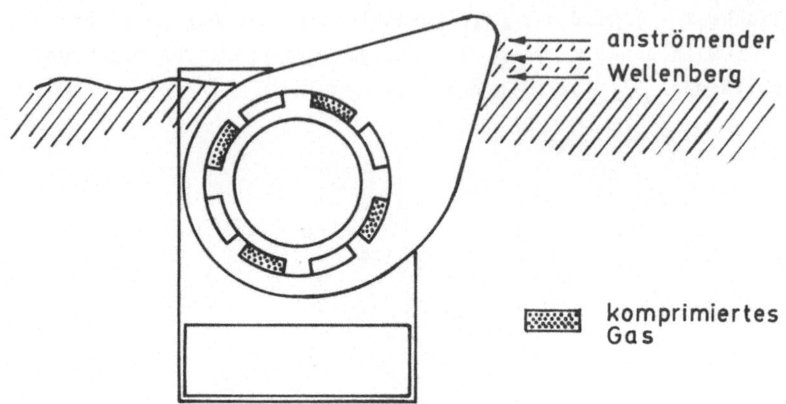

Bild 3.5.13: Querschnittsschema eines möglichen Wellenkraftwandlers (nach [94])

lenzüge auf ein Zentrum hin zu konzentrieren, dabei die Wellen durch Interferenz zu einem größeren Hub auflaufen zu lassen. Um dies zu erreichen, wird unter der Meeresoberfläche eine Betonkuppel verankert; im zum Kuppelzentrum hin seichter werdenden Wasser nimmt die Wellengeschwindigkeit ab (gemäß Gl. (3.5.15)), dadurch schwenken die Wellenzüge zum Kuppelzentrum hin; das dort auflaufende Wasser fließt über einen Turbinenantrieb im Innern der Kuppel wieder nach unten ab (s. Bild 3.5.14). Dieses Projekt sollte bei einem Nutzungsgrad der Wellenenergie von (25 - 45) % eine Leistung von (1 - 2) MW erbringen. Bisher wurde ein Modell im Maßstab 1 : 100 getestet, mit dem ein Wirkungsgrad von (10 - 20) % erreicht werden konnte.

Bei der Möglichkeit (4) wird die Nutzung der an der Küste hochlaufenden Brandungswellen zum Antrieb einer Turbine in Betracht gezogen. Bei einer Brandungshöhe von (1,5 - 3) m wird eine Turbinenleistung von (10 - 80) MW pro km Küstenlänge erwartet [71].

Rentabilität: Der Aufwand für den Bau von Wellenkraftwerken wird vor allem wegen der benötigten Stabilität gegen Wind und Seegang sehr hoch sein. Untersuchungen für Wellenenergiewandler lassen für die günstigst erscheinenden Typen mit Leistungsabgaben von ca. 100 kW für das Verhältnis von Energieabgabe während der Lebensdauer zu

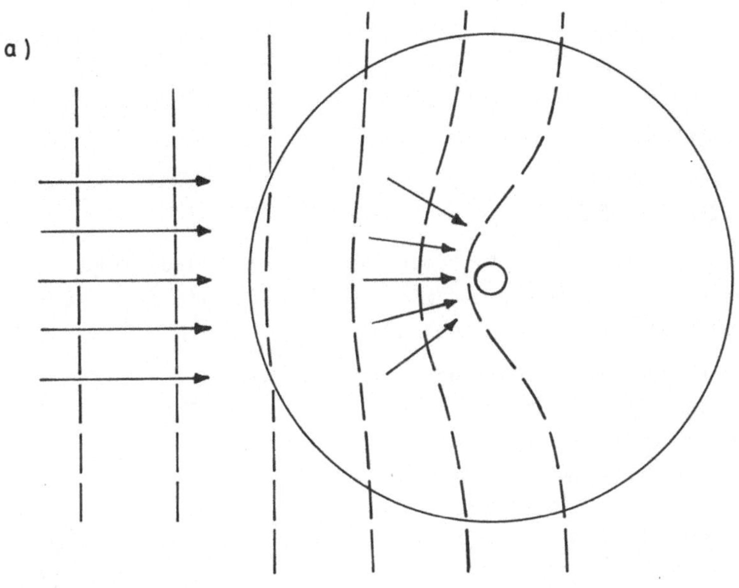

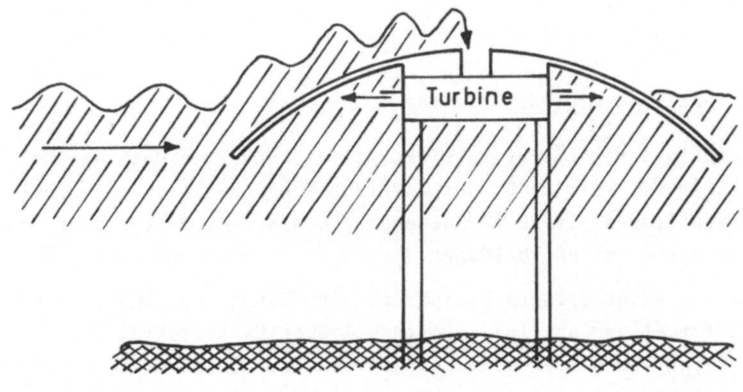

Bild 3.5.14: Schema des Damm-Atoll-Projekts (nach [18])
a) Draufsicht
b) Seitenansicht

Energieaufwand für Bau und Betrieb der Anlage, also den Erntefaktor ε, Werte um

$$\varepsilon \approx 0{,}7$$

erwarten [59].

3.5.5 Meeresströmungen

Durch die unterschiedliche Erwärmung der Ozeane in äquatornahen und polnahen Zonen werden große Meeresströmungen, wie z. B. der Golfstrom verursacht.

In seinem Kerngebiet zwischen den Inseln der Karibik weist der Golfstrom auf einer Breite von b = 50 km und einer Tiefe von t = 120 m eine Geschwindigkeit von ca. 2 m/s auf [19]. Dies entspricht einer Strömungsleistung von

$$L = \dot{M} \cdot \frac{v^2}{2} = \frac{\rho_{H_2O}}{2} \cdot b \cdot t \cdot v^3 \sim 24 \text{ GW} \tag{3.5.26}$$

($\dot{M}$ = die pro Sekunde durch den Querschnitt $b \cdot t$ strömende Wassermenge).

Eine Nutzung solcher Meeresströmungen z. B. über Turbinenantrieb ist zwar denkbar, aber schon allein aus ökologischen Gründen wohl kaum zu verantworten.

3.5.6 Helio-Hydro-Elektrizität

Das Prinzip der Helio-Hydro-Elektrizität genannten Methode ist, ein Wasserreservoir z. B. durch Verdunstung auf einem gegenüber Zuflüssen tiefen Niveau zu halten, um den Wasserzustrom über Wasserkraftwerke nutzen zu können.

Das wohl einzige größere Projekt mit der Chance zur Realisierung ist in Israel geplant [81]. Dort soll über Wasserzufluß vom Mittelmeer ins 400 m tiefer liegende Tote Meer über Kraftwerke eine Abgabe elektrischer Leistung bis zu 20 GW erzielt werden (s. auch Abschn. 3.2.5.5).

Weiter wurde schon vor 50 Jahren vorgeschlagen, den Wasserzustrom aus dem Atlantik in das Mittelmeer durch die Meerenge von Gibraltar zu nutzen [95]: Durch Schließen der Meerenge sollte der Wasserspiegel des Mittelmeeres um 100 m abgesenkt werden; das so entstandene Gefälle könnte über ein Wasserkraftwerk zur Erzeugung einer Leistung im Bereich von vielen GW genutzt werden.

Allein die ökologischen Folgen einer solchen Wasserabsenkung auf die Küstengebiete aller betroffenen Länder verweisen ein solches Projekt in die Utopie.

Bei einem weiteren Vorschlag wird erwogen, an der Ostküste Saudiarabiens bei den Bahrein-Inseln den Golf von Dawhat-Salwah durch einen Deich vom Persischen Golf abzutrennen. Dabei sollte der Wasserspiegel auf einer Fläche von ca. 6000 km^2 um 13 m abgesenkt werden. Über ein Wasserkraftwerk könnten dann ca. 3 GW an elektrischer Leistung gewonnen werden [95].

3.6. Energie aus Kernspaltung

3.6.1 Radioaktivität

Unter Radioaktivität versteht man die Emission energiereicher Strahlen bestehend sowohl aus elektrisch geladenen Teilchen - wie z. B. Elektronen und Atomkernen - als auch aus neutralen Teilchen - wie Neutronen und elektromagnetischer Strahlung - im Energiebereich der Strahlungsquanten von keV bis MeV (sogenannte Röntgen- und Gamma-Strahlung).

Die natürliche Radioaktivität auf der Erde hat ihren Ursprung zum einen im Zerfall in der Erdkruste enthaltener instabiler Atomkerne und zum anderen in der Wechselwirkung der einfallenden kosmischen Strahlung mit den Atomkernen der Lufthülle.

Der relevante Energiebereich all dieser Strahlungen erstreckt sich etwa von 10^3 bis 10^9 eV. Die Wirkung dieser Strahlungen auf Materie beruht auf der Abbremsung der Strahlteilchen an den Atombausteinen der Materie, wobei auf letztere soviel Energie übertragen wird, daß die Atome und Atomkerne aufgebrochen werden können.

3.6.1.1 Maße für Radioaktivität und ihre Wirkung, Lebensdauer radioaktiver Stoffe

Ein Maß für die Radioaktivität eines Stoffes ist die Zahl seiner radioaktiven Zerfälle von Atomkernen pro Zeiteinheit.

Das historische Maß bezieht sich auf Radium: 1 g Radium (entsprechend ca. $3 \cdot 10^{21}$ Atomen) weist pro Sekunde $3{,}7 \cdot 10^{10}$ Zerfälle von Atomkernen auf,

(3.6.1) $\quad$ 1 Curie [Ci] $= 3{,}7 \cdot 10^{10}$ Zerfälle/s.

Das heutige Standardmaß bezieht sich auf 1 Zerfall pro Sekunde,

(3.6.2) $\quad$ 1 Becquerel [Bq] = 1 Zerfall/s.

Durch den ständigen Zerfall eines bestimmten Bruchteils seiner Atomkerne wird die Lebensdauer eines radioaktiven Stoffes beschränkt: Die Zerfälle sind zeitlich und räumlich statistisch verteilt, die Anzahl dN der in einem Zeitintervall dt zerfallenden Kerne ist proportional der in dieser Zeit t vorliegenden Gesamtzahl N(t) der Kerne:

(3.6.3) $$dN = - \text{const.} \cdot N(t) \cdot dt$$

Über Integration und Exponentiation folgt

$$N(t) = N(t=0) \cdot e^{-\text{const.} \cdot t}$$

und mit const. = $1/\tau$

(3.6.4) $$N(t) = N(t=0) \cdot e^{-t/\tau}.$$

Dabei wird τ als die mittlere Lebensdauer des Stoffes bezeichnet, also das Zeitintervall, in welchem die Zahl der Atomkerne der Muttersubstanz auf 1/e ≙ 37 % der ursprünglich vorliegenden Zahl abgesunken ist.

Im technischen Bereich wird statt der mittleren Lebensdauer τ eines Stoffes häufig die Halbwertszeit $\tau_{1/2}$ angegeben; dies ist das Zeitintervall, in welchem die Zahl der Atomkerne der Muttersubstanz auf die Hälfte abgesunken ist; aus Gl. (3.6.4) folgt durch Einsetzen von $N(\tau_{1/2}) = N(t=0)/2$

(3.6.5) $$\tau_{1/2} = \tau/\ln 2.$$

Die Gesetzmäßigkeit eines Zerfalls ist am Beispiel des radioaktiven Isotops des Edelgases Krypton, $^{85}_{36}Kr$, mit einer Halbwertszeit von $\tau_{1/2} \sim 10$ Jahre in Bild 3.6.1 dargestellt. (Die Bezeichnung der Atomkerne wird im nächsten Abschnitt näher erläutert.)

Als Maß für die Bestrahlung eines Körpers durch Radioaktivität wird das Verhältnis von absorbierter Energie und Masse des absorbierenden Körpers, die sogenannte Energiedosis, definiert:

Energiedosis = depon. Energie/Körpermasse

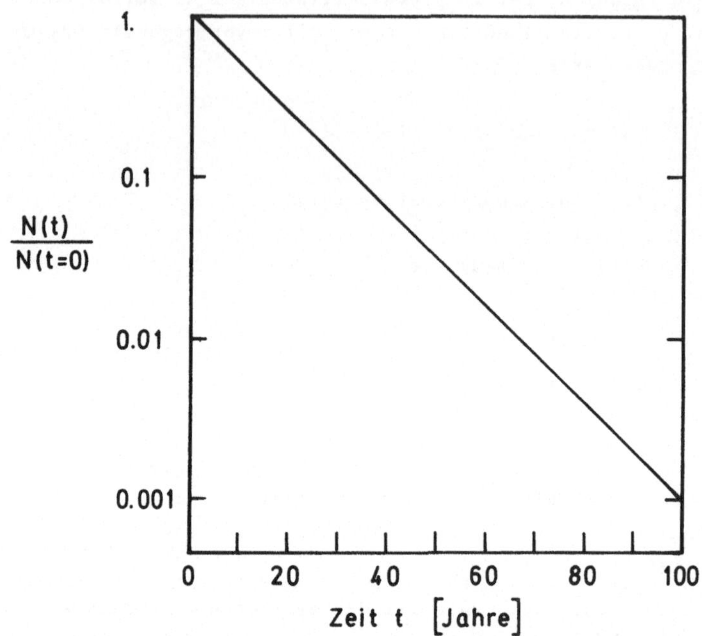

Bild 3.6.1: *Radioaktiver Zerfall von $^{85}_{36}Kr$ mit einer Halbwertszeit von $\tau_{1/2} \sim 10$ Jahren*

Historisch:

(3.6.6) 1 rad = 1 Joule/100 kg

(radiation absorbed dose)

Heute Standard:

(3.6.7) 1 Gray [Gy] = 1 Joule/1 kg

Als Maß für die absolute Wirksamkeit radioaktiver Strahlung wird die durch Bestrahlung eines Körpers darin freigesetzte Ionendosis definiert:

Ionendosis = erzeugte el. Ladungsmenge/Körpermasse,

(3.6.8) $\qquad$ 1 Röntgen [R] = $2{,}578 \cdot 10^{-4}$ As/kg,

(1 Röntgen wurde ursprünglich bezogen auf die Strahlungsmenge an Gammastrahlung, die in 1 cm^3 Luft unter Normalbedingungen eine sogenannte elektrostatische Einheit an Ionen erzeugt.)

Die biologische Wirksamkeit radioaktiver Strahlung hängt von der Menge an deponierter Energie pro Weglänge der Strahlung durch den absorbierenden Körper ab. Diese ist für verschiedene Arten von Strahlen sehr unterschiedlich. Demzufolge sind für die verschiedenen Strahlarten entsprechende Faktoren für die relative biologische Wirksamkeit festgelegt worden (Tab. 3.6.1).

Tabelle 3.6.1: Relative biologische Wirksamkeit verschiedener Strahlen

Strahlenart	RBW-Faktor
Photonen (Röntgen- und Gamma-Strahlen) und Elektronen	1 (Defin.)
Neutronen (therm., MeV)	10
Neutronen (schnell, MeV)	3
α-Strahlen	10
schwere Ionen	20

Aus der Multiplikation der Energiedosis mit dem RBW-Faktor der jeweiligen Strahlungsart folgt die entsprechende Äquivalentdosis:

Historisch:

(3.6.9) $\qquad$ 1 rad · RBW = 1 rem (radiation equivalent man)

Heute Standard:

(3.6.10) $\qquad$ 1 Gy · RBW = 1 Sievert [Sv] $\overset{!}{=}$ 100 rem

3.6.1.2 Radioaktive Stoffe in Natur und Technik

Eine wesentliche Quelle von Radioaktivität stellen die instabilen Atomkerne dar (Bild 3.6.2):

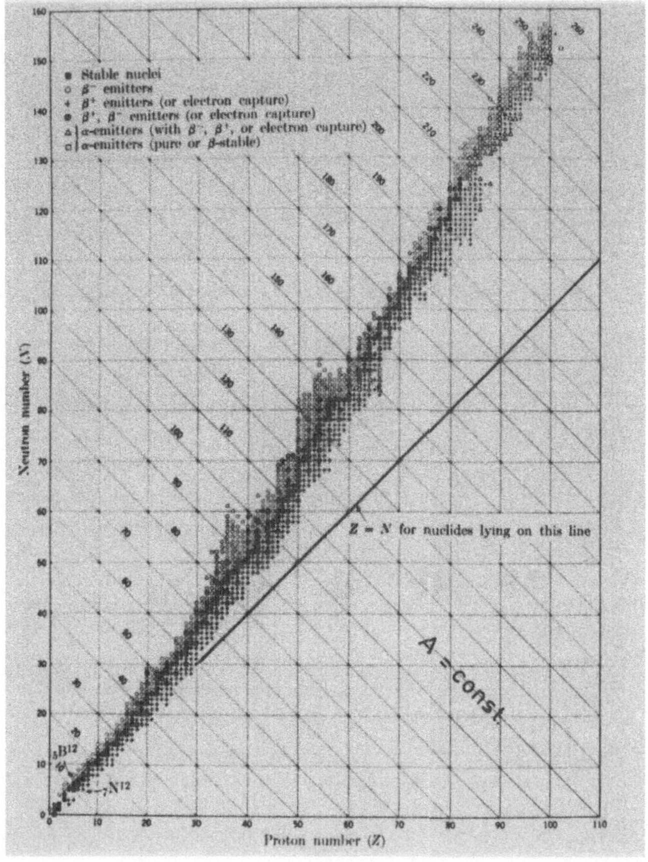

Bild 3.6.2: Übersicht der stabilen und instabilen Atomkerne $A = Z + N$ (nach [96])
(Z = Zahl der Protonen, N = Zahl der Neutronen im Kern A)

Die instabilen Atomkerne weisen 3 Arten des Zerfalls in stabile Kerne auf:

- β$^{\pm}$-Zerfall für leichte Kerne (A ≲ 150)

$$(3.6.11) \qquad {}^{A}_{Z}K_{inst.} \xrightarrow{\beta^-} {}^{\;\;A}_{Z+1}K + e^- + \bar{\nu}_e \;;\; \xrightarrow{\text{bzw. } \beta^+} {}^{\;\;A}_{Z-1}K + e^+ + \nu_e \;;$$

mit $\beta^{\overset{-}{(+)}} = e^{\overset{-}{(+)}}$ = Elektron (Positron) und $\overset{(-)}{\nu_e}$ = Neutrino (Antineutrino). Dabei wandelt sich ein Neutron (Proton) eines Kerns in ein Proton (Neutron) um unter Abstrahlung eines Elektrons (Positrons) und Antineutrinos (Neutrinos), beide mit kinetischen Energien um 1 MeV;

- α-Zerfall für schwere Kerne (A ≳ 150)

$$(3.6.12) \qquad {}^{A}_{Z}K_{inst.} < {}^{A-4}_{Z-2}K + {}^{4}_{2}H_e \qquad (\hat{=} \text{ sogenannte } \alpha\text{-Teilchen})$$

mit kinetischen Energien des α- Teilchens um einige MeV;

- spontane Spaltung sehr schwerer Kerne (A ≳ 230)
  in leichte bis mittelschwere, selbst of β-instabile Kerne unter Abstrahlung von Neutronen n und Gamma-Quanten γ,

$$(3.6.13) \qquad {}^{A}_{Z}K \rightarrow K_1 + K_2 + \text{einige } (n + \gamma)$$

mit kinetischen Energien der Neutronen und Gammaquanten bis zu ca. 1 MeV.

In allen 3 Zerfallsarten können beim Zerfall zunächst schwingungsangeregte Kerne entstehen, die dann durch Emission eines Gamma-Quants (typische Energien um 1 MeV) in den Grundzustand übergehen.

Die mögliche Umwandlung eines Protons in ein Neutron bzw. eines Neutrons in ein Proton unter Emission von β-Strahlen und Neutrinos ist in der Struktur der Nukleonen begründet: Diese sind Gebilde mit einem mittleren Radius von ca. 1 fm ($=10^{-15}$ m) zusammengesetzt aus 2 Sorten von Bausteinen, den sogenannten Quarks, q_u und q_d. Diese haben eine Ausdehnung - wenn überhaupt - von maximal 10^{-3} fm. Die Quarks beider hier relevanten Sorten tragen unterschiedliche elektrische Ladungen,

$$e_{q_u} = + \frac{2}{3} e_o, \qquad e_{q_d} = - \frac{1}{3} e_o.$$

Die Nukleonen sind aus je 3 Quarks zusammengesetzt, das Proton aus $q_u + q_u + q_d$, damit mit einer resultierenden elektrischen Ladung von +1 e_o, das Neutron aus $q_u + q_d + q_d$, damit elektrischen neutral.

Die Quarks im Nukleon werden durch sehr starke Kräfte, die eigentlichen Kernkräfte, zusammengehalten. Diese Kräfte sind groß im Vergleich zu den elektromagnetischen Kräften, diese bedingt durch die elektrischen Ladungen der Quarks. Jedes Quark ist mit einer fluktuierenden Wolke aus Energiequanten umgeben. Diese Quanten werden von den Quarks ständig emittiert und entweder vom gleichen Quark oder einem benachbarten Quark sofort wieder reabsorbiert. Die Ausdehnung der Wolke der Energiequanten der Kernkräfte beträgt maximal ca. 1 fm.

Innerhalb einer Distanz von ca. 10^{-3} fm ist jedes Quark noch mit einer weiteren Wolke aus Energiequanten, die die sogenannte schwache Wechselwirkung der Kerne, z. B. den β-Zerfall bewirken, umgeben. Diese Quanten sind zum Teil elektrisch geladen ($W^{\pm}$-Bosonen genannt), zum Teil elektrisch neutral (Z^{0}-Boson genannt). Durch Emission eines W^{+}-Quants (W^{-}-Quants) wandelt sich ein u-Quark (d-Quark) in ein d-Quark (u-Quark) um. Wegen der geringen Reichweite dieser Quanten in der Wolke, klein gegenüber dem mittleren Abstand der Quarks im Nukleon, werden die von einem Quark emittierten W-Quanten zumeist vom gleichen Quark innerhalb einer Zeit um 10^{-26} s wieder reabsorbiert.

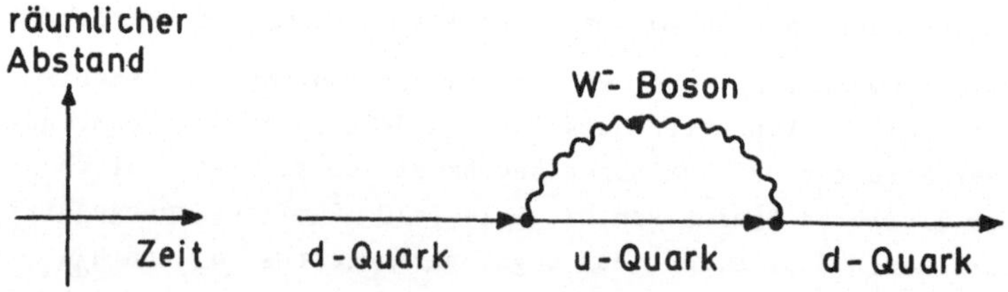

Die W -Quanten selbst können aber auch im Prinzip zerfallen, z. B. in ein Elektron-Neutrino-Paar

$$W^{+} \rightarrow e^{+} + \nu_e,$$

$$W^{-} \rightarrow e^{-} + \bar{\nu}_e,$$

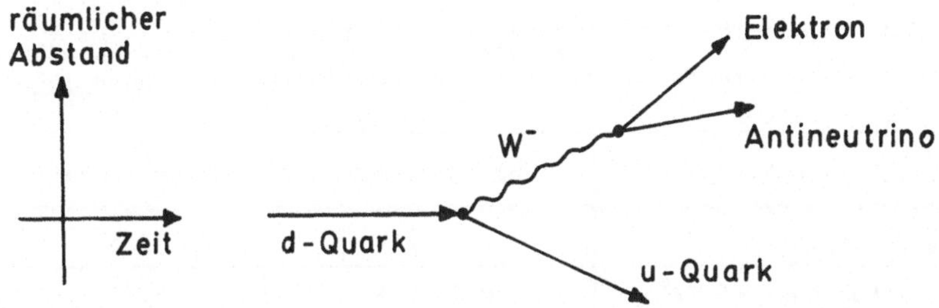

dies mit einer mittleren Lebensdauer, die groß ist, verglichen mit der Existenzdauer der W-Quarks zwischen Emission und Reabsorption am Quark. Wegen der Masse der Elektronen kann ein W-Zerfall aber nur dann auftreten, wenn der Zerfallsprozeß exotherm ist, d. h. die Masse des zerfallenden Kerns größer ist als die Summe der Massen aller beim Zerfall entstehenden Teilchen. Dies trifft zu z. B. beim freien Neutron, das - über Umwandlung eines seiner d-Quarks in ein u-Quark - mit einer Lebensdauer von ca. 10 min zerfällt:

$$n \rightarrow p + e^- + \bar{\nu}_e$$

mit $$M_n \cdot c^2 > (M_p + M_e + M_{\bar{\nu}}) \cdot c^2$$

$$939 \text{ MeV} > (938 + 0{,}5 + 0) \text{ MeV}$$

Im Fall β-instabiler Kerne muß gelten:

$$M_{\text{Kern-inst.}} > M_{\text{Kern-result.}} + M_e + M_\nu .$$

Die bei der Kernspaltung entstehenden wiederum radioaktiven Kerne finden - entsprechend angereichert - in Medizin, Technik und Wissenschaft Anwendung, z. B. als Quellen für β- und γ-Strahlen bestimmter Energie.

In Tabelle 3.6.2 sind einige der wesentlichsten natürlichen und künstlich erzeugten instabilen Atomkerne zusammengestellt.

Die Quellen dieser Kerne und die resultierenden Radioaktivitäten seien kurz erläutert [16]:

<u>Natürliche Quelle von Radioaktivität:</u> In Gestein und Erdboden sind pro Tonne im Mittel (1 - 20) g <u>radioaktive Schwermetalle</u>, vor allem <u>Uran und Thorium</u> enthalten. Zusammen mit der gelegentlichen

Tabelle 3.6.2: Zusammenstellung wesentlicher natürlicher (N) und künstlich erzeugter (K) instabiler Atomkerne, ihre Zerfallsarten und ihre Halbwertszeiten (nach [97])

Instabile Nuklide		em. Strahlung	Halbwertszeit
N, K	Tritium H_1^3	20 keV β	12,3 a
N, K	Kohlenstoff C_6^{14}	0,15 MeV β	5570 a
N	Kalium K_{19}^{40}	1,33 MeV β 1,46 MeV γ	$1,3 \cdot 10^9$ a
K	Krypton Kr_{36}^{85}	0,67 MeV β 0,52 MeV γ	10,4 a
K	Strontium Sr_{38}^{90}	0,54 MeV β	28 a
K	Jod J_{53}^{129}	0,15 MeV β 0,04 MeV γ	$1,6 \cdot 10^7$ a
K	Cäsium Cs_{55}^{137}	0,5 MeV β 1,2 MeV β 0,07-2,5 MeV γ	30 a
N	Thorium Th_{90}^{232}	4 MeV α 0,06 MeV γ	$1,4 \cdot 10^{10}$ a
N	Uran U_{92}^{238}	4,2 MeV α 0,05 MeV γ	$4,5 \cdot 10^9$ a
K	Plutonium Pu_{94}^{239}	5,15 MeV α 0,05 MeV γ	$2,4 \cdot 10^4$ a

Ausschüttung dieser Stoffe im weltweit verteilten Staub von Vulkanausbrüchen bewirken diese auf Menschen im Mittel eine äußere Strahlenbelastung von ca. 50 mrem/a mit Schwankungen von Ort zu Ort in der Bundesrepublik Deutschland von ca. 30 - 120 mrem/a, in Sonderfällen, wie z. B. in Kerala (Indien), von 1000 - 3000 mrem/a.

Weiter bewirken die, über die Nahrungsmittel heute inkorporierten und im Körper teilweise abgelagerten, radioaktiven Schwermetalle und deren radioaktive Zerfallsprodukte eine innere Strahlenbelastung von ca. 17 mrem/a, ebenso das radioaktive Kaliumisotop $^{40}_{19}K$, das zu 0,012 % im inkorporierten, lebensnotwendigen Kalium enthalten ist, eine weitere Strahlenbelastung von ca. 17 mrem/a.

Durch die kosmische Strahlung wird in der Lufthülle der Erde ständig ein geringer Anteil des Kohlenstoffs $^{12}_{6}C$ und Wasserstoffs $^{1}_{1}H$

in deren radioaktive Isotope $^{14}_{6}C$ und Tritium $^{3}_{1}H$ umgewandelt. Im Gleichgewicht zwischen Neubildung und Zerfall bewirken diese Substanzen eingelagert im menschlichen Körper eine Strahlenbelastung von ca. 1 mrem/a ($^{14}_{6}C$) und 0,002 mrem/a ($^{3}_{1}H$).

Künstliche Quellen von Radioaktivität können sein:

- die beim Betrieb von Kernkraftwerken erzeugten radioaktiven Substanzen;
- die im Bereich der Medizin verwendeten radioaktiven Präparate und Strahlungsquellen;
- radioaktive Stoffe, die bei den früheren oberirdischen Kernwaffenversuchen erzeugt worden sind.

Hauptquelle für das radioaktive Isotop des Edelgases Krypton $^{85}_{36}Kr$ sind Kernkraftwerke, über deren Abluft es bislang ungehindert emittiert wird. Dieses Gas macht etwa 2/3 der gesamten emittierten Radioaktivität aus und führt derzeit noch zu einer mittleren Strahlenbelastung von weniger als 0,001 mrem/a in der BRD.

Das radioaktive Isotop des Jods $^{129}_{53}J$ wird zum einen in der Nuklearmedizin, zum anderen in Abwasser und Abluft von Kernkraftwerken im Verhältnis von etwa 100 : 1 freigesetzt. Das Jod wird über die Nahrungsmittelkette inkorporiert und nahezu ausschließlich in der Schilddrüse abgelagert. Die derzeit resultierende Strahlenbelastung ist im Mittel sehr viel kleiner als 1 mrem/a.

Die radioaktiven Isotope von Strontium $^{90}_{38}Sr$ und Cäsium $^{137}_{55}Cs$, heute im wesentlichen aus den früheren oberirdischen Kernwaffenversuchen herrührend, werden ähnlich dem Kalzium im Knochenbau eingelagert. Sie führen heute im Mittel zu einer Strahlenbelastung von maximal einigen mrem/a (Sr) bzw. 0,01 mrem/a (Cs).

Künstliche Quellen für radioaktive Stoffe sind im Fall der radioaktiven Schwermetalle wie vor allem Uran und Thorium hauptsächlich das Mauerwerk jeglicher Art von Bauten: Der natürlich bedingte Anteil radioaktiver Schwermetalle im Mauerwerk führt beim Aufenthalt in Räumen zu einer zusätzlichen Strahlenbelastung von einigen mrem/a, im Fall von Schlackeziegeln als Baumaterial bis zu ca. 100 mrem/a.

Der Feinstaub aus Kohlekraftwerken (Abschn. 3.1.5) führt zu einer Strahlenbelastung von maximal 1 mrem/a.

Weiter werden Uran, Thorium und Plutonium in Plutoniumfabriken für Kernwaffen und in Kernkraftwerken in Spuren, an Aerosole gebunden, freigesetzt. (Aerosole sind winzige Staubpartikel oder Flüssigkeitströpfchen, die in der Luft schweben können.) In den USA resultiert daraus eine mittlere Strahlenbelastung von ca. 0,01 mrem/a, in der BRD durch den Betrieb aller derzeitigen Kernkraftwerke (die gelegentlichen kleinen Störfälle mit eingeschlossen) weniger als 0,01 mrem/a.

3.6.1.3 Höhenstrahlung

Die auf die Lufthülle der Erde einfallende kosmische Strahlung be-

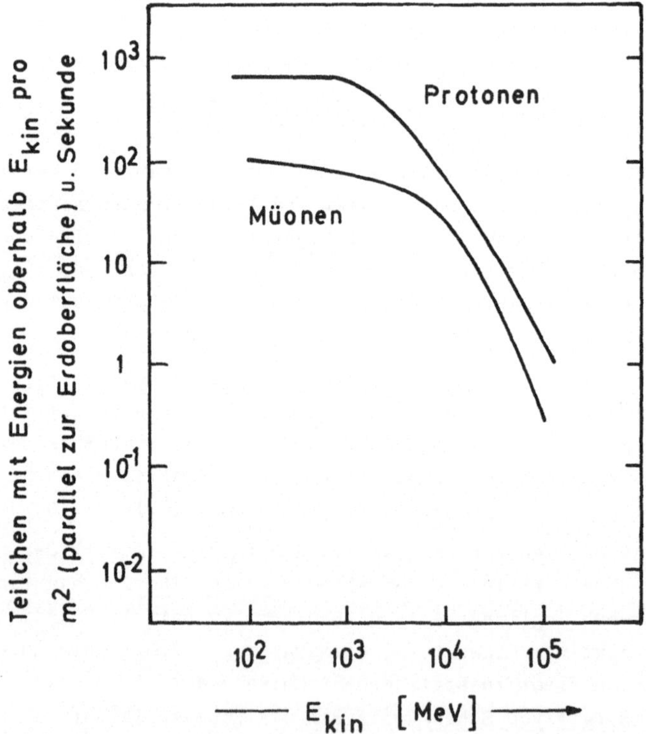

Bild 3.6.3: Intensität und Energie der allseitig einfallenden Strahlung: Protonen der kosmischen Strahlung außerhalb der Lufthülle der Erde, Müonen der Höhenstrahlung in Bodennähe (nach [98])

steht zu 90 % aus Protonen, der Rest weitgehend aus schwereren Atomkernen. Die Protonen haben dabei kinetische Energien vorwiegend bis zu 1000 MeV (Bild 3.6.3). Sie führen über Wechselwirkung mit den Atomkernen der Lufthülle zur in Erdbodenhähe beobachtbaren Höhenstrahlung. Diese besteht hier zu ca. 75 % aus Müonen, der Rest weitgehend aus Elektronen und Gammaquanten. (Müonen sind eine Art kurzlebiger Elektronen, ca. 200mal schwerer als Elektronen. Sie stellen eine sehr durchdringende Strahlung dar, und sie zerfallen bei einer mittleren Lebensdauer (bezogen auf das Ruhesystem des Teilchens) von ca. $2 \cdot 10^{-6}$ s in Elektronen und Neutrinos.)

Intensität und Energie der primären Protonen außerhalb der Lufthülle und der sekundären Müonen in Bodennähe sind in Bild 3.6.3 skizziert.

Die Höhenstrahlung bewirkt eine Strahlenbelastung von

ca. 30 mrem/a in Meereshöhe,

ca. 60 mrem/a in 1500 m Höhe,

ca. 240 mrem/a in 6000 m Höhe.

(Ein menschlicher Körper wird also auf Meereshöhe sekundlich von etwa 50 dieser Teilchen "durchlöchert".)

3.6.1.4 Wirkung radioaktiver Strahlung

Strahlung wird beim Durchlaufen von Materie in dieser abgebremst: Elektrisch geladene Teilchen und Gammastrahlen ionisieren dabei Atome, schlagen also Elektronen aus der Atomhülle heraus. Neutronen übertragen in Stößen ihre kinetische Energie im wesentlichen auf Wasserstoffkerne, also Protonen, die dadurch aus Molekülen herausgeschlagen werden und selbst weitere Atome ionisieren können.

Die Menge der in Materie deponierten Energie der Strahlung pro Weglänge hängt von Strahlenart und Energie bzw. Geschwindigkeit der Strahlteilchen ab. Bei schweren elektrisch geladenen Teilchen, wie Protonen und α-Teilchen, nimmt der Energieverlust pro Weglänge, dE/dx, mit fallender Teilchengeschwindigkeit rasch zu. Dadurch erreicht die Energiedeposition in der durchlaufenen Materie kurz vor der völligen Abbremsung des Teilchens ein Maximum; die Reichweite R der Strahlung ist damit unabhängig von der Intensität relativ scharf beschränkt (Bild 3.6.4a).

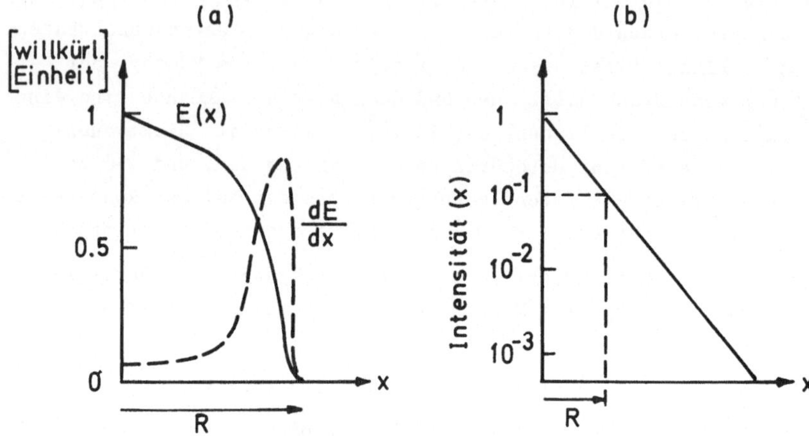

Bild 3.6.4: *a) Prinzip der Abbremsung von Protonen und α-Teilchen in Materie: E(x) ist die Restenergie des Strahlteilchens nach Durchlaufen der Weglänge x, dE/dx die pro Weglängenintervall deponierte Energiemenge.*

b) Prinzip der exponentiellen Schwächung der Intensität von Gammastrahlen, Elektronen und Neutronen in Materie.

Aus den in Tabelle 3.6.3 angegebenen Werten für die Reichweite von Protonen und α-Teilchen ist zu ersehen, daß α-Teilchen schon in einer dünnen Papierschicht oder in wenigen mm Luft, Protonen innerhalb einiger mm bis cm fester Materie vollständig absorbiert werden.

Die Intensität der Gammastrahlung fällt dagegen exponentiell mit der Länge des durchlaufenen Weges in Materie ab; dies gilt näherungsweise auch für Elektronen- und Neutronen-Strahlen (Bild 3.6.4b).

Die in Tabelle 3.6.3 angegebenen "Reichweiten" geben in diesen Fällen die Weglänge an, innerhalb welcher die Intensität der Strahlung um etwa 1 Größenordnung geschwächt wird. Je nach Intensität der abzuschirmenden Strahlung muß die Dicke des Abschirmmaterials ein entsprechendes Vielfaches der angegebenen Reichweite betragen.

Tabelle 3.6.3: Reichweite verschiedener Strahlen in Materie

Strahlen	kinet. Energie	Reichweite in Kohlenstoff	Reichweite in Blei
α	5 MeV	0,1 mm	0,02 mm
Protonen	1 MeV 100 MeV	0,2 mm 6 cm	0,03 mm 1 cm
Elektronen	0,1 MeV 1 MeV	2 mm 5 mm	0,5 mm 1 mm
γ-Quanten	0,1 MeV 1 MeV	7 cm 20 cm	0,5 mm 2 cm
Neutronen	0,01 eV 1 eV 1 MeV	2 cm 20 cm 200 cm	

Die Menge an deponierter Energie in Materie pro Weglänge hängt also selbst stark von Energie und Art der Strahlteilchen ab. Beispielsweise ionisiert ein Elektron mit einer kinetischen Energie von 1 MeV (entsprechend einem RBW-Faktor 1) beim Eindringen in den menschlichen Körper auf seinem Weg von ca. 5 mm Reichweite etwa 10^5 Atome, also im Mittel etwa jedes hundertste Atom entlang der Flugbahn.

In einem menschlichen Körper werden durch die natürliche Strahlenbelastung von 100 mrem/a während einer mittleren Lebenszeit von 70 Jahren von seinen insgesamt $2 \cdot 10^{27}$ Atomen ca. $4 \cdot 10^{18}$ Atome ionisiert, d. h. 1 Atom pro 500 Millionen Atome im Körper. Dabei rekombinieren die meisten der gebildeten Ionen durch den Einfang freigesetzter Elektronen wieder zu den ursprünglichen Atomen innerhalb von Sekundenbruchteilen.

Strahlenschäden von beobachtbarem Ausmaß, meist in Form von Verbrennungen und Krebserkrankungen treten erst bei Ganzkörperbestrahlungsdosen von kurzzeitig mehr als ca. 30 rem auf. Dabei sind folgende Strahlenschäden zu beobachten (Tabelle 3.6.4).

Wirkung von Strahlendosen mit geringerer Intensität sind nicht direkt beobachtbar. Trotzdem gibt es vermutlich keine Dosisschwelle, unterhalb welcher keine Schädigung auftreten kannn. Als eine obere Schranke für mögliche Schädigung durch kleine Strahlendosen, meist in Form von Krebserkrankungen, wird angenommen, daß das Risiko einer solchen Schädigung linear mit fallener Strahlintensität ab-

Tabelle 3.6.4: *Wirkung von Gamma-Strahlung auf den menschlichen Körper nach kurzzeitiger Ganzkörperbestrahlung (nach [99])*

Aufgenommene Dosis	Wirkung
Unter 50 rem	Geringe vorübergehende Blutbildveränderungen
80 - 120 rem	Übelkeit und Erbrechen in 10 % der Fälle
400 - 500 rem	50 % Todesfälle innerhalb 30 Tagen. Erholung der Überlebenden nach 6 Monaten.
550 - 750 rem	Tödliche Dosis: 100 % Todesfälle innerhalb eines Monats.
5000 rem	Tod innerhalb einer Woche.

nimmt [16,68]. Extrapoliert man in dieser Art vom meßbaren Risiko von Strahlungsschäden bei großen Strahlungsbelastungen in den Bereich kleiner Strahlungsdosen, so würde daraus folgen, daß aufgrund der Strahlenbelastung durch natürliche Radioaktivität von ca. 100 mrem/a in der Bundesrepublik Deutschland etwa einige 100 Krebserkrankungen pro Jahr zu erwarten wären. (Diese Zahl ist verschwindend gering verglichen mit den ca. 130 000 Todesfällen durch Krebs in der BRD pro Jahr, davon ca. 24 000 durch Lungenkrebs, dieser zum großen Teil durch Rauchen verursacht.)

Weitere mögliche Strahlenschäden im menschlichen Körper sind Mutationen von Erbanlagen:

In menschlichen Keimzellen treten Mutationen mit einer bestimmten Häufigkeit natürlich auf. Die Ursachen dafür sind unbekannt. Die Auswirkungen dieser Mutationen sind in der natürlichen Evolution des Menschen zu erkennen.

Merkliche Mutationsraten durch Strahleneinwirkung treten erst bei Dosen von mehr als 100 rem auf. Um wiederum das Ausmaß möglicher Mutationsraten bei kleineren Strahlendosen abzuschätzen, wird eine lineare Beziehung zwischen Strahlendosis und Mutationsrisiko angesetzt. Daraus folgt, daß erst bei einer Strahlenbelastung von ca. 50 - 70 rem die natürliche Mutationsrate verdoppelt wird. Mutationsratendurch Belastungen in Höhe der natürlichen Radioaktivität von ca. 100 mrem/a sind dagegen vernachlässigbar gering.

3.6.1.5 Vergleich der Strahlenbelastung durch Radioaktivität aus natürlichen und künstlichen Quellen

In Tabelle 3.6.5 sind die Belastungen in der BRD aus Radioaktivität natürlicher und künstlicher Quellen zusammengestellt [16,30, 68,100,101].

Tabelle 3.6.5: Strahlenbelastung durch natürliche und künstliche Radioaktivität

	Strahlungsquelle	durchschnittliche Strahlenbelastung
Dauerbelastung	natürliche Radioaktivität < terrestr. Strahl.	50 mrem/a
	natürliche Radioaktivität < Höhenstrahl.	35 mrem/a
	natürliche Radioaktivität < inkorp. Strahl.	35 mrem/a
	aus früheren Kernwaffentests	$\lesssim$ 1 mrem/a
	Abfälle aus Nuklearmedizin	$\lesssim$ 1 mrem/a
	Kohle-Kraftwerke	$\lesssim$ 1 mrem/a
	Kernkraftwerke	< 0,01 mrem/a
	Wohnen in mit Schlackensteinen erbauten Häusern	100 mrem/a
Kurzzeitbelastung	1 Röntgenaufnahme (lokal) < Lunge	(50 - 100) mrem
	1 Röntgenaufnahme (lokal) < Becken	(100 - 1000) mrem
	Nuklearmedizin für betroffene Patienten (lokal)	bis zu 10000 mrem

3.6.2 Grundlagen der Kernspaltung

Bei der Spaltung von schweren Atomkernen wird die durch Bindung von Protonen und Neutronen zu diesen Kernen gespeicherte Kernenergie über die kinetische Energie der Spaltprodukte letztlich in Wärme umgewandelt und freigesetzt. Die Menge der pro Kern gespeicherten Bindungs-Energie E_{Kern} ist gemäß Gl. (1.1.6) durch die Differenz der Masse des Kerns (mit A = Z + N Nukleonen) und der Masse von Z freien Protonen plus N freien Neutronen gegeben:

$$E_{Kern} = c^2 \cdot \left[(Z \cdot M_p + N \cdot M_n) - M_{K(A=Z+N)}\right] \qquad (3.6.14)$$

Die Masse des Kerns ist leichter als die Summe der Massen seiner

Bausteine im ungebundenen Zustand. Bei der Bindung der Bausteine zu einem Kern wird diese Energie freigesetzt. Wie aus Bild 3.6.5 zu ersehen, ist die Bindungsenergie pro Nukleon im Kern, E_{Kern}/A, abhängig von der Zahl der Nukleonen im Kern, A:

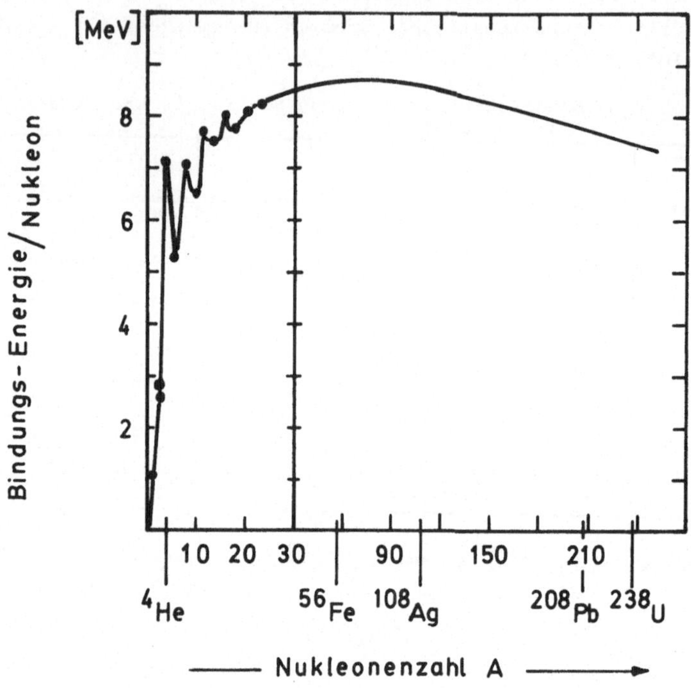

Bild 3.6.5: Bindungsenergie des Kerns pro Nukleon als Funktion der Nukleonenzahl A des Kerns (nach [102])

Der Verlauf der Bindungsenergie pro Nukleon als Funktion der Nukleonenzahl A sei kurz erläutert: Die die Bindung verursachenden Kernkräfte wirken nur jeweils zwischen benachbarten Nukleonen. Die Bindungsenergie pro Nukleon ist damit in sehr grober Näherung für alle Kerne gleich groß. Die Nukleonen an der Oberfläche eines Kerns verspüren allerdings nur einseitig Bindungskräfte. Dies vermindert die mittlere Bindungsenergie pro Nukleon vor allem für die sehr kleinen Kerne, bei welchen ein höherer Anteil der Nukleonen die Kernoberfläche bildet als bei schwereren Kernen. Mit zunehmender Zahl der Protonen in einem Kern wächst aber auch die gegenseitige elektrostatische Abstoßung der Protonen. Dies führt wiederum zu einer Verminderung der Kernbindung, wie sie sich mit steigender Nukleonenzahl hin zu den sehr schweren Kernen zeigt.

Die so resultierende verminderte Bindungsenergie pro Nukleon sowohl bei den sehr leichten Kernen als auch den sehr schweren Kernen relativ zu mittelschweren Kernen macht es möglich, daß Energie freigesetzt werden kann

- sowohl bei der Spaltung schwerer Atomkerne in mittelschwere Atomkerne,
- als auch bei der Bindung (Fusion) zweier sehr leichter Kerne, wie z. B. der Kerne der Wasserstoffisotope ^1_1H, ^2_1H (Deuterium), ^3_1H (Tritium) zu etwas schwereren Kernen, z. B. Helium ^4_2He.

Eine grobe Abschätzung der freiwerdenden Energie E_{sp} bei der Spaltung eines Urankerns $^{235}_{92}U$ mit seiner Bindungsenergie pro Nukleon von ca. 7,4 MeV in 2 mittelschwere Bruchstücke mit Bindungsenergie pro Nukleon von ca. 8,4 MeV folgt aus der Differenz dieser Bindungsenergien zu

$$E_{sp} \approx 235 \cdot (8{,}4 - 7{,}4) = 235 \text{ MeV}.$$

Vergleichsweise wird bei der Fusion von 4 Wasserstoffkernen zu einem Heliumkern eine Energiemenge von

$$E_{Fus} \approx 4 \cdot 7 = 28 \text{ MeV}$$

freigesetzt.

Die Relationen der Energiefreisetzungen pro Gewichtseinheit des jeweiligen "Brennstoffs" bei

Kohleverbrennung, $E_{Kohle\text{-}V.}$ (Abschn. 3.1),
Uranspaltung, $E_{Uran\text{-}Sp.}$,
und Wasserstoffusion zu Helium, $E_{H\text{-}Fus.}$,

folgen daraus zu

$$E_{Kohle\text{-}V.} : E_{Uran\text{-}Sp.} : E_{H\text{-}Fus.}$$

$$\approx 1 : 3 \cdot 10^6 : 1 \cdot 10^7.$$

Die Spaltung eines Urankerns kann bewirkt werden durch den Einfang eines den Kern stoßenden Neutrons. Durch die auf den Kern übertragene kinetische Energie des eingefangenen Neutrons wird dieser zu Schwingungen angeregt; diese können den Kern so stark deformieren, daß er schließlich im wesentlichen in zwei mittelschwere Kerne zerbricht. Weiter werden dabei im allgemeinen auch noch einige (prompte) Neutronen freigesetzt, da das Verhältnis Zahl der Neutronen zu Zahl der Protonen, V = N/Z, für die mittelschweren Spaltprodukte kleiner ist als für Uran (s. Bild 3.6.2).

Weiter können die primären mittelschweren Spaltprodukte selbst instabil sein. Sie können wiederum durch (entsprechend der Lebensdauer verzögerte) Neutronenemission oder β-Zerfall in stabile Grundzustände übergehen. Pro Spaltung eines Urankerns werden im Mittel 2 - 3 Neutronen freigesetzt mit einer mittleren kinetischen Energie pro Neutron von 1,3 MeV entsprechend der in Bild 3.6.6 gezeigten Verteilung.

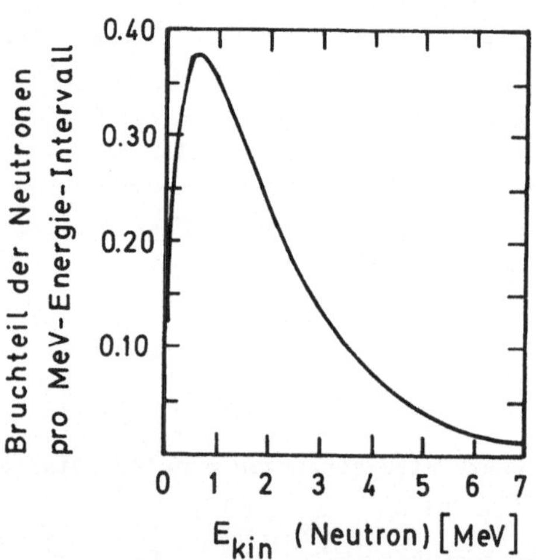

Bild 3.6.6: Verteilung der kinetischen Energie von Neutronen aus der Urankern-Spaltung (nach [102])

Die Zerfallskette bei der Spaltung eines Urankerns kann z. B. wie folgt aussehen:

$$^{235}_{92}U + n \rightarrow (^{236}_{92}U)$$

$$\downarrow$$

$$^{140}_{53}I + {}^{94}_{39}Y + \underline{2\,n_{prompt}}$$

$$^{94}_{39}Y \rightarrow \underline{^{94}_{40}Zr} + \underline{e^- + \bar{\nu}_e}$$

$$^{140}_{53}I \rightarrow {}^{140}_{54}Xe + \underline{e^- + \bar{\nu}_e}$$

$$\downarrow$$

$$^{139}_{54}Xe + \underline{n_{verzög.}}$$

$$\downarrow$$

$$^{139}_{55}Cs + \underline{e^- + \bar{\nu}_e}$$

$$\downarrow$$

$$^{139}_{56}Ba + \underline{e^- + \bar{\nu}_e}$$

$$\downarrow$$

$$\underline{^{139}_{57}La} + \underline{e^- + \bar{\nu}_e}$$

Allgemein lautet die Zerfallskette:

(3.6.15)
$$^{1}_{0}n + {}^{235}_{92}U \rightarrow (^{236}_{92}U) \xrightarrow{\tau_1} K_1 + K_2 + a \cdot n$$

$$\xrightarrow{\tau_2} K_3 + K_4 + b \cdot n + c \cdot (e^- + \bar{\nu}_e) + d \cdot \gamma \quad \Big\} + E_{kin}$$

$K_{1,2,3,4}$ sind Atomkerne mit Nukleonenzahlen im Bereich von

$A = 80 - 150$,

a Neutronen (ca. 99,25 %) werden prompt ($\tau_1 \approx 10^{-14}$ s) emittiert ($a \approx 2 - 3$),

b Neutronen (ca. 0,75 %) werden verzögert ($\tau_2 \approx 0,2 - 60$ s) emittiert, c Elektronen + Antineutrinos (c ≈ 5 - 15),

d Gamma-Quanten (d ≈ 5 - 15) (s. Gl. (3.6.13)).

Aufteilung der kinetischen Energie E_{kin} auf die Spaltprodukte (jeweils Mittelwerte):

$$
\begin{aligned}
E_{kin}\,(K_3 + K_4) &\approx 167\ \text{MeV}\\
E_{kin}\,(n) &\approx 6\ \text{MeV}\\
E_{kin}\,(e^-) &\approx 7\ \text{MeV}\\
E_{kin}\,(\overline{\nu}) &\approx 11\ \text{MeV}\\
E_{kin}\,(\gamma) &\approx 13\ \text{MeV}
\end{aligned}
$$

Von der insgesamt pro Urankernspaltung freigesetzten kinetischen Energie von ca. 203 MeV können durch Stöße der Teilchen mit der durchstrahlten Materie ca. 192 MeV $\hat{=}\ 3 \cdot 10^{-11}$ J innerhalb von Sekundenbruchteilen in Wärme umgewandelt werden. Lediglich die Antineutrinos verlassen die Materie praktisch ungehindert wegen ihrer äußerst geringen Wechselwirkungswahrscheinlichkeit.

Die (a + b) ≈ 2 - 3 Neutronen pro Kernspaltung machen in der von ihnen durchstrahlten Materie in Stößen mit getroffenen Atomkernen im wesentlichen folgende Reaktionen:

- Spaltung von ${}^{238}_{92}U$-Kernen mit schnellen Neutronen,
- Umwandlung von ${}^{238}_{92}U$-Kernen zu Plutonium

$$
\text{(3.6.16)}\quad {}^{238}_{92}U + n \rightarrow {}^{239}_{92}U \xrightarrow[\tau=2,35\ \text{min}]{\beta^-} {}^{239}_{93}Np \xrightarrow[\tau=2,3\ \text{d}]{\beta^-} {}^{239}_{94}Pu
$$

$$
\downarrow
$$

$$
{}^{239}_{92}U + n \rightarrow {}^{240}_{92}U \xrightarrow[\tau=14\ \text{h}]{\beta^-} {}^{240}_{93}Np \xrightarrow[\tau=67\ \text{min}]{\beta^-} {}^{240}_{94}Pu
$$

$$
{}^{240}_{94}Pu + n \longrightarrow {}^{241}_{94}Pu
$$

$$
{}^{241}_{94}Pu + n \longrightarrow {}^{242}_{94}Pu
$$

- Spaltung von ${}^{239}_{94}Pu$, ${}^{241}_{94}Pu$-Kernen,
- Umwandlung von ${}^{238}_{94}Pu$ in mehreren Schritten zu ${}^{245}_{95}Am$, ${}^{247}_{96}Cm$,

- Abbremsung (Moderation) der schnellen Neutronen durch Stöße mit anderen Kernen auf schließlich thermische Geschwindigkeiten (s. unten),
- Spaltung von $^{235}_{92}U$ durch vorzugsweise thermische Neutronen.

Die bei der Spaltung freiwerdenden schnellen Neutronen werden in einer Vielzahl von Stößen (ca. 20) mit anderen (Moderator-)Kernen (vorzugsweise Wasser und Schwerwasser als Moderatormaterial wegen deren geringer Neutronen-Absorption) in weniger als 10^{-3} Sekunden gemäß

$$(3.6.17) \qquad E_{kin} = \frac{M_n}{2} v_n^2 = kT$$

(k = Boltzmannkonstante)

auf die Temperatur T des Moderatormaterials zu sogenannten thermischen Neutronen abgebremst.

Einer mittleren Energie der schnellen Neutronen von $\overline{E_{kin}} \approx 1{,}3$ MeV entspricht eine mittlere Neutronengeschwindigkeit von

$$\overline{v_n} \approx 1{,}6 \cdot 10^7 \text{ m/s}$$

(ca. 5 % der Lichtgeschwindigkeit),

einer mittleren Energie thermischer Neutronen von $E_{kin} \approx 0{,}025$ eV ($\hat{=}$ T ≈ 300 K bzw. 27°C) eine mittlere Geschwindigkeit von

$$\overline{v_n} \approx 2{,}2 \cdot 10^3 \text{ m/s},$$

von $\overline{E_{kin}} \approx 0{,}05$ eV ($\hat{=}$ T ≈ 600 K bzw. 327° C) eine mittlere Geschwindigkeit von

$$\overline{v_n} \approx 3{,}1 \cdot 10^3 \text{ m/s}.$$

Die Reaktionshäufigkeit der Neutronen mit Kernen hängt bei vorgegebener Materialdichte und Intensität der Neutronen von der Wechselwirkungsstärke der Neutronen mit Kernen ab, also von Stärke und Reichweite der Kernkräfte. Ein Maß für diese Wechselwirkungsstärke ist der sogenannte Wirkungsquerschnitt, σ.

Für schnelle Neutronen erweist sich dieser Wirkungsquerschnitt ungefähr gleich dem geometrischen Querschnitt der Kerne, $\sigma \approx F^{Kern}_{geom.}$:

$$F^{Kern}_{geom.} = R^2_{Kern} \cdot \pi$$

Mit

$$R_{Kern} = R_{Nukleon} \cdot \sqrt[3]{A}$$

folgt für A = 238 (Uran)

$$R_{Kern} \sim 1 \text{ fm} \cdot \sqrt[3]{238} \approx 6 \text{ fm},$$

$$F^{Uran}_{geom.} \approx 10^{-24} cm^2 = 1 \text{ barn (s. Tab. 3.6.6).}$$

Dies ist auch plausibel, da die Reichweite der Kernkräfte auf etwa 1 fm beschränkt ist.

Tabelle 3.6.6: Wirkungsquerschnitt für Neutronen in Kernbrennstoffen (nach [68])

Kern	Neutronenenergie	Kernspaltg. σ_{Sp} [barn]	Kern-umwandlung $\sigma_{Umw.}$ [barn]	Neutronen pro Spaltg. a+b	b
^{238}U	schnell 2 MeV	0,58		2,6	
	therm. 0,025 eV	-	2,7		
^{235}U	schnell 1 MeV	1,3		2,8	-
	therm. 0,025 eV	582		2,4	0,02
^{232}Th	schnell 2 MeV	0,01			
	therm. 0,025 eV	-	7,5		
^{239}Pu	schnell 1 MeV	1,8		3,1	-
	0,3 eV	3300		2,9	-
	therm. 0,025 eV	746		2,9	0,01
^{233}U	schnell 1 MeV	2		-	-
	therm. 0,025 eV	527		2,5	0,01

*mit 1 barn = 10^{-24} cm², *

(a+b) = Gesamtzahl der pro Spaltung freigesetzten Neutronen,

b = Zahl der pro Spaltung verzögert freigesetzten Neutronen.

Von den in der Natur vorkommenden möglichen Spaltstoffen

Uran (davon 99,3 % $^{238}_{92}U$, 0,7 % $^{235}_{92}U$)
und Thorium ($^{232}_{90}Th$)

ist zur Energiegewinnung aus Kernspaltung nur das relativ seltene Isotop $^{235}_{92}U$, und dies nur bei Bestrahlung mit thermischen Neutronen, geeignet. Jedoch lassen sich sowohl das relativ häufige Isotop $^{238}_{92}U$ als auch Thorium $^{232}_{90}Th$ durch Bestrahlung mit thermischen Neutronen zu nutzbaren Kernbrennstoffen $^{239}_{94}Pu$, $^{241}_{94}Pu$ bzw. $^{233}_{92}U$ umwandeln (s. Gl. (3.6.16)).

3.6.3 Kernbrennstoffe

In der Natur vorhanden sind als mögliche Kernbrennstoffe die langlebigen radioaktiven Schwermetalle Uran und Thorium (s. Tabelle 3.6.7). In jeder Art Erde und Gestein sind pro Tonne ca. 1 - 5 g Uran und ca. 3 - 20 g Thorium, meist in Form von Oxiden, enthalten. Auch Meerwasser enthält pro cm^3 ca. 3 mg Uran.

Als Lagerstätten für Uran und Thorium werden heute allerdings nur Formationen mit einem Gehalt von ca. 1 - 5 kg dieser Schwermetalle pro Tonne Gestein angesehen. Darin treten die Uranerze meist als Uranoxid U_3O_8 (Pechblende) und als Kaliumuranyl-Vanadat KUO_2-VO_4 (Carnotit) auf.

3.6.3.1 Vorräte und Verbrauch

Eine Übersicht der ziemlich gleichmäßig über alle Kontinente verteilten, gesicherten und geschätzten Vorräte an Uran- und Thoriumerzen gibt Tabelle 3.6.7:

Tabelle 3.6.7: Weltweite Vorräte an Uran und Thorium (nach [9, 16, 77, 103])

		Gehalt des Lagerstätten-Materials an Uran bzw. Thorium		
		$\geq 3 \cdot 10^{-3}$	$\geq 1 \cdot 10^{-3}$	$> 10^{-4}$
mehr oder minder gesicherte, heute als abbauwürdig betrachtete Vorkommen [t]	Uran	$4 \cdot 10^6$	$(2-7) \cdot 10^7$	
	Thorium	$1,2 \cdot 10^6$	$2,1 \cdot 10^6$	
Geschätzte Vorkommen [t]	Uran			$2 \cdot 10^9$

Vergleichsweise wurden 1978 ca. 34 • 10^3 t, insgesamt bis einschließlich 1978 ca. 0,6 • 10^6 t an Uran gefördert.

Nach der Förderung über oder unter Tage wird das Groberz gemahlen und mittels Säuren bzw. Laugen das Uran gelöst; aus der Lösung wird das fast reine Natururan ausgefällt.

Natururan besteht im allgemeinen zu 99,3 % aus dem praktisch nicht spaltbaren Isotop $^{238}_{92}U$ und nur zu 0,7 % aus dem spaltbaren Isotop $^{235}_{92}U$.

Um in einem Reaktor die (kontrollierte) Kettenreaktion der Kernspaltung auslösen zu können, muß pro gespaltenem Spaltstoffkern von den dabei freigesetzten 2 - 3 Neutronen im Mittel 1 Neutron eine weitere Kernspaltung verursachen. Dies ist nur möglich, wenn im Reaktorkern

- der Spaltstoff in ausreichender Dichte vorliegt,
- der Spaltstoff dabei noch mit einem Neutronenmoderator ausreichender Dichte durchsetzt ist, um die für die Spaltung notwendige Abbremsung der Neutronen auf thermische Geschwindigkeiten zu gewährleisten,
- die Dichte neutronenabsorbierender, nicht spaltbarer Stoffe genügend klein ist.

Um ^{235}U als Brennstoff mit der im Natururan vorliegenden geringen Konzentration verwenden zu können, bedarf es relativ aufwendiger Reaktoren (s. Abschn. 3.6.4.5 und 3.6.4.6).

Um bezüglich des Aufwands für Bau und Betrieb vergleichsweise einfache Reaktoren, dies auch noch mit einer möglichst geringen Menge an Uraninventar im Reaktorkern, zu ermöglichen, muß im Uran der Spaltstoff gegenüber seiner natürlichen Konzentration auf meist ca. 3 % angereichert werden (s. Tab. 3.6.8).

Um die Größenordnung der wirtschaftlich abbaubaren Vorräte eingrenzen zu können, sollen im folgenden die Kosten und daraus der Energieaufwand für Uran-Brennstoff abgeschätzt werden:

Die Kosten für Förderung von Uranerz mit einem Urananteil von $\geq 3 \cdot 10^{-3}$ und Bereitstellung von reinem Natururan betragen derzeit (1980) ca. (150 - 200) DM pro kg Natururan [77]. Die Kosten für Anreicherung von $^{235}_{92}U$ auf 3 % belaufen sich derzeit auf ca. 700 DM pro kg angereicherten Urans, die Kosten für Abfallbehandlung und Endlagerung werden - bezogen auf jeweils 1 kg Uranbrennstoff - auf ca. (110 + 70) DM geschätzt [104]. Diese Brennstoffkosten in Rechnung gestellt, ist für heute zu bauende Kernkraftwerke (Typ LWR) mit einer elektrischen Leistungsabgabe von 1 GW ein Energie-Erntefaktor von $\varepsilon \approx 9$ zu erreichen (s. Abschn.3.6.4.3). Dabei tragen die Brennstoffkosten zum Gesamtaufwand für Bau und Betrieb (über 25 Jahre; Endlagerung der radioaktiven Abfälle mit eingeschlossen) ca. 20 % bei.

Daraus ist zu ersehen, daß auch die Förderung von Uranerzen mit einem Urangehalt von $\gtrsim 5 \cdot 10^{-4}$ mit einem geschätzten Kostenaufwand bis zu DM 1000,- pro kg Natururan noch einen wirtschaftlichen Betrieb von Kernkraftwerken (LWR) mit einem Erntefaktor von $\varepsilon \gtrsim 6$ zulassen würde.

Gemessen am weltweiten Uranverbrauch von ca. 10^4 t Natururan in Kernkraftwerken mit einer Gesamtleistung von 150 GW im Jahr 1981 decken die gesicherten Uranvorräte einen weiteren jährlichen Bedarf in dieser Höhe für einige tausend Jahre, die geschätzten Vorkommen mit geringerem Urangehalt für mindestens einige zehntausend Jahre.

3.6.3.2 Anreicherung von $^{235}_{92}U$

Es gibt verschiedene Möglichkeiten, das um ca. 1 % leichtere Isotop $^{235}_{92}U$ gegenüber dem schwereren $^{238}_{92}U$ anzureichern [16]: Für alle Methoden der Anreicherung wird das Natururan zunächst auf chemischem Wege in gasförmiges Uranhexafluorid, UF_6, umgewandelt. Die heute gebräuchlichste Methode der Anreicherung beruht auf dem Prinzip der Gasdiffusion. Damit wurden bislang 90 Prozent aller angereicherten Kernbrennstoffe gewonnen, der Rest mittels Gaszentrifugen.

Gasdiffusion: Läßt man das gasförmige UF_6 durch eine poröse Membran diffundieren, so diffundieren die leichteren ^{235}U-Moleküle etwas schneller als die schwereren ^{238}U-Moleküle entsprechend ihrer bei gleicher kinetischer Energie $(M/2) \cdot v^2$ massenabhängig unterschiedlichen mittleren Geschwindigkeiten v:

$$(3.6.18) \quad v(^{235}UF_6) : v(^{238}UF_6) = (M(^{238}UF_6) : M(^{235}UF_6))^{1/2}$$

Das leichtere Uranmolekül diffundiert also etwas schneller als das schwerere (Bild 3.6.7).

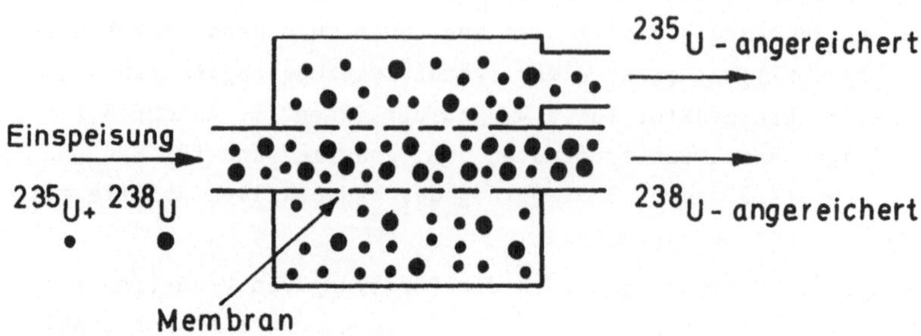

Bild 3.6.7: Prinzip der Isotopentrennung mittels Gasdiffusion

Um Natururan mit 0,7 % ^{235}U-Anteil auf einen ^{235}U-Gehalt von 3 % anzureichen, bedarf es ca. 10^3 Trennschritte. Der Energiebedarf dafür beträgt ca. 2400 kWh pro kg angereicherten Urans. Da dieser Aufwand relativ hoch ist, wurden inzwischen weitere Methoden der Anreicherung, die geringeren Energieaufwand versprechen, untersucht.

Gaszentrifugen: In einem rotierenden Gemisch aus frei verschiebbaren Molekülen (Gase, Flüssigkeiten) verschieden großer Masse werden die schwereren Teilchen durch die Zentrifugalkraft vermehrt nach außen abgedrängt (s. Bild 3.6.8):

Auf ein Teilchen der Masse M wirkt im Abstand r zur Rotorachse bei einer Winkelgeschwindigkeit ω der Zentrifuge die Zentrifugalkraft K_z

(3.6.19) $$K_z = M \omega^2 r,$$

$$(\omega = 2 \pi \nu).$$

Im Fall eines rotierenden Gases (Dichte ρ, Masse M, Gasdruck p) bewirkt die Zentrifugalkraft einen zusätzlichen Druck nach außen auf eine Fläche senkrecht zum Radius r, auf eine Gasschicht mit dieser Fläche = 1 cm² und einer Schichtdicke dr und einer Masse $M = \rho \cdot \text{Fläche} \cdot dr$

$$(3.6.20) \qquad dp = \frac{\text{Kraft}}{\text{Fläche}} = \rho\, \omega^2\, r\, dr.$$

Diese Druckänderung erhöht den normalen Gasdruck (eines idealen Gases)

$$(3.6.21) \qquad p = \frac{1}{V} \cdot n \cdot k \cdot T = \frac{\rho}{M} \cdot n \cdot k \cdot T$$

(n = Zahl der Moleküle des Gases,
k = Boltzmann-Konstante)

in radialer Richtung (Verknüpfung von Gl. (3.6.19) und Gl. (3.6.20):

$$\frac{dp}{p} = \frac{M\omega^2}{n \cdot k \cdot T} \cdot r \cdot dr,$$

$$(3.6.22) \qquad p(r) = p(r{=}0) \cdot e^{\frac{M\omega^2 r^2}{nkT}} .$$

Im Falle eines Gemisches zweier Gase mit molaren Massen M_1 und M_2 erhält man eine radiale Entmischung, den sogenannten Trennfaktor q

$$(3.6.23) \qquad q = \left[\frac{\rho_1}{\rho_2}\right]_r \Big/ \left[\frac{\rho_1}{\rho_2}\right]_{r=o} .$$

Im Fall von Uran, in Gasform als Uranhexafluorid, UF_6, vorliegend, erhält man in einer Zentrifuge mit r = 6,5 cm, Drehfrequenz $\nu = \omega/2\pi = 1200$ 1/s, einen Trennfaktor

$$q_{Uran} \sim 1,16.$$

Pro Trennschritt erhält man bei einer Gaszentrifuge nach Bild 3.6.8 eine Anreicherung des eingespeisten Anteils an ^{235}U um 16 %. Um den ^{235}Uran-Anteil von 0,7 auf 3 % zu erhöhen, bedarf es demnach ca. 10 Trennschritte.

Der Energiebedarf für diese Urananreicherung in einer Gaszentrifuge beträgt ca. 200 kWh pro kg Urangemisch.

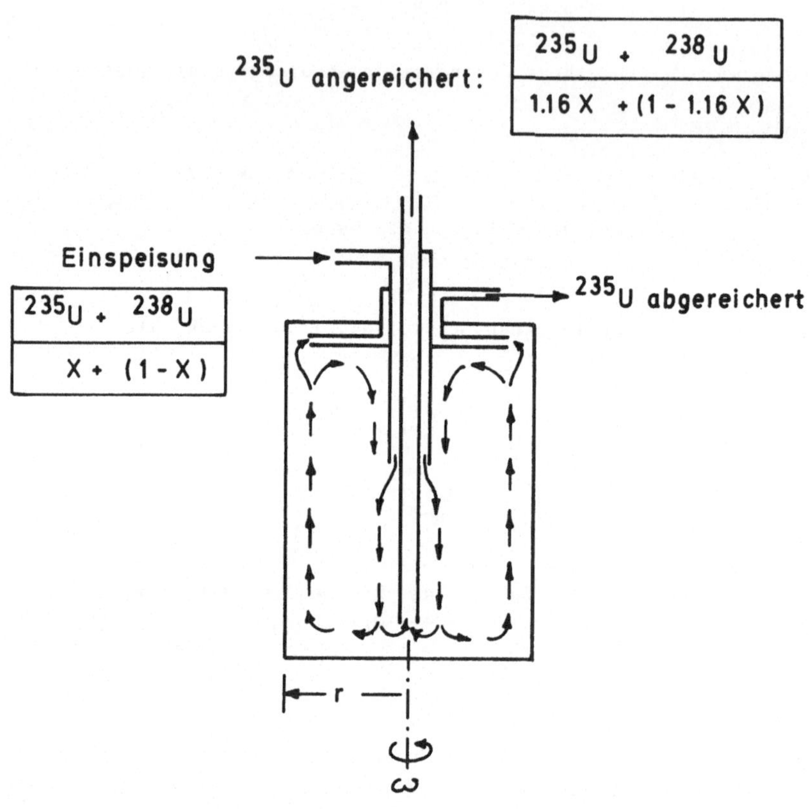

Bild 3.6.8: Prinzip einer Gaszentrifuge für ^{235}*Uran-Anreicherung (Beispiel für: r = 6,5 cm und 1200 Umdreh./s)*

Trenndüsenverfahren: Hier wird eine partielle Entmischung der Uranisotope ^{235}U und ^{238}U - ähnlich wie bei der Gaszentrifuge - über die Massenabhängigkeit der Zentrifugalkraft, hier in einer schnellen gekrümmten Strömung erreicht (siehe Bild 3.6.9).

Dabei sind zur Anreicherung von ^{235}U von 0,7 % auf 3 % ca. 200 Trennschritte erforderlich. Der Energiebedarf dafür beträgt ca. 3000 - 3500 kWh pro kg Urangemisch.

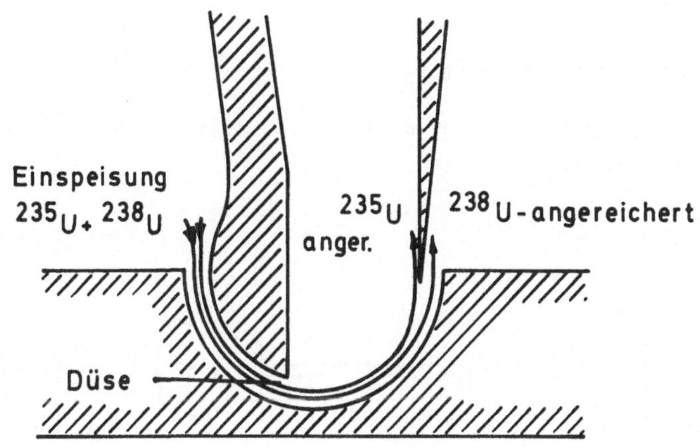

Bild 3.6.9: Prinzip der Isotopentrennung im Trenndüsenverfahren

Laserverfahren: Die verschiedenen Isotope weisen entsprechend ihrer Massenunterschiede auch entsprechende Unterschiede in den Energiespektren für die Anregung ihrer atomaren Elektronen auf. Mittels monoenergetischer Laserstrahlen kann bei geeigneter Wahl der Laserenergie vorwiegend nur eines der Isotope atomar angeregt und ionisiert werden. Das ionisierte Molekül kann anschließend mittels eines elektrostatischen Feldes herausgefiltert werden.

Dieses mögliche Verfahren zur Urananreicherung ist noch in Erprobung.

3.6.3.3 Brennstäbe

Das z. B. auf 3 % ^{235}U-Gehalt angereicherte gasförmige UF_6 wird auf chemischem Weg meist in das feste Uranoxid UO_2 umgewandelt, das dann als Brennstoff in Kernreaktoren verwendet werden kann. Dazu wird es meist in Tablettenform gepreßt und in Brennstäbe mit einem Schutzmantel aus Zirkonium-Legierungen (wegen deren geringer Neutronen-Absorption) eingelagert, welcher die radioaktiven Spaltprodukte im Brennstab eingeschlossen hält.

3.6.4 Kernreaktoren

3.6.4.1 Prinzip eines Kernreaktors

Aufbau: Der prinzipielle Aufbau eines Kernreaktors ist aus Bild 3.6.10 zu ersehen.

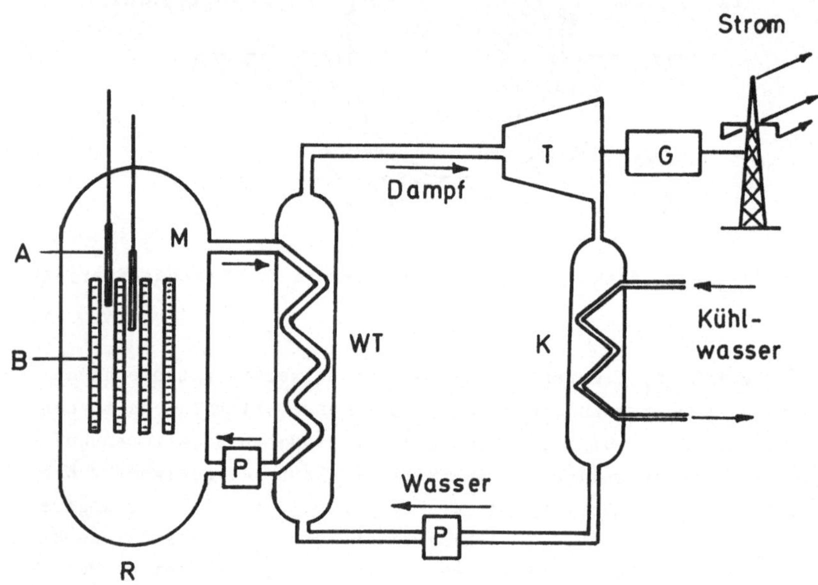

Bild 3.6.10: Prinzip-Aufbau eines Kernkraftwerks (R = Reaktor, B = Brennstäbe, A = Absorber, M = Moderator und Kühlmittel, WT = Wärmetauscher und Dampferzeuger, T = Turbine, G = Generator, K = Kondensator, P = Pumpe)

Die den Kernbrennstoff enthaltenden Brennstäbe werden im Reaktorgefäß von einem Kühlmittel umströmt, das die bei der Kernspaltung letztlich freigesetzte Wärme abführt. Über einen Wärmetauscher wird die Wärme i. a. zur Erzeugung von Heißdampf zum Betrieb eines üblichen Dampfturbinen-Generators genutzt.

Im Fall von Leichtwasser-Reaktoren dient das Kühlmittel gleichzeitig als sogenannter Moderator zur Abbremsung der bei der Kernspaltung freigesetzten schnellen Neutronen auf die zum Auslösen weiterer Kernspaltungen nötigen thermischen Geschwindigkeiten. Zur Regelung des Neutronenflusses und damit zur Stabilisierung der Kettenreaktion der Kernspaltung und der Wärmeleistung des Reaktors können zwischen die Brennstäbe Stäbe aus Neutronen absorbierendem Material mehr oder minder tief eingeschoben werden.

Als Brennstoffe (mit hohen Wirkungsquerschnitte für Kernspaltung mit Neutronen), sogenannte Spaltstoffe, dienen

Uran (^{233}U, ^{235}U) und Plutonium (^{239}Pu, ^{241}Pu),

als Brutstoffe (für Erzeugung neuer Brennstoffe durch Einfang von Neutronen), sogenannte schwache Spaltstoffe,

Uran (^{238}U) und Thorium (^{232}Th),

als Neutronen-Moderatoren (Kerne mit möglichst kleiner Nukleonenzahl A, damit das Neutron in einem elastischen Stoß mit einem Kern möglichst viel Energie übertragen kann, also in wenigen Stößen auf thermische Geschwindigkeiten abgebremst sein kann, und gleichzeitig Kerne mit möglichst kleinem Wirkungsquerschnitt für Neutronen-Absorption)

Wasser (H_2O, D_2O), Graphit (C) und Beryllium (Be),

als Kühlmittel

Wasser (H_2O, D_2O), Kohlendioxid (CO_2), Helium (He), und Natrium -flüssig- (Na)

und als Neutronen-Absorber vor allem

Bor (B) und Cadmium (Cd).

Wirkungsweise: Pro Kernspaltung werden im Mittel 2 - 3 Neutronen freigesetzt, die zum Teil neue Kernspaltungen auslösen können, zum Teil aber durch Absorption in Brennstoff oder Strukturmaterial und durch Entweichen aus dem Bereich des Reaktorkerns verloren gehen können. Eine Kettenreaktion kann nur entstehen, wenn pro Kernspaltung mindestens eines der emittierten Neutronen eine weitere Kernspaltung bewirkt.

Zur Stabiliserung der Kettenreaktion der Kernspaltungen muß die Zahl c der von Generation zu Generation weitere Kernspaltungen induzierenden Neutronen n im zeitlichen Mittel konstant gehalten werden:

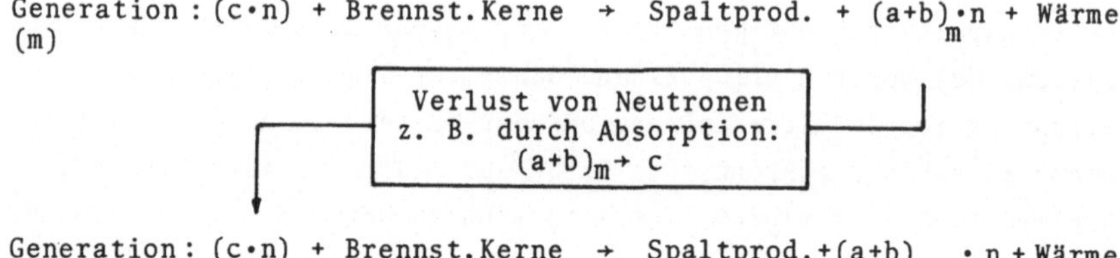

Generation: $(c \cdot n)$ + Brennst.Kerne $\rightarrow$ Spaltprod.+$(a+b)_{m+1} \cdot n$ + Wärme
(m+1)

usw.

Bezogen auf 1 Kernspaltung betragen $(a + b) \approx 2$ bis 3, $c = 1$. Als Vermehrungsfaktor der Neutronen, die sogenannte Kritikalität k, wird dabei definiert das Verhältnis der Zahl der in einem Reaktor emittierten Neutronen in zwei aufeinander folgenden Generationen (m, m+1) von Kernspaltungen

(3.6.24) $$k = \frac{(a+b)_{m+1}}{(a+b)_m} .$$

Für $k < 1$ kann keine Kettenreaktion aufrechterhalten werden. Ein Reaktor ist in diesem Fall unterkritisch.

Für $k = 1$ ist die Kettenreaktion stationär. Ein Reaktor ist in diesem Fall kritisch und weist konstante Wärmeabgabe auf.

Für $k > 1$ wächst die Intensität der Kettenreaktion. Ein Reaktor ist in diesem Fall überkritisch. Seine Wärmeabgabe wächst.

Für einen sicheren Dauerbetrieb eines Reaktors muß k im zeitlichen Mittel exakt gleich 1 sein.

Trotzdem unterliegt die Größe der Neutronenvermehrung von Generation zu Generation statistischen Schwankungen. Dabei muß für einen sicheren Reaktorbetrieb gewährleistet sein, daß die Kritikalität sowohl für kurzzeitige Erhöhung, $k > 1$, als auch für Verminderung, $k < 1$, von selbst und durch externe Steuerung wieder auf den Sollwert $k = 1$ geregelt wird.

Für Änderungen der Neutronenvermehrung ist der Zeitraum zwischen zwei aufeinander folgenden Generationen von Kernspaltungen, $\tau_{Gen.}$, maßgebend. Dieser liegt bei Reaktoren mit Kernspaltung durch thermische Neutronen bei $\tau_{Gen.}^{therm} \approx 10^{-4}$ s, bei Reaktoren mit Kernspaltung durch schnelle Neutronen bei $\tau_{Gen.}^{schnell} \approx 10^{-7}$ s.

Entscheidend für die verfügbare Zeit zur Steuerung der Neutronenvermehrung ist, daß bei der Spaltung nur ein Teil der Neutronen, $a/(a+b) = (1-\beta)$, prompt, der andere Teil, $b/(a+b) = \beta$, jedoch mit einer Verzögerung $\tau_{verzög.} \approx 10$ s freigesetzt wird. Als Maß für Änderungen des Vermehrungsfaktors k wird die sogenannte Reaktivität, $\rho = (k-1)/k$, benutzt. Wenn die Reaktivität kleiner ist als der relative Anteil der verzögerten Neutronen β, $\rho < \beta$ ($\approx$ 0,007 für ^{235}U), wird die Zeit der Neutronenvermehrung durch die Zeit für die Emission der verzögerten Neutronen bestimmt: Für die benötigte Zeit zur Verdoppelung der Reaktorleistung, τ_{dopp}, folgt unter diesen Umständen

$$\tau_{dopp} = \tau_{verzög} (\beta - \rho)/\rho.$$

Für reaktortypische Werte von $\rho \approx 0{,}0025 \approx \beta/3$ ergibt sich eine Verdoppelungszeit von ca. 18 s. Zeiten dieser Dauer genügen zur Steuerung der Reaktivität des Reaktors durch Änderung der Eintauchtiefe der Absorberstäbe im Reaktorkern.

Spontane Reaktivitätsänderungen mit $\rho > \beta$, die entsprechend ihrer Verdoppelungszeiten von $\tau_{dopp} \approx \tau_{Gen}/(\rho - \beta) \lesssim 0{,}01$ s nicht durch Steuerung über Absorberstäbe kontrolliert werden könnten, können beim Reaktor intern nicht auftreten. Würde eine solche dennoch durch Einwirkung von außen - z. B. durch plötzliches Entfernen aller Absorberstäbe - induziert, so haben die meisten Reaktortypen (z. B. LWR, SWR, HTR) die prinzipielle Fähigkeit der Selbstregelung, die eine unkontrollierte Kettenreaktion a priori ausschließt: Durch den bei steigender Reaktorleistung erfolgenden Temperaturanstieg wird die Reaktivität so weit abgesenkt, daß ein weiteres Anwachsen der Leistung beschränkt bzw. die Leistung wieder abgesenkt wird.

Diese Eigenschaft der Selbstlöschung ist vor allem durch folgende Abhängigkeiten der Kritikalität eines Reaktors bedingt:

i) Temperaturabhängigkeit der Moderatordichte: Bei Temperaturerhöhung nimmt die Moderatordichte ab; dadurch wird der Abbremsweg der Neutronen vergrößert, der Neutronenverlust nach außen nimmt zu.

ii) Reaktortemperatur: Der Einfangwirkungsquerschnitt für Neutronen in ^{235}U ist umgekehrt proportional zur Neutronengeschwindigkeit. Die Neutronengeschwindigkeit wächst proportional zur Wurzel aus der Temperatur. Damit sinkt bei steigender Temperatur die Spaltungsrate.

iii) Doppler-Verbreiterung: Die Absorption von Neutronen in schweren Kernen ohne nachfolgende Kernspaltung, die also zu Neutronenverlusten führt, geschieht resonanzartig: Durch den Einfang eines Neutrons wird der Kern in Schwingung versetzt. Der Kern wiederum kann - wie auch z. B. jeder makroskopische Festkörper - nur bei ganz bestimmten Anregungsfrequenzen zu merklicher, resonanzartiger Schwingung angeregt werden. Damit kann diese Anregung nur beim Übertrag einer Energiemenge, gerade der kinetischen Energie der Resonanzschwingung entsprechend, bewirkt werden. Bezüglich der Anregung durch Neutroneneinfang bedeutet dies, daß nur Neutronen mit der entsprechend großen kinetischen Energie bzw. mit einer ganz bestimmten Geschwindigkeit v_R absorbiert werden können.

Mit zunehmender Brennstofftemperatur wächst die Wärmebewegung der Brennstoffatome; dadurch können in zunehmendem Maße auch Neutronen mit größerer, $v > v_R$, als auch mit kleinerer Geschwindigkeit, $v < v_R$, von Kernen absorbiert werden.

- Neutronen mit $v < v_R$, wenn der absorbierende Kern durch Wärmebewegung dem anfliegenden Neutron mit einer entsprechenden Differenzgeschwindigkeit entgegenfliegt,
- Neutronen mit $v > v_R$, wenn sich der absorbierende Kern mit einer entsprechenden Differenzgeschwindigkeit in die gleiche Richtung wie das anfliegende Neutron bewegt.

Damit verbreitert sich das Energieintervall der Neutronen, die absorbiert werden können (Doppler-Verbreiterung), die Neutronenabsorption nimmt entsprechend zu.

Klassisches Beispiel für den Mechanismus der Selbstregelung und Selbstlöschung eines Reaktors sind die natürlichen "Kernreaktoren" von Oklo:

Dort, im heutigen Gabun an der westafrikanischen Küste, befinden sich Lagerstätten an Uranerz, welches ursprünglich einen Gehalt an ^{235}U von ca. 3 % hatte. Als vor ca. 2 Mrd. von Jahren Wasser - als Neutronenmoderator - in die Lagerstätte eindrang, starteten an diesen Stellen Kettenreaktionen von Kernspaltungen.

Diese natürlichen "Kernreaktoren" brannten über ca. 200 000 Jahre, ehe sie nach Abbrand des Brennstoffs von ursprünglich ca. 0,7 % auf ca. 0,5 % Anteil an Uran wieder erloschen [105].

3.6.4.2 Übersicht von Kernreaktor-Typen

Man unterscheidet zwischen

- "thermischen" Reaktoren, in welchen zur Spaltung der Brennstoffkerne (^{235}U, ^{233}U) Neutronen, die auf thermische Geschwindigkeiten moderiert sind, benötigt werden,

und

- "schnellen" Brutreaktoren, in welchen zur Spaltung der Brennstoffkerne (^{239}Pu) relativ "schnelle" Neutronen, zur Erbrütung von Brennstoffen aus ^{238}U und ^{232}Th thermische Neutronen benötigt werden (s. Tab. 3.6.6).

Der heute dominierende Kernbrennstoff ist ^{235}U, meist angereichert auf 3 % (DWR, SWR) bis 94 % (HTR) in einem Gemisch mit ^{238}U. Jeder Reaktortyp, der mit einer Mischung aus einem starken und einem schwachen Spaltstoff betrieben wird, "verbrennt" nicht nur den starken Spaltstoff A, sondern "erbrütet" auch gleichzeitig aus dem schwachen Spaltstoff B einen mehr oder minder großen Anteil X an künstlichen Kernbrennstoffen, z. B. durch Umwandlung von Uran ^{238}U zu Plutonium ^{239}Pu, ^{241}Pu bzw. Thorium ^{232}Th zu ^{233}U:

Bei den heutigen thermischen Leichtwasser-Reaktoren (DWR, SWR) werden pro Spaltung eines Brennstoffkerns ca. 0,5 neue Brennstoffkerne "erbrütet" (Konversionsrate CR ≈ 0,5).

In zukünftigen thermischen Reaktoren, zu sogenannten Hochkonvertern entwickelt, hofft man, Konversionsraten von CR ≈ 0,9 pro Kernspaltung zu erreichen.

Noch wesentlich bessere Konversionsraten von CR ≈ 1,1 - 1,2, hier auch Brutrate genannt, werden in schnellen Brutreaktoren erreicht.

Zum einen kann dabei ein Reaktor durch den partiellen Abbrand des selbst erbrüteten Spaltstoffs seinen Brennstoffvorrat strecken (s. Abschn. 3.6.9):

$$(3.6.25) \qquad A + X \cdot B = A\,(1 + CR)$$

Zum anderen können aus "abgebrannten" Brennstoffen durch mehrfach wiederholte Wiederaufarbeitung darin enthaltene erbrütete Brennstoffe abgetrennt und als neuer Brennstoff verwendet werden. Dies führt zu einer wesentlich besseren Ausnützung des ursprünglich angebotenen Spaltstoffgemisches A + B:

Während ohne Wiederaufarbeitung von Natururan maximal dessen Anteil von 0,7 % an ^{235}U genutzt werden kann, erhöht sich der Anteil

- bei dem Leichtwasser-Reaktor mit $CR \approx 0,5$ um den Faktor 2,
- bei Hochkonvertern mit $CR \sim 0,9$ um den Faktor 10,
- bei schnellen Brütern im Realfall um den Faktor 100 (d. h. bis zu 70 % des nichtspaltbaren ^{238}U werden in spaltbaren Brennstoff umgewandelt und genutzt).

Eine Übersicht der verschiedenen Kernreaktor-Typen und einiger ihrer wesentlichen Parameter gibt Tabelle 3.6.8.

Die heutigen Kernkraftwerke in der Bundesrepublik sind alle mit Druckwasser- und Siedewasser-Reaktoren ausgestattet.

Tabelle 3.6.8: Übersicht verschiedener Reaktortypen (nach [77])

Reaktor-Typ		Therm./ Schnell	Brennstoff Art	Brennstoff Anreicherg. im Schwermetall	Schwermetall Inventar [t] für 1 GW_{el}	Moderator	Kühlmittel Art	Kühlmittel Druck [bar]	Kühlmittel Temp. [°C]	Konv.-rate CR
Druckwasser-R.	DWR	Th	UO_2	3 %	80	H_2O	H_2O	155	323	0,55
Siedewasser-R.	SWR	Th	UO_2	3 %	120	H_2O	H_2O	70	286	0,6
Schwerwasser-R.	HWR	Th	UO_2	0,7 %	115	D_2O	D_2O	115	312	0,8
Gas-Graphit-R.	GGR	Th	U	0,7 %	900	Graphit	CO_2	28	414	0,8
Advanced GGR	AGR	Th	UO_2	2,6 %	170	Graphit	CO_2	41	651	0,6
Hochtemperatur-R.	HTR	Th	UO_2/ThO_2	93 %	24	Graphit	He	40	750	0,7
Wasser-Graphit-R.	LWGR	Th	UO_2	1,8 %	190	Graphit	H_2O	65	280	
Brut-R.	BR	S	UO_2/PuO_2	18 %	76	-	Na	2,5	545	1,2

3.6.4.3 Druckwasser-Reaktor, DWR

Beim Druckwasser-Reaktor ist der Primärkreislauf des Kühlmittels) (Wasser) über einen Wärmetauscher vom Sekundärkreislauf getrennt. Über den Sekundärkreislauf wird ein Dampfturbinen-Generator betrieben, wobei der genannte Wärmetauscher als Dampferzeuger für den Sekundärkreislauf dient.

Als Beispiel eines typischen DWR sei das Kernkraftwerk Biblis A genannt:

- Thermische Leistung: 3500 MW
- Elektrische Leistung: 1200 MW
- Kühlmittelabfluß aus dem Reaktor bei einem Druck von 155 bar und einer Temperatur von 320° C
- Kühlmitteldurchsatz: 72000 m^3 Wasser/Stunde
- Uranbedarf: Erstausstattung 100 t U (= 3 t ^{235}U). (Dies entspricht einem Bedarf von ca. 600 t Natururan, wenn nach der Anreicherung das abgereicherte Uran noch 0,25 % ^{235}U enthält.)
- Abbrand des Brennstoffs von 3 % auf 0,8 %
- Konversionsrate von ^{238}U zu Pu von 0,55 pro Kernspaltung
- Wärmeinhalt des Brennstoffinventars: $(1+0{,}55) \cdot 7{,}8 \cdot 10^{13}$ J/kg ^{235}U
- Abgegebene Wärme pro Jahr: $W/a = 3{,}5 \cdot 10^9 \cdot \pi \cdot 10^7 \cdot 0{,}75 \approx 8 \cdot 10^{16}$ J/a
- Prozentuale zeitliche Verfügbarkeit des Reaktors: ca. 75 % der Zeit
- Brennstoffverbrauch pro Jahr: 640 kg ^{235}U
- Jährliche Zuladung von Brennstoff bei einem maximalen Abbrand von 3 % auf 0,8 %: ca. 900 kg ^{235}U (Sie entsprechen ca. 30 t angereichertem Uran bzw. 180 t Natururan.)

Die Kosten für Bau und Betrieb eines DWR mit 1 GW elektrischer Leistung, 75 % Verfügbarkeit, Lebensdauer 25 Jahre, werden wie folgt grob abgeschätzt [77, 104]:

- Neubau (Preis 1972) schätzungsweise 5 Mrd. DM
- Natururan pro Jahr 180 t für ca. 200 DM/kg
- Anreicherung auf 3 % ^{235}U-Gehalt pro Jahr 30 t für ca. 700 DM/kg
- Abfallbehandlung, bezogen auf Brennstoff pro Jahr von 30 t, für ca. 110 DM/kg
- Endlagerung der radioaktiven Abfälle, bezogen auf Brennstoff pro Jahr ≈ 30 t, für ca. 70 DM/kg (s. Abschn. 3.6.6)
- Betriebskosten des Kraftwerks über 25 Jahre von ca. 0,8 Mrd. DM

Daraus resultiert ein Energie-Erntefaktor ε, bezogen auf den Gewinn an elektrischer Energie, von:

$$\varepsilon = \frac{\text{abgegebene elektrische Energie in 25 Jahren}}{\text{E-Aufwand für } \underline{\underline{\text{Bau}}} + \underline{\underline{\text{Betrieb}}} + \text{Brennstoffe}}$$

$$\varepsilon = \frac{1\,[GW_{el}]\cdot 0{,}75\cdot 25\,[a]}{2{,}5\left[\frac{kWh}{DM}\right]\cdot(\underline{\underline{5\cdot10^9}} + \underline{\underline{0{,}8\cdot10^9}} + 25[a]\cdot(36+21+3{,}3+2{,}1)\cdot10^6\,[DM])}$$

$$\varepsilon = \frac{164\cdot10^9\,[kWh]}{(\underline{\underline{12{,}5}} + \underline{\underline{2}} + 3{,}9)\cdot10^9\,[kWh]} \approx 9$$

Im Unterschied zum Erntefaktor von Kohlekraftwerken, der zum überwiegenden Teil von den Kohlekosten bestimmt wird (s. Abschn. 3.1.3), wird der Erntefaktor eines Kernkraftwerks derzeit überwiegend von den Reaktorbaukosten bestimmt. (Erst bei einem fünfmal höheren Kostenaufwand für Natururan, also von 1000 DM/kg, würde der Anteil der Brennstoffkosten den der Baukosten erreichen, dabei den Erntefaktor auf ε ≈ 6 erniedrigen.)

Weitere Anwendung von Druckwasser-Reaktoren: Kernreaktoren werden auch z. B. zum Antrieb von Schiffen verwendet. (Abgesehen von zwei inzwischen außer Dienst gestellten Frachtschiffen sind bislang nur Schiffe im militärischen Bereich mit Kernreaktorantrieb ausgestattet.) Gegenüber konventionellen Antrieben von Vorteil sind dabei:

- der über mehrere Jahre mögliche Schiffsbetrieb ohne Brennstoffaufnahme,

- der Wegfall des Raumbedarfs für Brennstofflagerung im Schiff.

Es wird erwartet, daß in Zukunft zumindest für Schiffe mit einer Antriebsleistung von mindestens 10 000 kW der Antrieb über einen Kernreaktor wirtschaftlich konkurrenzfähig zu fossil betriebenen Motoren sein könnte.

3.6.4.4 Siedewasser-Reaktor (SWR)

Der SWR unterscheidet sich vom DWR hauptsächlich dadurch, daß hier der gesättigte Dampf aus dem Reaktorkühlkreislauf in einem geschlossenen Kreislauf bei wesentlich geringerem Druck (70 bar) als beim DWR direkt ohne Zwischenschaltung eines Sekundärkreislaufs zum Turbinenantrieb genutzt wird.

Bezüglich Leistung, Brennstoffbedarf und Energie-Erntefaktor ist der SWR dem DWR sehr ähnlich.

3.6.4.5 Schwerwasser-Reaktor (HWR)

Beim HWR wird als Kühlmittel und als Moderator schweres Wasser (D_2O) benutzt (das im natürlichen Wasser zu 0,015 % enthalten ist). Da das schwere Wasser eine geringere Neutronenabsorption als leichtes Wasser aufweist, kann Natururan mit 0,7 % ^{235}U-Gehalt als Brennstoff verwendet werden.

Andererseits ist die Moderatorwirkung von Schwerwasser wesentlich geringer als die von Leichtwasser. Durch die entsprechend benötigte höhere Menge an Moderator ist das Volumen eines Schwerwasserreaktor-Drucktanks bei gleicher Leistung und gleichem Brennstoffinventar um etwa einen Faktor 10 größer als das eines Leichtwasserreaktor-Drucktanks.

Dementsprechend sind auch die Kosten für den Bau eines HWR wesentlich höher als die für DWR und SWR.

3.6.4.6 Gasgekühlte, graphitmoderierte Reaktoren vom Typ GGR und AGR (Advanced GGR)

Beide Reaktortypen wurden u. a. in Großbritannien, basierend auf der Art des ersten (künstlichen) Kernreaktors, den E. Fermi 1942 in Chicago gebaut hatte, entwickelt. Im GGR konnte Natururan als

Brennstoff verwendet werden; der AGR ist eine Weiterentwicklung, die mit auf ca. 2,5 % angereichertem ^{235}U betrieben wird.

Die Konkurrenzfähigkeit dieser Reaktortypen mit Reaktoren vom Typ DWR und SWR bezüglich ihrer Wirtschaftlichkeit als Leistungsreaktoren wird bestritten.

3.6.4.7 Hochtemperatur-Reaktor HTR

Der wesentlichste Unterschied dieses Reaktors zu allen anderen Reaktor-Typen liegt in der deutlich höheren Temperatur von ca. (750 - 900)^{o} C, mit der Wärme in diesem Reaktor erzeugt werden kann. Erreicht wird dies durch das Einbetten des Reaktorbrennstoffs (^{235}U, zu 94 % angereichert) in entsprechend temperaturbeständiges, keramisches Material:

So wird z. B. in Graphitkugeln von 6 cm Durchmesser UO_2 als Brennstoff zusammen mit ThO_2 als Brutstoff in Form winziger Kügelchen (Anzahl ca. 10^6) mit einem Gesamtgewicht von ca. 1 g U und 10 g Th pro Graphitkugel eingebettet.

In dem in der BRD entwickelten Konzept des sogenannten Kugelhaufenreaktors werden diese Brennstoff-Moderator-Kugeln in einem zylindrischen Behälter zusammengehalten; die Wärmeabfuhr geschieht über durchströmendes Heliumgas (s. Bild 3.6.11).

Als Beispiel für einen Reaktor dieses Typs sei genannt der in der BRD in Schmehausen in Bau, kurz vor der Fertigstellung befindliche Prototyp HTR-300 mit folgenden Parametern (s. auch Tabelle 3.6.8):

- Thermische Leistung: 750 MW
- Elektrische Leistung: 300 MW
- Beladung mit Brenn- und Brutstoff: ca. 7 t
- Wärmeabfuhr bei Temperaturen von ca. (750 - 900)^{o} C

Die hohe Temperatur der angebotenen Wärme eröffnet eine Vielzahl von Möglichkeiten der Wärmenutzung:

- Prozeßwärme bei hoher Temperatur
  für Erzeugung von Synthesegas aus Kohle,
  für Methanspaltung zu Synthesegas als "Fernenergie"
  (ADAM-EVA-Verfahren, s. Abschn. 3.1.2.2),

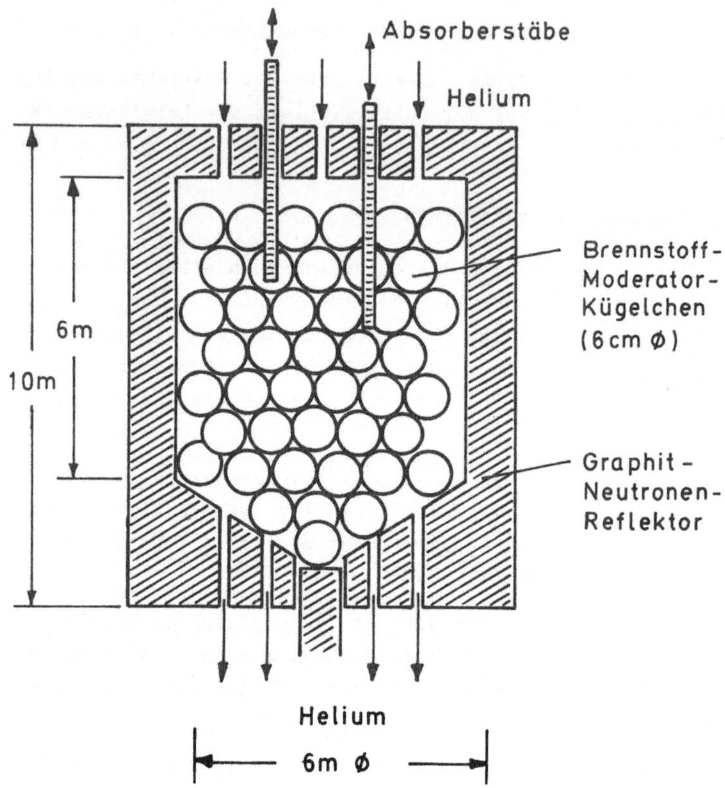

Bild 3.6.11: Prinzip des Reaktorkerns eines HTR-Kugelhaufenreaktors

für Wasserstofferzeugung (thermochemisch und über Hochtemperatur-Elektrolyse),
für Cracken von Schwerölen,

- Stromerzeugung über Antrieb von Gas- und Dampfturbinen,
- Prozeß- und Heizwärme bei mäßigen Temperaturen.

Energiebilanz: Basierend auf den bisherigen Erfahrungen werden heute (1982) für den zukünftigen Bau standardisierter HTR mit einer elektrischen Leistung von 1 GW_{el} Kosten in Höhe von 3 Mrd. DM angegeben [106]. (Das entspricht etwa 50 % der Baukosten für

für den im Bau befindlichen Reaktor-Prototyp in Schmehausen.) Diesen Baukosten zufolge würde sich der Energie-Erntefaktor eines HTR (bezogen auf gewinnbare elektrische Leistung) um knapp einen Faktor 2 gegenüber dem eines DWR erhöhen.

3.6.4.8 Leichtwasser-graphitmoderierter Reaktor LWGR

Dieser Reaktortyp wurde ausschließlich in der UdSSR entwickelt, wo er heute zusammen mit Reaktoren vom Typ DWR serienmäßig gebaut wird.

3.6.4.9 Brutreaktor BR

Als Brutreaktoren werden Reaktortypen bezeichnet, die eine Konversionsrate von nicht spaltbarem Material in spaltbaren Kernbrennstoff von CR > 1 aufweisen. Hier wird also pro Spaltung eines Brennstoff-Atomkerns - in der Spaltzone des Reaktors - im Mittel mehr als 1 weiterer Brennstoff-Atomkern durch Umwandlung von nicht spaltbarem Brutstoff - in Spaltzone und Brutzone (sogenannter Brutmantel) des Reaktors - durch Neutroneneinfang "erbrütet".

Typische Werte für die Konversionsrate eines BR betragen CR ≈ 1,1 - 1,2.

Ein Brutreaktor kann also nach einer erstmaligen Beladung mit Spaltstoff und Brutstoff während des Betriebs durch Abbrand von Spaltstoff aus dem Brutstoff mehr als seinen künftigen Eigenbedarf an Spaltstoff erbrüten. Dieser muß durch (Wieder-) Aufarbeitung der abgebrannten Brennstäbe und des Materials der Brutzone extrahiert und zu neuen Brennstäben verarbeitet werden.

Je nach Konversionsrate liefert ein BR zusätzlich zu seinem eigenen Bedarf an Brennstoff innerhalb einer Betriebszeit von ca. 7 - 20 Jahren ausreichend Brennstoff für die erstmalige Ausstattung eines weiteren Reaktors.

Das Aufbauprinzip des Kerns eines Brutreaktors ist in Bild 3.6.12 skizziert.

Brenn- und Brutstoffinventar eines BR:

- Spaltzone: ca. 5 - 10 t Brenn- und Spaltstoff-Inventar (UO_2 + PuO_2, Brennstoff Pu zu ca. 20 % angereichert)
- Brutmantel: ca. 100 t Natururan oder angereichertes Uran

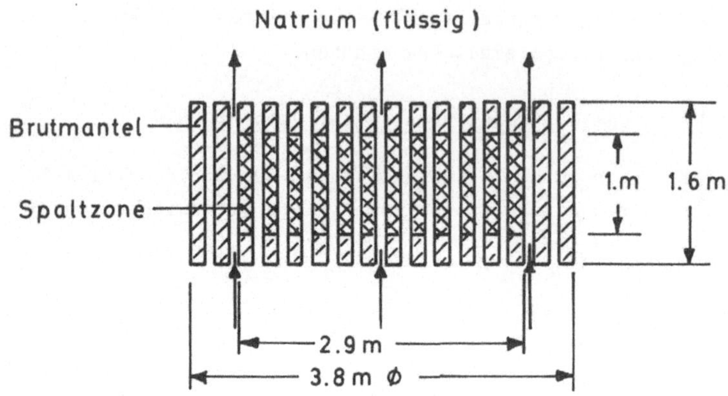

Bild 3.6.12: Prinzip des Reaktorkerns eines Brutreaktors (angegebene Maße für SNR-300 in Kalkar)

Sicherheit des BR-Betriebs: Auch bei einem Brutreaktor können spontane Reaktivitätsänderungen zumindest in einem weiten Bereich durch einige der in Abschn. 3.6.4.1 genannten reaktorspezifischen Abhängigkeiten der Kritikalität von der Reaktortemperatur selbständig stabilisiert werden.

Im Unterschied zu den "thermischen" Reaktoren ist der "schnelle" Brutreaktor aber wegen der hier durch schnelle Neutronen bewirkten Kernspaltungen nicht a priori gegen eine Leistungsexkursion bis schließlich hin zu einer Nuklearexplosion geschützt.

Deshalb werden Brutreaktoren mit einer weit größeren Redundanz der Sicherheitsvorkehrungen zur automatischen Abschaltung eines Reaktors bei Leistungsexkursionen ausgerüstet als dies bei thermischen Reaktoren geschieht.

Durch den Aufbau des Reaktorkerns und die Materialdichte der verwendeten Kernbrennstoffe ist aber die maximal mögliche Energiefreisetzung bei einer Nuklearexplosion stark eingeschränkt: Schon eine beginnende Explosion verdünnt die umliegenden Spaltstoffe derart, daß die nukleare Kettenreaktion schnell abbricht. Mit an Sicherheit grenzender Wahrscheinlichkeit kann bei einer solchen

Nuklearexplosion maximal eine Energiemenge von ca. 400 MJ freigesetzt werden. Das entspricht der Spaltung von 5 mg an ^{235}U bzw. der Energie aus einer Explosion von 75 kg TNT (Dynamit). (Vergleichsweise entsprach die Sprengwirkung der Atombomben auf Hiroshima und Nagasaki ca. 20 000 t TNT.)

Die Behälter eines BR-Kerns sind so angelegt, daß sie einer solchen extrem unwahrscheinlichen Explosion mit ca. 400 MJ Energiefreisetzung standhalten, so daß auch bei einem solchen Unfall keine Radioaktivität nach außen entweichen kann. Eine eingehendere Behandlung des Risikos solcher Unfälle und möglicher Schadensfolgen geschieht in Abschn. 3.6.8.

Energiebilanz des BR: Die Kosten für einen BR belaufen sich im Fall des in Kalkar im Bau befindlichen BR-Prototyps SNR-300 auf ca. 6 - 7 Mrd. DM. Ein wesentlicher Teil dieser Kosten ist bedingt durch den Umbau bereits fertiggestellter Anlagenteile zur Berücksichtigung weiterer Sicherheitsvorkehrungen.

Für den Bau standardisierter Brutreaktoren sollten Kosten vergleichbar mit denen für Reaktoren vom Typ DWR und SWR zu erwarten sein, somit auch Energie-Erntefaktoren von ähnlicher Höhe. Dabei ist aber noch zu beachten, daß im Fall von BR das gesamte Brutmaterial letztlich bis zu ca. 60 % zu Brennstoff umgewandelt und abgebrannt werden kann, der Bedarf an Natururan oder Thorium also ca. hundertmal kleiner ist als der für den Betrieb von heutigen thermischen Reaktoren.

Die Kosten für Brennstoffbereitstellung der Wiederaufarbeitungsanlage betragen schätzungsweise (500 - 800) DM/kg aufzuarbeitende Brenn- und Brutstoffe (s. Abschn. 3.6.5).

3.6.4.10 Gasphasen-Reaktor

Ursprünglich zum Antrieb von Raketenmotoren gedacht, ist seit ca. 1 Jahrzehnt in den USA der sogenannte Gasphasenreaktor in Entwicklung. Dabei wird als Brennstoff das gasförmige Uranhexafluorid UF_6 verwendet, das in einer Trommel aus Beryllium als Moderator und Reflektor für Neutronen unter hohem Druck zur Kernspaltung gebracht wird.

Dieser Reaktor verspricht

- Auslegung auch für relativ kleine Wärmeleistungen,
- kontinuierliche Brennstoffzufuhr in kleinen Mengen,
- Wiederaufarbeitung der abgebrannten Gase noch innerhalb des Reaktordruckgefäßes,
- Ausnutzung des Uranabbrands vergleichbar mit dem von Brutreaktoren.

3.6.4.11 Potential an Kernkraftwerken

Das heutige weltweite Potential an Kernkraftwerken einschließlich der damit verfügbaren elektrischen Leistung und das derzeit abzusehende Anwachsen dieses Potentials innerhalb des nächsten Jahrzehnts ist in Tabelle 3.6.9 zusammengestellt.

Tabelle 3.6.9: Weltweites Potential an Kernreaktoren (1980) (nach [77])

Typ	in Betrieb		in Betrieb, in Bau und bestellt	
	Anzahl	el. Leistung [MW]	Anzahl	el. Leistung [MW]
DWR	106	72 846	316	275 666
SWR	60	36 499	130	110 506
HWR	19	6 655	44	20 347
GGR	35	8 833	35	8 833
AGR	4	2 500	14	8 694
LWGR	21	9 738	31	21 738
HTR	2	345	3	645
BR	6	1 280	9	3 120
insges.	253	138 696	582	449 049
Davon in der Bundesrepublik Deutschland (1982):				
DWR + SWR	15	10 358	25	21 687

Das somit weltweit verfügbare elektrische Potential aus Kernkraftwerken von 0,14 TW entspringt einem thermischen Potential von 0,4 TW. Bei einer mittleren zeitlichen Verfügbarkeit von 0,7 deckt dieses Potential derzeit ca. 3,5 % des weltweiten Bedarfs an Primärenergie.

Im Fall der Bundesrepublik Deutschland werden derzeit (1982) aus Kernkraftwerken 21 % unseres Bedarfs an elektrischer Energie gedeckt.

Verfügbarkeit von Kernkraftwerken: Die Technik der Druckwasser-Reaktoren DWR und Siedewasser-Reaktoren SWR kann heute als ausgereift betrachtet werden. Moderne Kraftwerke dieser Art stehen in der Bundesrepublik Deutschland im jahreszeitlichen Mittel bis zu 80 % der Zeit zur Leistungsabgabe zur Verfügung. Dies entspricht etwa der zeitlichen Verfügbarkeit von Kohlekraftwerken. Die maximal mögliche Ausweitung dieses Potentials ist durch den Aufwand an Kosten von ca. 5 Mrd. DM pro Kraftwerk (1 GW_{el}) bei einer Bauzeit von ca. 5 Jahren in der BRD auf höchstens einige wenige Reaktoren pro Jahr beschränkt.

Die Technik von Brutreaktoren BR und Hochtemperaturreaktoren HTR ist dagegen noch in Entwicklung. Bislang sind von diesen Reaktorarten nur Versuchsanlagen und Kraftwerks-Prototypen in Betrieb (s. Tab. 3.6.9). Dementsprechend wird eine mögliche Ausweitung des Potentials an Kraftwerken dieser Art einen wesentlich längeren Zeitraum in Anspruch nehmen als im Fall von DWR und SWR.

3.6.5 Wiederaufarbeitung von Kernbrennstoffen

Bei der Kernspaltung entstehen in den Brennelementen Spaltprodukte, die zum Teil starke Neutronenabsorber sind. Deshalb müssen Brennelemente aus einem Reaktor bereits ausgewechselt werden, wenn ihr Gehalt an Spaltstoffen auf ca. ein Drittel des ursprünglichen Werts abgebrannt ist. Diese Brennelemente enthalten also außer dem nahezu unverminderten Anteil an ^{238}U im Fall der Brennstoffe aus thermischen Reaktoren noch ca. 1 % an spaltbarem ^{235}U und je nach Konversionsrate ca. 1 - 2 % an spaltbarem Plutonium, im Fall der Brenn- und Brutstoffe aus Brutreaktoren einige Prozent an spaltbarem Material.

Im Fall der derzeitigen thermischen Reaktoren mit ihren Plutonium-Konversionsraten von CR ≈ 0,5 reduziert eine ein- bis mehrmalige Wiederaufarbeitung abgebrannter Brennelemente den Eigenbedarf an Brennstoff aus Natururan um ca. 30 %.

Im Fall von Brutreaktoren ist die Wiederaufarbeitung sowohl abgebrannter Brennelemente aus Leichtwasser-Reaktoren zur Gewinnung der Erstausstattung von Plutonium als Brennstoff als auch der Brennelemente und des Brutmantels aus dem Eigenbetrieb für einen weiteren Reaktorbetrieb unabdingbar (s. Abschn. 3.6.3.9).

Anfallende radioaktive Stoffe: Die pro Jahr Betriebszeit eines DWR von 1 GW elektrischer Leistung über abgebrannte Brennelemente anfallenden Mengen an radioaktivem Material sind in Tabelle 3.6.10 zusammengestellt (s. auch Tab. 3.6.2):

Tabelle 3.6.10: Jährlicher Anfall an radioaktiven Stoffen in abgebrannten Brennelementen eines DWR von 1 GW elektrischer Leistung (nach [16])

Substanz	Menge	Radioaktivität [Ci]
Uran	30 t	10
Plutonium	0,3 t	$1{,}8 \cdot 10^4$
Spaltprodukte	1,1 t	$3 \cdot 10^7$
davon Krypton ^{85}Kr	1,3 kg	$5 \cdot 10^5$
Jod ^{129}J	10 kg	2
Tritium ^3_1H	1 g	10^4
Strukturmaterial (Brennelement-Hüllen)	10 t	$4 \cdot 10^5$

Ein Großteil der radioaktiven Substanzen der Spaltprodukte und des Strukturmaterials haben kurze Lebensdauern. Deshalb werden abgebrannte Brennelemente nach der Entfernung aus dem Reaktorkern vor einer Wiederaufarbeitung einige Monate in wassergefüllten Abklingbecken gelagert. Dabei vermindert sich der Aktivitätsgehalt um mindestens eine Größenordnung.

Arbeitsweise einer Wiederaufarbeitungsanlage, WAA: Weltweit werden in allen existierenden WAA im sogenannten PUREX-Verfahren (Plutonium-Uranium-Recovery by Extraction) [77, 104] die in den eingebrachten Brenn- und Brutelementen enthaltenen Spalt- und Brutstoffe auf chemischem Weg abgetrennt und für erneute Nutzung aufbereitet. Die dabei anfallenden radioaktiven Abfälle werden in endlagerfähige Zustände gebracht.

Der Purex-Prozeß ist in 3 Verfahrensschritte unterteilt:

- Headend,
- Extraction,
- Tailend.

In Headend werden die Brennelemente in ca. 5 cm lange Teile zerschnitten und die darin enthaltenen Brenn- und Brutstoffe mit konzentrierter Salpetersäure herausgelöst. Zurück bleiben die Metallteile der Brennelement-Umhüllung als feste Abfälle. Von den bei Zerlegung und Auflösung freigesetzten gasförmigen und an Aerosole gebundenen radioaktiven Spaltstoffen werden z. B. das Jod ^{129}J an silberimprägnierten Filtern als festes Silberjodid ausgefällt. Das Edelgas Krypton ^{85}Kr wurde bisher wegen der weltweit bislang insgesamt geringen anfallenden Mengen nicht zurückgehalten. In Zukunft soll es über Tieftemperatur-Verflüssigung ausgefällt und zunächst in Druckflaschen, später gegebenenfalls unentweichbar in Aluminium-Silikat-Kristallen (Zeolith) eingelagert werden. (Bei Temperaturen von über 500° C kann das Krypton ungehindert in das Kristallgitter einströmen. Bei Abkühlung auf Normaltemperaturen schrumpft das Kristallgitter, das Gas bleibt ausbruchsicher eingeschlossen.)

Bei der Extraction werden Uran und Plutonium zunächst gemeinsam über Umwandlung in Kohlenstoffverbindungen von den in der wäßrigen Lösung verbleibenden radioaktiven Spaltprodukten abgeschieden und in einem weiteren Schritt voreinander getrennt. Die hoch radioaktiven Abfälle werden in Glas verfestigt und in Edelstahlbehälter eingeschweißt, die mittel- und schwachaktiven Abfälle - partiell nach Eindampfen - in Beton verfestigt.

Im Tailend wird das Uran in Form von konzentrierter Uranylnitratlösung, das Plutonium in Form festen Plutoniumoxids weiterer Verarbeitung zu neuen Brennelementen zugänglich gemacht.

Menge radioaktiver Abälle: Pro Wiederaufarbeitung von 30 t Uran, der jährlich anfallenden Menge aus einem DWR mit 1 GW elektrischer Leistung, fallen an

- an hochaktivem Abfall
  (mit Aktivität von $\geq 10^4$ Ci/m^3)
  in verglaster Form ca. 3 m^3,

- an mittel- und schwachaktivem Abfall (mit Aktivität $\leq 10^4$ Ci/m³ bzw. 10^{-1} Ci/m³) zu Beton verfestig ca. 200 m³.

Die durch die radioaktiven Zerfälle freigesetzte Wärme beträgt für hochaktiven Abfall mit 10^4 Ci/m³ ca. 200 W/m³.

Rückhalt radioaktiver Substanzen bei der WAA: Von den bei der WAA verarbeiteten radioaktiven Substanzen gelangt nur ein winziger Bruchteil der Aktivitäten über den Schlupf bei der Filterung von Abluft und Abwasser an die Außenwelt,

- von Uran + Plutonium ein Anteil von ca. $5 \cdot 10^{-6}$
- von Krypton ein Anteil von ca. 10^{-2} (bislang 1)
- von Jod ein Anteil von ca. 10^{-3}
- von Tritium ein Anteil von ca. 10^{-2} .

Sicherheit von WAA: Alle radioaktiven Stoffe werden in einem geschlossenen System, von starken Betonwänden umgeben, behandelt.

Gegen äußere Einwirkungen wie Hochwasser, Orkane, Flugzeugabstürze, starke Erdbeben muß die Anlage baulich stabil sein.

Bei der WAA werden durch geeignete Auslegung der Apparaturen und durch Beimischung von Neutronenabsorberstoffen gefährdende Konzentrationen der Brennstoffmaterialien vermieden.

Potential und Verfügbarkeit von WAA: Wiederaufarbeitungsanlagen werden seit ca. 30 Jahren betrieben. Dabei wurden bis 1979 weltweit folgende Mengen an Uran aufgearbeitet [104]:

- ca. 800 000 t aus dem militärischen Bereich,
- ca. 28 000 t aus Gas-Graphit-Reaktoren,
- ca. 900 t aus Leichtwasser-Reaktoren.

(Die große Menge für den militärischen Bereich ist bedingt durch die Tatsache, daß bei Gewinnung von Plutonium für die Waffenfabrikation möglichst reines ^{239}Pu ohne störende neutronenabsorbierende Beimischungen von ^{240}Pu und anderer Schwermetalle erwünscht ist. Dies ist dann zu erreichen, wenn die Brennstäbe schon nach sehr kurzer Betriebszeit von nur wenigen Monaten ausgewechselt und aufgearbeitet werden.

Das entstandene Plutoniumgemisch aus Brennelementen, die über Jahre beim Betrieb ziviler Leistungsreaktoren genutzt worden sind, ist für die Herstellung von Kernwaffen weniger gut geeignet.)

Aus den Erfahrungen mit der WAA in La Hague (Frankreich) und der WAA-Versuchsanlage in Karlsruhe bei der Wiederaufarbeitung von Kernbrennstoffen aus Leichtwasser-Reaktoren folgt, daß Anlagen dieser Art zwischen (65 - 85) % der Zeit für Verarbeitung zur Verfügung stehen; der Rest der Zeit wird vornehmlich für Wartungsarbeiten und Umstellung auf unterschiedliche Brennelementarten benötigt.

Die Kosten für den Bau einer WAA mit einem Jahresdurchsatz von 350 t Brenn- und Brutstoffen werden derzeit (1982) mit ca. 4 Mrd. DM veranschlagt. Daraus resultieren unter Berücksichtigung von Betriebskosten Kosten für die Gewinnung von Kernbrennstoffen von Schätzungsweise (500 - 800) DM pro kg gewonnenen Brennstoffs.

3.6.6 Endlagerung radioaktiver Abfälle

Die bei der WAA anfallenden radioaktiven Abfälle müssen sicher und ohne Gefährdung für die heutigen wie auch die künftigen Generationen beseitigt werden.

Schwach- und mittelaktive Abfälle werden in vielen Ländern routinemäßig in fester Form in oberflächennahen Schichten vergraben oder in der Tiefsee versenkt oder - wie im Fall der Bundesrepublik - in ehemaligen Bergwerken eingelagert.

Hochaktive Abfälle wurden bislang noch in keinem Land beseitigt. Jedoch gilt heute die Einlagerung in Salzstock- oder Granitformationen in Tiefen von ca. (500 - 1500) m als die sicherste Lösung [104].

Als Anforderungen an die geologische Formation sind dabei zu stellen:

- möglichst kein oder nur geringer Kontakt mit dem Grundwasser,
- ausreichende Tiefe,
- tektonische Stabilität,
- ausreichende Wärmeleitfähigkeit,
- gutes Rückhaltevermögen der Deckschichten für Radionuklide.

Die Salzstöcke in der norddeutschen Tiefebene erfüllen all diese Bedingungen vorzüglich. Als besonders günstig erweist sich dabei das plastische Verhalten der Stein- und Kali-Salzschichten. Eine Gefährdung der Umwelt durch ein solches Endlager kann nur über den Transport von radioaktiven Substanzen aus der Tiefe in das oberflächennahe Grundwasser geschehen. Dies kann wiederum nur ermöglicht werden, wenn zunächst Wasser in das Endlager einbricht und - entsprechend lange Zeiträume vorausgesetzt - die Edelstahl-Umhüllung des glasförmigen Abfalls korrodiert und Stoffe aus dem Glas löst. Die "Fließ"-Geschwindigkeit von Wasser aus der Tiefe durch die Deckschichten in Oberflächennähe ist extrem klein.

Einer schwedischen Studie zufolge ist nach erfolgtem Wassereinbruch in eine Endlagerstätte in Gestein das Maximum an aufsteigender Radioaktivität im Grundwasser nahe der Erdoberfläche bezüglich Substanzen wie ^{129}J nach ca. 10^5 Jahren, bezüglich Uran nach ca. 10^8 Jahren (!) zu erwarten. Dabei würden diese Aktivitäten im ungünstigsten Fall eine zusätzliche Strahlenbelastung von 0,4 mrem/a durch Jod und 12 mrem/a (= 10 % der Strahlenbelastung durch natürliche Radioaktivität) durch Uran bewirken.

3.6.7 Diskussion einer denkbaren Energiegewinnung aus der Spaltung von Kernbausteinen

Nachdem die Kernbausteine, Proton und Neutron, inzwischen als Gebilde, zusammengesetzt aus kleineren Bausteinen, den Quarks, erkannt worden sind, stellt sich die Frage, ob analog zur Kernspaltung auch eine denkbare - bislang allerdings nicht beobachtete - Spaltung von Proton und Neutron in ihre Quark-Bausteine eine Energiequelle darstellen könnte.

Um die Energiebilanz dafür zu erstellen, müßte man die Massen der Quarks, M_q, kennen. Indirekte Hinweise z. B. aus Experimenten an Teilchenbeschleunigern lassen vermuten, daß die Quarkmassen von gleicher Größenordnung wie die Elektronenmasse sind, damit viel kleiner als die Massen der Nukleonen.

Demzufolge würde bei der Spaltung eines Nukleons in seine 3 Quarks maximal die Energie von

$$\Delta E = (M_p - 3\,M_q) \cdot c^2 \approx M_p \cdot c^2 \approx 1\ \text{GeV}$$

freigesetzt werden.
Über das Bindungspotential der Quarks im Nukleon wissen wir nur, daß zu seiner Überwindung, also zur Freisetzung der Quarks, eine Energie von mindestens einigen GeV aufgebracht werden müßte. Das bedeutet aber wiederum, daß selbst im Fall einer möglichen Spaltung von Nukleonen in Quarks z. B. in Stößen hochenergetischer Protonen gegeneinander immer weit mehr Energie zur Beschleunigung der Nukleonen vor dem Stoß aufgebracht werden müßte als maximal an Bindungsenergie freigesetzt werden könnte,

$$\frac{E_{\text{freigesetzt}}}{E_{\text{Beschleunigungsaufwand}}} \ll 1.$$

Im Gegensatz zum Energiegewinn aus der Spaltung von Kernen könnte also selbst im Falle einer realisierbaren Spaltung von Nukleonen in Quarks kein Energiegewinn erzielt werden.

3.6.8 Umweltbelastung

Umweltbelastungen, bedingt durch Kernkraftwerke und Wiederaufarbeitungsanlagen, können - mit unterschiedlicher Art und unterschiedlichem Ausmaß von Schäden - verursacht werden durch

- Abbau von Uran-Erzen,
- Schadstoffemission bei der Aufbereitung und Anreicherung von Uran sowie bei der Herstellung der Brennstäbe,
- Schadstoffemission bei der Materialherstellung zum Bau der Kraftwerksanlagen,
- (ständige) Emission von Radioaktivität beim Betrieb von Kernkraftwerken und Wiederaufarbeitungsanlagen,
- Schadstoffemission bei der Behandlung radioaktiver Abfälle,
- (kurzzeitige) Emission von Radioaktivität bei Störfällen in Kernkraftwerken und Wiederaufarbeitungsanlagen.

Das abzubauende Volumen beim Uran-Erz-Bergbau ist - bezogen auf gleiche Kraftwerksleistung - um mehr als einen Faktor 1000 kleiner als beim Kohlebergbau, entsprechend geringer auch die Schädigungen von Mensch und Natur (s. Abschn. 8).

Dem Aufwand für den Bau der Kraftwerksanlagen entsprechend ist die Schadstoffemission bei der Materialherstellung - bezogen auf gleiche Kraftwerksleistung - um etwa einen Faktor 5 größer als bei Kohlekraftwerken.

Die Strahlenbelastung für Betriebspersonal von Anlagen zur Uranerz-Aufbereitung und Anreicherung, von Kernreaktoren und Anlagen zur Wiederaufarbeitung von Kernbrennstoffen und zur Abfallbehandlung wird ständig überwacht und darf gesetzlich vorgeschriebene Maximalwerte (am Ausmaß der Belastung durch natürliche Radioaktivität orientiert) nicht übersteigen.

Die ständige Emission von Radioaktivität beim Normalbetrieb von Kernkraftwerken und Wiederaufarbeitungsanlagen und die daraus resultierende Strahlenbelastung ist aus Tabelle 3.6.11 zu ersehen [16, 100]:

Tabelle 3.6.11: Emission von Radioaktivität und resultierende Strahlenbelastung beim Betrieb von Kernkraftwerken (DWR) und Wiederaufarbeitungsanlagen

Stoff	1 KKW (DWR à 1 GW_{el})		1 WAA (für 10 KKW à 1 GW_{el})					
	emitt. Aktiv. [Ci]	result. Belast. [mrem/a]	bearb. Menge [kg]	bearb. Menge [Ci]	Rückhaltfaktor	emitt. Menge [kg]	emitt. Menge [Ci]	result. Belastg. [mrem/a]
U	$< 10^{-5}$	$< 0{,}01$ in KW-Nähe	$3 \cdot 10^{5}$	10^{2}	$5 \cdot 10^{-6}$	1,5	$5 \cdot 10^{-4}$	≤ 1 in WAA-Nähe
Pu			$3 \cdot 10^{3}$	$2 \cdot 10^{5}$	$5 \cdot 10^{-6}$	0,015	1	
^{85}Kr	$7 \cdot 10^{2}$		13	$5 \cdot 10^{6}$	10^{-2}	0,13	$5 \cdot 10^{4}$	
^{129}J	10^{-5}		10^{2}	20	$> 10^{-3}$	$<0{,}1$	$<2 \cdot 10^{-2}$	
^{3}H	10		10^{-2}	10^{5}	10^{-2}	10^{-4}	10^{3}	

Die emittierten Schwermetalle und das Jod werden im Umkreis von einigen km bis einigen 100 km als Niederschlag am Erdboden abgelagert.

Die emittierten radioaktiven Edelgase verteilen sich sehr schnell gleichmäßig über die gesamte Lufthülle der Erde.

Das Tritium wird vornehmlich über das Abwasser mit einer Aktivität um 10^{-5} Ci/l freigesetzt.

Insgesamt ist die resultierende Strahlenbelastung aus Kraftwerken jeglichen Typs und aus Wiederaufarbeitungsanlagen vernachlässigbar klein gegenüber der natürlichen Strahlenbelastung von ca. 120 mrem/a.

Um das Ausmaß einer möglichen Giftwirkung des emittierten Plutonium abschätzen zu können, wird in Tabelle 3.6.12 die Emission von Plutonium aus einer WAA mit der Emission anderer Giftstoffe aus anderen Quellen verglichen.

Tabelle 3.6.12: Jährliche Emission verschiedener Giftstoffe (nach [101])

Land	Haupt-verursacher	Giftstoffe	emittierte Menge [in Einheiten v.tödl.Dosen]	Gift-aufnahme über
USA	chemische	Chlor	$4 \cdot 10^{14}$	Einatmen
"	Industrie	Phosgen	$2 \cdot 10^{13}$	"
"	Industrie	Cyan-Wasserst.	$6 \cdot 10^{12}$	"
"	Pu-Fabr.	radioakt.St.(Pu)	$4 \cdot 10^{9}$	"
"		Barium	$9 \cdot 10^{10}$	Nahrungs-aufnahme
"	Kohle-KW	Arsen	$1 \cdot 10^{10}$	"
"	Pu-Fabr.	radioakt.St.(Pu)	$2 \cdot 10^{9}$	"
BRD	Kohle-KW	Arsen	10^{10}	"
"	1 WAA (ev.in Zuk.)	Plutonium	10^{7}	Einatmen+ Nahrungs-aufnahme
"	BR + GAU+	Plutonium	10^{12}	"

\+ *GAU = Größter anzunehmender Unfall eines Brutreaktors, Eintrittswahrscheinlichkeit siehe Bild 3.6.13*

Viele der emittierten Giftstoffe häufen sich im Lauf der Jahre an. Entsprechend erhöht sich ihre permanente Giftwirkung.

Umweltbelastung bei großen Störfällen von Kernkraftwerken: Bei der Entwicklung aller Techniken wurde bisher die jeweilige Sicherheit dieser Techniken gegen Schadensfälle letztlich immer über die Erkenntnisse aus aufgetretenen Schadensfällen erreicht, und das Risiko gegen weitere Schadensfälle aus der Zahl der aufgetretenen Schadensfälle abschätzbar.

Die einzige Ausnahme bislang bilden die Kernkraftwerke. Hier wurde erstmals und bislang mit Erfolg die Entwicklung dieser Technik so durchgeführt, daß zu jedem Zeitpunkt Vorkehrungen gegen alle erdenklichen großen Schäden das Eintreten dieser verhindern konnten.

Demzufolge kann das Risiko des Auftretens von Störfällen mit großen Schädigungen für Menschen und Umwelt nur aus der rechnerischen Verknüpfung der bekannten Funktionssicherheiten all der Einzelkomponenten eines Kernkraftwerks, (wie z. B. Drucktanks und Pumpen, die schon in anderen Techniken erprobt worden sind,) und der durch Rechnungen und Modellversuche abgeschätzten Funktionssicherheiten der reaktorspezifischen Komponenten in sogenannten Risikostudien hergeleitet werden.

Die Gültigkeit so gewonnener Resultate für ein verbleibendes Risiko aus der Verknüpfung vieler Einzelrisiken ist - wenn, wie hier Korrelationen zwischen einzelnen Risiken nicht sicher ausgeschlossen werden können - mathematisch zwar nicht zu beweisen. Sie hat sich aber in der Erfahrung mit anderen Bereichen komplizierter Technik, so z. B. im Fall der Flugsicherheit von Verkehrsflugzeugen, gut bestätigt.

In den genannten Risikostudien wird die erwartete Häufigkeit des Eintretens mehr oder minder großer Störfälle und das dabei jeweils zu erwartende Schadensausmaß für die Bevölkerung abgeschätzt. Risikostudien wurden u. a. in der Bundesrepublik Deutschland für die hier üblichen thermischen Reaktoren, am Beispiel eines DWR, und für den bei Kalkar im Bau befindlichen schnellen Brutreaktor BR unter Berücksichtigung aller erdenklichen technischen Versagen aller Einzelkomponenten erstellt [107, 108]:

Als größtmöglicher Störfall eines DWR ist dabei eine Dampfexplosion vorstellbar, hervorgerufen durch einen Wärmestau im Drucktank des Reaktors, wobei die Brennstäbe des Reaktorkerns letztlich schmelzen und durch den entstehenden sehr hohen Überdruck nicht nur der Drucktank explodieren, sondern auch noch Lecks im Reaktorgebäude entstehen können, durch welche Radioaktivität in die Umwelt entweichen kann.

Die Menge der in beiden Fällen dabei freigesetzten Aktivität aus dem Reaktor ist Tabelle 3.6.13 zu entnehmen.

Tabelle 3.6.13: Prozentualer Anteil des freigesetzten Reaktorinventars an Aktivität beim größtmöglichen Störfall eines Reaktors

Substanz	Reaktortyp	
	DWR	BR
Uran, Plutonium	0,2 %	5 %
Edelgas (Kr)	100 %	100 %
Jod	80 %	3 %

Die zu erwartende Häufigkeit von mehr oder minder großen Störfällen mit dem dabei jeweils zu erwartenden Schadensausmaß für die Bevölkerung ist in Bild 3.6.13 dargestellt.

Das Ausmaß der jeweils resultierenden Schadensfälle in der Bevölkerung wurde wie folgt ermittelt: Zunächst wurde die Ausbreitung der bei der Explosion freigesetzten Radioaktivität in der Atmosphäre bis zu Entfernungen von ca. 500 km vom Explosionsort unter Berücksichtigung typischer Windverhältnisse und der nachfolgende Niederschlag der Aktivität zum Erdboden durch Ablagerung und Auswaschung berechnet. Darauf fußend wurde ortsabhängig innerhalb der genannten Entfernungen die resultierende Strahlenbelastung für Menschen durch externe Bestrahlung und durch interne Strahlenbelastung auf Grund von eingeatmeten Aktivitätsmengen als auch von Aktivitäten, die über die Nahrungsaufnahme in den Körper gelangen, bestimmt.

Dabei wurden im Fall der Risikostudie für den BR die 1982 vorliegenden Kenntnisse z. B. über die Ablagerungsgeschwindigkeiten von Stoffen aus der Atmosphäre, über Beschränkungen beim Einbau von - auch radioaktiven - Stoffen in den Körper beim Stoffwechsel und über Dosisfaktoren bei der Strahlenbelastung berücksichtigt. Es ergaben sich für das Schadensausmaß beim größten betrachteten Störfall

- keine Frühschäden, also direkte Todesfälle, durch die erhöhte Strahlenbelastung,
- Strahlenspätschäden, also Todesfälle durch strahlungsinduzierte Erkrankungen an Krebs und Leukämie von maximal 10 000, diese verteilt auf einen Zeitraum von ca. 30 Jahren,

- Evakuierung aus einem Areal von ca. 30 km^2 im Umkreis vom Explosionsort.

Im Fall der 1979 erstellten Risikostudie für den DWR wurden damals mangels der inzwischen vorliegenden genannten Erkenntnisse z. B. über die Ablagerungsgeschwindigkeiten der emittierten Radioaktivität und über Beschränkungen beim Einbau radioaktiver Substanzen im Körper beim Stoffwechsel die jeweils ungünstigsten Annahmen in Rechnung gestellt. Unter Berücksichtigung der genannten neuen Erkenntnisse ändert sich das Ausmaß der Spätschäden nicht wesentlich, das Ausmaß der Frühschäden wird jedoch um einen Faktor 3 - 4 geringer [109]. Diese Reduktion ist in Bild 3.6.13 berücksichtigt worden.

Demnach sind also für den betrachteten Brutreaktor BR bzw. für den thermischen Reaktor DWR in einem extrem unwahrscheinlichen und dementsprechend seltenen größtmöglichen Störfall durch Spätschäden über einen Zeitraum von etwa 30 Jahren etwa 300 Todesfälle pro Jahr (BR) bzw. etwa 3000 Todesfälle pro Jahr (DWR) zu erwarten.

(Zum Vergleich: In der Bundesrepublik Deutschland treten permanent pro Jahr auf

- ca. 130 000 Todesfälle an Krebs, davon
- ca. 24 000 Todesfälle durch Lungenkrebs,
- ca. 10 000 Todesfälle im Straßenverkehr,
- ca. 3 000 Todesfälle durch Schadstoffemission bei der Verbrennung fossiler Brennstoffe.)

Die Wahrscheinlichkeit für den Eintritt eines solchen größtmöglichen Störfalls Pr_{GAU} beträgt lt. der genannten Sicherheitsstudien pro Reaktor und Betriebsjahr weniger als 1 : 1 Million (10^{-6} pro Reaktor und Betriebsjahr). (Diese Wahrscheinlichkeit ist beispielsweise geringer als die Wahrscheinlichkeit für ein sehr starkes Erdbeben in der Bundesrepublik oder für das plötzliche Eintreten einer neuen Eiszeit (s. Abschn. 8.4, Bild 8.4.1).

Die Genauigkeit dieses Wertes für Pr_{GAU} ist zumindest beschränkt durch die Kenntnis der Genauigkeiten der Risiken für das Versagen von Einzelkomponenten des Reaktors. Letztere sind meist nur bis auf eine Größenordnung genau bekannt.

Nachdem im Betrieb von bislang ca. 300 Reaktoren mit insgesamt ca. 2000 Betriebsjahren noch kein solcher größtmöglicher Storfall ein-

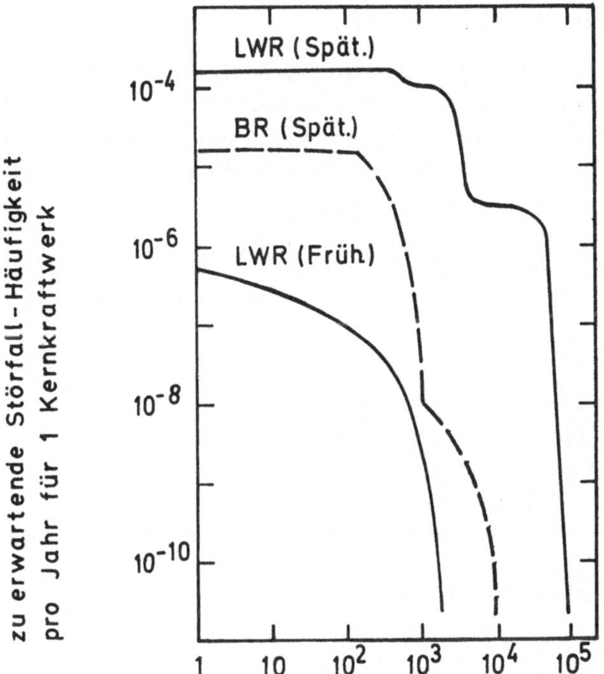

Bild 3.6.13: *Ergebnis der deutschen Risikostudien [107, 108]: Zu erwartende Störfallhäufigkeit für Kernkraftwerke (DWR, Typ Biblis, mit 1,3 GW_{el} Leistung; BR, Typ Kalkar, mit 0,3 GW_{el} Leistung) und dabei die in beiden Fällen zu erwartende Gesamtzahl von Todesfällen durch Frühschäden (Früh) und durch Spätschäden (Spät); letztere innerhalb eines Zeitraums von ca. 30 Jahren.*

getreten ist, mag man als obere Schranke für Pr_{GAU} den Wert von $1/2000 = 5 \cdot 10^{-4}$ ansehen.

3.7 Energie aus Kernfusion

3.7.1 Grundlagen der Kernfusion

Bei der Bindung der leichtesten Atomkerne (z. B. Proton p $\hat{=}$ ^1_1H, Deuteron d $\hat{=}$ ^2_1H, Tritium t $\hat{=}$ ^3_1H) zu etwas schwereren Kernen (z. B. Helium ^3_2He, ^4_2He, ...) wird Fusionsenergie E_{Fus} freigesetzt (siehe Bild 3.6.4), der Differenz ΔM der Kernmassen vor (M_1, M_2) und nach der Bindung (M_3, M_4) entsprechend,

$$M_1 + M_2 \rightarrow M_3 + M_4 + \Delta M \;,$$

(1.1.7) $$E = \Delta M \cdot c_0^2 .$$

Einige typische Beispiele exothermer Reaktionen bei der sogenannten starken Wechselwirkung zwischen Kernen mit den dabei freigesetzten Energien:

(3.7.1) $$^1_1p + ^1_0n \rightarrow ^2_1H + 2{,}22 \text{ MeV}$$

$$^2_1H + ^1_1p \rightarrow ^3_2He + 5{,}49 \text{ MeV}$$

$$^2_1H + ^2_1H \rightarrow ^3_2He + ^1_0n + 3{,}27 \text{ MeV}$$
$$\rightarrow ^3_1H + ^1_1p + 4{,}04 \text{ MeV}$$

$$^2_1H + ^3_1H \rightarrow ^4_2He + ^1_0n + 17{,}58 \text{ MeV}$$

Dabei ist noch hinzuweisen, daß bei der Fusion gegebenenfalls auch endotherme Reaktion der sogenannten schwachen Wechselwirkung (s. Abschn. 3.7.2 und 3.6.1.2) der Art

$$p \rightarrow n + e^+ + \nu_e - 1{,}8 \text{ MeV}$$

beteiligt sein könnte. Diese vermindert die bei der Fusion insgesamt freiwerdende Energie entsprechend.

Die Kernfusion stellt also im Prinzip eine sehr große Energiequelle dar. Bezogen auf das jeweilige Gewicht der "Brennstoffe" vergleichen sich die Energiefreisetzungen bei Kernfusion (d + t → He + n), Kernspaltung und Kohleverbrennung wie

$$E_{Fus} : E_{Spalt} : E_{Kohle\text{-}Verbr.} = 10^7 : 3 \cdot 10^6 : 1.$$

Wie aber kann die Kernfusion bewirkt werden?

Der mittlere Abstand von Kernbausteinen (p,n) in Kernen beträgt ca. $2{,}6 \cdot 10^{-15}$ m = 2,6 fm.

Versucht man nun z. B. einen Deuteron-Kern und einen Tritium-Kern in Kontakt, also auf einen gegenseitigen Abstand R ihrer Schwerpunkte von ca. 3 fm zusammenzubringen, so muß man dazu zunächst Energie aufwenden, um die potentielle Energie der gegenseitigen Abstoßung durch die elektrischen Ladungen e beider Kerne,

$$E_{pot} = \frac{1}{4 \pi \varepsilon_0} \frac{e^2}{R} \tag{3.7.2}$$

(ε_0 = elektrische Feldkonstante),

zu überwinden. Diese beträgt in obigem Fall

$$E_{pot} (R_{d-t} = 3 \text{ fm}) = 0{,}5 \text{ MeV}.$$

Erst bei Abständen von einigen wenigen fm werden die anziehenden Kernkräfte wirksam; die Fusion kann stattfinden, wobei die Fusionsenergie in Form von kinetischer Energie der entstandenen Fusionsprodukte freigesetzt wird. Die geschilderte Abhängigkeit der potentiellen Energie vom Abstand R der zu fusionierenden Kerne ist in Bild 3.7.1 skizziert.

Zur Überwindung der Potentialbarriere der Ladungsabstoßung gibt es zwei Möglichkeiten:

- Ausreichend hohe kinetische Energie der zu fusionierenden Kerne (Methode der Sonne).
- Katalytische Fusion über Molekülbildung mit müonischen Wasserstoff-Atomen.
  (Bei diesen ist das atomare Hüllen-Elektron durch ein 200mal schwereres Müon ersetzt, die atomare Ausdehnung ist dadurch um den gleichen Faktor kleiner.)

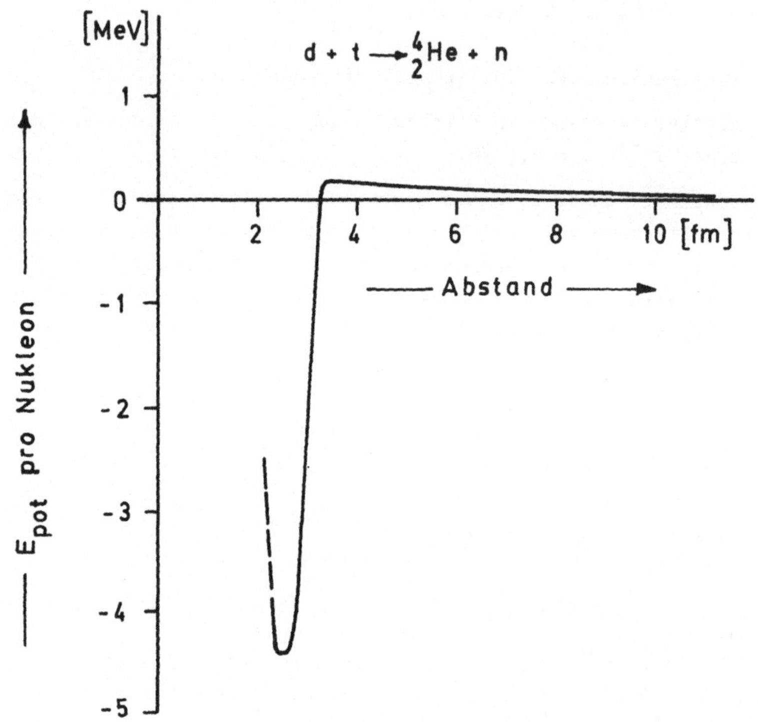

Bild 3.7.1: *Schematischer Verlauf der potentiellen Energie pro Nukleon bei der Fusion von Tritium und Deuterium zu Helium in Abhängigkeit vom Abstand der Kerne bzw. der Nukleonen im Heliumkern*

Ausreichend hohe kinetische Energie der "Brennstoff"-Kerne

$$E_{kin} = kT > E_{pot}$$

ist verknüpft mit entsprechend hohen Temperaturen T des "Brennstoffs", im Fall der Deuterium-Tritium-Fusion

$$T \approx 5 \cdot 10^9 \text{ K}.$$

Bei dieser hohen Temperatur ist der Brennstoff gasförmig und ionisiert; d. h. die atomaren Bindungen der Elektronen mit den Kernen der ursprünglichen Brennstoffatome wurden durch gegenseitige Stöße aufgebrochen. Das Gas besteht in diesem Zustand also vorwiegend aus Brennstoffionen und freien Elektronen; dieser Zustand wird als Plasma bezeichnet (s. Abschn. 6.4).

Die Stoßhäufigkeit der Ionen hängt ab vom sogenannten Wirkungsquerschnitt sowie von der räumlichen und zeitlichen Dichte des Plasmas. Der Wirkungsquerschnitt hängt dabei ab von der kinetischen Energie der Ionen bzw. der Plasmatemperatur (s. Bild 3.7.2).

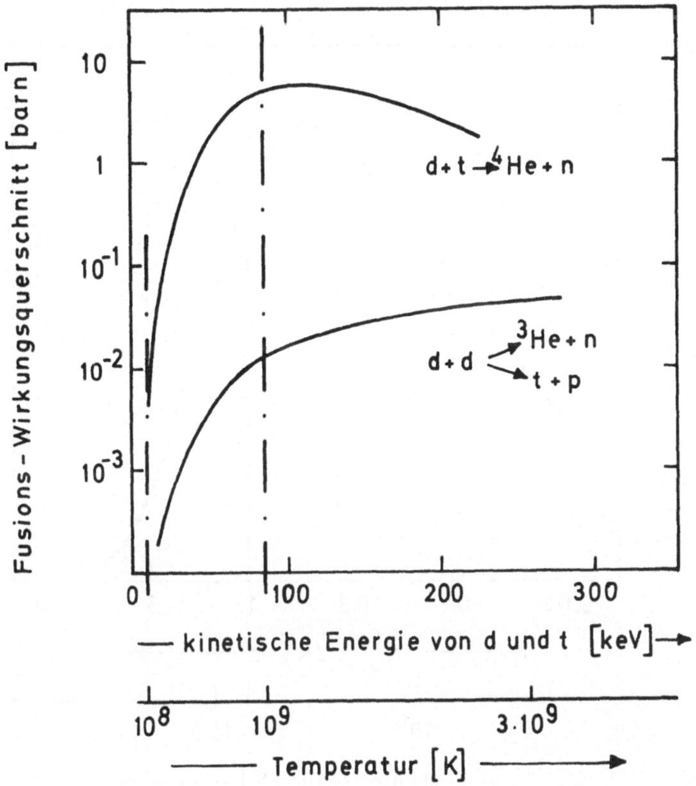

Bild 3.7.2: *Wirkungsquerschnitt für verschiedene Fusionsprozesse in Abhängigkeit von der kinetischen Energie E_{kin} der Ionen bzw. der Plasma-Temperatur T*

Dabei ist zu beachten, daß bei der Temperatur T die momentane kinetische Energie der einzelnen Ionen, E, um die mittlere kinetische Energie, E = kT, gemäß der sogenannten Maxwell-Boltzmann-Verteilung

$$\frac{dN}{N} \sim \left[\frac{E}{kT}\right]^{1/2} \cdot e^{(-E/kT)} \cdot d\left[\frac{E}{kT}\right] \tag{3.7.3}$$

mit N = Gesamtzahl der Ionen,
dN = Anzahl der Ionen im Intervall des Energie-Verhältnisses d(E/kT)

verteilt ist (s. Bild 3.7.3).

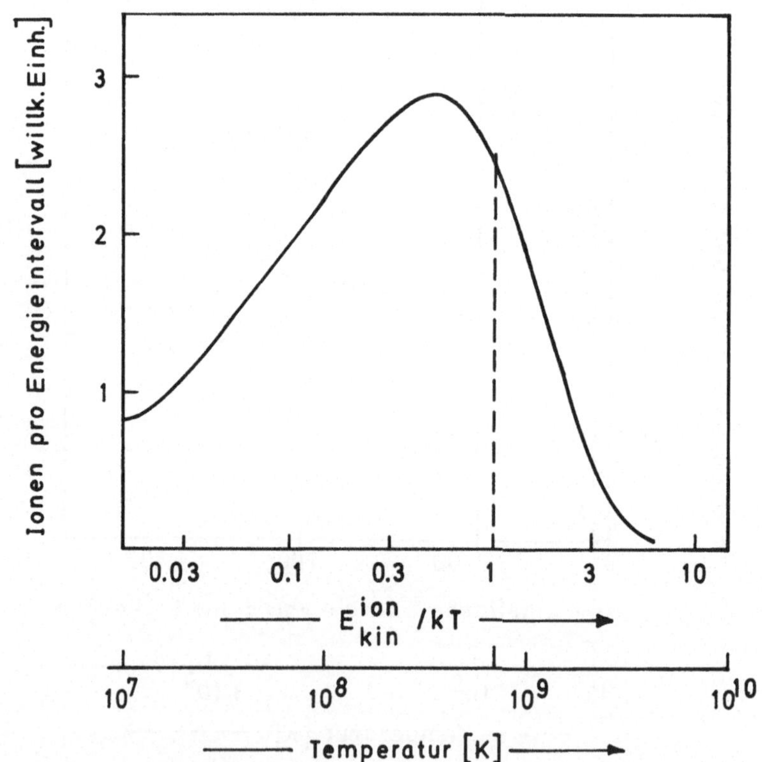

Bild 3.7.3: *Häufigkeit der Ionen dN im Intervall dE mit einer momentanen kinetischen Energie E, verteilt um die mittlere kinetische Energie kT bei einer Temperatur von T = 7 · 10⁸ K*

Dieser Verteilung ist zu entnehmen, daß Fusion in beschränktem Umfang auch schon bei etwas kleineren Temperaturen von $T \approx 10^7 - 10^8$ K stattfinden kann, wenn das Produkt aus räumlicher Dichte des Plasmas, n, und der Dauer des Plasmazusammenhalts, τ, ausreichend groß ist. Eine untere Grenze wird durch das sogenannte Lawson-Kriterium gegeben:

(3.7.4) $$n \cdot \tau \geq 10^{14} \; [(\text{Teilchen/cm}^3)] \cdot \text{s}.$$

Der qualitative Verlauf der Bereichsgrenze von $n \cdot \tau$ als Funktion der Temperatur, oberhalb welcher die Fusion exotherm wird, also mehr Fusionsenergie freigesetzt wird als Energie zum Aufheizen und Verdichten des Plasmas aufgewendet werden muß, ist Bild 3.7.4 zu entnehmen.

Bei der experimentellen Entwicklung von Anlagen zur kontrollierten Kernfusion in einem heißen Brennstoff-Plasma werden zwei Wege beschritten:

- Fusion in einem auf Entzündungstemperatur aufgeheizten Plasma mäßiger Dichte, welches mittels Magnetfelder in einem Volumen von größenordnungsmäßig einigen m^3 über Sekunden zusammengehalten wird:

  TOKAMAK- und STELLERATOR-Anlagen

- Fusion in einem winzigen Brennstoffkügelchen (Volumen $\lesssim mm^3$), welches durch gepulsten allseitigen Beschuß mit Licht- oder Teilchenstrahlen (Pulsdauer ca. 10^{-9} s) zu extrem hoher Dichte komprimiert und damit zu Temperaturen von mindestens gleich der Zündtemperatur für Zeiträume von ca. 10^{-11} s aufgeheizt wird:

  LASER/Teilchenstrahl-Fusion

Die zweite genannte Möglichkeit, die Potentialbarriere der Ladungsabstoßung zweier Brennstoffkerne (z. B. d + t) zu überwinden, bietet die Bindung zu einem $(d\text{-}t)^+$-Molekül-Ion, wenn dies mit einem Müon anstelle eines atomaren Elektrons geschieht. Dabei ist die Ausdehnung der atomaren Müon-Hülle um die Atomkerne so klein, daß sich in diesem Ion die beiden Brennstoffkerne gelegentlich so nahekommen können, daß sie unter dem Einfluß der Kernkräfte verschmelzen:

  Katalytische Fusion

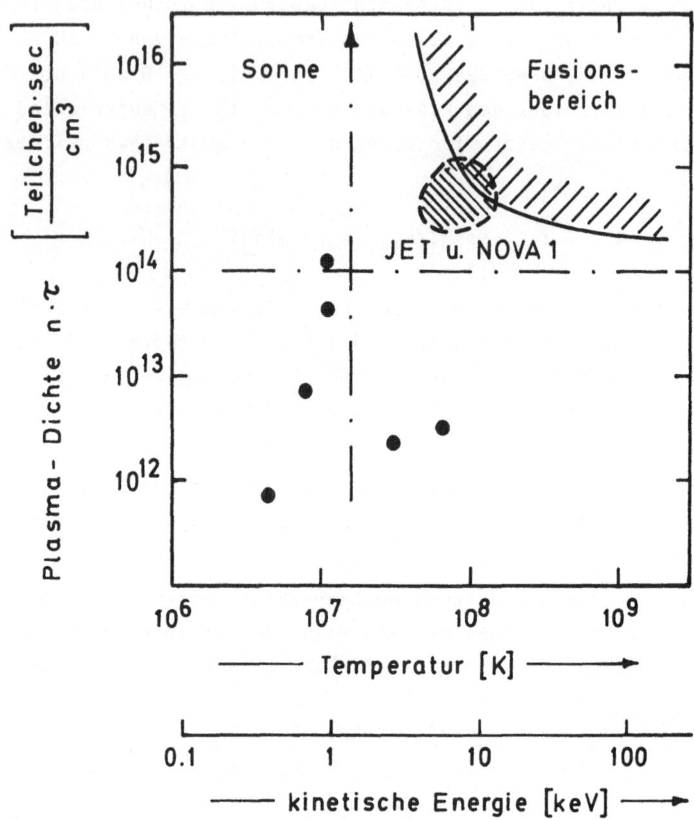

Bild 3.7.4: *Plasma-Dichte versus Plasma-Temperatur*

- ● : *einige typische, bislang erreichte Werte in bestehenden Fusionsanlagen (bis 1982) (sowohl mit magnetisch eingeschlossenem Plasma als auch bei LASER-Fusion)*
- *JET* : *erwarteter Bereich (ab 1987) für die erweiterte [77] Version der TOKAMAK-Fusionsanlage in Culham (England)*
- *NOVA 1*: *erwarteter Bereich ab ca. 1987 für die LASER-Fusionsanlage (Lawrence-Livermore Laboratory (USA)) [110]*

Die drei genannten Wege zu einer kontrollierten Kernfusion sollen im folgenden näher dargestellt werden; vorweg einige Hinweise zum "Fusionsreaktor" Sonne und zu den irdischen Vorräten an Fusionsbrennstoffen:

3.7.2 Fusionsreaktor Sonne

In der Sonne ist Wasserstoff (-Plasma) als primärer Fusions-"Brennstoff" vorhanden, im Fusionsbereich des Sonnenkerns mit einem Durchmesser von etwa 20 Prozent des Sonnendurchmessers bei einer Temperatur von ca. 15 Mio. K, einem Druck von ca. 20 Mrd. bar und entsprechend einer Dichte von ca. 200 g/cm^3. Das Plasma ist dabei unter der Wirkung der Gravitation permanent eingeschlossen. Unter diesen Bedingungen kann Fusion schon bei der niedrigst möglichen Temperatur von ca. 15 Mio. K stattfinden (s. Bild 3.7.4). Die Fusion läuft dabei auf verschiedenen Wegen mit jeweils mehreren Schritten der sogenannten "starken" als auch der "schwachen" Kernwechselwirkung (s. Abschn. 3.6.1.2) über zwischenzeitliche Bildung von ${}^2_1d$, ${}^3_1t$, ${}^3_2He$, ${}^4_2He$, ${}^7_3Li$, ${}^7_4Be$, ${}^8_4Be$, ${}^8_5B$ ab, letztlich unter der Verschmelzung von je 4 Wasserstoffkernen zu einem Heliumkern,

$$\underline{4\ {}^1_1p} \rightarrow \underline{{}^4_2He} + 2\ e^+ + 2\ \nu_e + 26\ \text{MeV}.$$

Dieser "Fusionsreaktor" Sonne brennt seit einigen Mrd. von Jahren permanent im thermischen Gleichgewicht zwischen Wärmeerzeugung durch Fusion und Wärmeabstrahlung an der Sonnenoberfläche. Das Plasma wird, durch die Fusionswärme selbst aufgeheizt, auf der nötigen Temperatur gehalten. Der "Abbrand" des Brennstoffvorrats ist minimal (größenordnungsmäßig 10^{-10} des Gesamtvorrats pro Jahr).

Die zum Erhalt des thermischen Gleichgewichts benötigte Menge an Fusionswärme hängt zum einen gem. Gl. (3.2.3) von der Oberflächentemperatur der Sonne, zum anderen vor allem vom Verhältnis Oberfläche (der Abstrahlung) zu Volumen (des Fusionsbereichs) ab,

$$(3.7.5)\qquad \frac{\text{Oberfläche } (4\ \pi\ R^2)}{\text{Volumen } (4\pi/3 \cdot R^3)} \sim \frac{1}{R}\ .$$

Wesentlich bestimmt durch die Größe der Sonne ($R_{Sonne} \approx 7 \cdot 10^8$ m) beträgt die Fusionsleistung L_s der Sonne pro Plasmavolumen V nur

$$L_s/V \approx 40 \text{ Watt/m}^3.$$

3.7.3 Vorräte und Erzeugung von Brennstoffen für Kernfusion

Um kontrollierte Kernfusion auf der Erde realisieren zu können, muß man die Brennstoffe nutzen, die einen möglichst hohen Fusionswirkungsquerschnitt und dies bei möglichst kleinen Fusionstemperaturen aufweisen. Damit kommt als Brennstoff heute nur ein Gemisch der Wasserstoff-Isotope Deuterium und Tritium in Frage (siehe Bild 3.7.2).

Deuterium ist in Wasser im Verhältnis $d : H \approx 10^{-4}$ enthalten und kann daraus mit mäßigem Aufwand abgetrennt werden. Damit stellen die Weltmeere ein Reservoir von ca. $2 \cdot 10^{13}$ Tonnen Deuterium dar. Tritium ist in Wasser dagegen nur mit einem verschwindend geringen Anteil von $t : H \approx 10^{-20}$ enthalten (1 kg t im Wasser der Weltmeere) und ist daraus nicht gewinnbar.

Es ist aber möglich, Tritium aus Lithium über Beschuß mit Neutronen zu erbrüten, gemäß folgender Reaktionen:

$$(3.7.6) \quad \begin{aligned} &\underline{{}^7_3\text{Li}} + \underline{{}^1_0\text{n}} \rightarrow {}^4_2\text{He} + \underline{\underline{{}^3_1\text{t}}} + {}^1_0\text{n} + 2{,}5 \text{ MeV} \\ &\underline{{}^6_3\text{Li}} + \underline{{}^1_0\text{n}} \rightarrow {}^4_2\text{He} + \underline{\underline{{}^3_1\text{t}}} + 4{,}8 \text{ MeV} \end{aligned}$$

(Lithium ist ein Gemisch aus 94 % ${}^7_3$Li und 6 % ${}^6_3$Li.)

Dabei kann man zum Erbrüten von Tritium beispielsweise die Neutronen nutzen, die bei der Fusion selbst freigesetzt werden (siehe Gl. (3.7.1)). Der Brutwirkungsquerschnitt in Abhängigkeit von der Neutronenenergie ist Bild 3.7.5 zu entnehmen.

Umhüllt man z. B. in einem denkbaren Fusionsreaktor den Fusionsbereich mit einem Lithium-Mantel, so kann darin eine für den weiteren Eigenbedarf ausreichende Menge an Tritium erbrütet und in einer Aufarbeitungsanlage aus dem Lithium extrahiert werden.

Der geschätzte weltweite Vorrat an gewinnbarem Lithium liegt bei ca. $5 \cdot 10^6$ t.

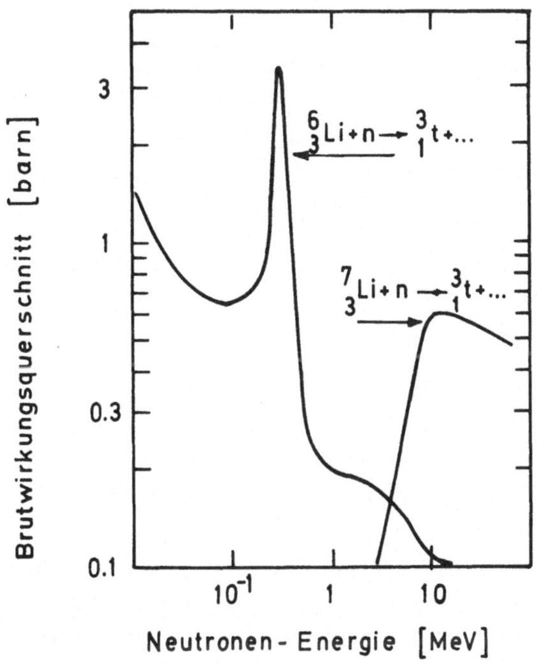

Bild 3.7.5: *Wirkungsquerschnitt für Tritium-Bildung durch Neutroneneinfang in Lithium in Abhängigkeit von der Neutronenenergie (nach [111])*

Diese Menge würde ausreichen, um aus Fusion eine Energiemenge dem derzeitigen Weltenergiebedarf entsprechend über ca. 1000 Jahre zu gewinnen. (Der Vorrat an Deuterium ist dagegen praktisch unerschöpflich.)

3.7.4 Fusion in magnetisch eingeschlossenen Plasmen [77,101,111]

Auf der Erde angestrebte kontrollierte Kernfusion ist beschränkt auf Fusions-Volumina V_F von größenordnungsmäßig $V_F \lesssim 50\ m^3$. Der Zusammenhalt des Plasmas kann bei den für die Fusion benötigten hohen Temperaturen nicht mechanisch, sondern nur durch Magnetfelder erreicht werden. Dies beschränkt die Dauer des Plasmazusammenhalts selbst bei den heute höchstmöglichen Magnetfeldstärken von $B \sim 10$ Tesla auf $\tau \sim$ wenige Sekunden.

$$(1 \text{ Tesla} = 1 \text{ Vs/m}^2 = 10^4 \text{ Gauß})$$

Ein irdischer Fusionsreaktor kann also nur im Pulsbetrieb arbeiten mit folgendem Ablauf pro Puls:

- Einschuß der Brennstoffgase
- Aufheizen des Brennstoffs z. B. durch elektrische (Ohmsche) Heizung und Heizung mit (Neutral-) Teilchenstrahlen
- Fusion und Abfuhr der Fusionswärme
- Abzug der Abbrandgase

Wegen des im Vergleich zur Sonne relativ beschränkten Produkts aus Brennstoffdichte und Zusammenhaltdauer, $n \cdot \tau$, ist zum Erreichen der Fusion eine entsprechend höhere Zündtemperatur von ca. 10^8 K nötig (s. Bild 3.7.4).

Die zum zumindest kurzzeitigen Erhalt des thermischen Gleichgewichts im Plasma benötigte Menge an Fusionswäre erfordert entsprechend der höheren Fusionstemperatur und des im Vergleich zur Sonne weit ungünstigeren Verhältnisses von Plasmaoberfläche zu Plasmavolumen

$$(3.7.7) \qquad \left(\frac{O}{V}\right)_{\text{Sonne}} : \left(\frac{O}{V}\right)_{\text{ird.}} = R_{\substack{\text{ird.} \\ \text{Fus.Reaktor}}} : R_{\text{Sonne}} \sim 1 : 10^8$$

eine entsprechend höhere Leistungsdichte der Fusion im Reaktor,

typisch $\frac{L}{V} \approx 10^9 \text{ Watt/m}^3$

$$\left(\text{z. Vergl. } \left(\frac{L}{V}\right)_{\text{Sonne}} \sim 40 \text{ Watt/m}^3\right).$$

Mit dieser Leistungsdichte verbunden sind entsprechend hohe Flüsse der bei der Fusion freiwerdenden Neutronen von ca. 50 MW pro m^2 Querschnitt und Sekunde durch die inneren Gefäßwände des Reaktors. Die daraus resultierende Belastung der heute verfügbaren Wandmaterialien des Reaktors beschränkt deren Verwendbarkeit auf wenige Wochen (zum Vergleich: Der Neutronenfluß in Kernkraftwerken durch die Wandlung des Reaktor-Druckgefäßes ist um mehrere Größenordnungen geringer).

Magnetfeldeinschluß des Plasmas: Als günstigste Form eines Reaktorgefäßes für den Magnetfeldeinschluß des Plasmas wird ein Hohlring (Torus) angesehen (Bild 3.7.6).

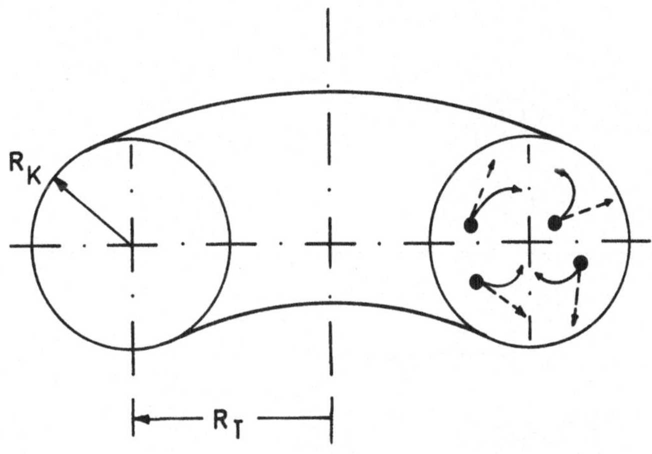

Bild 3.7.6: *Prinzip der Hohlringkammer eines Fusionsreaktors (R_T = Torus-Radius, R_K = Kammer-Radius). Auf der rechten Bildseite eingezeichnet ist der Verlauf von Ionenbahnen - projiziert in die Querschnittsebene mit und ohne einschließendes Magnetfeld.*

Ein Magnetfeld $\vec{B}$ bewirkt auf ein elektrisch geladenes Teilchen (Plasma-Ion) mit elektrischer Ladung e und Fluggeschwindigkeit $\vec{v}$ eine Kraft $\vec{K}$, die das Teilchen senkrecht zur momentanen Fluggeschwindigkeit und senkrecht zur Magnetfeldrichtung ablenkt:

$$\vec{K} = e \cdot \vec{v} \times \vec{B} \qquad (3.7.8)$$

Um Plasmaionen vom Aufprall auf die Kammerwand fernzuhalten, muß das Feld in der Kammer so gerichtet sein, daß es alle in beliebige Richtung fliegende Teilchen immer zum Mittelkreis des Torus hin ablenkt, die Teilchen damit auf Spiralbahnen um den Mittelkreis des Hohlrings zwingt. Magnetfelder mit diesen geforderten Fokussierungseigenschaften können durch Überlagerung zweier Felder, nämlich eines toroidalen Felds B_1 und eines poloidalen Felds B_2, erreicht werden (s. Bild 3.7.7).

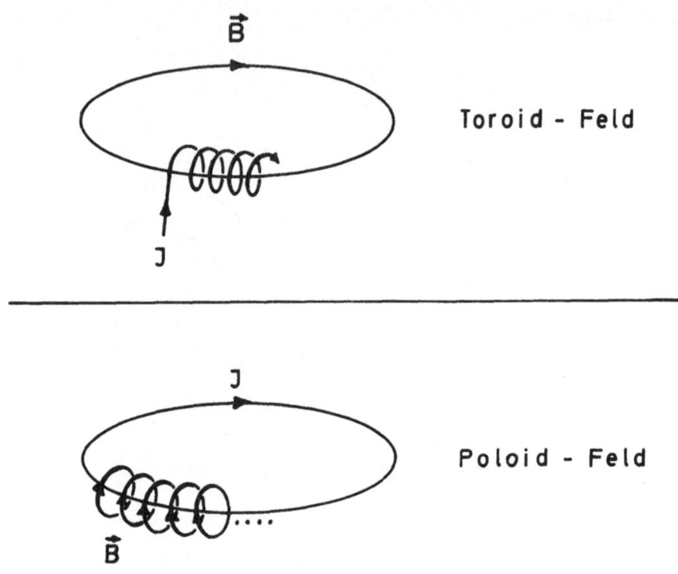

Bild 3.7.7: *Prinzip eines toroidalen und eines poloidalen Magnetfelds $\vec{B}$ und der diese erzeugenden elektrischen Ströme I*

Die zum Plasmazusammenhalt benötigten Feldstärken sind von der Größenordnung $B \lesssim 10$ Tesla.

Die Erzeugung des benötigten vertwisteten Magnetfelds durch Überlagerung von zwei Magnetfeldkomponenten wurde bislang in 2 Anordnungen verwirklicht, der Tokamak- und der Stellerator-Anordnung:

3.7.4.1 Tokamak-Prinzip

Die Tokamak-Anordnung ist in Bild 3.7.8 skizziert. In einer den Plasmatorus umgebenden Spule wird ein Toroid-Magnetfeld erzeugt. Die nötigen Feldstärken bis zu 10 Tesla erfordern hier elektrische

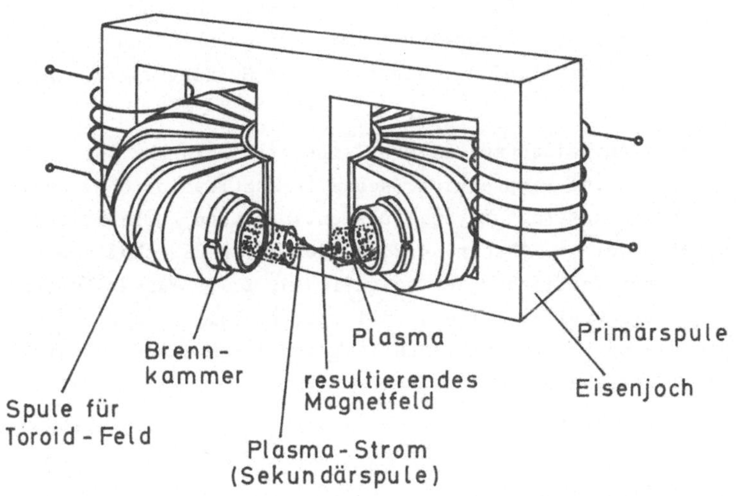

Bild 3.7.8: *Tokamak-Anordnung für Plasma-Magnetfeldeinschluß (nach [77])*

Ströme bis zu einigen Mio. Ampere; dies erfordert supraleitende Spulen (wobei der supraleitende Zustand durch Kühlung der Spulen auf $T \lesssim 4$ K erreichbar ist).

Dem Toroidfeld überlagert ist ein Poloidfeld, dieses wird bewirkt durch einen Kreisstrom im Plasma entlang dem Mittelkreis des Torus. Dieser Kreisstrom wird nach dem Transformatorprinzip durch eine um das Eisenjoch gewundene Primärspule erzeugt (s. Bild 3.7.8).

Im Plasma sind die atomaren Elektronen und die Atomkerne je nach Temperatur zu einem mehr oder minder großen Anteil voneinander getrennt. Insgesamt ist das Plasma elektrisch neutral. Mit steigender Temperatur wächst die Zahl der freien Elektronen, die elektrische Leitfähigkeit des Plasmas nimmt entsprechend zu und erreicht bei Temperaturen um 10^6 K die eines metallischen Leiters. Der elektrische Widerstand R_{el}, der umgekehrt proportional zum elektrischen Leitwert ist, fällt proportional zu $T^{-3/2}$.

Das Aufheizen des Plasmas geschieht nun wie folgt:

Beim Stromdurchgang durch das Plasma z. B. durch den induzierten Kreisstrom I wird dem Plasma durch die ohmsche Heizung eine Wärmemenge $W_{Ohm} = I^2 \cdot R_{el}$ zugeführt. Mit steigender Temperatur wird bei sinkendem Widerstand R_{el} diese Art der Heizung immer weniger wirksam.

Ein weiteres Aufheizen auf höhere Temperaturen kann z. B. entweder durch adiabatische Kompression (schnelle Kompression ohne Wärmeverluste durch Abstrahlung) mittels entsprechend kurzzeitiger starker Magnetfelder (s. Abschn. 4.2.2) oder durch Einschuß eines Strahls hochenergetischer Neutralteilchen, z. B. Wasserstoffgas, in das Plasma erreicht werden. In letzterem Fall wird die kinetische Energie der eingeschossenen Teilchen durch Stöße auf die Plasmateilchen übertragen.

Die benötigte Heizleistung ist von der Größenordnung einiger 10 MW.

3.7.4.2 Stellerator-Prinzip

Die Stellerator-Anordnung ist in Bild 3.7.9 skizziert.

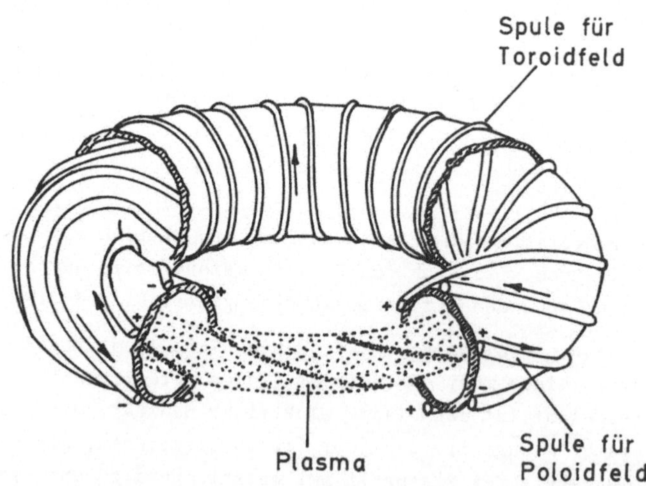

Bild 3.7.9: *Stellerator-Anordnung für Plasma-Magnetfeldeinschluß (nach [112])*

In dieser Anordnung werden beide Magnetfeldkomponenten durch externe Spulen erzeugt,

- ein Toroidfeld wie bei der Tokamak-Anordnung,
- ein Poloidfeld durch eine weitere, spiralförmig um den Plasma-Torus gewundene Spule.

Mit Stellerator- wie auch Tokamak-Anordnungen wurden bislang Plasmatemperaturen und Plasmadichten, diese für Bruchteile von Sekunden, erreicht, die noch um 1 - 2 Größenordnungen unter den für Plasmafusion benötigten Werten liegen (s. Bild 3.7.4). Die für Fusion ausreichend hohen Werte von Temperatur und Dichte könnten ab 1987 in der Tokamak-Anlage JET (Joint European Torus) in Culham, England erreicht werden.

3.7.4.3 Überlegungen zur Kraftwerks-Realisierung

Solange die Kernfusion nicht in Versuchsanlagen der einen oder anderen Art erreicht worden ist, können alle Vorstellungen vom Aufbau eines Fusionskraftwerks zur Energie-Gewinnung notgedrungen nur Ideen widerspiegeln, deren Realisierung in Frage gestellt ist.

Als minimale thermische Leistung eines Fusionskraftwerks nach Tokamak- oder Stellerator-Prinzip werden etwa 30 GW_{th} angesehen (vergleichsweise Kernkraftwerke 3 GW_{th}, Kohlekraftwerke 0,1 bis 3 GW_{th}). Dieser hohe Wert ist bedingt durch die relativen Heizwärmeverluste, die dem Verhältnis Oberfläche zu Volumen des Plasmas proportional sind. Erst bei relativ großem Plasma-Volumen, damit bei entsprechend großer thermischer Fusionsleistung, können die Abstrahlungsverluste bei der Aufheizung des Plasmas klein genug gehalten werden, um die Fusionstemperatur erreichen zu können.

In Bild 3.7.10 ist ein Schnitt durch den Torus eines Fusionskraftwerks mit 30 GW thermischer Leistung skizziert. Der mittlere Torus-Radius beträgt dabei $R_T \approx 8$ m, der Radius der Fusionskammer $R_K \approx 2$ m.

Die bei der Fusion freiwerdende Energie in Form von kinetischer Energie der Kerne und der entstehenden Neutronen (s. Gl. (3.7.1) und Bild 3.7.2) wird im den Torus umhüllenden Material in Wärme umgewandelt und über beispielsweise Metalle wie Natrium und Lithium in flüssigem Zustand als Wärmeträger in einem geschlossenen Kreislauf nach außen gepumpt in einen Wärmetauscher zur Dampfer-

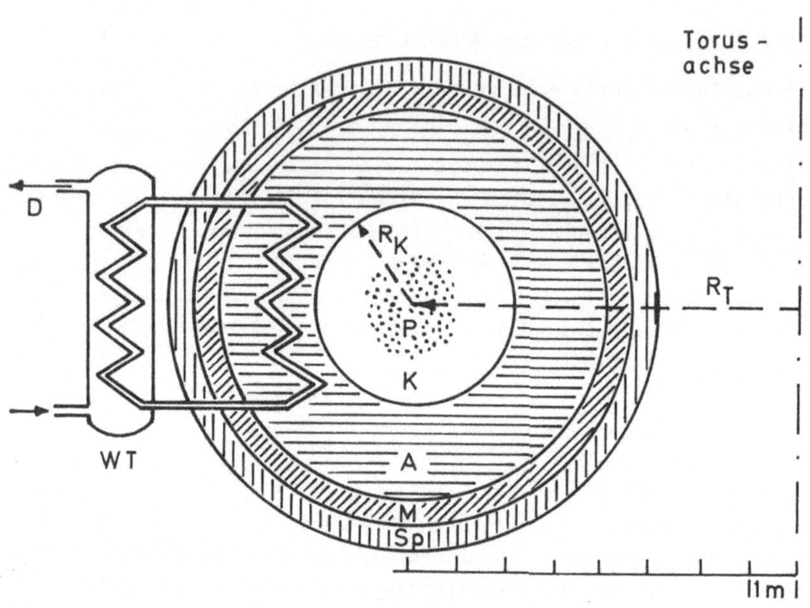

D = Dampf

WT = Wärmetauscher

R_T = Torus-Radius

R_K = Kammer-Radius

P = Plasma ($T = 10^8$ K)

K = Brennkammer

A = Wärme-Absorber ($T \approx 10^3$ K)

(Li/U-Brutmantel)

M = Struktur-Material

Sp = supraleitende Spule (T = 4K)

Bild 3.7.10: *Schnitt durch den Torus eines Tokamak-Fusions-Kraftwerks*

zeugung für den Antrieb der Kraftwerksturbinen. Dabei kann der hohe Neutronenfluß im Mantelmaterial des Torus genutzt werden, einmal zum Erbrüten des Fusionsbrennstoffs Tritium aus Lithium (Gleichung (3.7.6)), zum anderen gegebenenfalls zum Erbrüten von Plutonium aus Uran im Mantelmaterial; in letzterem Fall könnte Plutonium gewonnen werden in einer Menge, ausreichend zum Betrieb von Kernkraftwerken mit einer thermischen Leistung von gleicher Größenordnung wie die des Fusionsreaktors.

Von den technischen Problemen beim Bau eines Tokamak-Fusionskraftwerks seien nur zwei genannt,

- die Materialbelastung durch den hohen Neutronenfluß (s. Abschn. 3.7.4),
- die Belastung durch die - spontan freisetzbare - hohe, in Form des Magnetfelds gespeicherte Energie:

Ein Magnetfeld von B = 10 Tesla über ein Torusvolumen von

$$V_{Torus} = 2\,R_T\pi \cdot R_K^2\pi = 2 \cdot 8 \cdot \pi \cdot 2^2 \cdot \pi \approx 640\ m^3$$

stellt eine gespeicherte magnetische Energie E_B dar von

$$E_B = \frac{B^2 \cdot V}{2\,\mu_0} \approx 25000\ MJ \qquad (3.7.9)$$

(μ_o = magnetische Feldkonstante).

Diese Energie wird z. B. beim Zusammenbruch der Supraleitung der Torusspulen durch eine kurzzeitige lokale Wärmezufuhr und damit beim Zusammenbruch des Magnetfelds spontan freigesetzt.

Die Energiemenge von 25000 MJ entspricht der Energiefreisetzung bei der Explosion von ca. 4,6 t Dynamit (vergleichsweise die - dagegen langsame - Energiefreisetzung von 400 MJ beim größten anzunehmenden Störfall eines Kernkraftwerks).

Ein solcher spontaner Zusammenbruch des Magnetfelds einer supraleitenden Spule ist gemäß der Erfahrung mit supraleitenden Spulen des öfteren zu erwarten. Entsprechend muß die Toruskonstruktion stabil gegen solche Belastungen sein.

3.7.5 Plasma-Fusion unter Trägheitseinschluß

Eine weitere Möglichkeit des Plasma-Einschlusses bietet der sogenannte Trägheitseinschluß, also der Zusammenhalt des Plasmas allein wegen der Trägheit der Masse der Plasma-Teilchen. Dieser Zusammenhalt ist allerdings unter den gegebenen Umständen von Druck und Temperatur des Plasmas auf extrem kurze Zeiträume von größenordnungsmäßig 10^{-11} s beschränkt. Um trotzdem die für Fusion nötige Raum-Zeit-Dichte von

$$n \cdot \tau \gtrsim 10^{14} \frac{s}{cm^3}$$

zu erreichen, sind räumliche Plasmadichten von ca. $10^{25} \frac{1}{cm^3}$ erforderlich:

	$n\tau \left[\frac{s}{cm^3}\right]$	$n \left[\frac{1}{cm^3}\right]$	τ [s]
bei Trägheitseinschluß	10^{14}	10^{25}	10^{-11}
zum Vergleich: bei Magnetfeldeinschluß	10^{14}	10^{14} - 10^{15}	0,1 - 1

3.7.5.1 Fusion, induziert mit LASER-Licht oder Teilchenstrahlen [77,110]

Dabei sollen Brennstoffkügelchen aus einem Deuterium-Tritium-Gemisch (Radius von ca. 1 mm) durch allseitigen Beschuß mit LASER-Licht oder Teilchenstrahlen mit einer Energie von ca. 0,1 MJ innerhalb einer Pulsdauer von ca. 10^{-9} s auf Fusionsbedingungen aufgeheizt und komprimiert werden (s. Bild 3.7.11).

Der vom Brennstoffkügelchen in seinen äußeren Schichten absorbierte Anteil der einfallenden Strahlen heizt den Brennstoff zum Plasma-Zustand auf; das Plasma der äußeren Schichten expandiert; durch den Rückstoß dieses Plasma-Anteils wird in einer Schockwelle der zentrale Plasma-Anteil verdichtet und erhitzt

- auf einen Druck von $p \gtrsim 10^{12}$ bar,
- auf eine Temperatur von $T \approx 10^8$ K

(entsprechend einer Dichte von $\rho \approx 1000 \cdot$ Festkörper-Dichte).

Bislang (bis 1982) wurden mit LASER-Strahlen mit Leistungen bis zu 10^{13} W Plasmatemperaturen bis zu 10^8 K und raumzeitliche Plasmadichten von 1 - 2 Größenordnungen unter den für Fusion nötigen Werten erreicht (s. Bild 3.7.4). Von der im Lawrence-Livermore-Lab. (USA) im Bau befindlichen LASER-Fusionsanlage NOVA 1 (mit

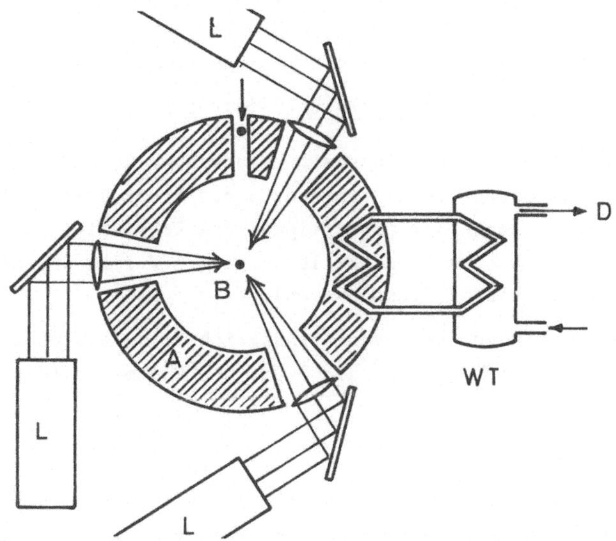

Bild 3.7.11: *Prinzip der Anordnung zur Fusion mit LASER-Licht oder Teilchenstrahlen (L = Laser bzw. Teilchenbeschleuniger, WT = Wärmetauscher, D = Dampf, B = Brennstoff)*

LASER-Strahlen von einer Wellenlänge um 0,3 μ und einer Energie von ca. 0,1 MJ) wird erwartet, ab 1987 die Fusionszone zu erreichen.

Beim Heizen mit LASER-Strahlen hängt der vom Brennstoff absorbierte Bruchteil des LASER-Lichts sowohl von der Wellenlänge als auch von der Intensität des LASERS ab.

So werden bei LASER-Leistungen von $(10^{14} - 10^{15})$ W bei Wellenlängen von 1 μ nur ca. 20 %, bei Wellenlängen von 0,3 μ dagegen ca. 80 % absorbiert [110]. (Bislang sind Hochleitungs-LASER nur bei Wellenlängen von $\lambda \approx (1 - 10)$ μ verfügbar.)

Beim Heizen mit hochenergetischen Strahlen elektrisch geladener Teilchen - hier vor allem Schwerionenstrahlen mit Energien um 50 MeV pro Nukleon - ist zu erwarten, daß die beim LASER unvermeidlichen Reflexionsverluste hier nicht auftreten. Durch diesen Minderbedarf und wegen der größeren Eindringtiefe der Strahlteilchen in das Brennstoffkügelchen sollte die benötigte Energie der "Heiz"-Strahlen gegenüber der im Fall des LASER-Strahls um bis zu ca. einen Faktor 5 kleiner sein. Dies wiederum könnte für den Gesamtwirkungsgrad und den Energie-Erntefaktor eines Fusionskraftwerks von entscheidener Bedeutung werden.

3.7.5.2 Überlegung zur Kraftwerksrealisierung

Die Zeit des Trägheitseinschlusses des Plasmas, also des Plasmazusammenhalts, ist proportional zum Radius des Brennstoffkügelchens; die Fusionszeit dagegen ist proportional dem Kehrwert der Dichte (je größer die Dichte, umso schneller kann die Fusion ablaufen, der verfügbare Brennstoff fusionieren).

Für ein Brennstoffkügelchen, von urspünglich 1 mm Radius auf 0,1 mm Radius komprimiert, beträgt die Dauer des Plasmazusammenhalts

$$\tau_{Plasma} \sim 2 \cdot 10^{-11} \text{ s},$$

die aus dem Fusions-Wirkungsquerschnitt (s. Bild 3.7.2) bei vorgegebener Dichte abzuleitende Fusionszeit dagegen

$$\tau_{Fusion} \sim 2 \cdot 10^{-10} \text{ s}.$$

In diesem Fall können also ca. 10 % des Brennstoffs zur Fusion gebracht und somit eine Energiemenge E_{Fusion} von

$$\begin{aligned} E_{Fus} &= 0{,}1 \cdot \text{Anzahl (d+t)} \cdot 17{,}6 \text{ MeV (s. Gl. (3.7.1))} \\ &= 0{,}1 \cdot 0{,}5 \cdot 10^{21} \cdot 17{,}6 \\ &= 8{,}8 \cdot 10^{20} \text{ MeV} \hat{=} 1{,}4 \cdot 10^{8} \text{ J} \end{aligned}$$

freigesetzt werden.

Bei einer Wiederholfrequenz von 7 pro Sekunde wird damit eine thermische Leistung des Fusionsreaktors von

$$L_{Fus} \approx 1 \text{ GW}$$

erreicht.

Abschätzung des Wirkungsgrads, definiert als das Verhältnis von freigesetzter Fusionsenergie zu aufzubringender Heizenergie:

Die Energie, die im Idealfall von LASER- oder Teilchenstrahlen zum

Aufheizen des Brennstoffs auf $T \simeq 10^8$ K zugeführt werden muß, beträgt

$$E_{Heiz}^{IDEAL} = 2 \cdot \text{Anzahl (d+t)} \cdot kT$$

$$= 10^{21} \cdot 1{,}38 \cdot 10^{-23} \cdot 10^8 \approx 1{,}4 \cdot 10^6 \text{ J}$$

(k = Boltzmann-Konstante).

Setzt man für den Wirkungsgrad der Umwandlung von elektrischer Energie in Energie der Teilchenstrahlen (Heiz-Strahlen)

$$\eta_{Beschleunigung} \sim 5 \%$$

an, so resultiert ein realer Bedarf an elektromagnetischer Energie zum Aufheizen des Fusionsbrennstoffs über Teilchenstrahlen von

$$E_{Heiz}^{REAL} = 1{,}4 \cdot 10^6 \cdot \frac{1}{0{,}05} = 2{,}8 \cdot 10^7 \text{ J.}$$

Diesem Energieaufwand steht ein Gewinn an Fusionsenergie in Form von Wärme von

$$E_{Fusion}^{WÄRME} = 1{,}4 \cdot 10^8 \text{ J,}$$

umgewandelt in elektrische Energie mit einem Wirkungsgrad von $\eta_{el} \approx 40$ %

$$E_{Fusion}^{el.Energie} = 5{,}6 \cdot 10^7 \text{ J}$$

gegenüber.

Somit beträgt der Wirkungsgrad für das Fusionskraftwerk in diesem Beispiel bezogen auf Gewinn und Aufwand an elektrischer Energie

$$\eta_{Fusion} = \frac{5{,}6 \cdot 10^7}{2{,}8 \cdot 10^7} = 2$$

(s. Bild 3.7.12).

Die bei der Fusion freigesetzte Energie wird im Lithiummantel der Fusionskammer (s. Bild 3.7.11) in Wärme umgewandelt und kann von dort zur Dampferzeugung nach außen abgeführt werden. Weiter kann

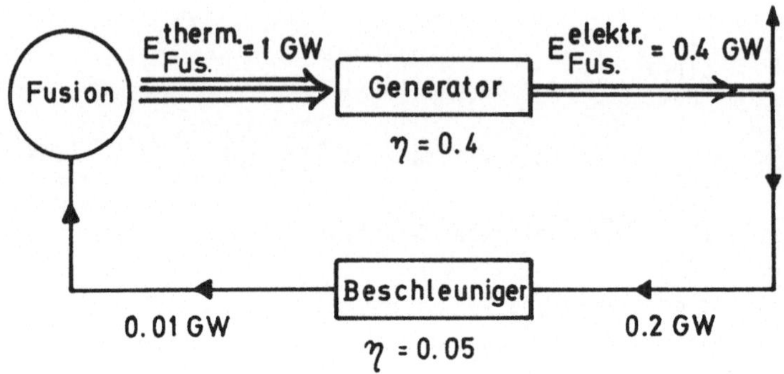

Bild 3.7.12: *Energiebilanz für Teilchenstrahl/LASER induziertes Fusionskraftwerk*

im Lithiummantel durch den einfallenden Neutronenfluß das als Fusionsbrennstoff benötigte Tritium erbrütet werden.

Von vielen bei der Realisierung eines solchen Fusionskraftwerks auftretendenden technischen Problemen sei nur eines erwähnt: Pro Fusion eines Deuterium-Tritium-Brennstoffkügelchens von ursprünglich 1 mm Radius wird innerhalb von ca. 10^{-11} s eine Energiemenge von ca. $1{,}4 \cdot 10^8$ J entsprechend der Energiemenge bei der Explosion von ca. 30 kg Dynamit (TNT) freigesetzt. Gegen diesen periodischen Explosionsschock muß die Fusionsreaktor-Anlage einschließlich der fein justierten Strahlführungselemente (Linsen und Spiegel im Fall der LASER-Fusion) auf Dauer stabil und unbeschädigt bleiben.

3.7.6 Katalytische Fusion

3.7.6.1 Prinzip der Muon induzierten Fusion [113 - 115]

Elektrisch negativ geladene Müonen (mit thermischen Geschwindigkeiten v gem. $v^2 \cdot m/2 = kT$ bei T = 200 K) werden auf ihrem Weg durch Materie durch die positiven elektrischen Ladungen der Atomkerne von diesen angezogen und - energetisch wegen ihrer höheren Bindungsenergie den atomaren Elektronen bevorzugt - unter Freisetzung der Elektronen auf entsprechend stärker gebundenen und damit engeren atomaren Bahnen um den Atomkern eingefangen. Der mittlere (minimale) Bahnradius R_B - abzuleiten aus dem Gleichgewicht zwischen elektrischer Anziehung und Zentrifugalkraft - ist umgekehrt proportional der Masse des Elektrons bzw. Müons,

$$R_B \sim \frac{1}{M_{e,\mu}},$$

und beträgt in Wasserstoff (p, Deuterium d, Tritium t)

- für Elektronen

$$R_B^e \approx 0,5 \text{ Å} = 5 \cdot 10^{-11} \text{ m},$$

- für Müonen

$$R_B^\mu \approx \frac{M_e}{M_\mu} \cdot 0,5 \text{ Å} \sim \frac{1}{200} \cdot 0,5 \text{ Å} = 250 \text{ fm}.$$

Die (maximale) Bindungsenergie aus der elektrischen Anziehung ist umgekehrt proportional zum Abstand Elektron/Müon - Kern, also zum mittleren Bahnradius, damit proportional zur Masse der gebundenen Teilchen,

$$E_B \sim M_{e,\mu},$$

und beträgt in Wasserstoff (Deuterium, Tritium)

- für Elektronen

$$E_B^e \sim 13,6 \text{ eV},$$

- für Müonen

$$E_B^\mu \approx 2,8 \text{ keV}.$$

Die Einfangzeit $\tau_{Einf.}$ für Müonen in Materie mit atomarer dichter Packung, also mit Dichten von Flüssigkeiten und Festkörpern unter Normalbedingungen, ist - hier bezogen auf die Dichte von flüssigem Wasserstoff ($\rho = 4,22 \cdot 10^{22}$ cm^{-3}) - von der Größenordnung [14]

$$\tau_{Einf.} \approx 10^{-8} \text{ s}.$$

Ein so gebildetes müonisches Atom, im Fall der hier betrachteten Wasserstoff-Isotope $(p)_\mu$, $(d)_\mu$, $(t)_\mu$, kann ein weiteres Proton, Deuteron oder Tritium zu einem müonischen Molekül binden, z. B. $(p)\mu(d)$, $(d)\mu(t)$, ..., dies in Materie oben genannter Dichte in einer Molekülbildungszeit $\tau_{Molek.}$ von ca.

$$\tau_{Molek.} \approx 10^{-8} \text{ s.}$$

(Die Molekülbildungsrate hängt von der Temperatur ab: Sie wächst mit steigender Temperatur und erreicht einen maximalen Wert bei $T \approx 400$ K.)

In einem solchen müonischen Molekül beträgt der mittlere Abstand der beiden Atomkerne um ca. 500 fm.

Bedingt durch die Bewegung beider Kerne im Molekül gegeneinander, z. B. durch Vibrationsschwingungen (mit typischen Frequenzen um 10^{17} s^{-1}), kommen sich beide Kerne gelegentlich (τ_{Fus}) so nahe (einige fm), daß sie dabei in den Einflußbereich der starken anziehenden Kernkräfte geraten. Dies führt dann zu einer spontanen Kernverschmelzung, hier z. B.

$$(3.7.10) \qquad \begin{aligned} (p)\mu(d) &\rightarrow {}^3_2He + \mu + 5{,}4 \text{ MeV}, \\ (d)\mu(t) &\rightarrow {}^4_2He + n + \mu + 17{,}6 \text{ MeV}. \end{aligned}$$

Das Müon wird dabei wieder freigesetzt, spielt also nur die Rolle eines Katalysators.

Die Fusionszeit beträgt ca.

$$\tau_{Fus} \approx 3 \cdot 10^{-9} \text{ s.}$$

Ein Müon kann also während seiner mittleren Lebensdauer von ca. $2 \cdot 10^{-6}$ s in Materie oben genannter Dichte theoretisch bis zu 100mal als Katalysator für einen Fusionsprozeß wirken.

Bei jeder Fusion wird Energie entsprechend der jeweiligen Massendifferenz (s. Gl. (3.6.14)) freigesetzt - zunächst als kinetische Energie der beteiligten Kerne und Kernbausteine. Im Fall der Deuteron-Tritium-Fusion wird das freiwerdende Neutron mit einer kinetischen Energie von ca. 14 MeV emittiert.

Quelle für Müonen: Die intensivste Quelle für Müonen in Natur und Technik stellen Stoßprozesse hochenergetischer Kernbausteine, meistens Protonen, mit anderen Kernen oder Kernbausteinen dar. Dabei können bei ausreichend hoher kinetischer Energie der Stoßpartner Mesonen erzeugt werden, meist π-Mesonen. Diese π-Mesonen wiederum zerfallen mit einer mittleren Lebensdauer von ca. $2 \cdot 10^{-8}$ s nahezu ausschließlich in Müonen und Neutrinos.

Die Reaktionskette lautet also z. B.:

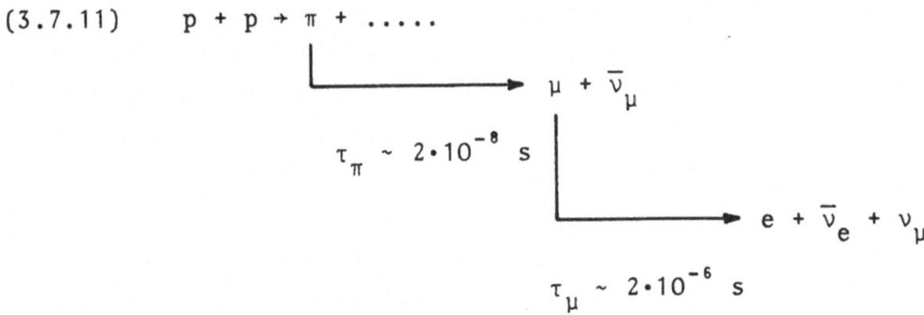

Bei einer kinetischen Energie des stoßenden Protons von 1 GeV beträgt die mittlere kinetische Energie der erzeugten π-Mesonen bis zu einigen 100 MeV. π-Mesonen dieser Energie werden in Materie - z. B. in flüssigem Wasserstoff, innerhalb einer Reichweite von einigen mm bis cm abgebremst. Die kinetische Energie der Zerfalls-Müonen beträgt ca. 4 MeV, ihre Reichweite bis zur Abbremsung auf thermische Geschwindigkeiten von im Mittel $\bar{v}_\mu \approx 7 \cdot 10^3$ m/s ca. 1 cm.

3.7.6.2 Überlegungen zur Kraftwerks-Realisierung

Mit hochenergetischen Protonen (1 GeV Energie) kann in Stoßprozessen gem. Gl. (3.7.11) pro 5 einfallende Protonen etwa 1 Müon für anschließende Fusionsprozesse bereitgestellt werden [116]. Dieses 1 Müon kann als Katalysator für 100 d-t-Fusionsprozesse darüber eine Freisetzung von 100 · 17,6 MeV = 1,76 GeV Energie in Form von Wärme bewirken. (Dabei werden bei der Fusion primär u. a. 100 Neutronen mit Energien um 14 MeV frei.)

Zur Beschleunigung von Protonen in einem Linearbeschleuniger auf 1 GeV Energie werden, selbst bei einem "Traum"-Wirkungsgrad von $\eta_{Beschl.} = 0,5$, 2 GeV an elektrischer Energie benötigt; diese wiederum sind in einem Kraftwerk mit Umwandlungswirkungsgrad von Wärme in elektrische Energie von η_{el} = 0,4 aus 5 GeV thermischer Energie zu gewinnen.

Damit steht einem Gewinn an thermischer Energie aus katalytischer d-t-Fusion mit 1 Müon von 1,76 GeV ein Aufwand an thermischer Energie von

$$5 \cdot 5 = 25 \text{ GeV}$$

gegenüber. Als möglicher Ausweg aus dieser negativen Energiebilanz zu einer letztlich positiven Energiebilanz wurde eine Kombination von Energiegewinnung aus katalytischer Fusion und aus Spaltung von dabei erbrütbarem Plutonium in einem Kernreaktor, ein sogenannter Müon-katalytischer Brüter, vorgeschlagen [117]. Dabei sollen pro Neutron mit 14 MeV Energie aus einer Fusionsreaktion in einem Brutmantel aus Uran und Lithium sowohl das benötigte Tritium als Fusionsbrennstoff als auch ca. 4 Plutoniumkerne des Brennstoffs für einen Kernreaktor erbrütet werden.

Die damit erhoffte resultierende Energiebilanz ist Bild 3.7.13 zu entnehmen.

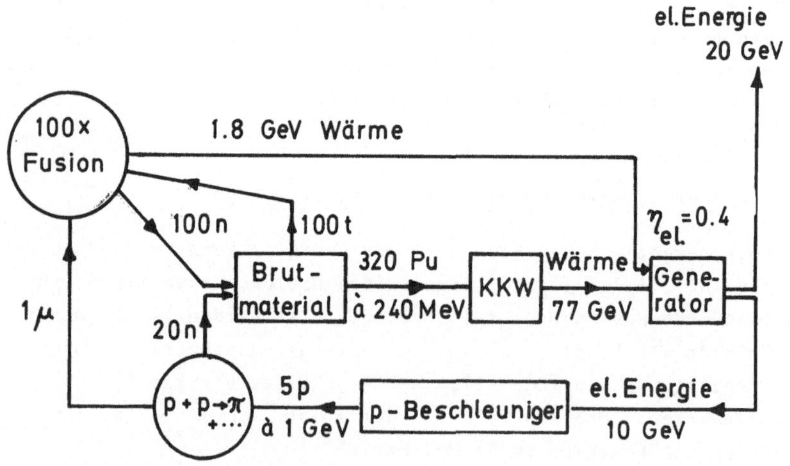

Bild 3.7.13: *Prinzip und Energiebilanz eines Müon-katalytischen Brüters*

Für diesen Idealfall eines katalytischen Brüters würde also ein Wirkungsgrad, definiert als gewonnene elektrische Energie zum Aufwand an elektrischer Energie, von

$$\eta = \frac{30}{10} = 3$$

folgen.

3.7.7 Mögliche zeitliche Entwicklung eines zukünftigen Kernfusions-Energie-Potentials

Bislang konnte die kontrollierte Kernfusion im Labor nur im Fall der Müon-induzierten katalytischen Fusion beobachtet werden. Im Fall der Fusion in magnetisch eingeschlossenen Plasmen und der Plasmafusion unter Trägheitseinschluß wird erstmals Fusion frühestens ab 1987 möglich werden.

Der Weg von dort bis zu einem ersten Kraftwerks-Prototyp wird selbst im Fall der zwischenzeitlichen Lösung aller bislang noch ungelösten technischen Probleme mindestens ein weiteres Jahrzehnt in Anspruch nehmen. Selbst in diesem äußerst optimistischen Fall würde ein solches Kraftwerk frühestens im Jahr 2000 zur Verfügung stehen.

Der Zubau weiterer Kraftwerke aus der mit einem ersten Kraftwerk gewonnenen Erfahrung würde mindestens 1 - 2 weitere Jahrzehnte in Anspruch nehmen.

Energie aus kontrollierter Kernfusion wird also mit hoher Wahrscheinlichkeit zumindest nicht in den nächsten 2 - 3 Jahrzehnten zur Verfügung stehen, möglicherweise erst sehr viel später oder nie.

3.7.8 Umweltbelastung aus Kernfusion

Beim heutigen Stand dieser Technik sind bestenfalls einige prinzipielle Möglichkeiten einer künftigen Umweltbelastung, die aus der Anwendung dieser Technik erwachsen könnten, anzumerken:

Beim Betrieb eines Fusionsreaktors jeglicher Art wird vor allem durch die hohe Belastung der Reaktormaterialien mit Neutronen eine hohe Aktivität - meist kurzlebiger - radioaktiver Stoffe erzeugt. Diese Aktivität fällt zum Teil schon bei der nötigen Extraktion des im Reaktormantel erbrüteten Tritium-Brennstoffs an. Die Menge des in Aufarbeitungsanlagen zu extrahierenden Tritiums kann aus dem täglichen Bedarf eines Fusionsreaktors mit 3 GW thermischer Leistung von 500 g Tritium abgelesen werden. Diese tägliche Menge stellt eine Aktivität von 5 • 10^6 Ci dar. (Zum Vergleich: Die in einer Wiederaufarbeitungsanlage WAA für 10 Kernkraftwerke jährlich anfallende Menge an Tritium beträgt ca. 10 g (s. Tab. 3.6.11).)

Der Kraftwerksbetrieb muß sicher sein gegen Freisetzung nennenswerter Mengen an Radioaktivität bei möglichen Störfällen. Dabei ist zu vermerken, daß die Höhe der explosionsartigen Energiefreisetzung im Fall der Fusion mit LASER- oder Teilchenstrahlen schon im Normalbetrieb, und dies mehrmals pro Sekunde, bei 1 GW-Fusionsleistung 140 MJ beträgt, im Fall des Zusammenbruchs der Supraleitung der Magnetfeldspulen eines 30 GW-Tokamak-Reaktors etwa 25000 MJ. (Zum Vergleich: die als maximal betrachtete Energiefreisetzung von ca. 400 MJ im größten anzunehmenden Unfall eines Brutreaktors, dies mit einer Eintrittswahrscheinlichkeit von $\lesssim 10^{-6}$ pro Reaktor und Jahr.)

4 Energie-Speicherung

In diesem Kapitel sollen die Möglichkeiten kurzfristiger und auch langfristiger Speicherung von Energie in ihren verschiedenen Erscheinungsformen aufgezeigt werden. Bei der Erzeugung von Energie (insbesondere in großtechnischen Anlagen) steht man ja häufig vor dem Problem, daß Angebot und Bedarf zeitlich differieren, daß man also bei Überangebot Energie möglichst verlustfrei für Situationen intensiven Bedarfs aufbewahren will:

4.1 Speicherung von Wärme

Zwei ansonsten gleiche Körper verschiedener Temperatur unterscheiden sich durch die höhere mittlere kinetische Energie der Moleküle des "wärmeren" Körpers: Diese mittlere kinetische Energie kann in drei Erscheinungsformen auftreten: Translationsenergie, Rotationsenergie, Schwingungsenergie.

Der Gleichverteilungssatz der mechanischen Wärmetheorie besagt nun, daß pro Molekül bzw. Atom und Freiheitsgrad (Anzahl der Dimensionen, in der Moleküle bzw. Atome im jeweiligen Stoff Energie aufnehmen und damit speichern können) folgende Beziehung gilt:

$$< E_{kin} > = \frac{k \cdot T}{2}$$

k = Boltzmann-Konstante

T = Temperatur

Pro Grad Temperaturerhöhung nimmt also ein Molekül bzw. Atom $0{,}69 \cdot 10^{-23}$ J Bewegungsenergie auf - unabhängig von seiner genauen chemischen Struktur. Von letzterer abhängig ist natürlich die für die Temperaturerhöhung notwendige Wärmemenge:

$$W(T) = c(T) \cdot \Delta T \cdot m$$

Unter der spezifischen Wärme c(T) eines Stoffes der Masse m versteht man die für die Erwärmung von 1 g eines Stoffes um 1 Grad erforderliche Wärmemenge, unter Molwärme C(T) die für ein Mol (M Gramm)

$$C(T) = c(T) \cdot M.$$

Das Produkt von spezifischer Wärme und Masse eines Körpers nennt man auch Wärmekapazität des Körpers. Die ursprüngliche (inzwischen weniger gebräuchliche) Einheit der Wärme war die Kalorie: die für 1 g Wasser bei 1 at zur Temperaturerhöhung von 14,5^{o} C auf 15,5^{o} C erforderliche Wärmemenge:

$$1 \text{ cal} = 4{,}1876 \text{ Joule}$$

(Bei Gasen unterscheidet man noch zwischen der bei konstantem Volumen gemessenen spezif. Wärme $c_V(T)$ und der um den additiven Betrag $k \cdot L = 8{,}4$ J/(Mol · K) (k = Boltzmann-Konstante, L = Zahl der Moleküle pro Mol) größeren bei konstantem Druck gemessenen Wärmekapazität $c_p(T)$.)

Tabelle 4.1.1 zeigt spezif. Wärmen verschiedener chemischer Substanzen.

Ausbreitung von Wärme erfolgt durch Wärmestrahlung (s. Abschn. 3.2.1), Wärmeleitung und Konvektion. Erstere ist elektromagnetischer Natur, kann sich auch im Vakuum ausbreiten und ist z. B. von der Temperatur des bestrahlten Objekts - abgesehen von dessen Wärmeabstrahlung - unabhängig. Unter Wärmeleitung versteht man die direkte Übertragung kinetischer Energie der Moleküle des wärmeren Mediums auf die des kälteren, unter Konvektion die Bewegung eines wärmeübertragenden Mediums, z. B. Luft (s. u.); beide können also nur in Materie bei Vorhandensein eines Temperaturgefälles erfolgen: Die Wärmeleiteigenschaften bestimmter Materialien werden durch die Wärmeleitzahl λ ausgedrückt: Diese ist definiert durch die pro Sekunde durch einen Würfel der Kantenlänge 1 m fließende Wärmemenge bei Temperaturgefälle von 1° zwischen Stirn- und Rückseite bei vollständiger Wärmeisolierung der übrigen Seiten.

$$(4.1.1) \qquad \lambda = \frac{W \cdot 1}{t \cdot F \cdot \Delta T} \quad \left[\frac{J \cdot m}{s \cdot m^2 \cdot K} \;\hat{=}\; \frac{W}{m \cdot K}\right]$$

Weitere gebräuchliche, im folgenden relevante Definitionen:

Die Wärmeübergangszahl α beschreibt den Wärmeübergang (Wärme W pro Zeit t und pro Temperaturdifferenz zwischen Körper und Umgebung, ΔT) eines Körpers mit Temperatur T_1 durch seine Oberfläche O auf die Umgebung mit Temperatur T_2:

Tabelle 4.1.1: *Spezifische Wärme verschiedener chemischer Substanzen (nach [38])*

Gase bei 760 Torr		
	c_p (T = 0° C)	c_p (T = 1000° C) $\left[\frac{J}{g \cdot K}\right]$
H_2	14,248	15,6
N_2	1,038	1,22
O_2	0,913	1,12
CO_2	0,821	1,3
NH_3	2,047	3,65
Luft	1,005	1,18
Flüssigkeiten bei T = 20° C		
Benzol	1,72	
Methanol	2,43	
Petroleum	2,14	
Quecksilber	0,14	
Wasser	4,18 (!)	
Festkörper 0° C ≤ T ≤ 100° C		
Aluminium	0,909+	
Beton	~ 0,88	
Blei	0,13+	
Eis (T = 0° C)	2,09	
Eisen	0,456+	
Glas	~ 0,7	
Granit	0,84	
Hartgummi	1,42	
Holz	2,5	
Konstantan	0,41	
Kupfer	0,385+	
Silber	0,234+	
Zement	~ 0,75	
Ziegel	0,92	

\+ *Multiplikation mit dem Molgewicht liefert den konstanten Wert von ≈ 25 $\frac{J}{K \cdot Mol}$. Dieser Wert ist oberhalb einer materialabhängigen Konstanten (der sogen.Debye-Temperatur, oberhalb welcher alle Freiheitsgrade angeregt werden können) temperaturunabhängig (Dulong-Petitsches Gesetz).*

Tabelle 4.1.2: *Wärmeleitzahlen verschiedener Materialien (nach [38])*

	$\lambda(T = 20^o) \left[\frac{W}{m \cdot K}\right]$	$\lambda(T = 200^o) \left[\frac{W}{m \cdot K}\right]$
Aluminium	233	233
Asbestwolle	0,156	
Beton	0,8 - 1,4	
Blei	34	34
Eisen	70	64
Glas	0,8 - 1,2	
Granit	2,5	
Gummi	0,15	
Holz	0,14 - 0,21	
Kupfer	384	377
Polystyrol	0,15	
Silber	419	406
Stahlbeton	1,5	
Wasser	0,6	0,66
Ziegelstein	0,35 - 0,6	0,6
Watte-Isolierschaumstoffe	~ 0,05	
Luft	0,02	

$$\alpha = \frac{W}{t \cdot O \cdot (T_1 - T_2)} \quad \left[\frac{W}{m^2 \cdot K}\right]$$

Die Wärmedurchgangszahl k beschreibt den Wärmedurchgang durch eine Platte der Querschnittsfläche F bei einem Temperaturgefälle $T_1 - T_2$:

$$k = \frac{W}{F \cdot t \cdot (T_1 - T_2)} \quad \left[\frac{W}{m^2 \cdot K}\right]$$

Die Wärmedurchgangszahl k einer einschichtigen Wand berechnet sich zu

$$\frac{1}{k} = \frac{1}{\alpha_{innen}} + \frac{1}{\alpha_{außen}} + \frac{d_{Wand}}{\lambda_{Wand}} .$$

Für eine Wand mit geringer Wärmeleitfähigkeit können die Temperaturdifferenzen zwischen jeder der beiden Oberflächen und der jeweiligen Umgebung vernachlässigbar klein werden gegenüber dem Temperaturgefälle in der Wand zwischen beiden Oberflächen. In diesem Fall geht $\alpha \to \infty$ und die Wärmeübergangszahl k geht über in den Wärmeverlustkoeffizienten (k-Wert)

$$k = \frac{\lambda}{d} .$$

Dies ist der Fall z. B. bei einer Hausmauer unter Vernachlässigung von Konvektion und Strahlung (d. h. Wärmeverluste nur durch Wärmeleitung) (Bild 4.1.1a); im (realistischen) Fall sind jedoch an beiden Oberflächen sowohl Wärmestrahlung als auch Konvektion (z. B. an der Innenseite durch sich abkühlende und dadurch nach unten sinkende Luft) zu berücksichtigen. Dies führt zu einem komplizierteren Temperaturverlauf (Bild 4.1.1b).

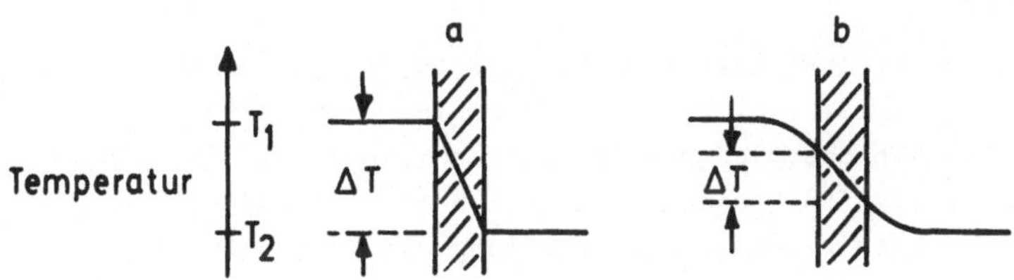

Bild 4.1.1: *Temperaturgefälle in einer Mauer zwischen zwei Räumen mit Temperaturen T_1 und T_2*
a) ohne und
b) mit Berücksichtigung von Konvektion

Für nichtstationäre Wärmeströmungen ergibt sich in Verallgem. von Gl. (4.1.1) eine Differentialgleichung mit den partiellen Ableitungen der Temperatur nach der Zeit, $\partial T/\partial t$, und nach dem Ort, $\partial T/\partial x$:

$$(4.1.2) \qquad \frac{\partial T}{\partial t} = \frac{\lambda}{c \cdot \rho} \frac{\partial^2 T}{\partial x^2} = \beta \cdot \frac{\partial^2 T}{\partial x^2}$$

Den Quotienten $\frac{\text{Wärmeleitfähigkeit}}{\text{spezif. Wärme} \cdot \text{Dichte}}$ nennt man auch Temperaturleitzahl β, sie bestimmt die zum Ausgleich von Temperaturgefällen erforderliche Zeit. Sie ist für Gase etwa gleich groß wie für Metalle trotz ihrer sehr unterschiedlichen Wärmeleitzahlen: Für Kupfer, Cu, und Wasserstoff, H_2, gelten folgende Werte der Temperaturleitzahl:

$$\beta_{Cu} = 1{,}1 \cdot 10^{-4}\ m^2/s$$

$$\beta_{H^2} = 1{,}3 \cdot 10^{-4}\ m^2/s$$

4.1.1 Direkte Wärmespeicherung

Kurzzeitspeicherung von Wärme: Ein Speicher direkter ("fühlbarer") Wärme verlangt also eine möglichst große Wärmekapazität des Speichermediums und kleine Wärmeleitzahlen des Isoliermaterials bei möglichst großem Verhältnis Volumen/Oberfläche, V/O, (Beispiel: Thermoskanne).

Erwärmt man z. B. 1 m^3 Wasser um 80^0, so lassen sich nach Tabelle 4.1.1 bei geeigneter Isolierung gegebenenfalls über längere Zeiträume ca. 100 kWh Energie speichern, ausreichend, um ein 20 m^2 großes Zimmer etwa 50 Stunden zu beheizen (s. folgenden Abschn.). Vorgenommen werden könnte diese Erwärmung mit "nächtlichem Überschuß-Strom" eines Kraftwerks (Nachstromspeicherheizung). In Kraftwerken besteht darüber hinaus die Möglichkeit, nächtliche Überschußwärme z. B. in Heißdampf- bzw. Heißluftspeichern (s. Abschn. 4.2.3) aufzubewahren und zu Spitzenlastzeiten über Turbinen zu verstromen.

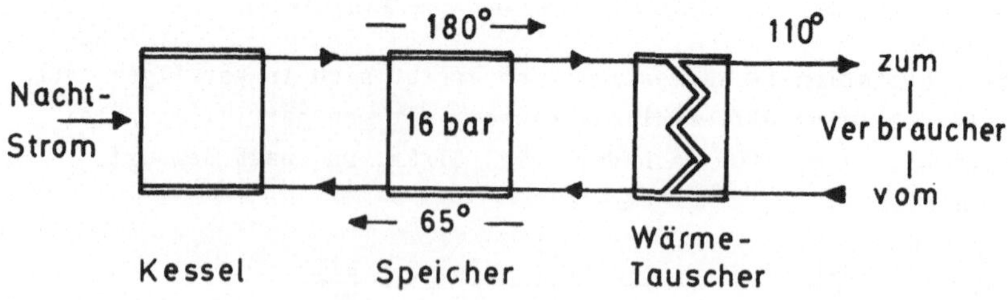

Bild 4.1.2: Prinzip eines Nachtstrom-Wärmespeicher-Heizwerks

Offensichtlich ökonomischer wäre es hierbei, wenn so gespeicherte Wärme nicht wieder verstromt, sondern an ein Wärmeverbundsystem abgegeben werden könnte: Nachstromspeicherheizwerk. Beispiel: Stuttgarter Fernheizwerk Marienstraße [19] (Bild 4.1.2).

Langzeitspeicherung von Wärme: Die Langzeitspeicherung von Wärme - wiederum bei möglichst großem relativen Verhältnis V/O - stellt eine Möglichkeit dar, der Verschwendung von Abwärme im Niedrigtemperaturbereich bei gleichzeitig hohem Heizwärmebedarf "beizukommen". Hierfür werden z. B. Möglichkeiten diskutiert, Wärme in künstlichen bzw. auch natürlichen Seen zu speichern, die bei nicht zu großer Entfernung ihre Energie an den Verbraucher weitergeben. Die Effizienz solcher Vorschläge muß im Einzelfall mit den jeweiligen ökonomischen und ökologischen Rahmenbedingungen bewertet werden.

Für Einfamilienhausbesitzer bietet sich zumindest im Prinzip die Alternative an, in der sonnenscheinreichen Zeit des Jahres über Sonnenkollektoren aufgenommene Energie in einem Wasserspeicher bis zur Winterzeit aufzubewahren. Fricke [18] zeigt in einer vereinfachenden Modellrechnung, daß für ein extrem gut wärmeisoliertes Haus (s. u.) mit einer Kollektorfläche von 30 m^2 und einem entsprechend gut isolierten Wasserspeicher von 300 m^3 im Prinzip der gesamte Jahresheizenergiebedarf gedeckt werden könnte. Die in Abschn. 3.2.2 beschriebenen klimatischen Einschränkungen lassen allerdings für Mitteleuropa Einsparungen an Primärenergie für Heizwärme von etwa 30 % bzw. z. B. im Süden der USA sogar von bis zu 70 % realistisch erscheinen. Darüber hinaus könnte (insbesondere in letztgenannten Regionen) die Zuschaltung umkehrbarer Wärmepumpen im Sommer durch Abkühlung des Wohnraums bei weiterer Erwärmung des Speichers in zweifacher Hinsicht Nutzen bringen.

Voraussetzung für eine zufriedenstellende Effizienz einer solchen Anlage ist aber u. a. eine gute Wärmedämmung (= Heizwärmespeicherung) des betreffenden Hauses: Ein Wohnhaus bestehe aus 100 m^2 Bodenfläche, 100 m^2 Wänden und 100 m^2 Dach, d. h. 300 m^2 Mauerwerk aus 20 cm dicken Ziegelsteinen (λ-Werte s. Tab. 4.1.2). Hinzu kommen 15 m^2 Fensterfläche mit

a) Einfachglas von 6 mm Dicke,
b) Doppelverglasung.

Der Wärmeverlust pro Sekunde ergibt sich bei einer Raumtemperatur von 18° und einer mittleren Raum-Außentemperaturdifferenz während der Heizperiode von 12° in einer stark vereinfachenden Schätzung:

$$(4.1.3) \qquad < \dot{W} > \; = \; (\lambda_{Mauer} \cdot \frac{F}{d} + \lambda_{Fenster} \cdot \frac{F}{d}) \cdot \Delta T$$

$$\left[\frac{J}{s \cdot m \cdot K} \cdot \frac{m^2}{m} \cdot K \; = \; \frac{J}{s}\right]$$

Das Temperaturgefälle innerhalb der Mauer bzw. des Fensterglases vermindert sich i. a. durch Abstrahlung und Konvektionseffekte - wobei sich auf beiden Seiten eine für endliche Wärmeabgabe bzw. Wärmeaufnahme nötige Temperaturspreizung zwischen Wandoberfläche und Umgebungstemperatur ausbildet - so daß die angegebene Differenz sich - grob überschlagen - um einen Faktor 2 vermindert.

Im Falle a):

$$\dot{W} \; = \; (0,4 \cdot \frac{300}{0,2} + 0,8 \cdot \frac{15}{0,006}) \cdot 6 \; = \; 3600 + 12000 \text{ W} \; \approx \; 16 \text{ kW}$$

Im Falle b) können die Wärmeverluste durch die Fenster drastisch reduziert werden: Handelsübliche Doppelverglasung hat einen k-Wert von etwa 2 $W/(m^2 \cdot k)$, d. h. die Verluste pro m^2 Fensterfläche entsprechen etwa den Verlusten pro m^2 Mauerfläche:

$$< \dot{W} > \; = \; (2 \cdot 300 + 2 \cdot 15) \cdot 6 \; \approx \; 4 \text{ kW}$$

Nach DIN 4701 beträgt die mittlere Heizleistungsaufnahme während der Heizperiode in der BRD für Wohnhäuser mit 100 m^2 Grundfläche ca. 10 kW.

Der Einbau doppelverglaster Fenster hilft also wesentlich, Energiekosten zu sparen, und beeinträchtigt bei regelmäßiger Lüftung nicht die Wohnqualität: Diese Lüftung ist nicht sehr energieintensiv. Für obiges Musterhaus muß bei kompletter Ersetzung der 20° warmen Raumluft durch 0°-kalte Außenluft folgende Energie aufgewendet werden:

$$W \; = \; m_L \cdot c_{p,Luft}(T) \cdot \Delta T \quad \left[kg \; \frac{kJ}{kg \cdot K} \; K \; = \; kJ\right]$$

$$= \; 250 \cdot 1,29 \cdot 1,005 \cdot 20 \; \sim \; 6500 \text{ kJ} \quad (\rho_L \approx 1,29 \text{ kg/m}^3)$$

Führt man eine solche Lüftung 3mal täglich durch ergibt das einen mittleren Energiemehraufwand von 225 Watt, d. h. ungefähr 5 % obiger Heizenergieaufnahme.

Entscheidend für eine weitere Verringerung des oben errechneten mittleren Wärmeverlustes ist der Einsatz wärmeundurchlässiger Außenwandbaumaterialien: ein Wert von (200-300) W/K für das Produkt aus Gebäudeaußenfläche (inklusive Boden) und k-Wert - manchmal auch Wärmeverlustfaktor genannt - ist technisch machbar - allerdings teuer.

Die Heizenergieversorgung eines solchen Hauses mit im Sommer aufgenommener, in einem Wasserwärmespeicher aufbewahrter Wärme sei im folgenden näher ausgeführt (Bild 4.1.3):

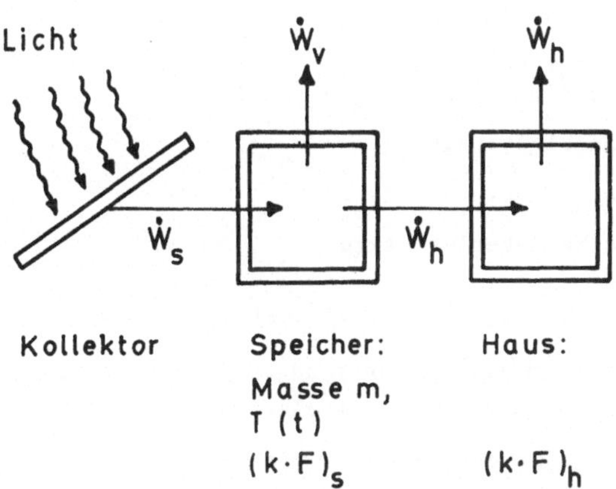

Bild 4.1.3: *Prinzip der Wärmeversorgung über Langzeit-Wärmespeicher*

Im Speicher gilt folgende Wärmebilanz:

$$c_p \; m \; \frac{dT}{dt} = \dot{W}_s - \dot{W}_v - \dot{W}_h$$

$$= \dot{q}_s \; F_K - (k \cdot F)_s \cdot (T_s - T_o) - (k \cdot F)_h \cdot (T_h - T_o)$$

$$= \dot{q}_s \; F_K - (k \cdot F)_s \cdot ((T_s(t) - \overline{T_o}) - (T_o - \overline{T_o}))$$

$$- (k \; F)_h \cdot ((T_h - \overline{T_o}) - (T_o - \overline{T_o}))$$

Hierbei ist (Index s: Speicher, v: Verlust, h: Haus)

m	Speichermasse	300 000 kg
c_p	Wärmekapazität von Wasser	0,0484 W Tage/kg K
F_K	Sonnenkollektorfläche	30 m^2
$\dot{q}$	mittlere Leistung des Kollektors	100 W/m^2
$\overline{T_o}$	Jahresmittel der Umgebungstemperatur	13° C
ΔT_o	Amplitude der Jahrestemperaturschwankung (s. Abb. 4.1.4)	12° C
T_s	Speichertemperatur	
T_h	Innentemperatur = Außentemperatur für verschwindende Heizleistung	18° C
$(k \cdot F)_s$	Speicher-Wärmeverlustfaktor	50 W/K
$(k \cdot F)_h$	Gebäude-Wärmeverlustfaktor	200 W/K

Bild 4.1.4a-d (nach [18]) stellt das Ergebnis graphisch dar.

a) beschreibt einen idealisierten sinusförmigen Verlauf der Jahresaußentemperatur um den Mittelwert von 13° C;

b) zeigt die Temperatur des gespeicherten Wasser;

c) zeigt die Heizleistung;

d) zeigt die Summe aus Heiz- und Speicherverlustleistung.

Bild 4.1.4b entnimmt man z. B., daß die Heiztemperatur am Ende der Heizperiode mit etwa 30° noch immer ausreicht, um über eine Niedrigtemperaturheizung (z. B. Fußbodenheizung) genügend Raumwärme zu erzeugen. Dieser Wert reduziert sich allerdings um etwa 10° C, wenn man im Realfall auch eine jahreszeitliche Abhängigkeit der Kollektorleistung $\dot{q}$ zugrundelegt. Der angenommene Wärmeverlustfaktor von 50 W/K des Speichers entspricht ungefähr einem k-Wert des Isolationsmaterials von 0,2 $W/(m^2 \cdot K)$ oder 25 cm Fiberglaswolle.

Die Installation des Speichers ist mit entsprechend hohen Kosten

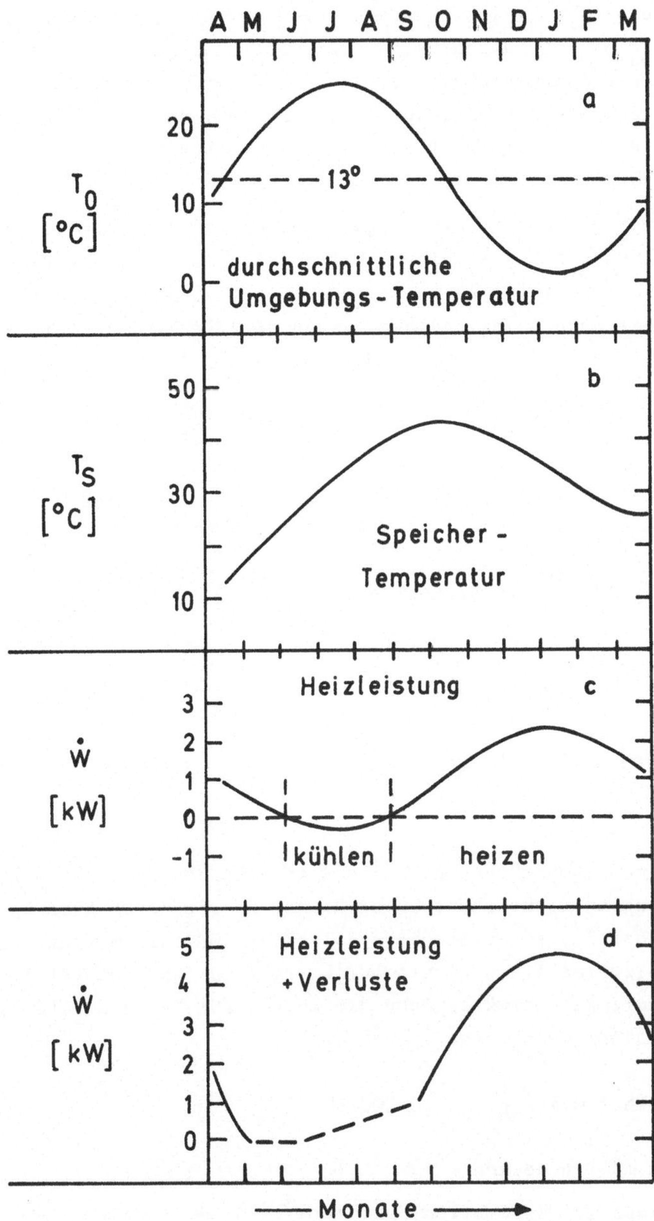

Bild 4.1.4: *Langzeitverhalten eines Wärmespeichers (a - d: siehe Text)*

verbunden: da letztere insbesondere wegen der erforderlichen Baumaßnahmen schwer abschätzbar sind, sei die schon mehrfach präsentierte Kosten-Nutzung-Rechnung einmal andersherum formuliert: Wieviel darf die Speicher-Kollektor-Anlage kosten, damit bei 20jähriger Nutzung ein Einspareffekt von nicht erneuerbarer Energie auftritt?

Es sei $(k \cdot F)_h$ = 200 W/K (extrem gut isoliertes Haus), und es betrage der Einspareffekt in diesem Extremfall 100 %, im Unterschied zu ca. 30 % bei normaler Wärmeisolierung [18]. Die im Laufe von 20 Jahren aus der Sonneneinstrahlung gewonnene Heizwärme beläuft sich auf

$$W = 20\ [a] \cdot 0{,}200 \left[\frac{kW}{K}\right] \cdot 6\ [K] \cdot \left(\frac{7}{12} \cdot 8760\right) \left[\frac{h}{a}\right] \approx 123000\ kWh.$$

Diese Menge an Heizenergie würde im Fall einer Kohleheizung bei entsprechend guter Wärmeisolation Kosten in Höhe von

ca. 10 000 DM für den Brenner plus

$$\text{ca. } (240 - 500)\ \frac{DM}{t\ SKE} \cdot 15\ t\ SKE = (3\,600 - 7\,500)\ DM,$$

also insgesamt

ca. (14 000 - 18 000) DM

verursachen.

Selbst wenn man ohne Rücksicht auf die anfallenden Heizkosten nur auf Einsparung an nichterneuerbarer Primärenergie durch Nutzung von Solarwärme abzielt, so würde obige Kollektor-Speicher-Heizung erst dann mehr Heizwärme liefern, als für Energie für Bau und Betrieb der Anlage aufzuwenden wäre, wenn die Kosten für Bau und Betrieb der genannten Anlage geringer wären als

$$123\,000\ kWh \cdot 0{,}4\ \frac{DM}{kWh} \approx 50\,000\ DM.$$

Diese Kosten müßten decken

- den Bau eines gut isolierten Speichers z. B. der Größe $10 \times 10 \times 3\ m^3$

- 30 m² Sonnenkollektoren (s. Abschn. 3.2.5.2),
- Pumpen und Rohre,
- Betrieb und Wartung der Anlage innerhalb von 20 Jahren.

Investitionen, die auf eine Verringerung des Wärmeverlustfaktors bis hin zu einem "Idealwert" von etwa 200 W/K hinauslaufen, sind also sehr sinnvoll, die Anschaffung einer Sonnenkollektor-, gekoppelt mit einer Langzeitspeicheranlage hingegen erscheint - zumindest für mitteleuropäische Gegebenheiten - sehr fragwürdig.

4.1.2 Latentwärmespeicherung

Materie kann in 3 verschiedenen "Aggregatzuständen" auftreten: fest - flüssig - gasförmig; sie unterscheiden sich durch die Anordnung, Abstand und Grad der Bindung der jeweiligen Moleküle zueinander. Führt man z. B. einem Festkörper Wärme zu, so steigt zunächst seine Temperatur an. Bei Erreichen der sogenannten Schmelztemperatur wird aber die weiter zugeführte Energie isotherm (d. h. ohne Temperaturerhöhung) zur Umordnung der molekularen Struktur verwandt. Dann steigt die Temperatur wiederum bis zur Siedetemperatur, wo sich der Vorgang entsprechend wiederholt. Kehrt man den (reversiblen) Vorgang um, wird z. B. bei der Erstarrung flüssiger Materialien die vorher zur Verflüssigung aufgenommene Wärme wieder freigesetzt: Schmelzwärme. Da feste und flüssige Phase sich i. a. nicht sehr im Volumen unterscheiden, eignet sich besonders dieser Phasenübergang zur Energiespeicherung. Bild 4.1.5 zeigt Schmelztemperaturen und -wärmen einiger Substanzen.

Für Metalle gilt die grobe Faustformel:

$$\text{Schmelzwärme} \left[\frac{\text{J}}{\text{mol}}\right] = 10 \left[\frac{\text{J}}{\text{mol}\cdot\text{K}}\right] \cdot \text{Schmelztemperatur in Kelvin}$$

Die in Abb. 4.1.5 gezeigten Mischungen sind im allgemeinen eutektisch, d. h. die Mischung hat eine niedrigere Schmelztemperatur als ihre Einzelkomponenten, eutektische Fluoridverbindungen haben zum Teil sehr hohe Schmelzwärmespeicherkapazitäten, eignen sich daher gut als Wärmespeicher:

Ein (technisch durchaus vorstellbarer) Wärmespeicher von 70 x 70 x 10 m³, gefüllt mit Mischung (1), könnte mit 1,5 kJ/cm³

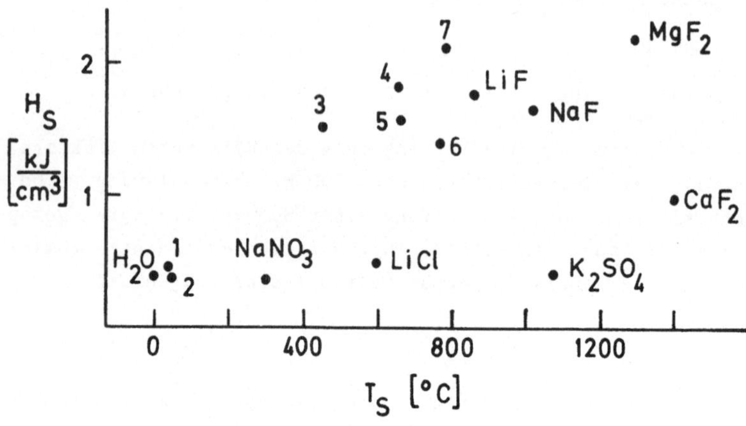

Bild 4.1.5: *Schmelztemperaturen T_s und Schmelzwärmen H_s (Enthalpien, Definition s. Abschn. 6) einiger Substanzen*

1) $Na_2HPO_4 \cdot 12\ H_2O$

2) $Na_2PO_4 \cdot 12\ H_2O$

3) - 7) sind Mischungen, bestehend aus: (Zahlenangaben in Prozenten)

3) 12 NaF, 40 KF, 44 LiF, 4 MgF_2

4) 46 LiF, 44 NaF, 10 MgF_2

5) 60 LiF, 40 NaF

6) 65 NaF, 23 CaF_2, 12 MgF_2

7) 67 LiF, 33 MgF_2

ungefähr $7{,}5 \cdot 10^{13}$ J Schmelzwärme aufnehmen, bei Erwärmung von 450^0 auf 860^0 zusätzlich noch etwa denselben Betrag an direkter Wärme: Ausschließlich Speicherung in direkter Wärme würde also Erhitzung auf technisch "unhandliche" 1270^0 C erfordern.

Der gespeicherte Energiebetrag könnte also z. B. während der Sonnenscheinstunden des Tages von einem entsprechenden Solar-Kraftwerk zugeführt und nachts über 12 Stunden mit einer elektrischen Dauerleistung von

$$15 \cdot 10^{13} \cdot 2{,}77 \cdot 10^{-7} \cdot 12^{-1} \quad 0{,}3 \quad \approx \quad 1\ \text{GW}$$

über eine Wärmekraftmaschine wieder abgegeben werden. Im Niedrigtemperaturbereich könnte man z. B. Fixiersalz (Natriumthiosulfat $Na_2S_2O_3 \cdot 5\ H_2O$, $T_s = 48^o$ C) mit heißem Wasser schmelzen und die bei Wiederabkühlung bei $T = 48^o$ abgegebene Wärmemenge von 60 Wh/kg z. B. in einem Heizkissen nutzen. Für Klimaanlagen würde sich Kaliumfluorid-Tetrahydrat ($KF \cdot 4\ H_2O$, $T = 18{,}5^o$ C) anbieten. In beiden Fällen muß gegebenenfalls die Unterkühlung (d. h. die Unterschreitung der Erstarrungstemperatur in flüssigem Zustand bei langsamer Abkühlung) durch das Einbringen geeigneter Kristallisationskeime verhindert werden.

Xylith ($C_5H_{12}O_5$, $T = 99^o$ C) verbleibt bei Wiederabkühlung ohne solche Keime sogar jahrelang bei Zimmertemperaturen im Zustand einer sogenannten metastabilen Schmelze. Bei Aufbringen von Kristallisationskeimen werden bei $T = 25^o$ C etwa 70 % der Kristallisationswärme von 72 Wh/kg freigesetzt; eine sehr praktische, wenn auch - durch den hohen Xylithpreis - teure Form der Speicherung.

4.1.3 Thermochemische Energiespeicherung

Wie schon in Abschn. 3.1.2.2 erläutert, kann man eine Verbrennungsreaktion umkehren und somit in der Umkehrreaktion Brennstoffe erzeugen. Die so erzeugten Brennstoffe sind praktisch verlustfrei über längere Zeiträume speicherbar.

Bereits vorgestellt wurde das Projekt EVA + ADAM [118], also die Möglichkeit, Hochtemperaturwärme - als chemische Energie gespeichert - zum Verbraucher zu transferieren.

Grundlage bildet die chemische Reaktion

$$(4.1.4) \qquad CH_4 + H_2O + \frac{60\ Wh}{Mol} \xrightarrow{1000^o\ C,\ 40\ bar} \underset{\text{Synthesegas}}{CO + 3\ H_2}$$

Die im Einzelröhrenversuchsanlagenofen EVA herrschenden Prozeßbedingungen ermöglichen einen nahezu vollständigen Umsatz von CH_4 und Wasser in Synthesegase. Letztere können im Prinzip beliebig lange gespeichert werden, bevor sie im Methanisierungsofen ADAM in einer katalytischen Verbrennung bei Temperaturen von etwa 200° bis 500° C unter Abgabe von Wasser wieder zu Methan verbrannt werden. Der Umsatz bei der Umkehrreaktion sinkt erst bei T über 500° C, so daß ADAM sowohl zur Niedrigtemperaturwärmeerzeugung (bei etwa

200° C) als auch dezentraler Elektrizitätserzeugung (bei ca. 500° C z. B. mittels einer Turbine) benutzt werden kann. Wie bei Brennstoffzellen liegt die Hauptschwierigkeit im Auffinden geeigneter und billiger Katalysatormaterialien. Eine im Prinzip ähnliche Anlage könnte auch Ammoniak zu Stickstoff und Wasserstoff umkehrbar verbrennen:

$$(4.1.5) \qquad NH_3 \xrightarrow{700^\circ\ C} \frac{1}{2}N_2 + \frac{3}{2}H_2 \qquad \Delta H = 15\ \frac{Wh}{Mol}$$

Die Zerlegung von Wasser in Wasserstoff und Sauerstoff gemäß der Reaktion

$$(4.1.6) \qquad H_2O_{Gas} \rightarrow H_2 + \frac{1}{2}O_2 \qquad \Delta H = 67\ \frac{Wh}{Mol}$$

erscheint als sehr attraktive Variante der Energiespeicherung: Wasser als Einsatzstoff ist unbegrenzt vorhanden, die Wiederverbrennung liefert als "Verbrennungsrückstand" umweltbelastungsfreies, sogar als Trinkwasser zusätzlich nutzbares Wasser. Die für das Zustandekommen der Reaktion erforderliche Energiemenge kann entweder als Wärme oder als Arbeit (Elektrizität) zugeführt werden.

Man unterscheidet drei verschiedene Möglichkeiten der Wasserstofferzeugung, die in Abschn. 6.7 ausführlich erläutert werden.

Die P̲y̲r̲o̲l̲y̲s̲e ermöglicht die Reaktion durch reine Wärmezufuhr, ohne zusätzlichen Arbeitseinsatz und ohne Wärmeabgabe: Die Prozeßwärme wird vollständig zur Erhöhung des Wärmeinhalts des Wassers verbraucht. Erst bei Temperaturen von ~ 5000 K liefert sie eine vollständige Dissoziation. Großtechnische Anwendung ist - wohl erst in ferner Zukunft - z. B. mit Hochtemperaturreaktoren oder mit hochkonzentrierenden Sonnenkollektoren möglich.

Die E̲l̲e̲k̲t̲r̲o̲l̲y̲s̲e arbeitet im Prinzip ohne Wärmezufuhr durch Einbringung von elektrischer Arbeit, die ihrerseits durch Wärme z. B. in einem Solarkraftwerk erzeugt wurde. Sie stellt eine direkte Umkehr der in der H_2/O_2-Brennstoffzelle geschilderten physikalischen Vorgänge dar (s. Abschn. 3.1.2.2 und 6.8).

Die T̲h̲e̲r̲m̲o̲l̲y̲s̲e spaltet - ebenfalls ohne externe Arbeit - das Wasser bei niedrigeren Temperaturen ($T_1 \leq 1000^\circ$ C) durch eine von geeigneten Katalysatoren ermöglichte Kette chemischer Reaktionen. Das System $H_2 + \frac{1}{2} O_2$ ist unter Wärmeabgabe auf die Temperatur $T_2 < T_1$

abgekühlt. Für die beiden letztgenannten Verfahren existieren etliche Varianten, die allerdings noch im Labor auf ihre großtechnische Praktikabilität getestet werden müssen.

Die nicht unproblematische Speicherung des erzeugten Wasserstoffs soll in Abschn. 4.4.2 ausgeführt werden.

Wärmespeicherung durch heterogene Verdampfung: Bestimmte chemische Verbindungen (AB) spalten bei Erwärmung auf in einen festen bzw. flüssigen Anteil A und einen gasförmigen Anteil B, die man in getrennten Speichern beliebig aufbewahren kann. Führt man A und B wieder zusammen, so erfolgt die Rückreaktion unter Wärmeabgabe (leider i. a. jedoch nicht vollständig reversibel), z. B.:

$$FeCl_2 \cdot 6\ NH_3 + W \xrightleftharpoons{100^\circ\ C,\ 1\ bar} FeCl_2 \cdot 2\ NH_3 + 4\ NH_3 \tag{4.1.7}$$

$$W = 52{,}3 \left[\frac{kJ}{Mol\ NH_3}\right]$$

4.2 Speicherung mechanischer Energie

4.2.1 Pumpwasserspeicher

Schon seit Jahrzehnten bewährt ist die Möglichkeit, Nachtstrom dazu zu benutzen, Wasser aus einem tiefgelegenen Reservoir in ein hochgelegenes zu pumpen: Die dazu notwendige Arbeit wird bei der Umkehrung des Prozesses (im Idealfall) vollständig zurückgewonnen, also ohne Exergieverlust.

Das Vorhandensein eines hochgelegenen natürlichen Wasserspeichers (Bergsee) in der Nähe könnte durchaus ein Kriterium für die Standortwahl eines Kraftwerks bedeuten. In Hochlastzeiten hätte man somit eine unproblematische Zuschaltmöglichkeit eines Wasserkraftwerks, indem das Wasser über Turbinen wieder ins untere Becken stürzte.

Die in einem See der Tiefe von 2 m und der Fläche von $4 \cdot 10^4\ m^2$, gelegen 200 m über Kraftwerksniveau, gespeicherte potentielle Energie beträgt

$$(4.2.1) \quad E = \rho \cdot V \cdot g \cdot h$$

$$= 1000 \left[\frac{kg}{m^3}\right] \cdot 8 \cdot 10^4 \left[m^3\right] \cdot 9{,}81 \left[\frac{m}{s^2}\right] \cdot 200 \left[m\right]$$

$$\approx 44000 \text{ kWh},$$

die mit sehr hohem Wirkungsgrad von $\eta \approx 90$ % verstromt werden kann.

4.2.2 Schwungradspeicher

Die Rotationsenergie eines rotierenden Körpers der Masse m, des Trägheitsmomentes $\Theta = \int r^2 \, dm$ bezüglich der Drehachse und der Rotationsfrequenz $\omega = 2\pi\nu$ beträgt

$$(4.2.2) \quad E_{rot} = \frac{1}{2} \Theta \omega^2 .$$

Für eine Energieentnahme durch Abbremsen des rotierenden Körpers von ν_{max} auf ν_{min} gilt also

$$(4.2.3) \quad E_{rot} = \frac{\Theta}{2} \omega^2_{max} \left(1 - \frac{\nu^2_{min}}{\nu^2_{max}}\right).$$

Eine natürliche obere Begrenzung für die Speicherung stellt die mechanische Belastbarkeit des Materials dar - ausgedrückt durch die Zugspannungen in tangentialer und radialer Richtung σ_ϕ und σ_r (für einen Zylinder mit Innenradius r_i und Außenradius r_a) [19]:

$$(4.2.4) \quad \sigma_\phi(r) = \rho \, \omega^2 \, r_a^2 \left(\frac{r^2}{r_a^2} + \left(\frac{3+\mu}{8}\right)\left(1 + \frac{r_i^2}{r^2} + \frac{r_i^2}{r_a^2} - 3\,\frac{r^2}{r_a^2}\right)\right)$$

$$\left[\frac{kg}{m^3} \; \frac{m^2}{s^2} = \frac{N}{m^2}\right]$$

$$\sigma_r(r) = \rho \, \omega^2 \, r_a^2 \cdot \left(\frac{3+\mu}{8}\right) \left(1 + \frac{r_i^2}{r_a^2} - \frac{r_i^2}{r^2} - \frac{r^2}{r_a^2}\right)$$

ρ = Materialdichte

μ = Querdehnungszahl, Poissonsche Zahl $\approx 0{,}3$ (Stahl)

Die "Materialkonstanten" der (wichtigeren) tangentialen Zugspannung faßt man in dem Faktor C zusammen und erhält

$$\sigma_\phi(r_a) = C \cdot \rho\, \omega^2_{max}\, r_a^2$$

sowie mit

$$\Theta = \frac{1}{2}\, m\, r_a^2$$

für die Energiedichte (Energie E_{rot} pro Masse m)

$$\frac{E_{rot}}{m} = \frac{1}{C}\; \frac{\sigma_\phi(r_a)}{\rho}\; \frac{1}{4}\left(1 - \frac{\nu^2_{min}}{\nu^2_{max}}\right) \left[\frac{J}{kg}\right] . \tag{4.2.5}$$

Als günstigstes Material für Speicherung von Rotationsenergie erweist sich also solches mit hoher Zugfestigkeit bei gleichzeitig niedriger Dichte. Deshalb geht man heute vom früher häufig eingesetzten Stahl zu z. B. in Kunstharz eingelegten Fiberglassträngen über.

Ein im Max-Planck-Institut in Garching eingesetztes Schwungrad auf Stahlbasis, das als Impulsspeicher für Stoßleistungsdeckung bei plasmaphysikalischen Untersuchungen dient, erreicht mit einem Durchmesser von 2,9 m, einer Länge von 3,9 m, ν_{min} = 21 Hz, ν_{max} = 27,5 Hz eine Speicherkapazität von 420 kWh mit einer maximalen Leistung von 150 MW: solchem "Kurzzeitspitzenbedarf" ist kein Stromnetz gewachsen.

Normiert auf die Masse, ist die Speicherkapazität in diesem Beispiel allerdings gering: ca. 2 Wh/kg.

Mit Kunstharz/Fiberglasstrang-Schwungrädern lassen sich Werte von ca. 300 Wh/kg unter Laborbedingungen bzw. ca. 100 Wh/kg für praktikable und bezahlbare Modelle erreichen. Zum Vergleich dazu: Bleiakkumulator (20 - 30) Wh/kg.

Die Herstellung geeigneter Schwungräder (s. zur Übersicht [18,19]), die erforderlichen baulichen Unfallschutzmaßnahmen im Rotorberstfall, die Bereitstellung leistungsstarker Antriebsmotoren zur Energiezuführung und aufwendiger Synchrongeneratoren [119] zur Energieentnahme beschränken die Einsatzmöglichkeit auf spezielle

Anwendungsbereiche. Schwungradspeichereinsatz ist immer dann denkbar, wenn - wie in obigem Beispiel - hohe Leistungen in relativ kurzen Zeiträumen benötigt werden: als Überbrückung bei Netzausfall bis zum Einsetzen der Notstromversorgung, Abfangen von Verbrauchsspitzen in der Stromerzeugung o. ä..

Der Vorschlag, Schwungräder für den PKW-Antrieb zu benutzen, erscheint wegen des Unfallrisikos wenig zukunftsträchtig. Ein Schweizer Modellversuch mit schwungradbetriebenen sogenannten Gyrobussen wurde wegen zu geringer Praktikabilität (lange Aufladezeiten, Reichweite $\leq$ 10 km) eingestellt.

4.2.3 Luft- und Dampfdruckspeicher

Unterirdische Kavernen können mit "nächtlichem" Überschußstrom mit Luft auf hohen Druck vollgepumpt werden, die dann bei Spitzenbedarf über eine Gasturbine zur zusätzlichen Stromerzeugung herangezogen werden kann. Konstruiert man die Gasturbine entsprechend, läßt sie sich wahlweise als Kompressor oder Stromerzeuger einsetzen (umkehrbare Gasturbine). Als Kavernen wären vorher "auszulaugende" Salzlager geeignet, mit typischem Kavernen-Volumen in der Größe von etwa $5 \cdot 10^5\ m^3$, etwa 700 m tief gelegen und auf Drücke bis zu 70 bar vollzupumpen. Ein Nachteil dieser Energiespeicherform ist natürlich, daß bei Entnahme der Druck im Speicher ständig abnimmt (Gleitdruckspeicher). Denkbar wären auch Festdruckspeicher, wobei der hydrostatische Druck eines Wasserbeckens den Druck bis zur vollständigen Luftentleerung für $z_0 \gg z$ näherungsweise konstant hält:

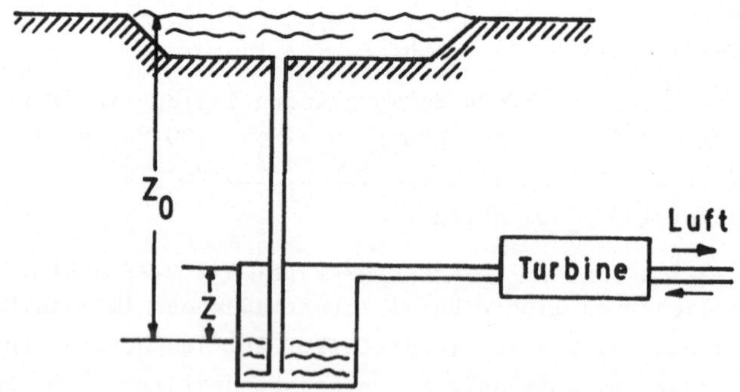

Bild 4.2.1: *Prinzip eines Festdruckluft-Speichers*

Beim Kompressionsvorgang heizt sich die Luft im Speicher auf - ähnlich der Luft in einer Fahrradluftpumpe während des Aufpumpens:

$$\text{Druck} \cdot \begin{matrix}\text{Volu-}\\\text{men}\end{matrix} = \begin{matrix}\text{Zahl der}\\\text{Moleküle}\end{matrix} \cdot \begin{matrix}\text{Boltzmann-}\\\text{Konstante}\end{matrix} \cdot \text{Temperatur}$$

$$P \cdot V = N \cdot k \cdot T$$

Die Energiespeicherkapazität E beträgt pro Gramm Luft

$$\frac{E}{1 \text{ Gramm Luft}} = c_V \, (T_1 - T_0),$$

wobei T_1, die Temperatur unmittelbar nach dem Kompressionsvorgang, eine Funktion des Druckverhältnisses

$$r = \frac{\text{Druck unmittelbar nach der Kompression}}{\text{Außendruck}}$$

darstellt:

$$T_1 = T_0 \cdot r^{(1-c_V/c_p)}$$

Pro m^3 Luft ergibt sich eine Speicherkapazität von

$$\frac{E}{1 \text{ m}^3} = 0{,}071 \, (r - r^{c_V/c_p}) = 1{,}3 \left[\frac{\text{kWh}}{\text{m}^3}\right] \tag{4.2.6}$$

(bei r = 30).

Obiger Speicher könnte also $6{,}5 \cdot 10^5$ kWh aufnehmen, d. h. zwei Stunden lang 300 MW Turbinenleistung erbringen. Die Luftdurchflußmenge durch die Turbine beträgt etwa 450 m^3/s.

Im Prinzip kann die zum Komprimieren aufgewendete Arbeit vollständig zurückgewonnen werden, wenn sich die Luft im Speicher nicht abkühlen kann, i. a. also wenn die Zeitspanne zwischen "Be"- und Entladung kurz ist. Im Realfall kühlt sich aber die Luft im Speicher - im Extremfall bis auf die Umgebungstemperatur - wieder ab. In diesem Fall ist der Wirkungsgrad, definiert als

$$\eta = \frac{\text{entnehmbare Arbeit}}{\text{Kompressionsarbeit}},$$

kleiner als 1. Er wird um so kleiner, je größer der Wärmeverlust ist, und sinkt mit steigendem Kompressionsverhältnis r. Für r = 30 und vollständigen Wärmeverlust erhält man z. B. einen typischen Wert von η = 60 %.

Eine sich somit ergebende Energiemenge von ~ 1 kWh/m³ für einen Druckluftspeicher (r = 30) entspricht etwa 10 % des Brennwertes von 1 m³ Erdgas bei Normaldruck.

In der Bundesrepublik Deutschland arbeitet zur Zeit eine Gleitdruckspeicheranlage in Huntdorf bei Hamburg mit Drücken zwischen 66 und 46 bar, wobei der Eintrittsdruck an der Turbine durch eine Drossel auf 46 bar konstant gehalten wird. Bei einem Volumen der Salzstock-Kaverne von $2,7 \cdot 10^5$ m³ ergibt sich ein Energiespeichervermögen von ca. 600 MWh.

4.3 Direkte Speicherung elektrischer Energie

4.3.1 Batterien

Grundprinzip der Batterie ist die möglichst vollständig umkehrbare Umwandlung von chemischer in elektrische Energie durch einen elektrolytischen Vorgang.

Z. B. besteht ein Bleiakkumulator im Prinzip aus einem Gefäß mit verdünnter Schwefelsäure, in die zwei Bleiplatten getaucht werden, welche sich mit einer Schicht $PbSO_4$ überziehen. Legt man - beim Laden - eine Spannung an die Elektroden, so wandern die H^+-Ionen zur Kathode, die SO_4^{--}-Ionen zur (positiven) Anode.

An den Elektroden laufen folgende chemische Prozesse ab [122]:

Beladen Anode $PbSO_4 + SO_4^{--} + 2\,H_2O \rightarrow PbO_2 + 2\,H_2SO_4 + 2\,e^-$

Kathode $PbSO_4 + 2\,H^+ + 2\,e^- \rightarrow Pb + H_2SO_4$

Nach dem Ladevorgang stellt der Bleiakkumulator ein galvanisches Element, bestehend aus einer Blei- und einer Bleioxydplatte, dar, die verschiedene Spannungen zum Elektrolyten vorweisen, was zu einer Potentialdifferenz an den Elektroden von

$$U_{Pb,PbO_2} = U_{Pb,H_2SO_4} - U_{H_2SO_4,PbO_2} \sim 2\text{ V}$$

führt.

Schaltet man einen Verbraucher zwischen die Elektroden, kehrt sich der Ladevorgang um: Bleiionen diffundieren in den Elektrolyten - unter Zurücklassung von 2 e^- - und bilden dort Bleisulfat. Letztere fließen extern zur Anode und ermöglichen die Bildung von Bleisulfat:

Entladen Kathode $Pb + SO_4^{--} \rightarrow PbSO_4 + 2\ e^-$

Anode $PbO_2 + 2\ H^+ + 2\ e^- + H_2SO_4 \rightarrow PbSO_4 + 2\ H_2O$

Technische Ausführungen von Bleiakkumulatoren erreichen bei 2,02 V Zellenspannung eine gespeicherte Energie von ca. 35 Wh/kg (der theoretische Wert von 160 Wh/kg wird durch die notwendige Zugabe von Wasser zum Elektrolyten und die Bleigitter in den Elektroden vermindert). Die Dauerleistung beträgt ca. 20 W/kg, die Spitzenleistung 100 W/kg, der Belade/Entladevorgang kann etwa 1000mal wiederholt werden (Zyklenzahl), das Verhältnis

$$\eta = \frac{\text{Abgabe von elektrischer Energie (Entladen)}}{\text{Aufnahme von elektrischer Energie (Laden)}}$$

beträgt etwa 0,7 - 0,8. Die begrenzte Zyklenzahl hat ihre Ursache in der nicht vollständigen Rückumwandlung der chemischen Prozesse der Beladung bei der Entladung.

Der Nachteil des Bleiakku's ist sein hohes Gewicht und die damit verbundene kleine Speicherkapazität/kg. Bessere Speicherkapazitäten (ca. 50 Wh/kg) weist der auf T.A. Edison zurückgehende Eisen-Nickel-Akku auf, der nach folgender Reaktion arbeitet:

Kathode $Fe(OH)_2 + 2\ e^- \underset{\text{Entladen}}{\overset{\text{Laden}}{\rightleftarrows}} Fe + 2\ OH^-$

Anode $2\ Ni(OH)_2 + 2\ OH^- \underset{\text{Entladen}}{\overset{\text{Laden}}{\rightleftarrows}} 2\ Ni(OH)_3 + 2\ e^-$

Der Installationspreis/kW ist allerdings mit ca. 4000 DM um einen Faktor 8 höher als beim Pb-Akku [18].

Bild 4.3.1 zeigt eine Zusammenstellung weiterer Batterietypen. Als elektromotorische Kraft (EMK) wird dabei die Klemmenspannung im unbelasteten Fall bezeichnet.

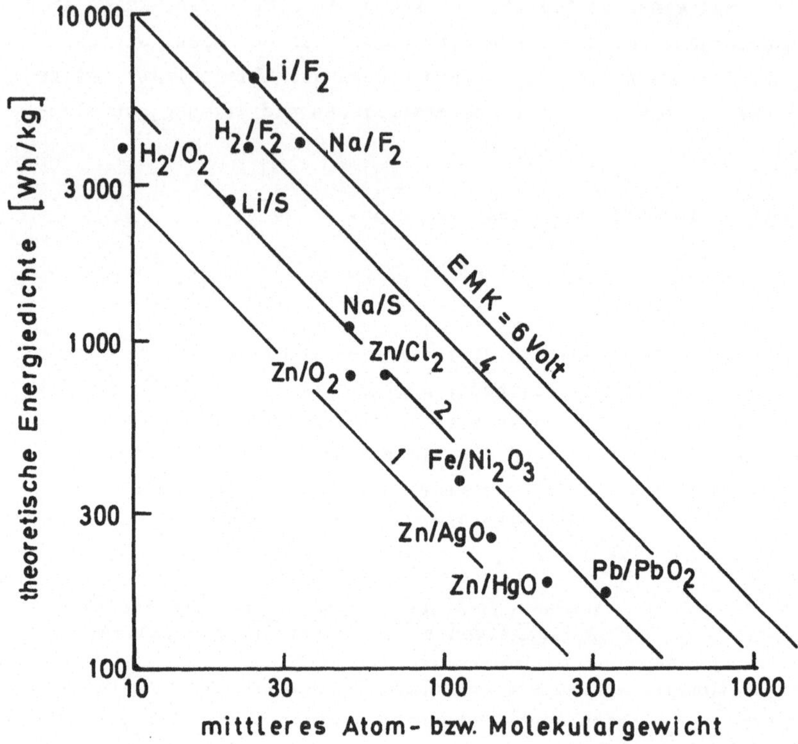

Bild 4.3.1: *Speicherkapazität verschiedener Batterietypen gegen mittleres Atom- bzw. Molekulargewicht (nach [18])*

Hervorgehoben seien weitere - im allgemeinen noch in der technischen Entwicklung befindliche - Batterietypen:

Niedrigtemperaturzellen

1) Cd - Ni_2O_3-Akkumulator mit alkalischem (KOH) Elektrolyten

$$Cd + 2\,Ni(OH)_3 \underset{\text{Laden}}{\overset{\text{Entladen}}{\rightleftharpoons}} Cd(OH)_2 + 2\,Ni(OH)_2$$

2) Zn - Mn-Trockenzelle (nicht wiederaufladbar)

$$2\ NH_4Cl + Zn^{++} \xrightarrow{\text{Entladen}} Zn(NH_4)_2Cl_2 + 2\ H^+$$

$$2\ H^+ + 2\ MnO_2 \xrightarrow{\text{Entladen}} 2\ MnOOH - 2\ e^-$$

3) Silber-Zink-Batterie mit 40 % Kalilauge als Elektrolyt

$$2\ AgO + 2\ Zn + H_2O \rightarrow ZnO + Zn(OH)_2 + 2\ Ag$$

(Erreichte Energiedichte: 100 Wh/kg; allerdings hoher Preis und niedrige Zyklenzahl.)

4) Metall-Luft-Batterien (eine Art Mischform zwischen Brennstoffzelle und Akkumulator)

Die wie bei der BZ mit einem geeigneten porösen Katalysator vom Elektrolyten getrennte Sauerstoffelektrode fungiert als Anode beim Laden, als Kathode bei Entladung.

- Zink-Luft-Batterie (alkalischer Elektrolyt)

$$2\ Zn + O_2 \rightarrow 2\ ZnO_2$$

- Eisen-Luft-Batterie (KOH als Elektrolyt)

$$2\ Fe + O_2 + 2\ H_2O \rightarrow 2\ Fe(OH)_2$$

Erwähnt seien noch Entwicklungen auf Lithiumbasis mit organischen Elektrolyten, die als sogenannte Knopfzellen schon vielfältige Einsatzmöglichkeiten bei Minimalstromverbrauchern (z. B. Taschenrechnern) gefunden haben, deren Entwicklung hinsichtlich Wiederaufladbarkeit und Zyklenzahl noch nicht abgeschlossen ist, die aber eine hohe Energiedichte (E/Masse = 480 Wh/kg) erwarten lassen [123].

Hochtemperaturzellen

1) Natrium-Schwefel-Batterie (Bild 4.3.2)

Bei Temperaturen von ca. 300° C werden die flüssigen (!) Elektroden Na und S von einem festen, mit guter Ionenleitfähigkeit ausgestatteten Elektrolyten (β-Aluminiumoxyd - $Na_2O \cdot Al_2O_3$)

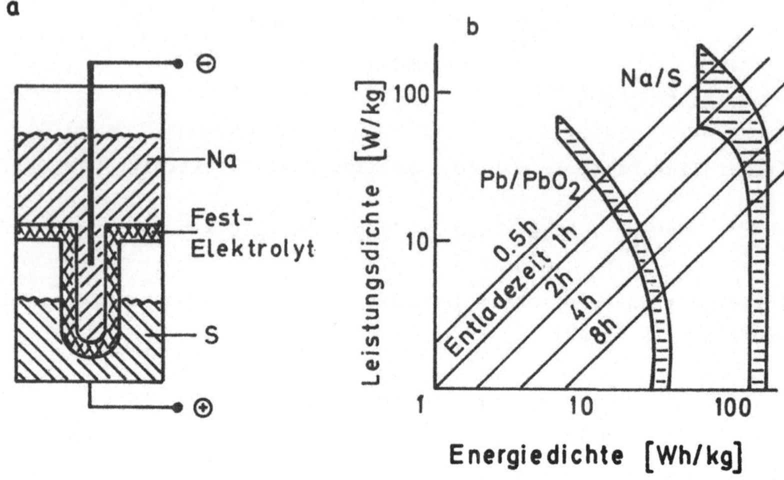

Bild 4.3.2: *a) Prinzip der Na-S-Zelle und*
b) Energiedichte gegen Leistungsdichte (real) für NaS-Zelle und Blei-Akku

separiert.

Entladung Kathode $2\ Na \rightarrow 2\ Na^+ + 2\ e^-$

Anode $2\ Na^+ + S_x + 2\ e^- \rightarrow Na_2S_x$

Natriumpolysulfide

Die Na^+-Ionenleitfähigkeit des Elektrolyten wird durch Dotierung mit z. B. MgO verbessert. Der Na-Flüssigkeitsspiegel sinkt beim Entladen, während das Volumen der S-Elektrode zunimmt (siehe Bild 4.3.2a).

Vorteilhaft bei diesem Batterietyp ist seine hohe Speicherkapazität (Bild 4.3.1 und 4.3.2b), nachteilig die noch nicht befriedigend gelösten Sicherheitsprobleme: Bei Bruch des keramischen Elektrolyten (z. B. bei einem Unfall eines batteriegetriebenen Autos) entstehen bei direkter Na-S-Reaktion durch die plötzliche Wärmefreisetzung sehr hohe Temperaturen ($T \leq 1000^\circ$ C).

2) Lithium-Schwefel-Batterie

Der Elektrolyt besteht aus einer leicht schmelzbaren (eutektischen) Mischung von Salzverbindungen, z. B. LiCl und KCl. Die Elektroden liegen aus Sicherheitsgründen in fester Form vor: Li-Al-Legierung bzw. FeS_2. Die reale Speicherkapazität sinkt hierdurch trotz höherer "theoretischer" Werte von $\geq$ 2000 Wh/kg (Bild 4.3.1) auf zur Na-S-Zelle vergleichbare Werte, die Praktikabilität und Betriebssicherheit ist dafür größer.

Der Einsatz von Hochtemperaturzellen als Spitzenlastspeicher mit 5 MW Leistung wird geplant [18], eine effektive Verwendung in Elektroautos setzt allerdings Werte von

ca. 220 Wh/kg, 40 W/kg, 2000 Zyklen, η = 70 %

voraus. Solche Eigenschaften lassen sich zwar prinzipiell erreichen, müssen aber teuer bezahlt werden und stellen zum Teil noch nicht gelöste Sicherheitsprobleme dar, sind also von großtechnischer Fertigung noch entfernt.

Weniger Sicherheitsprobleme, allerdings auch weniger Speicherkapazität und damit letztlich Reichweite haben Autos mit Niedrigtemperaturzellenantrieb. Mit einem auf Automobilantrieb optimalisierten Pb-Akku-System wurden Gesamtkosten von etwa 2,50 DM pro kWh errechnet [123], die sich zusammensetzen aus

Anschaffungskosten	DM 1,50,
Strom	DM 0,20,
Wartung	DM 0,80.

Wenn man unter den Bedingungen des Beispiels aus Abschn. 3.1.4.3 10 l Benzin (Preis 1982: DM 10,- ohne Steueranteil) mit einem Wirkungsgrad von 17 % in Arbeit umsetzt (ca. 14 kWh), so muß man diese Arbeit mit einem Elektroauto mit ca. DM 35 bezahlen, wobei weitere Nachteile, wie Reichweitenbegrenzung und Ausfallzeit durch Wartung, noch unberücksichtigt bleiben.

Elektromobile werden in naher Zukunft nur auf Kurzfahrten in Ballungszentren (z. B. Postautos) sinnvolle Anwendung finden.

Ein Kompromiß zwischen technischem Aufwand, Preis und Effektivität könnte die Zink-Chlorid-Batterie sein, die einen sehr hohen theoretischen Speicherwert von ca. 700 Wh/kg aufweist: Beim Laden wird das Zink aus einer die Elektroden umfließenden Zinkchloridlösung an der negativen Graphitelektrode abgeschieden. An der positiven, ebenfalls aus Graphit bestehenden, Elektrode aufsteigende Chlorblasen werden von der durch einen externen Speicher zirkulierenden Zinkchloridlösung mitgeführt und dort als Chlorhydrat bei ca. 9° C ausgefroren. Der Entladevorgang arbeitet entgegengesetzt, verwandelt also letztlich die Reaktionswärme der stark exothermen Reaktion zwischen Zink und Chlor in Strom.

4.3.2 Kapazitive und induktive Speicher elektrischer Energie

Die Energiedichte eines Kondensators beträgt

$$(4.3.1) \qquad \frac{E}{Vol.} = \frac{1}{2} C \frac{U^2}{Vol.} \quad \left[F \cdot \frac{V^2}{m^3} = \frac{J}{m^3}\right]$$

C = Kapazität des Kondensators, gemessen in Farad $[F] = \left[\frac{A\,s}{V}\right]$.

Setzt man für einen handelsüblichen Kondensator an:

$$m = 40\ g,\ Vol. = 32\ cm^3,\ C = 2200\ \mu F,\ U = 63\ V,$$

erhält man $\frac{E}{Vol.} = 0{,}14\ \frac{MJ}{m^3}$ oder $\frac{E}{Masse} = 0{,}03\ \frac{Wh}{kg}$,

also etwa 10^3 mal weniger als beim Pb-Akku; sinnvoller Einsatz ist daher auf spezielle technische Applikationen beschränkt: Entnahme hoher elektrischer Leistung bei hoher Spannung in sehr kurzen Zeiträumen, z. B. für Laser. Ähnliches gilt für die Speicherung in supraleitenden, d. h. durch Abkühlung auf extrem tiefe Temperaturen (einige Grad Kelvin, je nach Material) ohne ohmsche Verluste arbeitenden Spulen: Es lassen sich (s. u.) sehr viel höhere Speicherkapazitäten bei vergleichbar kurzen Entnahmezeiten und im Prinzip beliebigen Entnahmespannungen erreichen, allerdings bei astronomisch hohen Anlagekosten.

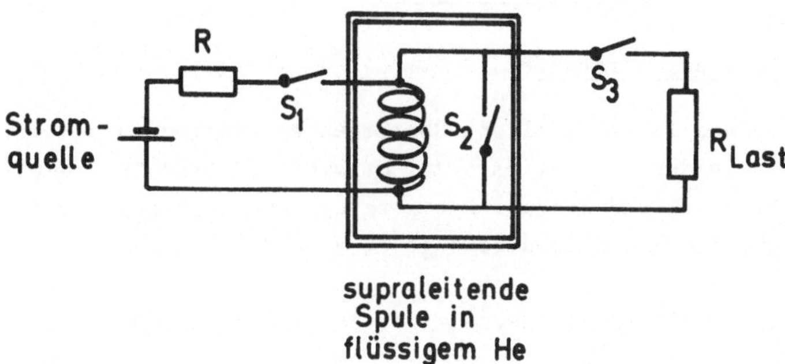

Bild 4.3.3: *Prinzip der Stromspeicherung in supraleitenden Spulen*

Beladen: *S1 zu, S2, S3 auf*

Speichern: *S1 auf, S2 zu, S3 auf*

Entladen: *S1 auf, S2 auf, S3 zu*

Für die elektrische Energie in der Spule gilt

$$E = \frac{1}{2} L J^2,$$

woraus für die oben skizzierte Anordnung folgt:

$$\frac{E}{Vol.} = \frac{1}{2} \frac{B^2}{\mu_0 \mu_r} \qquad (4.3.2)$$

B = magnetische Induktion $\left[\frac{V \cdot s}{m^2}\right]$ der mit Strom J durchflossenen Spule

μ_0 = absolute Permeabilität = $1{,}256 \cdot 10^{-6} \left[\frac{V \cdot s}{A \cdot m}\right]$

μ_r = relative Permeabilität

mit einer Luftspule (μ_r = 1) und magnetischen Induktionswerten von 10 Tesla (1 Tesla = 10 Kilo-Gauß = 1 (V·s)/m²) ergibt sich

$$\frac{E}{Vol.} \approx 40 \frac{MJ}{m^3} = 11 \frac{kWh}{m^3}$$

(s. Abschn. 3.7.4.3).

4.4 Speicherung von Treibstoffen

4.4.1 Kohlenwasserstoffe

Politische und wirtschaftliche Überlegungen führten in den siebziger Jahren in den Industriestaaten zu immer größeren Speichereinheiten für Erdöl und Erdgas. Die strategische Erdölreserve der Bundesrepublik Deutschland beträgt etwa

$$2{,}7 \cdot 10^7\ m^3 \quad (\hat{=}\ \text{derzeitiger Bedarf in zwei Monaten})$$

Hierzu lassen kosten- und sicherheitsbezogene Überlegungen unterirdische Großraumspeicher attraktiv erscheinen.

Grundsätzlich bieten sich hier folgende Möglichkeiten an:

- Poren-Gas-Speicher (Aquiferspeicher):
  Bei geeigneten geologischen Gegebenheiten wird Gas in von gasdichtem Material umgebenes poröses Gestein eingeblasen und kann dort beliebig lange aufbewahrt werden.
- Steinsalzkavernen, die durch Aussolung von Salzstöcken entstehen und sowohl Gas als auch Öl aufnehmen können.
- Speicherung in Felskavernen für Erdöl:
  Z. B. plant die Schweiz die Einrichtung eines Erdöllagers von 400 000 m^3 in Felskavernen des Calanda-Massivs bei Haldenstein/Chur; die ökologische Problematik durch Leckagen liegt auf der Hand.

4.4.2 Wasserstoff

Wasserstoff ist - bezogen auf die Gewichtseinheit - ein sehr guter Energieträger: 120 MJ/kg, bezogen auf die Volumeneinheit von z. B. 1 m^3 Gas unter Normalbedingungen ein schlechter: 10,8 MJ/m^3.

Tabelle 4.4.1 zeigt für Wasserstoff in flüssiger, gasförmiger Form und als Hydrid (s. u.) im Vergleich zu Benzin Brennwerte pro Liter bzw. pro kg.

Die hohe Wasserstoffdichte in Hydridspeichern wird dadurch erklärt, daß die Molekülbindung aufgebrochen wird und der Wasserstoff sich atomar ins Metallgitter einlagert.

Tabelle 4.4.1: *Vergleich der Brennwerte von H_2 in verschiedenen Speicherformen mit dem von Benzin*

Stoff	Dichte $\left[\frac{g\ H_2}{l}\right]$	Brennwert $\left[\frac{kJ}{kg}\right]$	$\left[\frac{kJ}{l}\right]$	Volumen[(1)] [l]	Masse[(1)] [kg]
H_2, gasförmig T=300 K, p= 1 at	0,09	120 000	10,8	122 000	10,8
H_2, gasförmig T=300 K, p=200 at	18	120 000	2 200	600	
H_2, flüssig T= 20 K, p= 1 at	70	120 000	8 400	160	11,2
H_2-Hydrid[(2)] + FeTi T=300 K	30	120 000	3 600	370	800
H_2-Hydrid[(3)] + Mg T=300 K	110	120 000	13 200	100	150
Benzin	740 $\left[\frac{g}{l}\right]$	44 600	33 000	40	30

(1) *Entsprechend einem Brennwert von 40 l Benzin.*

(2) *Massenanteil* $\frac{H_2}{FeTi}$ *= 1,4 %.*

(3) *Massenanteil* $\frac{H_2}{Mg}$ *= 7,6 %.*

Für die Speicherung von H_2 in gasförmigem Zustand wären die schon beschriebenen Luftdruckspeicher geeignet. Die Bundesrepublik plant, bis 1985 die Speicherkapazität in geeigneten unterirdischen Kavernen von derzeit $80 \cdot 10^6\ m^3$ auf $650 \cdot 10^6\ m^3$ zu erweitern [19]. Für "den Hausgebrauch" erhält man für einen Druckbehälter mit einem Gasvolumen von 50 l und p = 200 at etwa den Brennwert von 3 l Benzin (s. Tab. 4.4.1).

Die Speicherung in flüssiger Form ($T = -253^\circ$ C!) in sogenannten Dewar-Isolierungsgefäßen ist selbst bei kleineren Einheiten technisch gelöst (die Verluste betragen etwa $\leq$ 1 % pro Tag [19]). In Gefäßen von ~ 1000 m^3 Größe kann $H_{2,fl.}$ über Wochen fast verlustfrei aufbewahrt werden. Vom Brennwert des flüssigen Wasserstoffs zu subtrahieren ist allerdings die zur Verflüssigung aufgewandte Arbeit [120]:

$$A = \Delta H + T_o \cdot (S(T_o) - S(T_s))$$

$$= -1{,}08 + 293 \cdot (12{,}9 - 0) \frac{kWh}{kgH_2}$$

$$= 3{,}32 \frac{kWh}{kgH_2}$$

$$= 0{,}1 \cdot (\text{Brennwert } H_2)$$

$$= \eta_{id} \cdot (\text{Brennwert } H_2)$$

T_o = Ausgangstemperatur, z. B. 293 K

T_s = Siedetemperatur, 20 K

ΔH = Enthalpiedifferenz

S = Entropie

In modernen Großanlagen erreicht man diesen idealen Verflüssigungsaufwand von ~ 10 % des Brennwerts allerdings nicht:

$$\eta_{real} \sim (30 - 50)\ \%\ \text{des Brennwerts}\ [120,121]$$

Die trotzdem recht günstigen Voraussetzungen lassen den Einsatz von flüssigem Wasserstoff - gespeichert sowohl in stationären Tanks z. B. für Spitzenlastkraftwerke als auch mobil z. B. für Eisenbahnen oder Flugzeuge (Tankvolumen ~ 10^5 l bzw. $2 \cdot 10^4$ l) - durchaus attraktiv erscheinen. So wird z. B. in einer Studie [121] die Wirtschaftlichkeit eines H_2-getriebenen Airbus-Flugzeugs als konkurrenzfähig zum normalen Kerosin-betriebenen Fall eingestuft.

Für PKWs bietet sich eher eine weitere Form der H_2-Speicherung an:

Speicherung von H_2 als Metallhydrid: Hierunter versteht man die Anlagerung von Wasserstoff bei konstantem Druck und konstanter Temperatur an Metalle bzw. Metallegierungen und vollständige Wiederfreisetzung durch z. B. Temperaturerhöhung. Sowohl hohe Speicherdichte (s. Tab. 4.4.1) als auch Langzeitstabilität und Unfallrisikoverminderung sprechen für diese Variante. Trägt man den prozentualen Anteil der H-Atome/Trägeratome gegen den Druck auf, ergibt sich eine Plateaukurve (s. z. B. Bild 4.4.1): Bei einem ganz bestimmten temperaturabhängigen Druck wird das gesamte Speichermaterial hydriert. Man wählt die Legierung so, daß der gesamte Adsorptionsvorgang schwach exotherm ist (Anlagerung an z. B. FeTi: exotherm für Titan, endotherm für Eisen), so daß die Desorption, d. h. die Wasserstoffreisetzung durch Zuführung der Abwärme W des nachgeschalteten Verbrennungsaggregats erreicht werden kann: W ≈ einige kWh/kgH_2 [18]. Auch die Desorption des H_2 verläuft über weite Bereiche des Atomverhältnisses

$$\frac{H_2}{\text{Speichermaterial}}$$

bei konstantem Druck, der - aus Sicherheitsgründen - ungefähr dem Normaldruck entsprechen sollte. Bild 4.4.1a,b zeigt die Desorptionskurven von H_2 für FeTi (a) und Mg_2Ni (b).

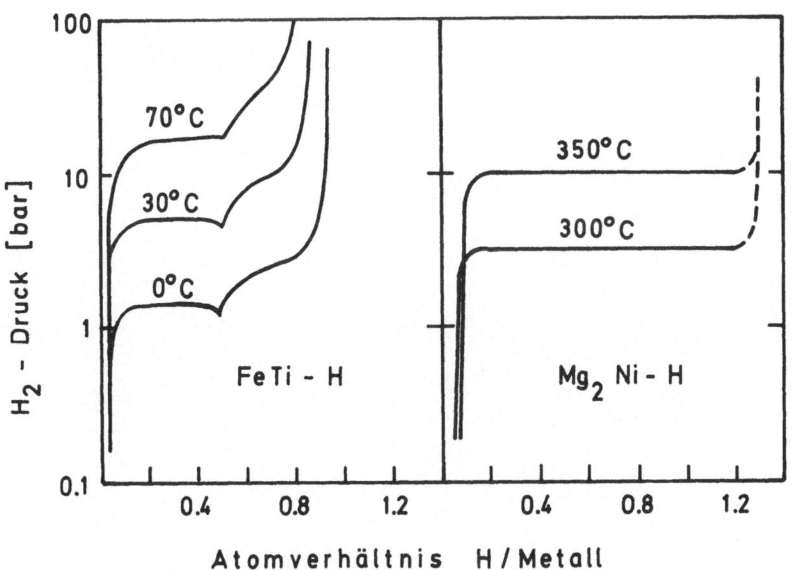

Bild 4.4.1: *H_2-Speicherkapazität in Metallhydridspeichern als Funktion des Drucks und der Temperatur (nach [19])*

Magnesium erweist sich als guter Hochtemperaturspeicher, während Eisentitan als Niedrigtemperaturspeicher (Einsatz in PKWs) fungiert, zusätzlich mit dem Vorteil einer schnellen Aufladung (≈ 4 Minuten bei Ladedruck > 20 bar), aber mit dem Nachteil eines zu großen Tankgewichts (s. Tab. 4.4.1) für konkurrenzfähige Reichweiten. Letzterer Grund hat zur vorläufigen Einstellung eines Großversuchs der Firma Daimler-Benz-AG geführt, die Entwicklungsarbeit ist aber noch nicht abgeschlossen: Auch Kombinationsanlagen zwischen Kryotank und Hydridspeicher, letzterer zur Aufnahme der Verdampfungsverluste des Flüssig-H_2-Tanks, werden diskutiert [21].

5 Energietransport

Eine zweite wichtige Bedingung einer rationellen Energiewirtschaft besteht neben der in Abschn. 4 näher ausgeführten Speicherfähigkeit der verschiedenen Energieformen in der Transportfähigkeit und der Minimierung der durch den Transport bedingten Verluste. Letztere können direkt auftreten, wie z. B. Wärmeverluste bei der Fernwärmeübertragung oder ohmsche Verluste bei der Übertragung elektrischer Energie, oder aber indirekt, wie z. B. der Dieselölverbrauch des Öltankers oder Unfälle.

5.1 Energietransport fester, flüssiger, gasförmiger Brennstoffe

Der Transport fester Brennstoffe erfolgt (über weitere Strecken) mit Schiffen, Eisenbahnen oder LKWs. Für flüssige und gasförmige Stoffe stehen zusätzlich Pipelines zur Verfügung. Die Wahl des jeweiligen Transportmittels richtet sich im wesentlichen nach den Kosten und - i. a. zu den Kosten indirekt proportional - nach der Flexibilität und Transportgeschwindigkeit.

Obwohl die Treibstoffkosten nur einen mehr oder weniger kleinen Teil der Gesamtkosten neben u. a. Instandhaltungskosten von Fahrzeug und Fahrtstrecke, Personalkosten ausmachen, sei das Verhältnis von verbrauchter zu transportierter Brennstoffmenge für folgende Transportmittel grob überschlagen:

	PS	Nutzlast t	pro 100 km Transportstrecke und t Nutzlast
LKW	300	20	3 1 bzw. 0,3 %
Eisenbahn	1500	1500	0,09 1 bzw. 0,009 %
Binnenschiff	900	1000	0,4 1 bzw. 0,04 %
Überseetanker	32000	150000	≤ 0,1 1 bzw. 0,01 %

Auch die Transportkosten für Pipelines liegen in derselben Größenordnung wie z. B. Bahn oder Tanker; dies sei im folgenden etwas näher erläutert:

Die von Pumpen zuzuführende Energie muß die Reibungsverluste zwischen Rohr und z. B. Flüssigkeit ausgleichen. Das Newtonsche Reibungsgesetz besagt, daß zur Bewegung einer Flüssigkeitsschicht der Fläche F und des Abstands dz von der reibenden Fläche mit der Geschwindigkeit dv die Kraft

$$K = \eta \cdot F \cdot \frac{dv}{dz}$$

erforderlich ist. η ist die sogenannte Viskosität, sie wird in $(N \cdot s)/m^2$ oder in älteren Lehrbüchern in Poise gemessen,

$$(1 \text{ Poise} \overset{!}{=} 0{,}1 \frac{N \cdot s}{m^2}).$$

Für viele Flüssigkeiten läßt sich die Temperaturabhängigkeit der Viskosität durch ein Exponentialgesetz der Form

$$\eta = A \cdot e^{B/T}$$

beschreiben, wobei A, B materialabhängige Konstanten sind. Von einer laminaren oder schlichten Strömung spricht man, wenn z. B. in einem flüssigkeitsdurchströmten Rohr der Betrag der Geschwindigkeitsvektoren verschiedener Flüssigkeitsschichten mit Abständen dz zum Rohr vom Wert 0 (an der Rohrwand) bis zum Wert v_{max} (in der Mitte) parabelförmig zunimmt. Ist die Zunahme steiler oder hat man sogar einen nicht monotonen Verlauf von v(z) mit z, liegen turbulente Verhältnisse vor.

Für laminare Strömungen gilt das wichtige Hagen-Poisseuillesche Gesetz, dessen wesentliche Aussage lautet, daß die Durchflußmenge $\dot{m}$ mit der vierten Potenz des Rohrradius zunimmt:

$$\dot{m} = \frac{\pi \cdot \rho}{8 \cdot \eta} \cdot \frac{\Delta p}{\Delta x} \cdot r^4 \left[\frac{kg}{s}\right] \tag{5.1.1}$$

ρ = Flüssigkeitsdichte
r = Rohrradius
Δp = Druckdifferenz über Δx
Δx = Rohrlänge

Die mittlere Geschwindigkeit $\bar{v}$ ist definiert durch die die gesamte Querschnittsfläche pro Zeiteinheit durchströmende Flüssigkeitsmenge:

$$\bar{v} = \frac{\dot{m}}{\rho \pi r^2} = \frac{\Delta p}{\Delta x} \cdot \frac{r^2}{8 \eta}$$

Die zur Aufrechterhaltung der Druckdifferenz nötige Pumpenleistung berechnet sich hiernach zu

$$(5.1.2) \qquad N = \frac{\Delta W}{\Delta t} = \pi r^2 \cdot \Delta p \cdot \frac{\Delta x}{\Delta t} = 8 \eta \pi \bar{v}^2 \cdot \Delta x.$$

Die Grenze zwischen laminaren und turbulenten Verhältnissen wird durch die dimensionslose sogenannte Reynoldsche Zahl definiert: Re muß Werte kleiner als 2000 annehmen:

$$(5.1.3) \qquad Re = \frac{2 r \cdot \bar{v} \cdot \rho}{\eta} < 2000$$

Die Laminarität geht also z. B. bei einem Wasserrohr von 1 m Durchmesser (Wassertemperatur 20° C: $\eta = 0{,}001$ $(N \cdot s)/m^2$) bei einem Durchsatz von

$$\dot{m} = \pi r^2 \cdot \rho \cdot \bar{v} = 1000 \eta \cdot \pi \cdot r = 1{,}6 \left[\frac{kg}{s}\right]$$

verloren, bei einer Rohrlänge von 100 m entspricht das einer Druckdifferenz:

$$(5.1.4) \qquad \Delta p = \frac{64}{Re} \cdot \frac{\rho \bar{v}^2}{2} \cdot \frac{\Delta x}{2 r}$$

$$= \frac{64}{2000} \cdot \frac{1}{500} \cdot 100$$

$$= 6{,}4 \cdot 10^{-3} \left[\frac{N}{m^2}\right]$$

$$= 6{,}4 \cdot 10^{-2} \left[\mu bar\right]$$

Im allgemeinen hat man es also bei Pipelines mit turbulenten Strömungen zu tun. In diesem Fall ersetzt man in Gleichung (5.1.4) den "laminaren" Ausdruck 64/Re durch einen Reibungskoeffizienten λ_r, der von der Reynoldschen Zahl und der sogenannten Rauhigkeit des Rohrmaterials abhängt (s. Bild 5.1.1 für glatte Rohre).

Für die 1300 km lange Alaska Pipeline, die in einem 1 m dicken Rohr 1,6 m^3 Rohöl pro Sekunde transportiert

$$(T_{\ddot{O}l} = 60^o\ C,\ \eta = 1{,}7 \cdot 10^{-2} \left[\frac{N \cdot s}{m^2}\right],\ \rho = 900 \left[\frac{kg}{m^3}\right])$$

ergibt sich somit:

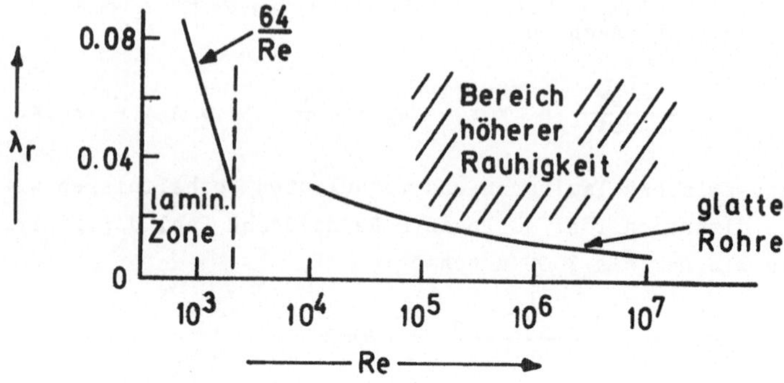

Bild 5.1.1: *Reibungskoeffizient λ_r gegen Reynoldsche Zahl Re (Moody-Diagramm)*

$$Re = \frac{1,6 \cdot 900}{900 \cdot \pi \cdot 0,25} \cdot \frac{900}{0,017} = 107000 >> 2000$$

λ_r beträgt bei Annahme glatter Rohr 0,018.

$$\Delta p = 0,08 \cdot \frac{900}{2} \cdot \left(\frac{1,6}{\pi \cdot 0,25}\right)^2 \cdot \frac{1,3 \cdot 10^6}{1}$$

$$= 4,3 \cdot 10^7 \text{ Pa} = 430 \text{ bar}$$

Damit müssen die insgesamt 10 Pumpen, die einen Druckabfall von je 43 bar kompensieren müssen, pro kg Rohöl folgende Arbeit leisten:

$$\frac{\Delta W}{\Delta m} = \frac{\pi r^2 \cdot \Delta p \cdot \Delta x}{\pi r^2 \cdot \Delta x \cdot \rho} = \frac{\Delta p}{\rho}$$

$$= 4,8 \cdot 10^4 \left[\frac{\text{Joule}}{\text{kg}}\right]$$

Der Heizwert von 1 kg Rohöl beträgt demgegenüber ~ 4,5 · 10^7 Joule (s. Abschn. 3.1.1). Berücksichtigt man noch einen Wirkungsgrad von $\eta = 0,33$ der i. a. stromgetriebenen Pumpen, betragen die Verluste ~ 0,3 %!

Die Verluste durch den Transport fossiler Brennstoffe sind zwar, global auf die gesamte transportierte Menge bezogen, vernachlässigbar klein, können aber lokal sehr starke ökologische Beeinträchtigungen bewirken. Dies gilt insbesondere für den Transport von Erdöl (s. auch Abschn. 3.1.5).

Spezielle Probleme beim Transport von Wasserstoff: Ein wesentliches Kriterium für den Einstieg in die Wasserstofftechnologie dürfte eine in ökologischer und ökonomischer Hinsicht zufriedenstellende Klärung der Transportfrage darstellen, wobei alle schon erwähnten Transportmittel mit entsprechenden wasserstoffspezifischen Modifikationen zur Anwendung kommen können:

Für den Transport von Wasserstoff über große Entfernungen vom Ort der Erzeugung, z. B. Sonnenkraftwerken Nordafrikas nach Westeuropa, wären mit Kryotanks bestückte H_2-Tanker denkbar, für den Weitertransport Gas- bzw. Flüssig-H_2-Pipelines. Bei H_2-Gas-Pipelines müssen Versprödungs- und Rißbildungseffekte des Rohrmaterials auf Grund von Wasserstoffeinwirkung berücksichtigt werden. Sie lassen sich durch geeignete Wahl der Stahlsorte und der Rohrform sowie durch eine geringfügige Beimischung von Sauerstoff (2 o/oo [12]) vermeiden.

Quantitative Aussagen über die Menge transportierten Gases in Abhängigkeit unten aufgeführter Parameter erhält man nach der Formel [12]:

$$(5.1.5) \qquad \Delta(p^2) = \Delta x \cdot 13{,}8 \cdot V_0^2 \, \rho_0 \cdot \lambda \cdot K(p,T) \cdot (100 \cdot d)^{-5}$$

p = Druck [at ≈ 10^5 Pa]
x = Rohrlänge
V_0 = Durchsatz [m^3/h]
d = Rohrdurchmesser
$K(p,T)$ = Kompressibilität
T = absolute Temperatur
ρ_0 = Dichte
λ = Rohrreibungszahl

Die schon erwähnte Rohrreibungszahl λ ist eine Funktion der mittleren Gasgeschwindigkeit, des Durchmessers und der Reynoldzahl. Setzt man z. B. die entsprechenden Zahlen von CH_4 und H_2 nach [12] ein, erhält man einen 2,68mal größeren H_2-Durchsatz (in m^3) bei gleichen äußeren Bedingungen, d. h. pro Zeiteinheit etwa gleiche Mengen transportierten Heizwertes. Die bei Transport über längere Strecken notwendige Zwischenverdichtung nimmt (bezogen auf gleichen Heizwertdurchsatz) bei H_2 3,31mal mehr Leistung auf als bei Methan. Das Unfallrisiko einer H_2-Gasfernleitung wird von [12] als vergleichbar dem einer Erdgaspipeline angegeben. Die nur geringfügig über den entsprechenden Kosten einer Naturgasleitung liegenden Übertragungskosten einer H_2-Gas-Pipeline sind - bezogen auf die übertragene Energie - im Vergleich zu Hochspannungsfernleitungen (s. Abschn. 5.4) um etwa einen Faktor 5 günstiger.

Bei einer Flüssig-H_2-Pipeline gilt für die Wärmeverlustleistung N_W pro m

$$(5.1.6) \qquad \frac{N_W}{\Delta x} = \pi \cdot k \cdot \Delta T \cdot d \left[\frac{W}{m}\right], \text{ (d = Durchmesser)}$$

wobei k den k-Wert einer Schaumstoffisolierung (etwa 1,5 W/(m^2·K, s. Abschn. 4) darstellt.

Um die Gesamtverlustleistung (Pumpleistung + Wärmeverlustleistung) zu minimieren, errechnet sich nach [121] für Flüssigwasserstoff (LH_2) folgender Zusammenhang zwischen Rohrdurchmesser und Massedurchsatz:

$$d_{optimal} = 0{,}0533 \cdot \dot{m}^{0{,}474} \quad \left(d \text{ in } [m], \ \dot{m} \text{ in } \left[\frac{kg}{s}\right]\right)$$

Die optimale relative, d. h. auf die jeweilige transportierte Leistung (bzw. den entsprechenden Massedurchsatz - 1 kg H_2/s ≙ 140 MW - bei jeweils optimalem Durchmesser) bezogene Gesamtverlustleistung N_G ergibt sich zu:

$$N_G = 0{,}59 \ \frac{o/oo}{kg} \quad \text{bei } L = 100 \text{ MW},$$

$$N_G = 0{,}255 \ \frac{o/oo}{kg} \quad \text{bei } L = 500 \text{ MW},$$

$$N_G = 0{,}177 \ \frac{o/oo}{kg} \quad \text{bei } L = 1000 \text{ MW},$$

d. h. die Reichweite schaumstoffisolierter Kryogenleitungssysteme mit <u>einer</u> Pumpstation und einem Leitungsverlust von 1 % liegt - je nach transportierter Menge - zwischen 20 und 50 km. Vergleicht man also die Verluste einer Erdölpipeline (s. o.) mit der einer LH_2-Pipeline, so führen Wärmeverluste einerseits und die i. a. viel höheren Reynoldschen Zahlen andererseits

$$(Re \sim \frac{1}{\eta}; \quad \eta_{Öl} = 0{,}02 \text{ bis } 10 \left[\frac{N \cdot s}{m^2}\right],$$

$$\eta_{LH_2(T=20K)} \sim 1{,}25 \cdot 10^{-5} \left[\frac{N \cdot s}{m^2}\right])$$

zu wesentlich höheren Gesamtverlusten: Bezogen auf gleiche transportierte Energiemenge bei gleichen Rohrdurchmessern verliert man bei LH_2 etwa 40mal mehr als bei einer Erdölpipeline (s. Bild 5.1.2).

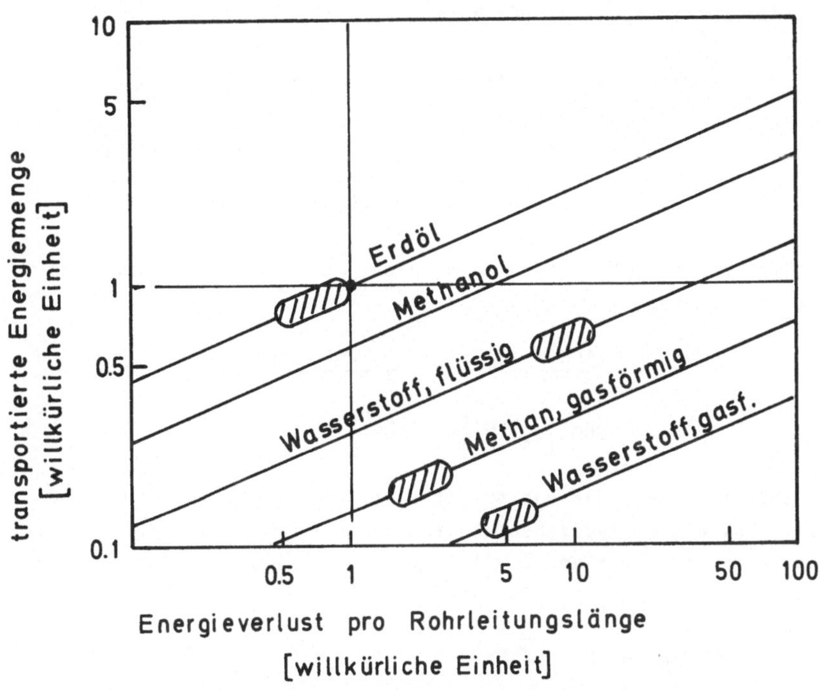

Bild 5.1.2: *Transportverluste gegen transportierte Energie (normiert auf Erdöl) (nach [121])*

5.2 Transport von Wärme: Fernwärme

Wie schon in Abschn. 3.1.3 erläutert, könnte die Nutzung bislang vergeudeter Abwärme bei der Stromerzeugung durch ein möglichst optimales Fernwärmenetz eine Einsparung von bis zu 20 % der Primärenergie ermöglichen.

Würde ein in Abschn. 3.1.3.1 beschriebenes Heizkraftwerk bei 700 MW thermischer Leistung etwa 300 MW Wärme (Vorlauftemperatur 130° C) in ein Fernwärmenetz vom Durchmesser 40 km einspeisen, so könnten bei einem ungefähren Heizleistungsbedarf von 0,1 kW pro m^2 zu beheizende Wohnfläche 30 000 in diesem Gebiet befindliche Haushalte (Durchschnittsgröße 100 m^2 Wohnfläche) ihren Heizwärmebedarf decken.

Für die zu transportierende Wärmemenge gilt:

$$W = m \cdot c \cdot \Delta T$$

$$c = \text{spezifische Wärme } (H_2O) \sim 4{,}2 \cdot 10^3 \left[\frac{\text{Joule}}{\text{kg} \cdot \text{K}}\right]$$

$$\Delta T = \text{Vorlauftemperatur - Rücklauftemperatur} = 80^\circ \text{ C}$$

Um die Energie von 300 MWs abzuführen, muß also pro Sekunde ein Wasserstrom von

$$\dot{m} = \frac{300 \cdot 10^6}{c \cdot \Delta T} = \frac{300 \cdot 10^6}{4{,}2 \cdot 10^3 \cdot 80}$$

$$= 900 \left[\frac{\text{J} \cdot \text{kg} \cdot \text{K}}{\text{s} \cdot \text{J} \cdot \text{K}} = \frac{\text{kg}}{\text{s}}\right]$$

abgeführt werden, das entspricht nach den Überlegungen zu Formel 5.1.2 bei einem (typischen) Rohrdurchmesser von 1 m einer mittleren Geschwindigkeit von $\bar{v} \sim 1{,}15$ m/s bzw. einer Reynoldschen Zahl von

$$Re = d \cdot \frac{\bar{v}\,\rho}{\eta}$$

$$\sim \frac{1 \cdot 1{,}15 \cdot \sim 1000}{\sim 0{,}3 \cdot 10^{-3}} \sim 4 \cdot 10^6 .$$

In vollständiger Analogie zu der Berechnung der Verluste bei der Ölpipeline erhält man hier ein Verhältnis

$$\frac{\text{Pumpenleistung}}{\text{Wärmeleistung}} \lesssim 1\,\% ;$$

diese Verluste können sich aber durch den notwendigen Einbau U-förmiger Dehnungskompensatoren noch um einen Faktor ~ 2 vergrößern.

Der Wärmeverlust berechnet sich [18] für ein zylindrisches Rohr zu:

(5.2.1) $\dot{W} = -2\,\pi\,\lambda\,\Delta x \cdot (T_i - T_o)/\ln\,(r_o/r_i)$

$= -2\,\pi \cdot 0{,}03 \cdot 2 \cdot 10^4 \cdot 110/\ln(0{,}6/0{,}5)$ [W]

$= -2{,}3$ [MW]

(Δx = Rohrlänge
T_i = Vorlauftemperatur 130° C
T_o = Außentemperatur 20° C
λ = Wärmeleitzahl = 0,03 W/(m·K) für Glaswolle
r_o, r_i = Außen- bzw. Innenhalbmesser)

Diese Verluste liegen also in der gleichen (niedrigen) Größenordnung wie die Pumpenverluste; die eigentliche Beschränkung für den forcierten Ausbau von Fernwärmesystemen in geeigneten Regionen dürften daher die Primärinvestitionskosten sowohl für die Umrüstung der speisenden Kraftwerke als auch die Anlage des Leitungsnetzes darstellen.

Abschließend zum Thema "Übertragung von Wärme" sei noch eine elegante, allerdings bisher auf kürzere Reichweiten und spezielle Applikationen beschränkte Art des Wärmetransports mit dem sogenannten Wärmerohr ("Heat-Pipe") erwähnt (Bild 5.2.1): Wärmeübertragung mittels eines Phasenüberganges. Das Arbeitsmittel, z. B. Wasser, wird in einem Wärmeaufnahmeteil des Wärmerohrs verdampft, der Wasserdampf gelangt durch den isolierten eigentlichen Transportteil in die Wärmeabgabezone, wo er unter Wärmefreisetzung kondensiert.

Die Flüssigkeit gelangt durch ein das Rohrinnere bedeckendes Metallgitter (sog. Docht) durch Kapillarkräfte (und gegebenenfalls durch Schwerkraft) zurück zum Aufnahmeteil. Heat-pipes (Wärmerohre) können einen um 3 - 4 Größenordnungen größeren Wärmestrom transportieren als z. B. ein Kupferstab entsprechender Länge und Dicke, zusätzlich erfolgt die Wärmeleitung nur in einer Richtung. Heat-pipes wirken also wie ein Wärmeventil. Der Wärmetransport wird durch den Druckunterschied zwischen Verdampfungs- und Kondensationszone bewirkt, erfolgt also auch bei kleinen Temperaturunterschieden. Für ein wassergefülltes Wärmerohr mit 30° C Betriebs-

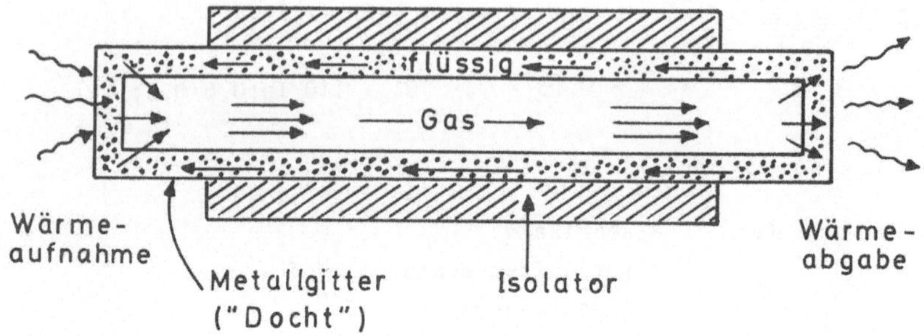

Bild 5.2.1: *Prinzip des Wärmerohrs*

temperatur errechnet sich der maximale Wärmefluß wie folgt:

Verdampfungswärme

$$q_V(H_2O, T=30^0) = 2,4 \cdot 10^6 \left[\frac{J}{kg}\right] = 7,2 \cdot 10^{-20} \left[\frac{J}{Molekül}\right]$$

Dampfdruck

$$p\ (H_2O, T=30^0) = 0,042\ [bar]$$

Der mittlere Geschwindigkeitsbetrag ergibt sich zu

$$\bar{v} = ((8 \cdot kL \cdot T)/(\pi \cdot M))^{1/2} \approx 600 \left[\frac{m}{s}\right].$$

(M = Molekulargewicht, L = Zahl der Moleküle pro Mol)

Teilchendichte

$$n/Mol = L \cdot p = 2,5 \cdot 10^{22} \left[Mol^{-1}\right] \approx 10^{24} \left[m^{-3}\right]$$

Wärmestrom in achsialer Richtung

$$\dot{q} = n \cdot \bar{v} \cdot q_V = 4,3 \left[\frac{kW}{cm^2}\right]$$

pro Querschnittseinheit.

Die tatsächlich erreichten Wärmeströme liegen zwar - durch den Einfluß von Reibungskräften - um eine Größenordnung niedriger, aber immer noch viel höher als in einem entsprechenden Kupferstab der Länge 10 cm und $\Delta T = 1$ K:

$$\dot{q}_{Cu} = \lambda \cdot \frac{\Delta T}{l} \quad \text{(Gl. 4.1.1)}$$

$$= 384 \cdot \frac{1}{0{,}1} = 3{,}8 \cdot 10^{-4} \frac{kW}{cm^2} \; !$$

Wärmerohre lassen sich überall dort gut einsetzen, wo eine gezielte Zu- bzw. Abfuhr von Wärme nötig ist, z. B. bei der Kühlung komplexer elektronischer Schaltungen oder umgekehrt - in Form von Bratenspießen - zur Wärmezufuhr in das Fleischinnere. Ihre Ventilwirkung wird auch genutzt bei ihrem Einsatz als Tragepfeiler der schon erwähnten Alaska-Pipeline: Die Reibungswärme des Öls in der Pipeline würde sich bei einfachen metallischen Trägern in den Pipeline-Untergrund übertragen und zu einem Auftauen des permanent gefrorenen Bodens führen. Träger mit "Heat-Pipe"-Innenleben verhindern diese Richtung des Wärmestroms und entziehen unter Abgabe an die Außenluft dem Boden darüber hinaus Wärme und verhindern somit ein Nachlassen der Stabilität der einfach in den Eisboden gerammten Pfeiler, insbesondere während der Sommermonate.

5.3 Synthesegastransport

Wie schon in Abschn. 3.1.2.3 bzw. 4.1 erläutert, wird Synthesegas (H_2-CO-Gemisch) in einem Ofen unter Nutzung von Wärme z. B. aus einem Hochtemperaturreaktor in der Reaktion

$$CH_4 + H_2O + 60 \frac{Wh}{Mol} \rightarrow CO + 3\,H_2$$

erzeugt.

Das so gewonnene Synthesegas läßt sich auch über weitere Entfernungen in Pipelines transportieren, um dann vom Gegenstück "ADAM" unter entsprechender Wärmefreisetzung wieder in Methan und Wasser katalytisch verbrannt zu werden.

Ein Vorteil dieses Konzepts besteht darin, daß das Synthesegasgemisch bei Umgebungstemperaturen transportiert werden kann, eine aufwendige Wärmeisolierung der Ferngasleitung somit entfällt. Der Grund hierfür, daß nämlich die Rückreaktion nicht schon während des Transports stattfinden kann, liegt in der Tatsache, daß das

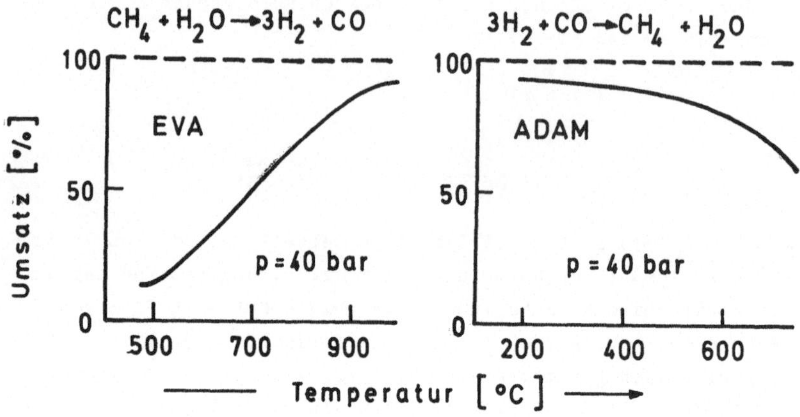

Bild 5.3.1: *Reaktionsumsätze für die ADAM- und EVA-Reaktionen als Funktion der Prozeßtemperatur*

CO-H_2-Gemisch sich in einem stabilen Ungleichgewicht (hohe Reaktionsschwellen) befindet, die Rückreaktion somit erst im ADAM-Ofen bei Anwesenheit von geeigneten Katalysatoren stattfindet. Der Wirkungsgrad der Übertragung

$$\eta = \frac{W_{aus}}{W_{ein}} \tag{5.4}$$

liegt mit 80 % auf einem recht hohen Wert [101].

5.4 Transport elektrischer Energie durch Freileitung, Erdkabel, supraleitende Kabel

Während bei Installation von Fernwärmenetzen die Verlustkosten beim laufenden Betrieb klein sind gegenüber den Baukosten, hat man es bei der Verteilung von Strom i. a. mit umgekehrten Verhältnissen zu tun.

In den Anfangstagen elektrischer Energieversorgung arbeitete man mit Gleichstrom. Übertragungsverluste entstehen hier ausschließlich durch den ohmschen Widerstand, d. h., vereinfacht ausgedrückt, durch die Reibung der Leitungselektronen an den Atomen des metallischen Leiters. Für den ohmschen Widerstand eines Kabels gilt

$$R = \rho \cdot \frac{l}{q} \; [\Omega]$$

l = Kabellänge $[m]$

q = Kabelquerschnitt $[mm^2]$

ρ = spezifischer Widerstand $\left[\frac{\Omega \; mm^2}{m}\right]$,
$\rho_{Kupfer} = 0{,}017$

Wenn nun eine 110-V-Gleichspannungsquelle einen Strom von 30 A in einem 5 mm dicken Kupferkabel zu einem 1 km entfernten Verbraucher transportieren soll, ergibt sich nach dem Ohmschen Gesetz folgender Spannungsverlust über den Kabelwiderstand:

$$U = I \cdot \rho \cdot \frac{l}{q} = 30 \cdot 0{,}017 \cdot \frac{2 \cdot 1000}{\pi \cdot 6{,}25} = 52 \text{ V},$$

d. h. der Leistungsverlust beträgt 47 %!

Für 1100 V Generatorspannung müssen bei gleicher Leistung nur 3 A transportiert werden: Leistungsverlust < 0,5 %!

Bei Übertragung elektrischer Energie ist man also bestrebt, möglichst hohe Übertragungsspannungen zu erzielen; der leicht auf solche Spannungen transformierbare Wechselstrom löste daher die Gleichstromversorgung ab.

Bei Wechselströmen treten neben den ohmschen Verlusten zusätzliche sogenannte kapazitive und induktive Verluste auf, man spricht beim resultierenden Gesamtwiderstand auch vom Scheinwiderstand oder Impedanz, der rein ohmsche Widerstand heißt Wirkwiderstand, der zusätzliche Anteil Blindwiderstand. Maximale Leistungsübertragung liegt dann vor, wenn sich kapazitiver und induktiver Anteil des Blindwiderstands wegkompensieren (optimale Anpassung, wird bei der nachfolgenden Rechnung angenommen).

Beim Drehstrom führen 3 Leiter gleich große Wechselströme, die zueinander um 120° phasenverschoben sind:

$$I_R = I_o \sin \omega t \qquad U_R = U_o \sin \omega t$$
$$I_S = I_o \sin (\omega t - 120^o) \qquad U_S = U_o \sin (\omega t - 120^o)$$
$$I_T = I_o \sin (\omega t - 240^o) \qquad U_T = U_o \sin (\omega t - 240^o)$$

Die verbraucherseitige Entnahme kann dann zwischen einer Phase und der Nullphase mit der Spannung

$$U_o \text{ bzw. } U_{eff} = \frac{U_o}{\sqrt{2}} \quad (\text{typischerweise } U_{eff} = 220 \text{ V})$$

erfolgen oder zwischen zwei Phasen mit der Spannung

$$U_o \cdot \sqrt{3} \text{ bzw. } U_{eff} \cdot \sqrt{3} \quad (220 \text{ V} \cdot \sqrt{3} = 380 \text{ V})$$

erfolgen. Die gleichmäßige Belastung aller Phasen gewährleistet dann entweder die sogenannte Sternschaltung oder die Dreiecksschaltung, die Übertragungsleistung - fast alle Fernleitungssysteme arbeiten mit Drehstrom - ist unabhängig von der jeweiligen Verbraucherschaltung:

$$L = \frac{3}{2} \cdot U_o \cdot I_o = \sqrt{3} \cdot U_{RS,eff} \cdot I_{eff} \tag{5.4.1}$$

Sternschaltung

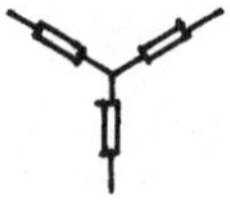

$$L = 3 \; U_{eff} \cdot I_{eff} = \frac{3}{2} U_o I_o$$

Dreiecksschaltung

$$U_{RS} = U_o(\sin \omega t - \sin(\omega t - 120^o))$$
$$= U_o \sqrt{3} \sin(\omega t + 30^o)$$

$$U_{RS,eff} = U_o \frac{\sqrt{3}}{\sqrt{2}} \quad \text{und somit}$$
$$L = \sqrt{3} \cdot U_o \frac{\sqrt{3}}{\sqrt{2}} \cdot \frac{I_o}{\sqrt{2}} = \frac{3}{2} U_o I_o$$

In einer 220-kV-Überlandleitung ($U_{RS,eff} = 220$ kV) mit einer Übertragungsleistung von 130 MW fließt nach Gl. (5.4.1) ein effektiver Strom von 340 A. Bei 22 mm dicken Kupferkabeln ergibt sich ein Verlust

$$(L_{Verl.} = 3 \, I^2_{eff} \cdot R_{Leiter})$$

von ~ 0,012 % pro Kilometer, hinzu kommen Transformationsverluste von ungefähr 1 %. Für heute meistens verwendete billigere und leichtere Aluminiumkabel beträgt der Verlust in diesem Fall ~ 0,02 % pro km.

Die Grenzen der Übertragungsleistung von Fernleitungen sind zum einen gegeben durch die Begrenzung des Kabelquerschnitts (Gewicht!) sowie das Problem, aus Gründen der Unfallsicherheit gewisse Kabeltemperaturen auch bei extremen Witterungsbedingungen nicht zu überschreiten. Andererseits sind auch einer beliebigen Erhöhung der Spannungen Grenzen gesetzt: Größere Spannungen erfordern größere Leiterabstände (Durchbruchsfeldstärke bei trockener Luft etwa 30 kV/cm) und damit teurere Mastkonstruktionen. Hochfrequente Abstrahlungen (sogenannte Koronastrahlungen) könnten - neben zusätzlichen Verlusten - darüber hinaus den Funkverkehr stören. Optimierungen von Mastform und Kabelanordnung (Bündelleitung [19]) lassen aber 1150-kV-Leitungen denkbar erscheinen, allerdings wohl eher wegen des Platzbedarfs, der Funkverkehrsbeeinträchtigung und nicht zuletzt der Lärmbelästigung (60 db in 15 m Abstand) bei der Überbrückung dünn besiedelter Regionen: In den USA und der UdSSR bestehen bereits 750-kV-Versuchsleitungen.

Auch die Rückkehr zum guten alten Gleichstrom (HGÜ: hochgespannte geglättete (Strom-) Übertragung) wird diskutiert: Eine ±600 kV Gleichstromleitung könnte über sehr weite Distanzen mit Stromdichten von 1 A/mm^2 fast 4 Gigawatt transportieren. Kostenintensiver wäre hier allerdings die aufwendige "Vor"- und "Nach"-Behandlung des Stroms, der beim Verbraucher natürlich wieder als Wechselstrom ankommen soll.

Während Fernleitungen eine wesentliche Rolle bei der Übertragung von elektrischer Energie über weite Entfernungen spielen und wohl auch zukünftig spielen werden, bieten sich Erdkabel für dichtbesiedelte Ballungszentren an, allerdings zu wesentlich höheren Kosten (s. Tab. 5.4.1). Die durch die räumliche Nähe der Leiter und die dielektrischen Eigenschaften des Isolators große Eigenkapazität (100 pF/m) der Erdleiter bedingt zusätzliche kapazitive und dielektrische Verluste, die entweder hingenommen oder durch Einbau zusätzlicher (teurer) Induktivitäten vermindert werden müssen.

Als kritische Länge [124] bezeichnet man die Übertragungslänge, bei der der Nutz-Strom gleich groß ist wie die Verlustströme.

Sie beträgt für ein typisches, mit Ölpapier isoliertes Erdkabel mit 69 kV und 100 MW Nennleistung 90 km und sinkt für 350 kV/440 MW auf 40 km. Sie kann wesentlich gesteigert werden durch Ersetzung der bisher verwendeten Ölpapier-Isolatoren durch Gas-Isolatoren (SF_6). Das aber bedingt (Durchbruchsfeldstärke der Gase) größere Abstände der Leiter, somit dickere Kabel und größere Erdgräben.

Offensichtlich bietet der Übergang zu Gleichstromübertragung hier wesentliche Vorteile: Entsprechende Kabel (100 kV, 20 MW) existieren bereits z. B. zwischen Italien und Sardinien. Moderne Gleichrichter-Technologie mit Halbleiter-Thyristoren ermöglichen hier noch wesentliche Steigerungen: 200 kV, 1400 MW über 1300 km Länge.

Weitere, meist noch im Entwicklungsstadium befindliche, Verbesserungen sehen die Kühlung des Kabelstranges zur Abführung der Kabelwärme vor, wobei allerdings die Steigerung der übertragbaren Leistung (bei Drehstromkabeln bis zu einem Faktor 3 [19]) mit einem hohen technischen Aufwand bezahlt werden muß. Dies gilt insbesondere für sogenannte Kryokabel, wo durch Abkühlung auf Flüssigkeitstemperaturen (z. B. H_2: 20 K) der Effekt ausgenutzt wird, daß der ohmsche Widerstand stark mit der Temperatur abnimmt: für Aluminium z. B. mit einem spezifischen Widerstand von

$$2{,}5 \cdot 10^{-2}\ \Omega\ \frac{mm^2}{m} \quad \text{bei } T = 273\ K$$

auf

$$2{,}5 \cdot 10^{-6}\ \Omega\ \frac{mm^2}{m} \quad \text{bei } T = 20\ K.$$

Der Energieaufwand für die Kühlung ist aber z. Zt. noch größer als die eingesparte Energie.

Nicht verwechselt werden dürfen solche Kryokabel mit supraleitenden Kabeln. Hier wird der Effekt ausgenutzt, daß unterhalb einer bestimmten Temperatur (meist einige wenige K) der ohmsche Widerstand eines Metalls vollständig verschwindet: Je zwei Elektronen (mit entgegengesetzten Eigendrehimpulsen) vereinigen sich zu sogenannten Cooperpaaren, die keine die ohmschen Verluste darstellende Energie an das Metallgitter mehr abgeben können.

Die wegen des notwendigen Kühlungsaufwandes - zumeist mit flüssigem Helium auf ca. 4 K - sehr komplizierte Technologie ([18,19] + dort angegebene Literatur) der Herstellung soll hier nicht im einzelnen erläutert werden, gestaltet sich aber für Gleichstromkabel (in Tests verwendete Metalle u. a.: NbTi, Nb_3Sn) einfacher als bei Drehstromkabeln, wo eine zusätzliche magnetische Abschirmung der Einzelleiter nötig ist: Ein von Klaudy [125] entwickeltes sogenanntes Einleiter-Wechselstrom-Wellrohrkabel mit einer Länge von 50 m befindet sich seit 1977 in einer Hochspannungsschaltanlage in Erprobung.

Nicht trivial dürfte auch der Endabschluß eines solchen Kabels sein, wo man ohne Leistungsverluste das Temperaturgefälle von Kühltemperatur zu Zimmertemperatur überbrücken muß.

Generall läßt sich feststellen, daß der apparative Aufwand zur Kühlung supraleitender Kabel erst im Gigawattbereich wirtschaftlich sinnvoll erscheinen läßt, wodurch ihre Entwicklungschancen nicht zuletzt von der Frage abhängt, inwieweit die Elektrizitätsversorgung zentralisiert wird.

Tabelle 5.4.1 faßt die wichtigsten Größen der Übertragung elektrischer Energie für die besprochenen Übertragungsformen zusammen (nach [121]).

Einschub zu Abschn. 6.1.1, S. 359:

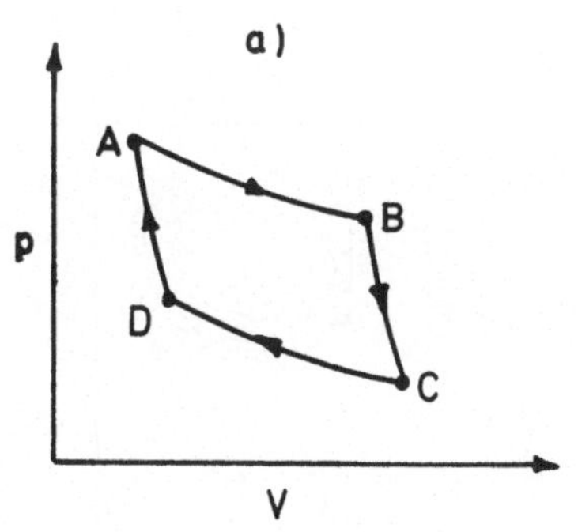

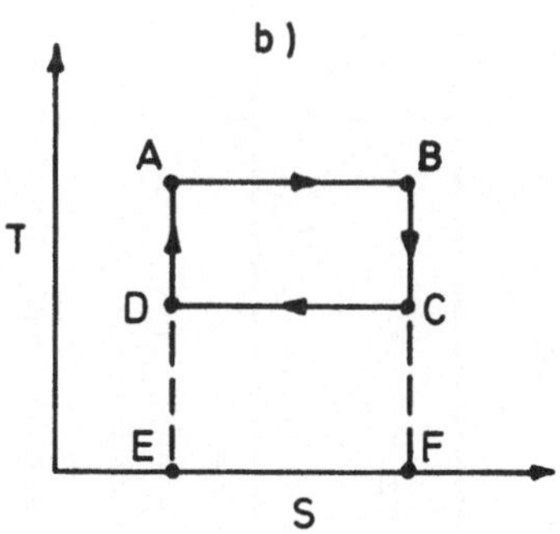

Bild 6.1.1a: *p, V-Diagramm* *Bild 6.1.1b:* *S, T-Diagramm*
des Carnotschen Zyklus

Tabelle 5.4.1: *Kosten der Elektrizitätsübertragung*

		Freileitung 4 Syst.	Freileitung 2 Syst.	Freileitung 1 Syst.	Einleiterölkabel	gekühltes Einleiterölkabel	SF_6-Rohrleiter	Kryo-Kabel	Supraleiter Kabel
Mastbild 10 m Unterirdische Systeme 0,1 m									
Trassenbreite	m	82	74	89	0,8	1,2	2,5	0,5	0,8
Betriebsspannung	kV	380	720	1050	400	400	400	120	120
Leiterquerschnitt	mm^2	1060 Al	2740 Al	3864 Al	1000 Cu	2000 Cu	8000 Al	3200 Al	20 cm Umfang
Gesamtquerschnitt	mm^2	12720 Al	16440 Al	11592 Al	3000 Cu	6000 Cu	24000 Al	9600 Al	
Leiterstrom	A	1880	3200	4840	643	2160	3600	4800	12000
Übertragungsleistung	MVA	5200	8000	8800	445	1500	2500	1000	2500
Verlustleistung	$\frac{kW}{km}$	1280	680	560	62	336	276		136
Anlagekosten	$\frac{DM}{MVA \cdot km}$	144	106	74	3820	1670	1680	1080	1400
Jahreskosten einschl. Verlustleistung	$\frac{DM}{MVA \cdot km \cdot a}$	46,3	22,4	16,2	423,7	209	169	485	168,5
bezogene Trassenbreite	$\frac{m}{GVA}$	15,8	9,2	10	1,8	0,8	1,0	0,5	0,32
Dpf/kWh	100 km	0,098	0,044	0,032	0,84	0,41	0,338	0,97	0,33
DM/Gcal	100 km	1,13	0,51	0,37	9,74	4,75	3,92	11,25	3,82

6 Spezielle Techniken der Energienutzung

In diesem Kapitel soll das physikalische Prinzip der wichtigsten bei der Nutzung verschiedener, in vorangegangenen Abschnitten erwähnter Techniken kurz skizziert werden.

Dazu benötigt man einige Definitionen und Gesetze der Thermodynamik der Gase. Der thermodynamische Zustand eines idealen Gases - z. B. als Betriebsmittel einer Wärmekraftmaschine (WKM) in ihren verschiedenen Arbeitstakten - hängt nur vom jeweiligen Druck p, dem dabei ausgefüllten Volumen V und der Temperatur T ab.

Die Zustandsgleichung idealer Gase lautet:

(6.1) $$p \cdot V = n \cdot R \cdot T \; [\text{Joule}]$$

mit $R = 8{,}314 \left[\frac{J}{K \cdot mol}\right]$ (universelle Gaskonstante)

$R = L \cdot k$ = Loschmidtzahl · Boltzmannfaktor

n = Anzahl der Mole des Gases

p = Druck $\left[\frac{N}{m^2}\right]$

V = Volumen $[m^3]$

T = absolute Temperatur [K]

Bei Normaldruck

$$760 \text{ Torr} \mathrel{\hat{=}} 1{,}013 \cdot 10^5 \left[\frac{N}{m^2}\right] \quad \text{und} \quad T = 273 \text{ K}$$

erfüllt beispielsweise jedes beliebige, ideale Gas mit einer Menge von 1 Mol ein Volumen pro Mol

$$\frac{V}{n} = \frac{8{,}314 \cdot 273}{101300} \left[\frac{J}{K} \cdot \frac{K\ m^2}{N}\right] = 0{,}024\ m^3 = 22{,}4\ l.$$

Bei realen Gasen wird sowohl die Wechselwirkung der Moleküle untereinander als auch ihr Eigenvolumen berücksichtigt, so daß sich Gl. (6.1) zur Van-der-Waals-Gleichung modifiziert:

(6.2) $$\left(p + \frac{a\,n^2}{V^2}\right) \cdot (V - nb) = n \cdot R \cdot T$$

a und b sind materialabhängige sogenannte Van-der-Waals-Konstanten, die dem im allgemeinen zwar relativ zum Gesamtvolumen kleinen Eigenvolumen n·b der Gasmoleküle entsprechen sowie einer kleinen, durch verbleibende kleine Anziehungskräfte ("Van-der-Waals-Kräfte") bedingte Druckänderung $(a \cdot n^2)/V^2$.

So ergibt sich z. B. für CO_2 nach Einsetzen entsprechender Zahlenwerte für verschiedene feste Temperaturen ein Zusammenhang zwischen Druck und Volumen gemäß Bild 6.1.

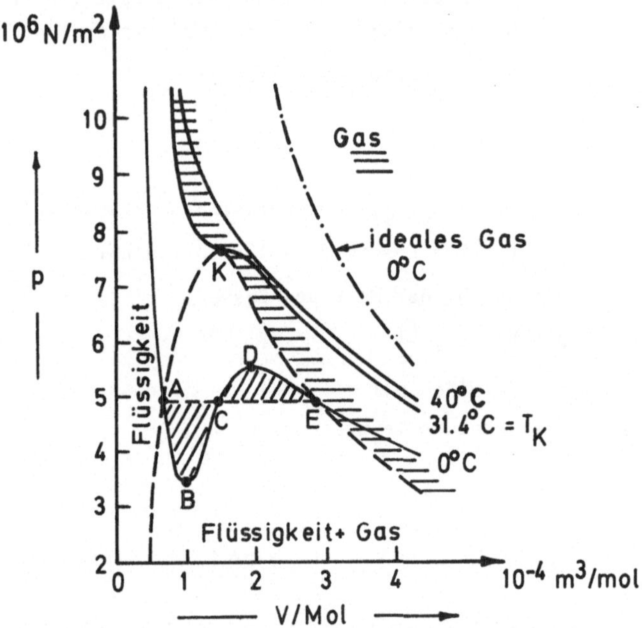

Bild 6.1: *p,V-Diagramm für CO_2*
$a = 7{,}4 \cdot 10^6$ [N m⁴], $b = 4{,}3 \cdot 10^{-5}$ [m³] (nach [126])

Die Temperatur, bei der die (p,V)-Kurve durch den Punkt K läuft, heißt kritische Temperatur; oberhalb dieser ist bei noch so hohen Drucken keine Verflüssigung möglich. Druck und Volumen in Punkt K heißen ebenfalls "kritisch".

Rechts von der Isothermen mit T_K bzw. rechts von der Linie von K durch E liegt der gasförmige Bereich, links von der Isothermen mit

T_K bzw. links von der Linie von K durch A liegt der flüssige Bereich und unter der Linie AKE der Bereich möglicher Koexistenz beider Phasen. Diesen Bereich durchqueren (p,V)-Linien (mit $T < T_K$) als Geraden, die gerade dem Dampf- bzw. Sättigungsdruck des jeweiligen Gases bei der jeweiligen Temperatur entsprechen: ACE. Ein möglicher "Unterschwinger" der (p,V)-Linie (ABC) entspricht einer _überhitzten Flüssigkeit_, ein "Überschwinger" (CDE) einem _übersättigten Gas_. ACE teilt beide Bereiche flächengleich von einander. Kondensation (z. B. nach Einbringung von Störkeimen: Entstehung von Kondensstreifen) bzw. Sieden läßt dann CDE in CE bzw. ABE in AE übergehen.

Der erste Hauptsatz der Thermodynamik eines Stoffes bezüglich seiner verschiedenen Aggregatzustände (fest, flüssig, gasförmig) stellt nichts anderes dar als eine Anwendung des Satzes von der Erhaltung der Gesamtenergie (s. Abschn. 1.2): Die Änderung der inneren Energie dU ist die Summe von zugeführter Arbeit dA (Vorzeichenkonv.: +) und zugeführter Wärme dW.

(6.3) $$dU = dA + dW$$

Der in Abschn. 1 bereits erwähnte Begriff der Exergie (der Anteil in mechanische Arbeit umsetzbarer Energie an der Gesamtenergie, Energie = Exergie + Anergie) erlaubt eine andere Formulierung von Gl. (6.3):

Die Summe von Exergie und Anergie eines thermodynamischen Prozesses bleibt erhalten.

Der zweite Hauptsatz der Thermodynamik lautet in dieser Terminologie für einen _reversiblen_ (d. h. durch Umkehr vollständig rückgängig machbaren, in der Natur nur im idealen Grenzfall existierenden) Prozeß:

Exergie als auch Anergie für sich bleiben erhalten.

Bei einem irreversiblen Prozeß lautet der zweite Hauptsatz:

Exergie geht mit einem mehr oder minder großen Anteil in Anergie über.

Je nachdem, ob Zustandsänderungen eines Systems bei konstantem Volumen, bei konstanter Temperatur oder bei konstantem Druck erfolgen, bezeichnet man die Änderung als isochor, isotherm, isobar; findet während der Zustandsänderung kein Wärmeaustausch mit der Umgebung statt, so spricht man von einem adiabatischen Prozeß.

Für Zustandsänderungen eines idealen Gases konstanten Volumens gilt gem. Gl.(6.3) mit dA = 0:

$$dU = n \cdot C_v \cdot dT$$

$$C_v = \text{Wärmekapazität bei konst. Volumen}$$

Für einen isothermen Prozeß gilt gem. Gl. (6.1) p V =const.

Für einen reversiblen adiabatischen Prozeß mit Gl. (6.1) und Gl. (6.3) mit dW = 0

$$dA = -p\,dV = -n \cdot R\,T \cdot \frac{dV}{V}$$

und

$$0 \stackrel{!}{=} dW = dU - dA = n \cdot T\left(C_v \frac{dT}{T} + R \cdot \frac{dV}{V}\right).$$

Daraus folgt mit

$$C_p - C_v = R$$

und

$$\frac{C_p}{C_v} \stackrel{!}{=} \kappa$$

für eine adiabatische Zustandsänderung:

(6.4) $$T \cdot V^{\kappa-1} = \text{const}$$

oder $$p\,V^{\kappa} = \text{const}$$

oder $$T^{\kappa} \cdot p^{1-\kappa} = \text{const}$$

<u>Entropie S:</u> Der Begriff der Entropie als sogenannte Zustandsgröße, eine Größe, die bei reversiblen Kreisprozessen erhalten bleibt, wird zunächst rechnerisch hergeleitet. Anschließend wird versucht, diesen Begriff der Entropie im molekularen Bild eines Gases zu erläutern.

Die in Abschn. 1 bereits genannte Entropie S ist für einen reversiblen Prozeß von Zustand 1 zu Zustand 2 definiert als

$$(6.5)\qquad S = \int_1^2 \frac{dW_{rev}(T)}{T} + S_0 \quad \text{bzw.} \quad dS = \frac{dW}{T} .$$

Es läßt sich zeigen, daß jeder thermodynamische reversible Prozeß denselben Wirkungsgrad aufweist, wie der nachstehend (Abschn. 6.1.1) näher ausgeführte Carnotsche Kreisprozeß

$$(6.6)\qquad \eta \overset{!}{=} \frac{\text{geleistete Arbeit einer Wärmekraftmaschine (WKM)}}{\text{zugeführte Wärme bei Temperatur } T_1} = \frac{T_1 - T_2}{T_1}$$

Es gilt nach dem 1. Hauptsatz (mit der Vorzeichen-Konvention gem. Gl. (6.3)):

$$1 = \frac{\text{Arbeit} + \text{abgeführte Wärme } (T_2)}{(-1) \text{ zugeführte Wärme } (T_1)} = \frac{dA + dW\,(T_2)}{-dW\,(T_1)}$$

$$= \eta - \frac{dW\,(T_2)}{dW\,(T_1)} = 1 - \frac{T_2}{T_1} - \frac{dW\,(T_2)}{dW\,(T_1)}$$

Daraus folgt weiter

$$\frac{dW\,(T_2)}{dW\,(T_1)} = -\frac{T_2}{T_1} \quad \text{bzw.} \quad dS_1 + dS_2 = 0$$

oder allgemein

$$(6.7)\qquad \int_{\text{Zyklus}} dS = 0,$$

wobei $\int_{\text{Zyklus}}$ das Integral über einen geschlossenen Zyklus eines Kreisprozesses einer WKM, letztlich also die Summe über alle "Takte" des Zyklus bedeutet.

Für irreversible Prozesse gilt nach dem zweiten Hauptsatz entsprechend

$$dS > \frac{dW}{T}$$

bzw. für ein abgeschlossenes System

$$0 = \int_{\text{Zyklus}} \frac{dW}{T} < \int_{\text{Zyklus}} dS.$$

Die Entropie bleibt also im Idealfall eines reversiblen Kreisprozesses von Zustandsänderungen erhalten, ist also eine sogenannte Erhaltungsgröße. Bei einem irreversiblen Prozeß nimmt sie stets zu. Von selbst ablaufen können Prozesse nur, wenn dabei die Entropie wächst. Sie nimmt im Gleichgewicht möglicher Zustandsänderungen - z. B. zwischen einer Flüssigkeit und dem darüberliegenden Dampf - immer einen Maximalwert an (Clausius'sches Prinzip).

Für die Entropie eines Mols eines idealen Gases gilt:

(6.8) $$dS = \frac{dW}{T} = \frac{1}{T}(dU - dA) = \frac{1}{T}(C_V\, dT + p\, dV)$$

$$S(T,V) = C_V \int \frac{dT}{T} + R \int \frac{1}{T}\frac{T}{V}\, dV \quad \text{(nach Gl.(6.1))}$$

$$= C_V \ln T + k \cdot L \ln V + S_0$$

Betrachtet man jetzt die isotherme Expansion eines Kolbens einer idealen WKM von V_1 nach V_2,

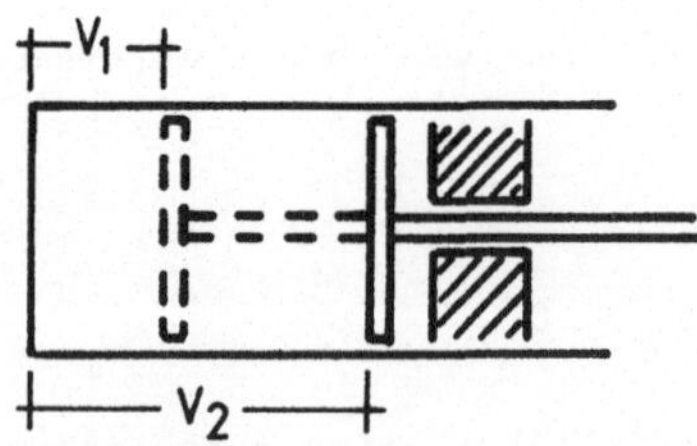

so gilt für die Entropieänderung

(6.9) $$\Delta S = S_2 - S_1 = k \cdot L \cdot \ln \frac{V_2}{V_1}.$$

An diesem Beispiel soll eine allgemeinere, statistische Definition der Entropie veranschaulicht werden:

Befinde sich nur 1 Gasmolekül in V_2, so beträgt die Wahrscheinlichkeit Pr_1, es in V_1 anzutreffen,

$$Pr_1 = \frac{V_1}{V_2} ,$$

für zwei Moleküle entsprechend

$$Pr_2 = \left(\frac{V_1}{V_2}\right)^2$$

bzw. für L-Moleküle

$$Pr_L = \left(\frac{V_1}{V_2}\right)^L .$$

Da die Anzahl der Teilchen in V_2 hier beispielsweise für 1 mol $L = 6 \cdot 10^{23}$ beträgt, ist die Wahrscheinlichkeit, alle diese Molekühle zu einer Zeit zufällig in $V_1 < V_2$ anzutreffen, verschwindend klein: Die Moleküle füllen durch ihre thermische Bewegung, daraus resultierend durch häufige Stöße gegeneinander und gegen begrenzende Wände das ihnen zur Verfügung stehende Volumen innerhalb statistischer Schwankungen immer voll aus. Diese (statistische) Tatsache impliziert die Gültigkeit der Zustandsgleichung der Gase.

Das Verhältnis der Wahrscheinlichkeiten, bei verfügbarem Volumen V_2 das Gas gleich verteilt im Volumen V_2 bzw. im ursprünglichen Volumen V_1 anzutreffen, beträgt

$$(6.10) \qquad Pr = \frac{Pr_L \text{ in } V_2}{Pr_L \text{ in } V_1} = \frac{1}{\left(\frac{V_1}{V_2}\right)^L} = \left(\frac{V_2}{V_1}\right)^L .$$

Somit gilt

$$\ln Pr = L \cdot \ln\left(\frac{V_2}{V_1}\right) .$$

Pr gibt also an, wieviel mal häufiger man die $L = 6 \cdot 10^{23}$ Moleküle eines Mols im maximalen Volumen V_2 antrifft als im Volumen-Bruchteil V_1.

Nach Gl. (6.9) gilt aber auch

$$(6.11) \qquad \Delta S = k \cdot \ln Pr.$$

Diese Beziehung wird häufig als Definition der Entropie angegeben. Gl. (6.11) verknüpft in obigem Beispiel der Ausdehnung eines Kolbens von V_1 nach V_2 die dabei erfolgende Entropieänderung mit dem Verhältnis der Wahrscheinlichkeit, daß das Gas das jeweils angebotene Volumen V_1 bzw. V_2 vollständig erfüllt.

Weitere wichtige thermodynamische Funktionen sind neben der Entropie:

Die Enthalpie H:

$$(6.12) \qquad H = U + pV,$$

die insbesondere bei isobaren Zustandsänderungen von Bedeutung ist,

$$dH = dU + p\,dV + \underbrace{(V\,dp)}_{\hat{=}\,0} = dW.$$

Die Reaktionswärme einer chemischen Reaktion oder die Schmelzwärme bei konstantem Druck entspricht also der Enthalpieänderung. Sie wird dann auch Wärmeinhalt, Heizwert genannt.

Neben dem Heizwert ist die sogenannte freie Enthalpie oder das Gibbsche Potential G:

$$G = H - TS$$

wichtig; ihre Änderung dG gibt für isotherme Prozesse an, wieviel extern verwertbare Arbeit dem in folgendem als reversibel angenommenen Kreislauf entnommen werden kann:

$$(6.13) \qquad dG = dH - \underbrace{(S\,dT)}_{\hat{=}\,0} - T\,dS$$

$$= dU + p\,dV + V\,dp - T\,dS$$

$$= dW + V\,dp - T\,dS = V\,dp$$

Dies entspricht gerade der extern verwertbaren sogenannten technischen Arbeit, wie man sich am Beispiel eines mit Ein- und Auslaßventil bestückten Kolben-Zylindersystem verdeutlichen kann:

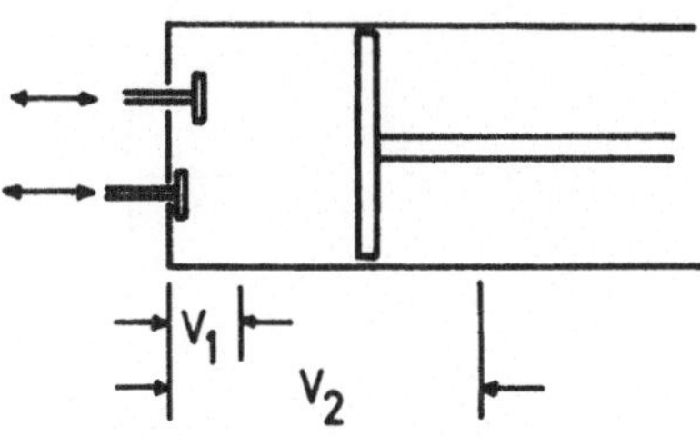

Die eigentliche Hubarbeit beträgt

$$A_{Hub} = - \int_1^2 p\, dV$$

für einen Hub. Zur Berechnung von A_{Tech} eines Kreisprozesses muß noch die bei konstantem Druck und jeweils geöffnetem Ein-/Auslaßventil erfolgende Verdrängungsarbeit $-p_1V_1$ bzw. p_2V_2 berücksichtigt werden:

(6.14)
$$A_{Tech} = -p_1V_1 - \int_1^2 p\, dV + p_2V_2$$
$$= \int_1^2 d\,(p \cdot V) - \int_1^2 p\, dV = \int_1^2 V\, dp$$

6.1 Wärmekraftmaschinen mit geschlossenem Kreislauf

6.1.1 Carnot-Maschine

Sie besteht aus einem Zylinder, der mit einem (idealen) Gas gefüllt sei und durch einen beweglichen Kolben abgeschlossen ist (s. Bild 1.3.1): Der Kreislauf ist reversibel und besteht aus 4 Teilprozessen, zwei isothermen und zwei adiabatischen (s. Bild 6.1.1a, S. 349).

1) A → B isothermer Vorgang, $p \sim V^{-1}$ (6.1) bzw. $dS \sim dW$ (6.8)

Das Gas dehnt sich unter Wärmeaufnahme von V_A nach V_B aus. Es leistet dabei die Arbeit

$$A\ (A \to B) = -\int_A^B p(V)\ dV$$

$$= -n \cdot R \cdot T_1 \cdot \int_A^B \frac{dV}{V}$$

$$= -n \cdot R \cdot T_1 \cdot \ln\left(\frac{V_B}{V_A}\right) .$$

Wegen

$$dU = n \cdot C_v\ dT = 0$$

gilt

$$dW\ (T_1) = -dA = n \cdot R \cdot T_1 \cdot \ln\left(\frac{V_B}{V_A}\right).$$

2) B $\to$ C adiabatischer Vorgang, $p \sim V^{-\kappa}$ (6.4) bzw. $dS = 0$. Das Gas leistet durch Abkühlung die Arbeit

$$dW = 0 \to dA = dU \to A\ (B \to C) = n\ C_v\ (T_2 - T_1).$$

3) C $\to$ D analog 1): isotherme Kompression unter Wärmeabgabe $-dW\ (T_2)$.

Aufgenommene Arbeit

$$A\ (C \to D) = -dW\ (T_2) = n \cdot R \cdot T_2 \cdot \ln\left(\frac{V_C}{V_D}\right).$$

4) D $\to$ A analog 2): adiabatische Kompression unter Temperaturerhöhung.

Aufgenommene Arbeit

$$A\ (D \to A) = n \cdot C_v\ (T_1 - T_2).$$

Für die Kreislaufschritte entlang der Adiabaten zwischen den Punkten B und C bzw. D und A gilt nach Gl. (6.4):

$$T_1 V_B^{\kappa-1} = T_2 V_C^{\kappa-1} \quad \text{bzw.} \quad T_1 V_A^{\kappa-1} = T_2 V_D^{\kappa-1}.$$

Daraus folgt wiederum:

$$\frac{V_B}{V_A} = \frac{V_C}{V_D} .$$

Damit gilt für die gesamte geleistete Arbeit nach dem ersten Hauptsatz für einen reversiblen Prozeß (dU = 0)

$$-dA = dW(T_1) + dW(T_2) = n \cdot R(T_1 - T_2) \cdot \ln\left(\frac{V_B}{V_A}\right)$$

und somit nach Definition für den Wirkungsgrad

$$\eta := \frac{-dA}{dW(T_1)} = \frac{T_1 - T_2}{T_1} < 1 .$$

Während also Arbeit vollständig in Wärme überführt werden kann (z. B. Bremsen eines Autos), gilt für die Umkehrung die Beschränkung gemäß dem idealen Carnotschen Wirkungsgrad für die Überführung von Wärme in Arbeit. Dieser läßt sich im S,T-Diagramm (Bild 6.1.1b, S. 349) direkt als Rechteckflächenverhältnis

$$\frac{A\ B\ C\ D}{A\ B\ E\ F}$$

ablesen: Von der bei der Temperatur T_1 zugeführten Wärme

$$dW(T_1) = dS \cdot T_1$$

wird ein Teil als Wärme bei der tieferen Temperatur T_2 wieder abgeführt:

$$dW(T_2) = dS \cdot T_2$$

Die Differenz dieser Wärmen entsprechend der Fläche ABDC geht in Arbeit über. In der Praxis wird der ideale Carnotsche Wirkungsgrad immer unterschritten: Der Prozeß ist im Realfall nicht vollständig reversibel; die für den vollständigen Ausgleich der Wärmebilanz in den einzelnen Phasen notwendige Verweildauer wird nicht eingehalten. Insbesondere die letztgenannte Einschränkung erklärt, daß sich der Carnotprozeß gut dazu eignet, den - wie man zeigen kann - für jeden thermodynamischen Kreisprozeß geltenden Begriff des idealen Wirkungsgrades

$$\eta = \frac{T_1 - T_2}{T_2}$$

zu veranschaulichen, daß aber nach dem Carnotprinzip arbeitende Wärmekraftmaschinen praktisch kaum Bedeutung haben.

Höhere reale Wirkungsgrade als mit der Carnotmaschine lassen sich erzielen z. B. mit der

6.1.2 Stirling-Maschine

Anstelle der zwei adiabatischen "Takte" treten hier isochore; im (p,V)-Diagramm sind also BC und DA Parallelen zur p-Achse.

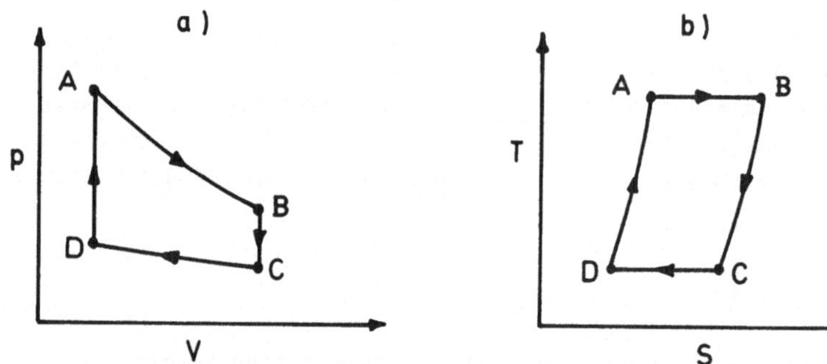

Bild 6.1.2: a) (p,V)-Diagramm, b) (S,T)-Diagramm des Stirling Zyklus

Die Maschine (Bild 6.1.3) besteht im Prinzip aus einem Zylinder, der auf einer Seite geheizt und auf der anderen Seite gekühlt wird und der von einem Kolben abgeschlossen ist. Im Zylinder läuft - mit 90^0 Phasenverschiebung zum Kolben - zusätzlich ein Verdränger aus porösem Material, der die Aufgabe hat, das Arbeitsmittel (z. B. Luft) hin und her zu transportieren und es beim Passieren der Durchtrittskanäle aufzuwärmen bzw. abzukühlen.

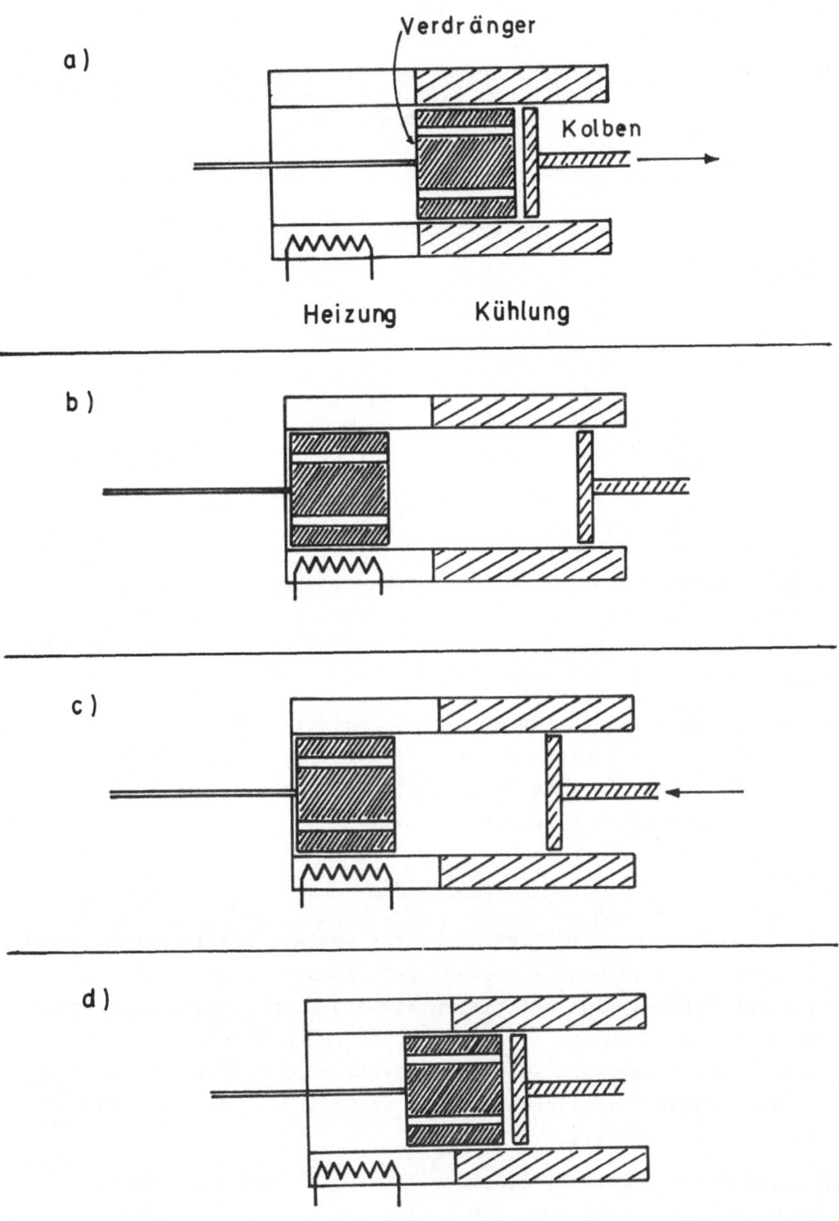

Bild 6.1.3: *Stirling-Maschine*

a) A → B - isotherme Ausdehnung der erhitzten Luft

b) B → C - isochore Abkühlung: Die Luft wird durch den Verdränger vom heißen zum kalten Zylinderteil befördert, dabei abgekühlt.

c) C → D - isotherme Kompression durch Kolbenrückschwung

d) D → A - isochore Erwärmung: Der Verdränger drückt die Luft zurück in den heißen Teil.

Für den Wirkungsgrad gilt:

$$\eta_{\text{Stirl}}^{\text{id}} \stackrel{!}{=} \eta_{\text{Carnot}}^{\text{id}} = \frac{T_1 - T_2}{T_1}$$

$$\eta_{\text{Stirl}}^{\text{real}} \approx 30\ \%,$$ unabhängig von der Lastbeanspruchung (s. Tab. 6.2.1)

Darüber hinaus garantiert der kontinuierliche Verbrennungsvorgang einen sehr vibrationsarmen Lauf und günstige Abgaseigenschaften, läßt daher den Einsatz von Stirlingschen Heißluftmaschinen in PKWs attraktiv erscheinen [126].

Der Umrüstung von PKWs von Otto- bzw. Dieselmotoren auf Stirling-Maschinen stehen, zumindest zur Zeit noch, das relativ hohe Gewicht (50 % mehr als Otto-Motor gleicher Leistung) und die höheren Produktionskosten im Wege (Tab. 6.2.1).

6.1.3 Die Clausius-Rankine-Maschine

Bei den bisher vorgestellten Maschinen war als Arbeitsmittel immer ein ideales Gas verwendet worden; der Einsatz realer Gase erlaubt es, durch Kondensation bei tiefen Temperaturen zu sehr niedrigen Drücken zu gelangen und somit zu großen Druckunterschieden. Diese großen Druckdifferenzen sowie die effektivere Wärmeaufnahme in der flüssigen Phase ermöglichen größere reale - dem Idealwert näherkommende - Wirkungsgrade.

In einer Dampfmaschine (Bild 6.1.4) wird im Verdampfer das Arbeitsmedium (z. B. Wasser) zum Sieden gebracht und unter großer Volumenzunahme verdampft. Häufig wird zusätzlich, wie weiter unten näher erläutert, der entstehende Dampf überhitzt. In der Turbine

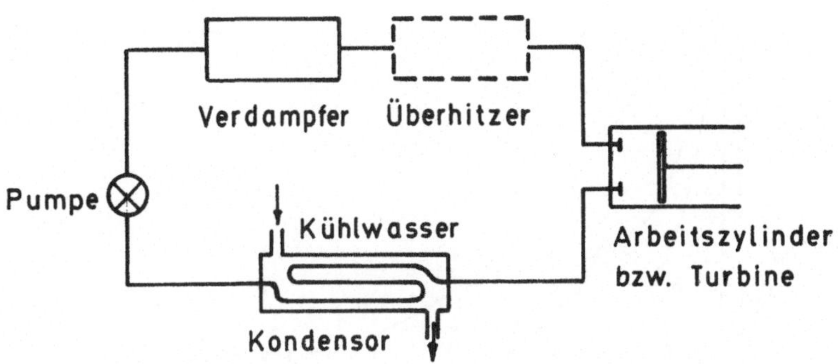

Bild 6.1.4: *Prinzip einer Dampfkraftanlage*

bzw. dem Arbeitszylinder entspannt sich der Dampf adiabatisch, wird im Kondensor verflüssigt und durch die Speisepumpe wieder in den Dampfkessel gedrückt. Die relativ bequeme Handhabung von Wasser als Arbeitsmittel führt dazu, daß die (Wasser-) Dampfkraftanlage wohl die am extensivsten genutzte WKM mit insgesamt geschlossenem Kreislauf darstellt.

Obwohl - im Gegensatz z. B. zur Stirling-Maschine - das System im eigentlichen Arbeitszylinder nicht abgeschlossen ist, können die einzelnen Arbeitstakte näherungsweise durch das nachfolgende (p,V)-Diagramm (Bild 6.1.5) wiedergegeben werden.

Durch Überhitzen des Arbeitsmediums z. B. isobar von $T \approx 200^{\circ}$ C (B) auf $T \approx 540^{\circ}$ C (B_1) kann die Arbeitsabgabe der WKM entsprechend erhöht werden.

Die gesamte vom Zylinder bzw. einer entsprechend gesteuerten Turbine geleistete Arbeit entspricht der Fläche ABCD:

$$A = \int V\,dp = p_1 V_1 - p_2 V_2 + \int_{V_1}^{V_2} p\,dV$$

Sie ist gem. Gl. (6.1) gleich dem Enthalpiegefälle zwischen B und C:

$$dH = \underbrace{dU + p\,dV}_{= dW \overset{!}{=} 0} + V\,dp \quad \text{und somit} \quad A = H_B - H_C .$$

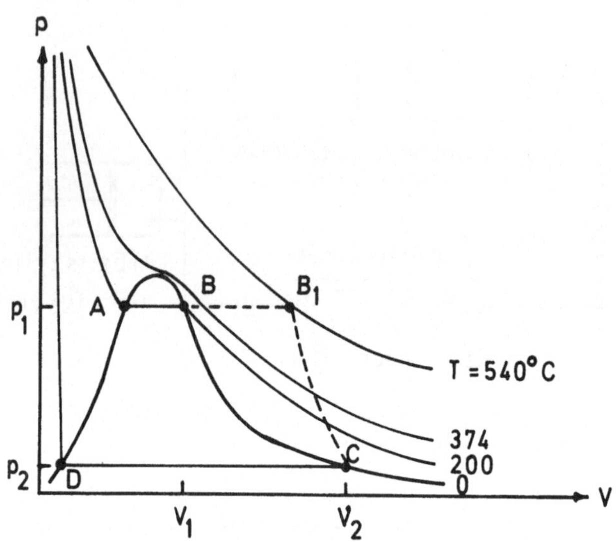

Bild 6.1.5: *(p,V)-Diagramm einer Dampfmaschine (nicht maßstabsgetreu; so verläuft in natura die Linie DA nahezu senkrecht nach oben)*

Die vier Takte im einzelnen:

A → B - *isobare Füllung des Zylinders (Einlaß offen, Auslaß zu), z. B. $p = 16$ bar, $T = 200^{o}$ C. Dabei wird die Arbeit A_1 vom Kolben nach außen abgegeben:*

$$A_1 = p_1 \int dV$$

B → C - *adiabatische Ausdehnung des Arbeitsmediums (beide Ventile zu). Dabei wird die Arbeit A_2 vom Kolben nach außen abgegeben:*

$$A_2 = \int V(p,T)\, dp$$

C → D - *isobare Dampfverdrängung durch Kolbenrückschwung und Kondensation (Einlaß zu, Auslaß offen), z. B. $p = 0{,}05$ bar, $T \sim 35^{o}$ C.*

D → A - *Druckerhöhung auf Dampfkesseldruck durch Ventilumschaltung auf Einlaß offen, Auslaß zu. Bei diesem Arbeitstakt wird im externen Kreislauf das kondensierte Arbeitsmittel zurück in den Kessel gedrückt.*

Die hiervon abzuziehende Arbeit A_p der Speisepumpe ergibt sich aus der Fläche des im gegenläufigen Sinne durchlaufenen Rechtecks DD_1AA_1 : A_1D_1 liegen unmittelbar in Bild 6.1.5 neben A,D und sind nicht extra gezeichnet.

$$A_p = (p_1 - p_2) \cdot V_W = H_{A_1} - H_{D_1}$$

V_W = transportiertes Volumen (ist klein, da das Wasser in flüssiger Form vorliegt.)

Sie ist bei Drücken von

$$p_1 = 0{,}1 \text{ bar} = 10^4 \frac{N}{m^2} \text{ bzw. } p_2 = 20 \text{ bar}$$

für Wasser mit

$$A_p = 2 \cdot 10^6 \cdot 10^{-3} \frac{N}{m^2} \cdot \frac{m^3}{kg} = 2000 \frac{J}{kg}$$

etwa 10^{-3} mal kleiner als die für Heißdampf zur Verfügung stehende Enthalpiedifferenz von

$$H_B - H_C \sim 10^6 \frac{J}{kg} .$$

Letztere entnimmt man direkt Bild 6.1.6b: Hier ist Enthalpie gegen Entropie für Wasser aufgetragen. Für Wasserdampf von 200° C und 16 bar liest man ab

$$H_B = 2{,}8 \cdot 10^6 \frac{J}{kg} .$$

Für ein Dampf-Wassergemisch mit 80 % Dampfanteil (x = 0,8) bei 0,5 bar

$$2 \cdot 10^6 \frac{J}{kg} .$$

Daraus ergibt sich

$$\Delta H = 0{,}8 \cdot 10^6 \frac{J}{kg} .$$

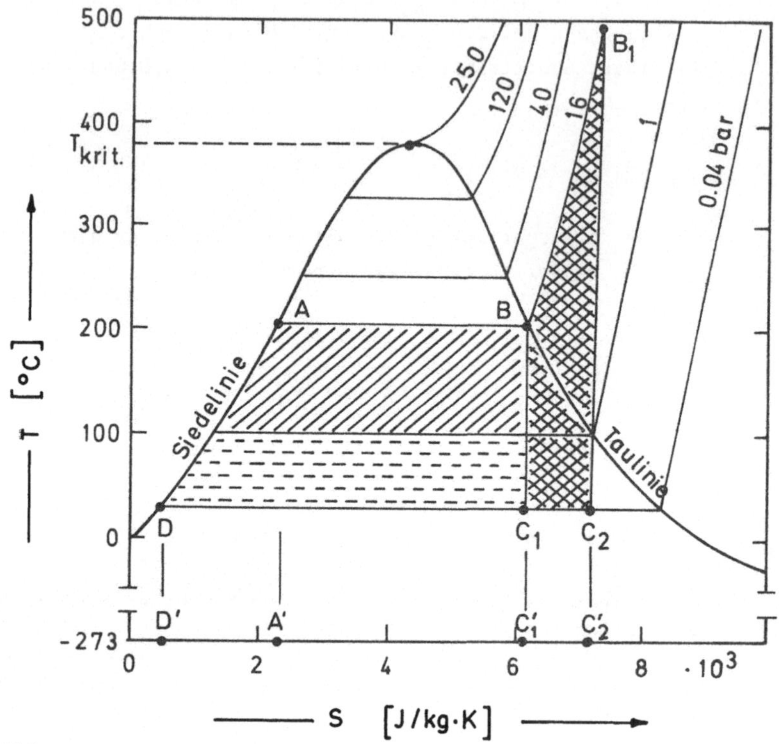

Bild 6.1.6a: *(T,S)-Diagramm für H_2O (nach [18])*

Den Vorteil eines insgesamt geschlossenen Systems mit Kondensation des Wassers und damit Rückgang auf sehr niedrige Drücke gegenüber einem "Auspuffbetriebsmodus", wie er z. B. bei der ursprünglichen Wattschen Dampfmaschine und den daraus entwickelten Dampflokomotivaggregaten verwendet wurde, liest man direkt aus dem entsprechenden (T,S)-Diagramm ab (Bild 6.1.6a).

Die Arbeit bei Auspuffbetrieb (p = 1 at, T = 100° C) mit wiederum p = 16 bar, T = 200° C auf der Kesselseite ist schraffiert eingetragen, dem (beträchtlichen) Gewinn durch Kondensation und Schließung des Kreislaufs entspricht die punktierte Fläche.

Aus Bild 6.1.6a ersieht man, daß die Nutzarbeit bei Erhöhung des Sattdampfdruckes nur geringfügig steigt, da sich die entsprechende "Gewinnfläche" immer mehr in das Maximum der Siede/Tau-Linie hin-

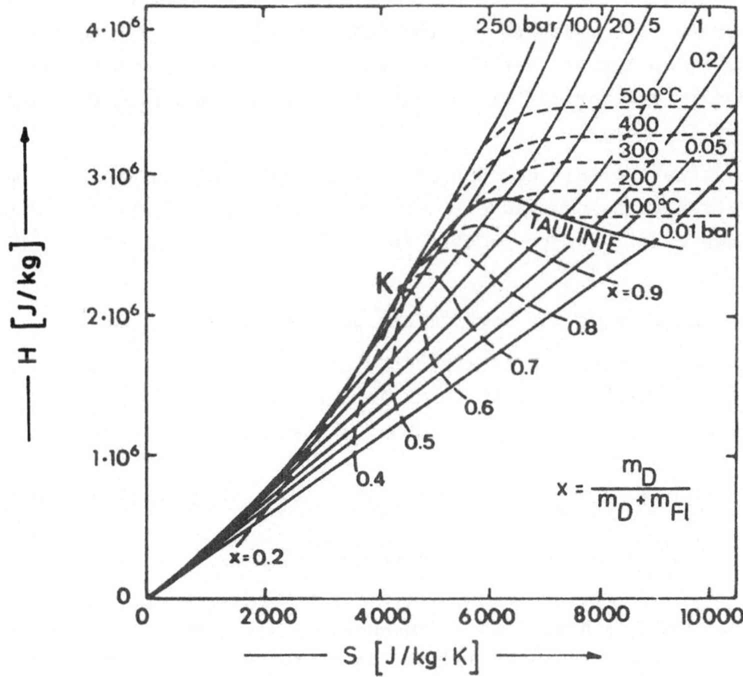

Bild 6.1.6b: *(H,S)-Diagramm für H_2O (nach [18])*

einzwängt. Eine echte Verbesserung des realen Wirkungsgrades erzielt man jedoch durch in modernen Dampfkraftanlagen meistens praktizierte Überhitzung des Dampfes: Fläche BB_1C in Bild 6.1.5 bzw. die entsprechend schraffierte Fläche $BB_1C_1C_2$ in Bild 6.1.6a.

Der Wirkungsgrad η kann dann bei p = 16 bar, T = 500° C und kondensorseitigem p = 0,04 bar bzw. T = 35° C direkt aus Bild 6.1.6a oder b abgelesen werden:

$$\eta = \frac{A}{W_{ges}} = \frac{DABB_1C_2}{D'DABB_1C_2'} \text{ bzw. } = \frac{H_{B_1} - H_{C_2}}{H_{B_1} - H_D},$$

wobei sich W_{ges} = $D'DABB_1C_2'$ zusammensetzt aus der Wärmemenge zur Wassererhitzung zum Siedepunkt D'DAA', der isobaren Verdampfungs-

Wärme $A'ABC_1'$ und der Überhitzungswärme $BB_1C_1'C_2'$. Es ergibt sich für die angegebenen Zahlen $\eta \approx 0{,}4$. In der Praxis liegen die Wirkungsgrade etwa zwischen 0,2 und 0,4. Der Grund für die Verluste ist darin zu suchen, daß die Kondensationswärme des Dampfes im Kondensor verlorengeht und von der Wärmequelle neu zugeführt werden muß.

Ein weiterer Vorteil der Überhitzung liegt in der turbinenschonenden Verringerung des Wasseranteils im Dampf (die adiabatische Entspannung endet "weiter rechts" im (T,S)-Diagramm und im (H,S)-Diagramm.

Einige Anmerkungen zur Bewältigung der Abwärme:

Ein Kraftwerk mit 1 GW elektrischer Leistung gibt ca. 2 GW als Abwärme frei. Will man diese durch Aufheizung von Flußwasser um 10^0 C abführen, benötigt man nach Abschn. 4.1 einen Wasserdurchfluß $\dot{M}$ von

$$\dot{M} = \frac{\dot{W}}{c_p \cdot \Delta T} = \frac{2 \cdot 10^9}{4 \cdot 10^3 \cdot 10} \left[\frac{J\ kg\ K}{s\ \ J}\right] = \left[\frac{kg}{s}\right]$$

$$\approx 50 \left(\frac{m^3}{s}\right) .$$

Verdampf man das Wasser in einem Kühlturm, so reduziert sich diese Zahl bei einer Verdampfungswärme von Wasser von

$$2{,}5 \cdot 10^6 \frac{J}{kg}$$

zu

$$\dot{M} = 0{,}8 \frac{m^3}{s} = 70 \cdot 10^3 \frac{m^3}{Tag} .$$

Bei einem Dampfanteil von 100 g pro m^3 Luft ergibt das eine Abluftmenge von

$$8000 \frac{m^3}{s} .$$

In der Praxis setzt man das zu kühlende Wasser in einem Naßkühlturm einem durch Gebläseeinwirkung oder Schornsteineffekt erzeugten Luftstrom aus und führt das unten angelangte gekühlte Wasser wieder dem Kreislauf zu - unter Ersetzung des von der Luft abgeführten Anteils.

In Trockenkühltürmen läßt man den Luftstrom nur indirekt über Kühlrippen mit dem Wasser in Kontakt treten. Wegen der geringen spezif. Wärme der Luft (c_V = 0,7 (kJ)/(K·kg); s. Abschn. 4.1) ergibt sich in obigem Beispiel ein Luftdurchsatz von ca.

$$2 \cdot 10^5 \frac{m^3}{s} .$$

Im allgemeinen können Trockenkühltürme daher nur für kleinere Kraftwerke und bei Inkaufnahme höherer Abwärmetemperaturen eingesetzt werden.

6.2 Wärmekraftmaschinen mit offenem Kreislauf

Obwohl - wie im vorhergehenden Abschnitt erläutert - Dampfmaschinen mit geschlossenem Kreislauf wesentlich höhere Wirkungsgrade erzielen als solche mit offenem, bedingen jedoch die aufwendige Wärmeabfuhr im Kondensor und sein daraus resultierendes Gewicht beträchtliche Probleme für den mobilen Einsatz einer Dampfmaschine z. B. bei einer Dampflokomotive: Aus Bild 6.1.6a,b ersieht man, wie erläutert, daß das "Verschenken von Energie" durch Ablassen heißen Auspuffdampfes (100° C, 1 bar) den Wirkungsgrad auf etwa (10 - 15) % mindert. Diese unerfreuliche Verknüpfung der Höhe des Wirkungsgrades mit Aufwendigkeit und somit Kosten und Gewicht des Dampfaggregats führte zum fast vollständigen Verschwinden der alten, auf J. Watt zurückzuführenden, Dampfmaschine bei mobilem Einsatz.

Wesentlich größere Bedeutung haben für mobilen Einsatz im Straßen- und Schienenverkehr folgende WKM mit offenem Kreislauf:

6.2.2 Der Otto- und Dieselmotor

Diese beiden Motorentypen bilden in verschiedenen Varianten die Grundlage unseres modernen Straßenverkehrs: Während PKWs zum überwiegenden Teil mit Otto-Motoren ausgerüstet sind, werden LKWs fast ausschließlich mit Dieselmotoren betrieben.

Der Viertakt-Otto-Motor durchläuft (im Prinzip) im (p,V)-Diagramm pro Zylinder zwei Adiabaten (in Bild 6.2.1: A→B, C→D) und zwei Isochoren (in Bild 6.2.1: B→C, D→A).

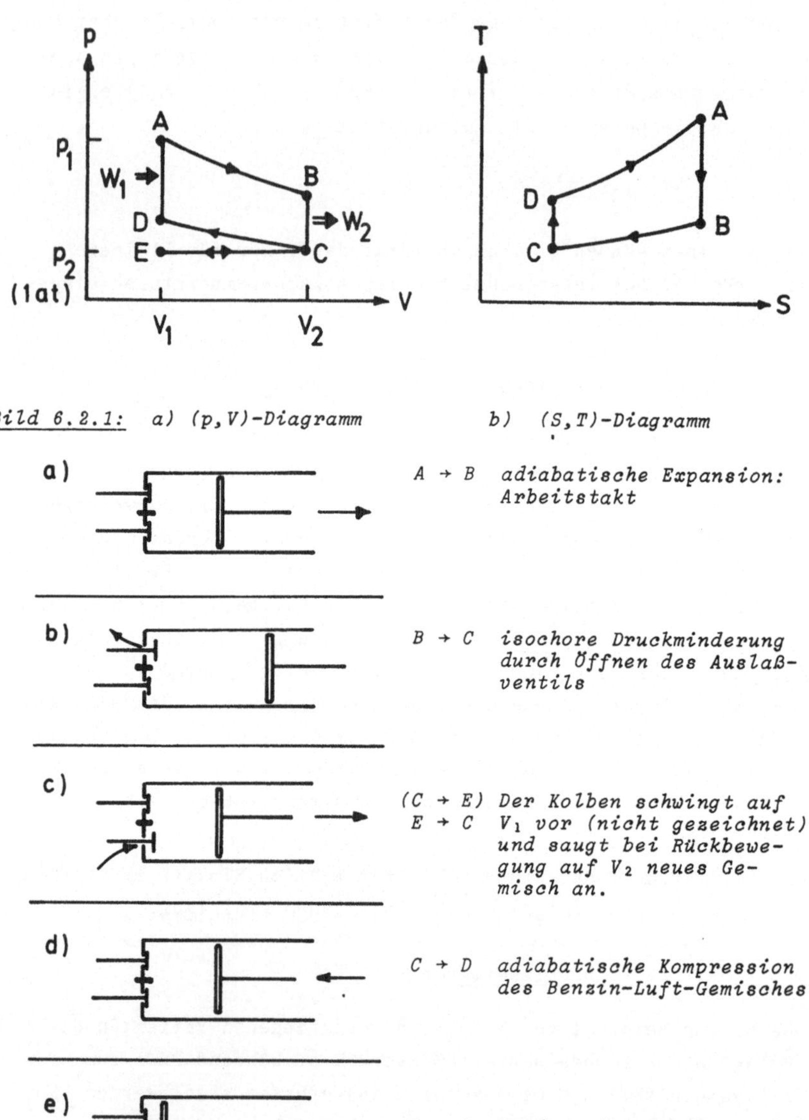

Bild 6.2.1: *a) (p,V)-Diagramm* *b) (S,T)-Diagramm*

Bild 6.2.2a - e

Die pro Zyklus geleistete Arbeit $A = F_{ABCD}$ ist gleich der Differenz von aufgenommener Wärme und dem Betrag der abgegebenen Wärme. Für den idealen Wirkungsgrad gilt daher:

$$\eta = \frac{A}{W_1} = \frac{W_1 - |W_2|}{W_1} = 1 - \frac{T_B - T_C}{T_A - T_D} \tag{6.15}$$

$$= 1 - \frac{T_C}{T_D} = 1 - \left(\frac{V_2}{V_1}\right)^{\kappa-1}$$

Diese Beziehung wurde wie folgt abgeleitet:

$$\Delta W = m \cdot c_V \cdot \Delta T$$

$T \cdot V^{\kappa-1} = \text{const}$ (s. Gl. (6.4)) für die Adiabaten

$V_B = V_C$ und $V_A = V_D$ für die Isochore

Demnach ist für einen typischen κ-Wert ($\kappa = c_p/c_V$) des Benzin-Luftgemisches von 1,4 und einem Verdichtungsverhältnis von 8/1:

$$\eta^{ideal} = 1 - \frac{1}{8}^{0,4} = 50\ \%$$

Der reale Wirkungsgrad ist typischerweise halb so groß: unvollständige Verbrennung, Reibungs- und Wärmeverluste im Zylinder zeichnen hierfür verantwortlich. Er ist zudem lastabhängig (s. Tab. 6.2.1).

Größere Laufruhe (nur jede zweite Kurbelwellendrehung führt zu einem Arbeitshub) erreicht man durch Verwendung mehrerer Zylinder mit versetzten Takten in verschiedenen geometrischen Anordnungen, z. B.

4-Zylinder-Boxermotor (VW-Käfer),

6-Zylinder-Reihenmotor,

12-Zylinder-Sternmotor (Propellerflugzeuge).

Der *Zweitakt-Otto-Motor* arbeitet i. a. ohne Ventile, sondern statt dieser mit fest in der Zylinderseitenwand angeordneten Aus- bzw. Einlaßschlitzen: Beim Arbeitstakt wird zunächst der Auslaßschlitz vom Kolben freigegeben, bei Erreichen des unteren Totpunktes auch der Einlaßschlitz, wodurch dann über ein Gebläse neuer Kraftstoff zugeführt wird. Eine spezielle Kolbenform verhindert dabei die direkte Durchmischung beider Anteile. Häufig spart man das Gebläse dadurch, daß man das Kurbelgehäuse als Einspritzpumpe benutzt: Im oberen Kolbentotpunkt herrscht im Kurbelgehäuse Unterdruck, und Kraftstoff wird angesaugt, im anderen Extrem drückt der Kolben Kraftstoff aus dem Kurbelgehäuse über dem Einlaßschlitz in den Zylinder: Der notwendige Kurbelgehäuseschmierstoff muß dann dem Benzin beigemischt sein: sogenanntes Zweitaktgemisch (4 % Öl-Anteil). Die Verbrennung dieser Ölbeimischung im Zylinder führt zu ungünstigen Abgaswerten.

Beim Kreiskolbenmotor (Wankel-Motor) wird die Verbrennungsenergie (vermindert gemäß dem Wirkungsgrad der Umwandlung) direkt in Rotationsenergie der Kurbelwelle umgesetzt (und nicht über den Zwischenschritt Kolben - Pleuelstange) (Bild 6.2.3).

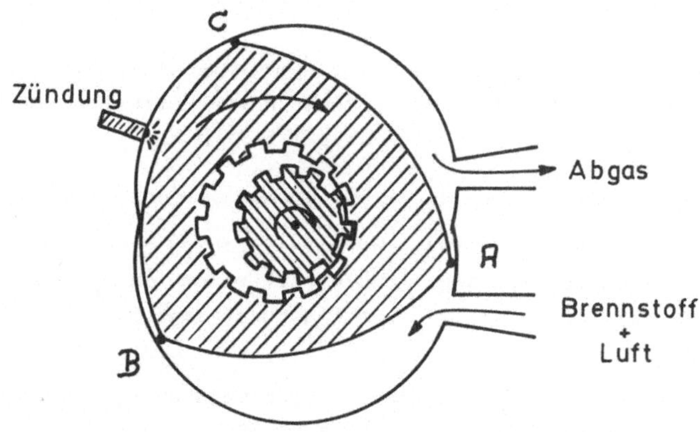

Bild 6.2.3: Prinzip des Wankelmotors

Bei Drehung der Kurbelwelle beschreiben die Eckpunkte A, B, C des Exzenters die geometrische Figur einer Epitrochoide (Radkurve), dementsprechend ist das Kurbelgehäuse geformt. Wird in der gezeichneten Stellung die Zündkerze gezündet, treibt der Explosionsdruck den Exzenter in Drehrichtung weiter, das über CA liegende Abgas der vorhergehenden Verbrennung wird zum Auslaß gedrückt, in den Raum über AB wird neues Gemisch eingelassen und durch Weiterdrehung komprimiert. Die Physik des Wankelmotors entspricht dem Viertakt-Otto-Motor, wobei jeweils 3 Takte in den drei Kammern gleichzeitig stattfinden. Technische Schwierigkeiten bilden u. a. Dichtungsprobleme, insbesondere an den Stirnflächen, und hohe thermische Belastung der Zündkerze.

Der Dieselmotor:

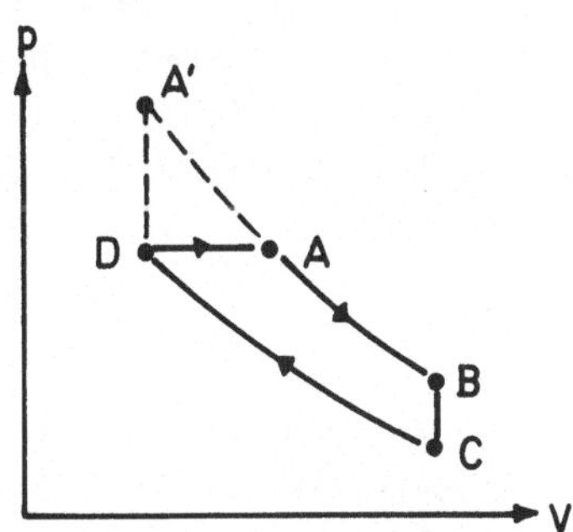

Bild 6.2.4: *(p,V)-Diagramm des Dieselzyklus*

Der adiabatischen Kompression (C → D) folgt nicht wie beim Otto-Zyklus die Zündung mit anschließendem Druckaufbau bei konstantem Volumen. Vielmehr wird jetzt in (C → D) Luft komprimiert und in D Kraftstoff eingespritzt, der sich zunächst mit der heißen Luft ($T \approx (700 - 900)^{\circ}$ C) durchmischt und anschließend (Zündverzug) selbst entzündet und dabei eine isobare Expansion D-A bewirkt.

Die Wärmeaufnahme bei diesem Takt ist dann

$$W_1 = m \cdot c_p \cdot (T_A - T_D) = m \cdot \kappa \cdot c_V \cdot (T_A - T_D)$$

die Wärmeabgabe bei

$$B \to C : W_2 = m \cdot c_V \cdot (T_B - T_C)$$

und somit

$$\eta = 1 - \frac{W_2}{W_1} = 1 - \frac{T_C}{T_D \cdot \kappa} \cdot \frac{(T_B/T_C - 1)}{(T_A/T_D - 1)}$$

$$= 1 - \frac{(V_A/V_D)^{\kappa} - 1}{\kappa (V_C/V_D)^{\kappa - 1}} \cdot \frac{1}{(V_A/V_D - 1)} .$$

Bei gleichem Kompressionsverhältnis V_C/V_D ist der Wirkungsgrad für den Otto-Zyklus höher als für den Diesel-Zyklus (strichlierte Spitze in Bild 6.2.2.4). In der Praxis erlaubt der Diesel-Motor aber höhere Verdichtungen (Luft kann nicht klopfen, s. Abschn. 3.1.4.3) von V_C/V_D bis zu 25 : 1 und somit höhere Wirkungsgrade (s. Tabelle 6.2.1).

6.2.1 Die Braytonturbine

Auf der Suche nach Antriebsmotoren für Kraftfahrzeuge ist man bestrebt, solche Aggregate zu entwickeln, die eine effektivere Energieausnutzung gewährleisten als Diesel- bzw. Otto-Motoren. Dazu sei ausgeführt ein Typ einer WKM, die sowohl in offener als auch geschlossener Form technische Anwendung findet, wobei letzterer allerdings die größere Bedeutung zukommt:

Diese Heißluft-WKM arbeitet nach dem Joule- oder Braytonzyklus: zwei Adiabaten und zwei isobare Prozesse (für den geschlossenen Kreislauf).

Im Prinzip besteht sie aus der Hintereinanderschaltung eines Kompressors, eines Erhitzers, einer Gasturbine und eines Abkühlers (Bild 6.2.5a,b).

Die geleistete Arbeit ergibt sich sehr einfach als Differenz zwischen zu- und abgeführter Wärme

$$A = W_1 - W_2 = m \cdot c_p \, ((T_B - T_A) - (T_C - T_D))$$

und

$$\eta^{ideal} = \frac{A}{W_1} = 1 - \frac{T_D}{T_A} , \quad \eta^{real} = \sim 20 \,\% \; [127] .$$

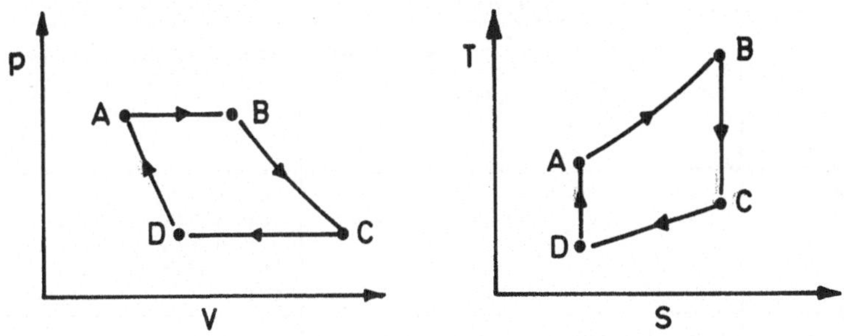

Bild 6.2.5: *a) (p,V)-Diagramm* *b) (S,T)-Diagramm*
des Braytonzyklus

A → B *isobare Erwärmung auf Temperatur T_B*

B → C *adiabatische Expansion mit Temperaturabfall auf T_C*

C → D *isobare Kühlung von T_C nach T_D*

D → A *adiabatische Komprimierung unter Temperaturerhöhung auf T_A*

Der wegen der schlechten Wärmeleitfähigkeit der Luft aufwendig zu dimensionierende und damit große und schwere Kühler führt in der Praxis jedoch meistens dazu, den Zyklus nach dem zweiten Takt abzubrechen, die Abluft abzulassen und vom Kompressor Frischluft ansaugen zu lassen.

Um dennoch die Abwärme wenigstens teilweise zu nutzen, kann durch sie z. B. die komprimierte Frischluft in einem (rotierenden) Wärmetauscher aufgeheizt werden [127].

Abschließend zum Thema Wärmekraftmaschinen sei eine Tabelle angeführt, in der die verschiedenen Varianten hinsichtlich ihrer Verwendbarkeit in Automobilen untersucht werden. Die Zahlen bedeuten hier Durchschnittswerte, die Zahlen in Klammern nach Weiterentwicklung für erreichbar gehaltene Werte [127]. Der Index bei η bezieht sich auf das Verhältnis entnommene Leistung : maximale Leistung.

Tabelle 6.2.1: Wärmekraftmaschinen und ihre Verwendbarkeit

	Wirkungsgrad % bei Leistungsabgabe L/L_{max}			$\frac{\text{Leistung}}{\text{Masse}}$	Abgaseigenschaften	Kosten
	1	0,25	0,10	$\frac{kW}{kg}$		
Otto-Motor	26 (30)	18 (27)	15 (24)	0,3 (0,8)	tolerabel, Überwachung nötig wegen Instabilität	sehr niedrig
Diesel-Motor	26 (36)	20 (35)	18 (32)	0,2 (0,5)	schlecht, insbesondere hoher Stickoxidanteil	mittel
Rankine-Dampfmaschine	20 (30)	18 (26)	15 (26)	0,2 (0,5)	sehr gut, stabil	hoch
Stirling-Maschine	30 (42)	30 (40)	28 (38)	0,2 (0,5)	sehr gut, stabil	hoch
Braytonturbine (offen)	25 (44)	10 (30)	8 (25)	0,6 (1,0)	sehr gut, stabil	mittel
Braytonmaschine (geschlossen)	22 (36)	22 (36)	30 (34)	0,2 (1,0)	sehr gut, stabil	sehr hoch

6.3 Wärmepumpen

Die bei der Nutzung verschiedener, in den vorangegangenen Abschnitten erwähnten Energiequellen verwandte Wärmepumpe soll im Gegensatz zur WKM nicht Hochtemperaturwärme möglichst effizient in Arbeit überführen, sondern umgekehrt unter Arbeitseinsatz Niedrigtemperaturwärme in solche höherer Temperatur. Dies geschieht durch Umkehrung des Umlaufsinns der in dem vorhergehenden Abschnitt 6.1 beschriebenen (p,V)- bzw. (S,T)-Diagramme für WKM mit geschlossenem Kreislauf. Ist die Aufgabe der Wärmepumpe nicht das Aufheizen des hohen Temperaturniveaus, sondern das weitere Abkühlen des niedrigen, spricht man von einer Kältemaschine (Kühlschrank).

Das Prinzip soll durch den umgekehrt durchlaufenen Carnotschen Kreisprozeß (s. Abschn. 6.1.1) veranschaulicht werden.

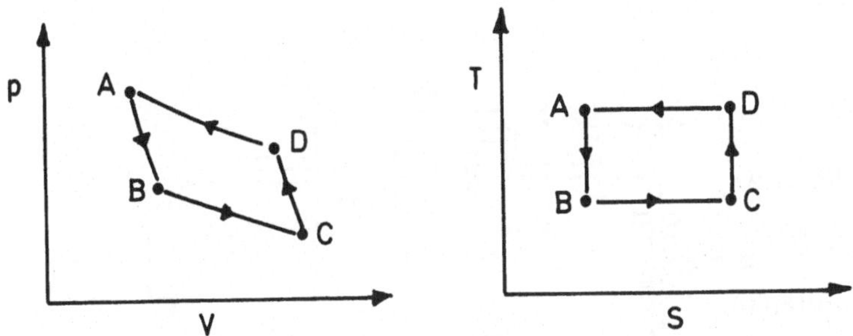

Bild 6.3.1: *(p,V)-Diagramm der Wärmepumpe*

B → C *isotherme Expansion unter Wärmeaufnahme beim tieferen Temperaturwert*

C → D *adiabatische Kompression: Aufheizung*

D → A *isotherme Kompression durch Wärmeabgabe bei hoher Temperatur*

A → B *adiabatische Expansion auf die tiefe Temperatur (der Wärmequelle)*

Der Wirkungsgrad oder die Güteziffer ist definiert als das Verhältnis der abgegebenen Wärme zur aufgenommenen (Pumpen-)Arbeit, entspricht somit

$$\eta_{WP}^{id} = \frac{1}{\eta_{Carnot}^{ideal}} = \frac{T_1}{T_1 - T_2} > 1 .$$

In der Praxis verwendet man leicht siedende fluorierte chlorierte Kohlenwasserstoffe, z. B. CCl_2F_2 (Freon), als Arbeitsmedien und läßt diese z. B. einen Rankine-Kreisprozeß in umgekehrter Reihenfolge durchlaufen: Kompressorwärmepumpe (s. Bild 3.3.7).

Verwendet man zum Pumpen der Wärme nicht mechanische Energie eines Elektro- oder z. B. Dieselmotors, sondern Hochtemperaturwärme z. B. eines Gasbrenners, lassen sich Wärmepumpen (dann besser Wärmetransformatoren genannt) nach dem Absorberprinzip betreiben (Bild 6.3.2):

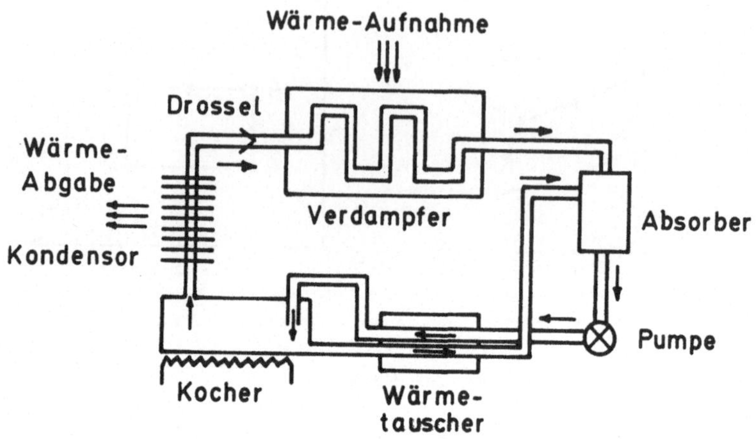

Bild 6.3.2: *Prinzip der Absorberwärmepumpe*

Im Kocher wird eine konzentrierte NH_4OH-Lösung erhitzt und dabei gasförmiges NH_3 (Ammoniak) ausgetrieben. Das durch die Erhitzung komprimierte NH_3-Gas gelangt in den Kondensor, wo es sich unter Wärmeabgabe verflüssigt. Die Flüssigkeit wird in einer Drossel entspannt und verdampft anschließend unter Wärmeaufnahme im Verdampfer. Die im Kocher zurückbleibende schwache Ammoniaklösung gelangt ebenfalls in den Absorber und vermischt sich dort mit dem Gas zur ursprünglichen Konzentration. Diese "Originalflüssigkeit" wird über eine Umwälzpumpe und unter Vorheizung durch einen Wärmetauscher in den Kocher zurückgeführt, wo sich der Kreislauf schließt.

Die Verhältnisse im (p,V)- bzw. (S,T)-Diagramm sind etwas verwikkelter, da der hier gemäß Bild 6.3.1 fehlende Zweig C-D einer Kompression für das eigentliche Arbeitsmittel NH_3 durch einen entsprechenden Umweg über die entsprechenden Diagramme der Ammoniaklösung ersetzt wird. (Nähere Details s. [18]).

Wie schon in Abschn. 3.3.5 ausgeführt, ist der reale Wirkungsgrad einer solchen Wärmepumpe im allgemeinen höher als bei einer elektrisch betriebenen, da die Brennerabgase zur Aufheizung des niedrigen Temperaturniveaus (z. B. des Grundwassers) verwendet werden können und somit eine Senkung der Temperaturdifferenz T_1 - T_2 bewirken.

6.4 Magnetohydrodynamische Wandler MHDs

Erhitzt man Gase auf hohe Temperaturen (etwa $\geq 2000^\circ$ C), so erreicht man eine von der Gaszusammensetzung abhängige teilweise Ionisierung. Die mittlere (thermische) Energie liegt zwar bei z. B. 2500° C mit

$$E = k \cdot T = 1{,}38 \cdot 10^{-23} \quad (2500 + 273)$$

$$\approx 0{,}4 \cdot 10^{-19}\ J$$

niedriger als typische Ionisierungsenergien der Größenordnung einige Elektronenvolt (1 eV = $1{,}6 \cdot 10^{-19}$ J), aber die nach der Maxwellschen Verteilungsformel relativ breit um diesen Mittelwert streuende tatsächliche Energie erlaubt für einen mehr oder minder großen Anteil der Moleküle thermische Ionisierung. Um diesen Anteil möglichst groß zu halten und damit gleichzeitig den spezifischen elektrischen Widerstand ρ zu minimieren, setzt man dem Arbeitsgas (leicht ionisierbare) Alkalimetalle zu.

Die Berechnung des Ionisationsgrades ergibt sich aus der quantenstatistisch abgeleiteten sogenannten Saha-Gleichung [18].

Bild 6.4.1 zeigt das Ergebnis für Caesium und atomaren Wasserstoff.

Tritt nun ein solcher ionisierter Gasstrahl - bestehend aus Elektronen und positiven Ionen - in ein homogenes Magnetfeld mit Feldrichtung $\vec{B}$ senkrecht zur primären Strahlrichtung (s. Bild 6.4.2), so werden die Ladungsträger senkrecht zum Magnetfeld $\vec{B}$ als auch senkrecht zur eigenen Momentangeschwindigkeit $\vec{v}$ abgelenkt:

$$(6.16) \qquad \vec{K}_{e^-,M^+} = e_{e^-,M^+} \cdot \vec{v} \times \vec{B}$$

Dadurch werden zunächst positive Ionen M^+ auf eine Elektrodenseite des MHD-Generators, Elektronen e^- auf die andere gelenkt, die Elektroden damit aufgeladen. Die so aufgebaute Gegenspannung $\vec{U}_{ind}$ (Hall-Effekt)

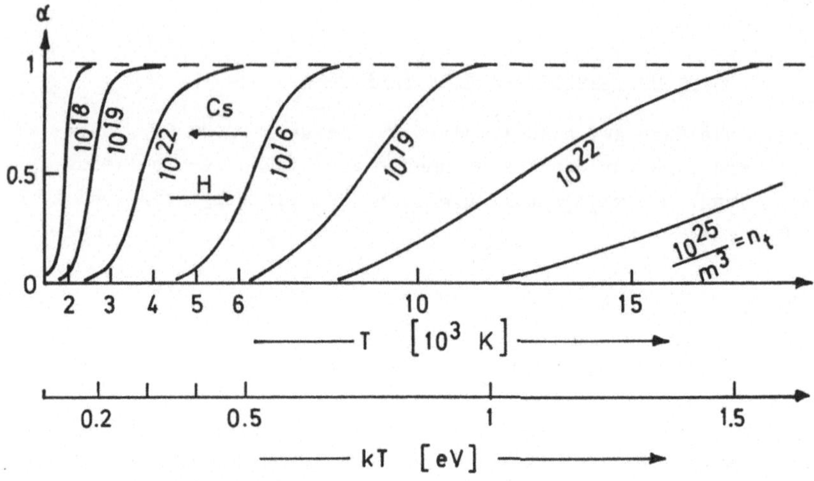

Bild 6.4.1: *Ionisierungsgrad α als Funktion der Temperatur bzw. der Energie für Caesium Cs und atomaren Wasserstoff H bei verschiedenen Teilchendichten n_t*

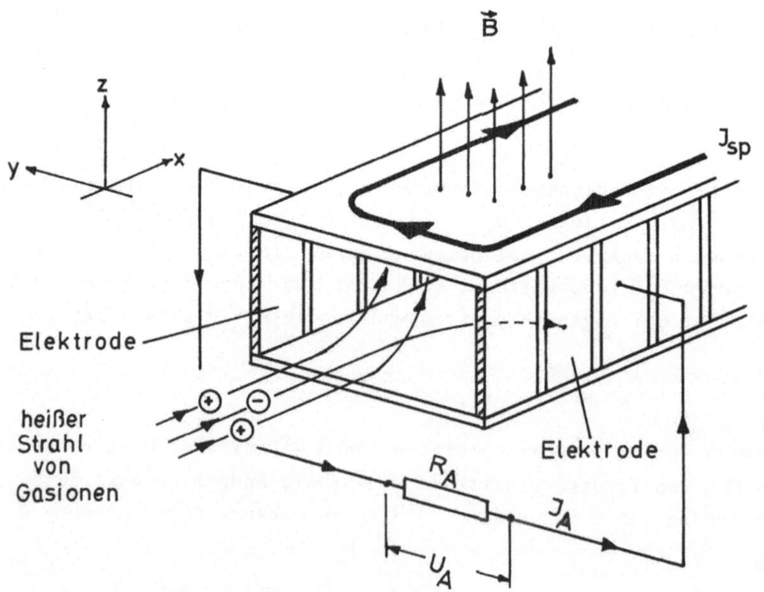

Bild 6.4.2: *Prinzip des MHD-Generators*

$$\left(\frac{\overrightarrow{U_{ind}}}{b}\right) = - \vec{v} \times \vec{B}$$

verhindert die Auslenkung weiterer Ladungsträger auf die Elektroden.

Die Spannung zwischen den beiden Elektroden kann über einen äußeren Lastwiderstand R_A (z. B. mittels Gleichstrommotor + Wechselstromgenerator) in (Wechsel-) Strom umgewandelt und genutzt werden (sogenannter MHD-Faraday-Generator).

Für die Stromdichte (Strom pro MHD-Kollektorfläche) gilt

$$\vec{j} = \frac{1}{\rho} \left(\left(\frac{\overrightarrow{U_A}}{b}\right) + \vec{v} \times \vec{B} \right) \left[\frac{A}{m^2}\right].$$

mit
- ρ = spezifischer Widerstand des ionisierten Gases
- b = Breite des MHD-Generators zwischen den Elektroden (y-Richtung)
- $\vec{v}$ = $(v_x, 0, 0)$ und
- $\vec{B}$ = $(0, 0, B_z)$

Im Kurzschlußfall ($U_A = 0$) gilt

$$\vec{j} = \frac{\vec{v} \times \vec{B}}{\rho} .$$

Die Leistungsdichte des MHD-Generators ergibt sich zu

$$\frac{L}{V} = j \cdot \frac{U_A}{b} \left[\frac{W}{m^3}\right].$$

Unberücksichtigt ist im Fall von Stromentnahme allerdings noch der Einfluß des Magnetfeldes auf die in diesem Fall zu den Kollektorplatten hin bewegten Elektronen (den entsprechenden Effekt auf die Ionen kann man wegen der hohen Masse und damit der kleinen Geschwindigkeit dieser vernachlässigen). Dadurch wird gem. Gl. (6.16) ein Spannungsgefälle entlang der unterteilten Elektroden in x-Richtung, U_x, induziert:

$$\left(\frac{U_x}{l}\right) = v_y \cdot B_z \sim j_x \cdot B_z$$

Dieses kann durch Abgriff der Spannung zwischen dem ersten und letzten Elektroden-Segment über einen äußeren Widerstand zur Stromerzeugung genutzt werden (sogenannter MHD-Hall-Generator).

Die Stromdichte modifiziert sich damit zu

$$\vec{j} = \frac{1}{\rho} \left(\left[\frac{\vec{U}_A}{b}\right] + \vec{v} \times \vec{B} + \vec{v}_e \times \vec{B} \right) = -e\, n_e \cdot \vec{v}_e .$$

mit $\vec{v}_e = (0, v_y, 0)$
e = Elementarladung und
n_e = Elektronendichte

bzw. zu

$$\vec{j} = \frac{1}{\rho} \left(\left[\frac{\vec{U}_A}{b}\right] + \vec{v} \times \vec{B} \right) - \frac{1}{\rho \cdot e \cdot n_e} \cdot (\vec{j} \times \vec{B}) .$$

Für den Betrieb eines MHD-Generators mit relativ kleinem Magnetfeld und relativ großem Gasdruck (- damit verbunden eine kleine Elektronenbeweglichkeit durch häufige Stöße der Elektronen mit Gasatomen und damit ein hoher spezifischer Widerstand des ionisierten Gases -) dominiert das Spannungsgefälle zwischen beiden Elektroden. Im Fall hohen Magnetfeldes und relativ kleinen Gasdrucks dominiert das Spannungsgefälle entlang der unterteilten Elektroden.

Dementsprechend können MHD-Generatoren entweder als Faraday-Generator oder als Hall-Generator betrieben werden.

Für den Betrieb eines MHD mit

- einem Magnetfeld von ca. 3 [Tesla],
- einer Breite b ≈ 1 [m],
- einem Gasdruck von ca. 7 [at],
- einer Gastemperatur von ca. 2000°C

resultieren

- eine mittlere Geschwindigkeit der Elektronen im Gas von $\vec{v} \approx 800$ [m/s] und
- eine Hallspannung von $U_{ind} \approx 2400$ [Volt].

Um hohe Leistungen zu erreichen, bedarf es also hoher Geschwindigkeiten, hoher Magnetfeldstärken, großer Volumina bei kleinen spezifischen Widerständen.

Die hohen Temperaturen bedingen aber große Materialprobleme; offene Gaskreisläufe haben das Problem des nötigen Alkalimetall-Rückhalts bei der Gasfreisetzung in die Atmosphäre.

<u>Technische Realisierung von MHD-Generatoren</u> [129,135]: Bislang wurden weltweit nur einige wenige Testgeneratoren im Laborstadium, davon noch keiner mit geschlossenem Gaskreislauf, betrieben. Wegen des schnellen Verschleißes der Elektroden war bislang ein kontinuierlicher Betrieb nur über maximal wenige Tage möglich.

Der größte MHD, in der UdSSR, hat folgende Betriebsparameter:

- Gas-(Plasma)-Temperatur	T	=	2700 K
- Magnetfeld	B	=	2 Tesla
- Thermische Leistungsaufnahme	L_{th}	=	300 MW
- Elektrische Leistungsabgabe	L_{el}	=	20 MW

damit

- Wirkungsgrad	η	≈	7 %.

Die erste Vorstufe eines geschlossenen MHD-Generators, in Eindhoven, bislang allerdings offen betrieben, weist folgende Betriebsparameter auf:

- Gas	Argon mit Cäsium dotiert		
- Temperatur	T	=	3000 K
- Magnetfeld	B	≲	5 Tesla (supraleitende Spulen)
- Gas-Eingangsdruck	p	=	7,5 at
- elektrische Leistungsabgabe (kurzzeitig)	L_{el}	≲	1 MW
- Wirkungsgrad	η	≲	10 %

Je ein Prototyp eines Großkraftwerks, bestehend aus einem 500 MW MHD mit nachgeschalteter konventioneller Dampfturbine, ist in den USA und in der UdSSR in Planung bzw. in Bau. Mit der Fertigstellung wird für ca. 1990 gerechnet.

Bezüglich der Rentabilität werden derzeit Baukosten pro abgegebener elektrischer Leistung in ähnlicher Höhe wie für konventionelle Kohlekraftwerke angegeben.

6.5 Thermoelektrische und thermionische Energiewandler, Radionuklidbatterien

Eine Möglichkeit, Wärme direkt in elektrischen Strom zu überführen, bietet der thermoelektrische Effekt (Seebeck, 1822): Lötet man zwei Drähte aus unterschiedlichen Metallen an beiden Enden zusammen, entstehen durch unterschiedliche Ablöseenergien und Elektronengasdichten in den Metallen Diffusionseffekte von Leitungselektronen von einem Metall ins andere und daher (entgegengesetzt gleiche) Kontaktspannungen. Erwärmt man nun einen Kontakt, werden die Diffusionseffekte und somit diese Kontaktspannung größer als die andere: es fließt ein Thermostrom.

Die Thermospannung ist näherungsweise

$$U_{Th} = \alpha_{M_1,M_2} \cdot (T_{heiß} - T_{kalt}) \tag{6.18}$$

α_M, die sogenannte Thermokraft, ergibt sich nach einer quantenmechanischen Rechnung für Metalle zu ungefähr

$$\alpha_M \approx \text{einige } \mu V/K$$

bei Zimmertemperatur.

Genaue Werte - bezogen auf Platin - entnehme man Tabelle 6.5.1.

Tabelle 6.5.1: U_{Th} *[mV/100 K] bei ~ 300 K, bezogen auf Platin*

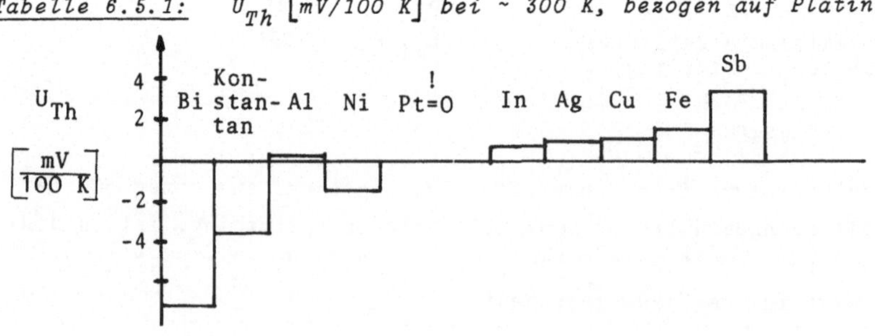

Schließt man viele Atome eines Stoffes z. B. in einem Festkörper zusammen, entarten die diskreten Einzelenergieniveaus der Elektronen der freien Atome zu breiten Bändern. Metalle haben solch eine Elektronenkonfiguration, daß das oberste Band, das sogenannte Leitungsband, teilweise mit Elektronen gefüllt ist, die somit im Metall frei beweglich sind. Halbleiter haben ein leeres Leitungsband. Hebt man mittels Erwärmung Elektronen vom vollen nächst unteren sogenannten Valenzband ins Leitungsband, werden diese Stoffe elektrisch leitend: ihr ohmscher Widerstand sinkt im Gegensatz zu Metallen mit der Temperatur. Ebenso kann Leitfähigkeit durch Dotierung erzielt werden: Beifügung von Elektronenspendern (sogenannten Donatoren, z. B. n-Dotierung) oder Elektronenaufnehmern (sogenannten Akzeptoren, z. B. p-Dotierung) (s. Abschn. 3.2.4.1).

Erstere können direkt Elektronen ins Leiterband einspeisen, letztere ziehen Elektronen an und schaffen somit ein positives Loch im Valenzband: Löcherleitung.

Durch Erhitzung eines n- bzw. p-dotierten Halbleiterstabes erhöht man also die Anzahl der leitungsfähigen Elektronen bzw. Löcher, die dann zum kalten Ende diffundieren und dort eine Potentialdifferenz aufbauen, die über einen Lastwiderstand in elektrische Arbeit umgesetzt wird:

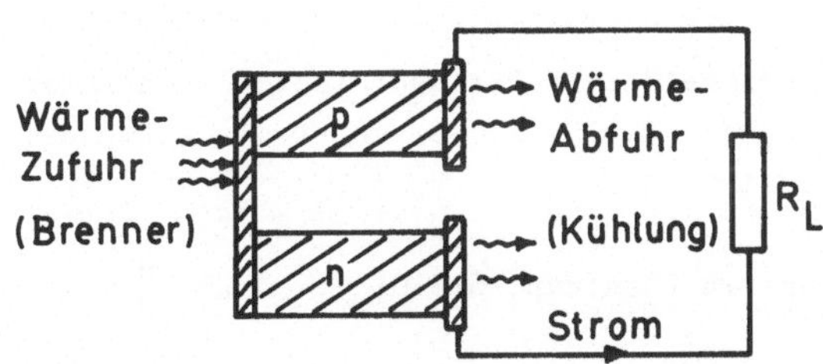

Bild 6.5.1: *Prinzip des Halbleiterthermoelements*

Für die Thermokraft α_M ergeben sich wesentlich höhere Werte als bei Metallen:

$$\alpha_M = \frac{U_{el}}{T} \approx 1 \left[\frac{mV}{K}\right]$$

Der Wirkungsgrad - definiert als das Verhältnis von

$$\frac{\text{elektrischer Leistung}}{\text{aufgenommener Heizleistung}} -$$

setzt sich zusammen aus dem Carnotschen Wirkungsgrad

$$\eta_c = \frac{T_h - T_k}{T_h}$$

und einer Konstanten ξ, die von Material, Geometrie, Leitfähigkeit und Dotierung des verwendeten Typs abhängt:

$$\eta = \eta_c \cdot \xi \approx 10\,\%$$

$$(\text{für } T_h = 600 \text{ K}, \quad T_k \approx 300 \text{ K})$$

Genaue Daten z. B. eines Germanium-Silizium-Thermoelements [19]:

$$T_h = 850 \text{ K} \rightarrow U \sim 0{,}2 \text{ V},$$

$$I = 10 \text{ A}; \; L_{max} = 2 \text{ W}, \; \eta = 6\,\%$$

Höhere Ausgangsleistungen erzielt man durch Serien- oder Kaskadenschaltung geeignet gewählter Halbleiterthermoelemente:

Ein spezieller thermoelektrischer Radioisotopengenerator für terrestrische Anwendungen (TRISTAN) verwendet als Wärmequelle ein radioaktives Präparat

$$(^{90}\text{Sr in Form von } SrTiO_3 \;:\; 0{,}23 \, \frac{\text{W}}{\text{g}})$$

und erreicht damit eine Ausgangsleistung von 22 W.

Höhere Spannungen erzielt man durch elektrische Serien- und thermische Parallelschaltung.

Großanlagen auf thermoelektrischer Basis scheiden wegen des zu kleinen Wirkungsgrades aus: Anwendungsmöglichkeiten liegen aber durchaus im Bau von Klein- bzw. Kleinstgeneratoren für den Einsatz z. B. in Leuchtbojen oder auch in Herzschrittmachern. Als langlebige und wartungsfreie Wärmequellen werden bei letzteren in Metallkapseln versiegelte radioaktive Präparate, z. B. ^{239}Pu (α-

Strahler, 0,44 W/g) verwendet: Man spricht dann, wie bei TRISTAN, von thermoelektrischen Radionuklidbatterien.

Der umgekehrte Seebeck-Effekt weist an einer stromdurchflossenen Kontaktstelle zweier Metalle Temperaturdifferenzen auf (Peltier-Effekt), ein Thermoelement kann also umgekehrt durch Beschickung mit Strom auch als thermoelektrische Wärmepumpe oder Kältemaschine eingesetzt werden.

Thermionische Energiewandler (diese haben nichts mit Ionen zu tun) beruhen im Prinzip auf der Aussendung von Elektronen aus einem Metall bei Zuführung der Austrittsarbeit durch thermische (englisch: thermionic) Energie (Glühkathodenemission).

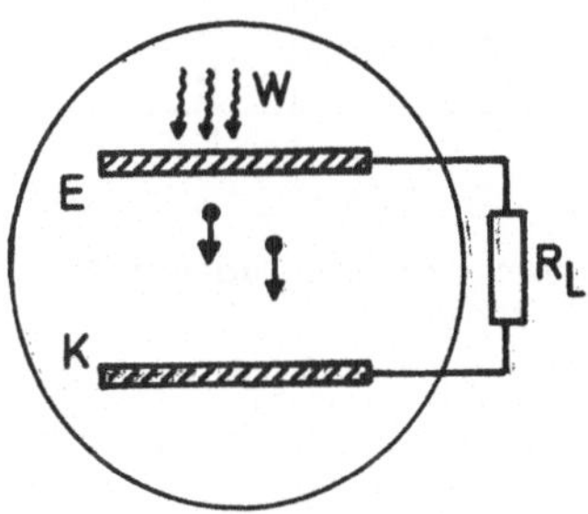

Bild 6.5.2: *Prinzip des thermionischen Generators*

Aus dem Emitter E (Austrittsarbeit ϕ_E) ausgeheizte Elektronen gelangen zum Kollektor K ($\phi_K < \phi_E$) und von dort über den externen Stromkreis zurück: Die Spannung des thermionischen Generators beträgt

$$U_{EK} = \phi_E - \phi_K.$$

Den Lastwiderstand R_L dimensioniert man am günstigsten (maximale Leistung) so, daß der Spannungsabfall U_L über R_L gleich $\frac{1}{2}\, U_{EK}$ ist. Ist $U_L \ll U_{EK}$, geht Energie durch Erwärmung des Kollektors durch energiereiche Elektronen verloren, andernfalls gibt es Aufladungseffekte am Kollektor, die den Elektronenzufluß hemmen.

Die maximale Stromdichte schätzt man [18] mit der Richardsonschen Beziehung ab:

$$(6.19) \qquad j_s = A\,T_E^2\, e^{-\left(\frac{e_o \phi_E}{k\,T_E}\right)} \left[\frac{A}{m^2}\right]$$

mit $\qquad A = 1{,}20 \cdot 10^6 \left[\frac{A}{m^2K^2}\right]$ (Richardson-Konstante)

Tabelle 6.5.2 zeigt einige Austrittsarbeiten.

Tabelle 6.5.2:

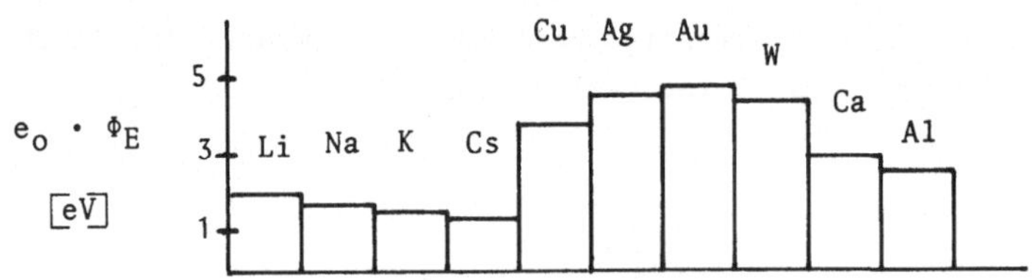

Beispielsweise erhält man für Natrium bei T = 2000 K eine Stromdichte

$$j_s = 1{,}2 \cdot 10^6 \cdot 4 \cdot 10^6 \cdot \exp\left\{- \frac{1{,}9 \cdot 1{,}6 \cdot 10^{-19}}{2000 \cdot 1{,}38 \cdot 10^{-23}}\right\}$$

$$= 7{,}9 \cdot 10^7 \left[\frac{A}{m^2}\right] .$$

Im Gegensatz zu U_{EK} sinkt also j_s mit steigender Emitteraustrittsarbeit.

Der ideale Wirkungsgrad

$$(6.20) \qquad \eta = \frac{L_{el}}{L_{th}} = \frac{j_s \cdot U_{el}}{j_s\, \phi_e + V}$$

(wobei V eine Konstante ist, die Strahlungs- und Wärmeleitungsverluste pro Flächeneinheit angibt)

liegt bei T = 2000 K in der Größenordnung von 25 % und ist somit immer kleiner als der entsprechende Carnotsche Wirkungsgrad. η_{real} nimmt stark mit fallenden Temperaturen ab (T = 1000 K : $\eta_{real} \gtrsim 0$), Thermionikkonverter schließen sich also temperaturmäßig an die obere Grenze von Thermoelementen an.

η wird aber i. a. weiter gesenkt, u. a. durch

1) Sekundärelektronenemission bei zu niedriger Kollektoraustrittsarbeit,

2) Raumladungseffekte: Die schon "im Fluge" befindlichen Elektronen behindern ihre Nachfolger.

Dieser letzte, besonders störende Effekt kann durch Beimischung von Cäsium-Gas in den Konverter gemindert werden: Das Cäsium gibt ein lose gebundenes Elektron an die heißere Elektrode ab und kompensiert als positives Ion die Raumladung, stört dabei wegen seiner großen Masse den Stromfluß aber kaum.

Als Wärmequelle für thermionische Generatoren kommen normale Brenner, fokussierende Sonnenkollektoren, Radionuklide oder Kernreaktoren in Frage. Bei letzter Lösung (sogenannter incore thermionic reactor) muß sich das Elektrodenmaterial zusätzlich durch kleine Einfangquerschnitte für Neutronen auszeichnen:

Ein mit hochangereichertem Urandioxid befeuerter, natriumgekühlter, metallhydridmoderierter Reaktor sollte insgesamt 19 thermionische Generatoren zu einer elektrischen Leistung von 20 kW veranlassen, entsprechend einer spezifischen Leistungsdichte von

$$17 \frac{\text{Wh}}{\text{kg}} \; [30] \; (\text{vergl. Blei-Akku:} \quad 30 \frac{\text{Wh}}{\text{kg}}).$$

Die von verschiedenen Firmen betriebene Entwicklung wurde aber aus Kostengründen eingestellt.

Für thermionische Radionuklidbatterien kommen nur Nuklide mit hoher Energiedichte in Frage:

$$^{210}\text{Po}, \quad ^{228}\text{Th}, \quad ^{144}\text{Ce}$$

Bei der Nutzung von Radioaktivität zur direkten Strom-Erzeugung in Radionuklidbatterien werden neben der erwähnten thermoelektrischen [31] und thermionischen Stromerzeugung weitere Mechanismen benutzt:

1) Direkte elektrostatische Aufladung: (Bei Spannungen im kV-Bereich Stromstärken um 10^{-10} A; geringe Bedeutung)

2) Halbleiteranordnung: Hier werden wie in der Solarzelle, aber anstelle von Photonen durch β-Teilchen-Beschuß (α-Teilchen wür-

den den Halbleiter zerstören), in einer Grenzschicht zwischen einem p- und einem n-dotierten Material Leitungselektronen bzw. -löcher erzeugt und somit eine Potentialdifferenz aufgebaut: 100-μW-Minibatterien z. B. für Herzschrittmacher sind möglich.

3) Photoelektrische Umwandlung: Die Nuklidenergie wird von einem lumineszierenden Material in Licht umgewandelt, das seinerseits in normalen Photozellen (Solarzellen) Strom erzeugt. Die zweimalige Umwandlung hält den Wirkungsgrad (und damit die Bedeutung) klein.

6.6 Wasserstoff-Erzeugung

In den vorangegangenen Abschnitten war an einigen Stellen angeklungen, daß die Wasserstofftechnologie eine effiziente und "saubere" Form von Energienutzung darstellt. Daher sollen hier kurz die physikalischen Möglichkeiten der Erzeugung von flüssigem Wasserstoff umrissen werden.

Für die Gewinnung von Wasserstoff aus Wasser gilt folgende Reaktionsgleichung:

$$(H_2O)_{fl} \rightarrow H_2 + 0,5\ O_2 \qquad \Delta H = +68,2\ \frac{\text{kcal}}{\text{mol}}$$

$$(H_2O)_{Gas} \rightarrow H_2 + 0,5\ O_2 \qquad \Delta H = +57,7\ \frac{\text{kcal}}{\text{mol}}$$

Man kann die Spaltung direkt durch entsprechende Wärmezufuhr erreichen: Pyrolyse.

Die Enthalpie lautet:

$$H(T) = H_{H_2O}(T) - H_{H_2}(T) - H_{0,5\ O_2}(T)$$

$$\Delta H(T_{Pyr}) = \int_0^{T_{Pyr}} (C_{P,H_2O}(T) - C_{P,H_2}(T) - C_{P,0,5\ O_2}(T))\cdot dT$$

$$\stackrel{!}{=} 57,7\ \frac{\text{kcal}}{\text{mol}} \qquad (\text{für gasförm. } H_2O),$$

wobei gilt:

$$C_{P,H_2O}(T) = 8{,}81 - 19 \cdot 10^{-4} \cdot T + 222 \cdot 10^{-8}\, T^2$$

$$C_{P,H_2}(T) = 6{,}5 + 9 \cdot 10^{-4} \cdot T \qquad \left[\frac{cal}{K \cdot mol}\right]$$

$$C_{P,0,5\,O_2}(T) = 3{,}25 + 5 \cdot 10^{-4} \cdot T$$

Ausführen der Integration liefert

$$T_{Pyr} \sim 5000\ K.$$

Bei dieser Temperatur liegt die mittlere thermische Energie der Moleküle

$$(k \cdot T = 0{,}45\ eV)$$

in derselben Größenordnung wie die freiwerdende Energie/Molekül

$$= 242\ kJ/(6 \cdot 10^{23}) \mathrel{\hat{=}} 2{,}5\ eV$$

für den umgekehrten Prozeß: $H_2 + 0{,}5\ O_2 \rightarrow H_2O$.

Wegen der hohen Prozeßtemperaturen ist allerdings die Pyrolyse heutzutage zumindest großtechnisch noch nicht praktikabel. H -Erzeugung bei niedrigen Temperaturen erhält man durch die _Thermolyse_, bei der bei niedrigeren Temperaturen die Wasserspaltung durch Anwesenheit geeigneter Katalysatoren in mindestens zwei Reaktionsschritten ermöglicht wird: Im Gegensatz zur Pyrolyse wird neben der Wärmezufuhr bei hohen Temperaturen auch Wärmeabfuhr bei niedrigeren Temperaturen zugelassen:

$$\begin{array}{llll} H_2O + X & \xrightarrow{T_1} & XO + H_2 & + \Delta H_1 \\ XO & \xrightarrow{T_2} & X + 0{,}5\ O_2 & - \Delta H_2 \\ \hline H_2O & \rightarrow & H_2 + 0{,}5\ O_2 & + \Delta H \end{array}$$

Als Wirkungsgrad der Reaktion wird der Quotient von Heizwert des erzeugten Wasserstoffs zur dem Wasser zugeführten Wärmemenge W bezeichnet:

$$\eta = \frac{\Delta H}{W};$$

sein Idealwert entspricht in obigem Beispiel dem Carnotschen Wert:

$$\eta = \frac{T_1 - T_2}{T_1} .$$

In der Praxis gibt es sehr viele verschiedene Möglichkeiten, solche (meist mehr als zweistufigen) Kreisprozesse zu realisieren: Als Beispiel sei der sogenannte Mark-I-Prozeß [132] herausgestellt:

$$CaBr_2 + \underline{\underline{2\ H_2O}} \xrightarrow{730^o} Ca(OH)_2 + 2\ HBr \qquad (1)$$

$$Hg + 2\ HBr \xrightarrow{250^o} HgBr_2 + \underline{\underline{H_2}} \qquad (2)$$

$$HgBr_2 + Ca(OH)_2 \xrightarrow{200^o} CaBr_2 + HgO + H_2O \qquad (3)$$

$$HgO \xrightarrow{600^o} Hg + \underline{\underline{0,5\ O_2}} \qquad (4)$$

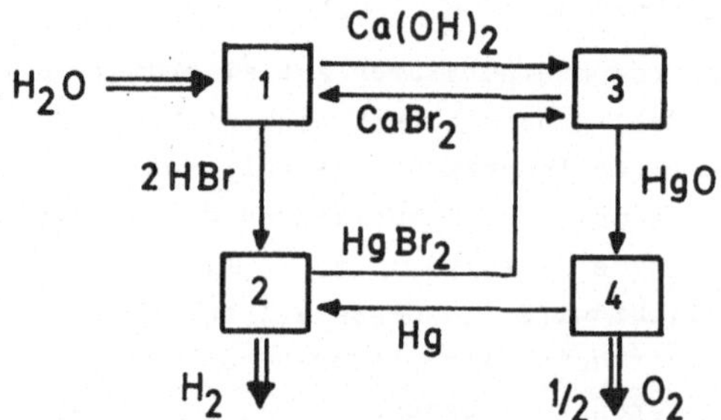

Bild 6.6.1: *Flußdiagramm des Mark-I-Prozesses*

Der erreichte Wirkungsgrad liegt bei 50 % [133]. Praktische Probleme liegen aber in hohem apparativen Aufwand, teuren und z. T. giftigen Katalysatormaterialien und Korrosionseffekten begründet: Alle vorgeschlagenen Verfahren - siehe zur Übersicht [128] - bedürfen noch der Entwicklungsarbeit, die in Deutschland z. B. an der KFA Jülich und an der RWTH Aachen vorangetrieben wird.

Die dritte vorgestellte Möglichkeit der Wasserzerlegung bildet die

Elektrolyse: Die Energiezufuhr wird mit reiner Exergie (elektrischer Strom) bewerkstelligt; der Prozeß stellt die genaue Umkehr der in Abschn. 6.7 ausführlich beschriebenen Vorgänge in der H_2/O_2-Brennstoffzelle dar: Das Prinzip der elektrolytischen Wasserzerlegung wird in Bild 6.7.1 beschrieben, wobei jetzt Strom zugeführt wird.

Der theoretische Wirkungsgrad (für ein abgeschlossenes System)

$$\eta = \frac{\text{Wärmeinhalt } (H_2)}{\text{elektrische Arbeit}}$$

beträgt 1: In der Praxis führen jedoch Wärmeverluste und Entmischungsverluste zu einem Energieaufwand von knapp 5 kWh_{el} für die Erzeugung eines Normalkubikmeters H_2 (d. h. bei p = 1 bar, T = 20° C):

$$\eta_{real} \approx \frac{3 \text{ kWh pro } m^3 \ H_2}{5 \text{ kWh pro } m^3 \ H_2} = 60 \ \%$$

Hinzu kommt noch der Stromerzeugungswirkungsgrad von

$$\eta \approx 0{,}33 .$$

In der Praxis werden die (meist mehr als zwei) Elektroden alternierend parallel (bipolare Anordnung) geschaltet; man kann aber auch aus Platzersparnisgründen alle Elektroden in Serie schalten (unipolare Schaltung).

Die abgeschiedenen Gase müssen durch poröse sogenannte Diaphragmen (i. a. Asbest) voneinander getrennt werden, um Knallgasbildung zu vermeiden.

Die technische Entwicklung ist eng mit der Brennstoffzellenentwicklung verknüpft: Bild 6.6.2 zeigt verschiedene Varianten; (wegen Gleichung (6.21) strebt man möglichst kleine Zellenspannung an).

Es seien noch einige Varianten näher erläutert:

Allis-Chalmers-Zelle (Hochdruckelektrolyse): Sie arbeitet mit hochporösen Elektroden bei Drücken von 20 bar (T = 120°), die Stromdichte liegt um 10 000 A/m^2, der Energieverbrauch beträgt

$$\text{ca. } 4 \ \frac{kWh_{el}}{m^3 \ H_2}$$

und somit

$$\eta = 75 \%.$$

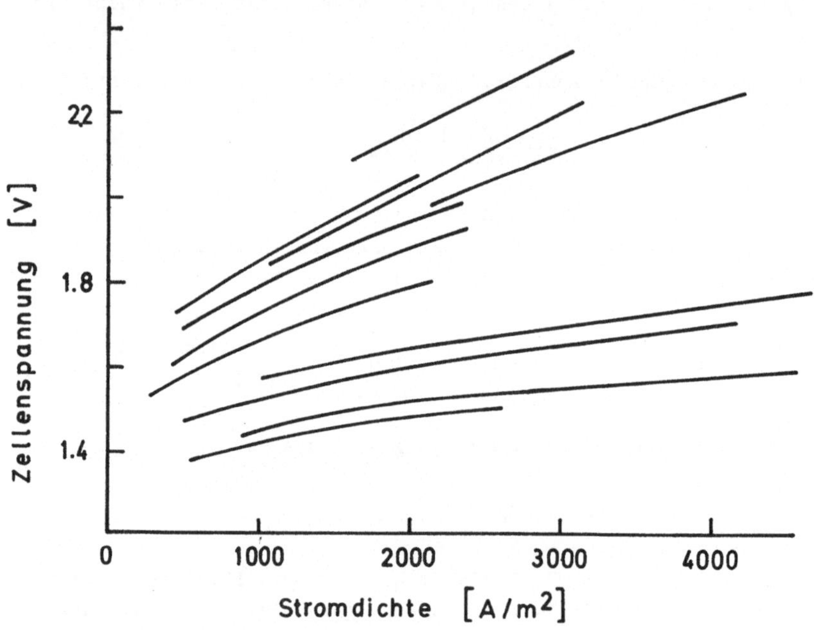

Bild 6.6.2: *Typische Werte für Zellenspannung und Stromdichte für verschiedene Wasserzerlegungszellen*

Festpolymer-Elektrolyse: Anstelle einer elektrolytischen Flüssigkeit werden i. a. H^+-ionenleitende (saure) Festelektrolyten (z. B. schwefeldotiertes Teflon) verwandt, das allerdings den Einsatz teurer Edelmetallelektroden erforderlich macht: Das Wasser wird in die Anode eingeführt, nach der elektrolytischen Zerlegung wandern die H^+-Ionen zur Kathode und bilden dort mit den externen Elektronen Wasserstoff: Erreichte Wirkungsgrade etwa 85 % [19]. Noch bessere Wirkungsgrade von bis zu 100 % erzielt man durch Verwendung O_2^--leitender Festelektrolyten und Einspeisung von heißem Wasserdampf in die Kathode: Hochtemperatur-Wasserdampfelektrolyse.

Kathodenreaktion: $H_2O_D + 2\,e^- \rightarrow H_2 + O^{--}$

Anodenreaktion: $O^{--} - 2\,e^- \rightarrow 0{,}5\ O_2$

Der hohe Wirkungsgrad wird dadurch erzielt, daß die z. B. von einem Hochtemperaturreaktor erzeugte Wasserdampfwärme die (unvermeidlichen) Verluste kompensiert.

Ganz ohne elektrische Arbeitszufuhr ($\eta \geq 100$ %!) könnte man im sogenannten Gezro-Prozeß auskommen [19]: Die Energie wird aus der exothermen Oxidation von CO zu CO_2 gewonnen, der Festelektrolyt muß allerdings zusätzlich elektronenleitend sein:

Kathodenreaktion: $H_2O + 2\,e^- \rightarrow H_2 + O^{--}$

Anodenreaktion: $CO + O^{--} \rightarrow CO_2 + 2\,e^-$

Damit totale Reaktion: $H_2O + CO \rightarrow H_2 + CO_2$

Schwierigkeiten hat man hier allerdings mit der Langzeitbeständigkeit der Elektrolyten bei hohen Temperaturen (T = 800° - 1000° C).

Ebenfalls erfolgversprechend sind von der Firma Westinghouse entwickelte Thermo-Elektrolytische Kombinationsverfahren, z. B.:

$$H_2SO_4 \xrightarrow[(T\,=\,800^\circ)]{\text{therm}} H_2O + SO_2 + 0{,}5\ O_2$$

$$2\ H_2O + SO_2 \xrightarrow[(0{,}17\ V,\ T\,=\,25^\circ)]{\text{elektrolyt.}} H_2 + H_2SO_4$$

All diese vorgestellten Verfahren wären - gegebenenfalls nach Abschluß der Entwicklungsarbeiten - geeignet, den für eine Energiewirtschaft auf Wasserstoff-Basis notwendigen Rohstoff zu erzeugen. Kombinationsanlagen aus "H_2-Fabrik" und Kraftwerk wären denkbar, gegebenenfalls als schwimmende Inseln in Küstennähe (off-shore-Anlagen). Letzteres böte den Vorteil ausreichender Wasserversorgung, die Abwärme könnte zusätzlich zur Meerwasserentsalzung eingesetzt werden. Ob und inwieweit solche Projekte, die Größen bis zu 1 TW aufweisen könnten [134], realisiert werden, hängt wesentlich von der Schwerpunktsetzung der Energiepolitik künftiger Jahrzehnte ab. Viele der uns heute auf den Nägeln brennenden Probleme (insbesondere bei der Nutzung fossiler Brennstoffe) der Rohstoffknappheit einerseits und der ökologischen Auswirkungen andererseits könnten zumindest wesentlich verbessert werden.

6.7 Brennstoffzellen

Prinzipielle Wirkungsweise am Beispiel der Knallgaszelle

Bei einer Verbrennungsreaktion des Typs

$$H_2 + 0{,}5\ O_2 \rightarrow H_2O + \text{Energie}$$

erfolgen die chemischen Prozesse der Oxidation des Wasserstoffs und der Reduktion des Sauerstoffs (Sauerstoffentzug) gleichzeitig, die freiwerdende Energie tritt praktisch vollständig als Wärme auf. Bei der Brennstoffzelle trennt man beide Prozesse und läßt den Elektronenaustausch über eine externe Stromleitung erfolgen (kalte Verbrennung). Dieser externe Strom kann dann Arbeit verrichten.

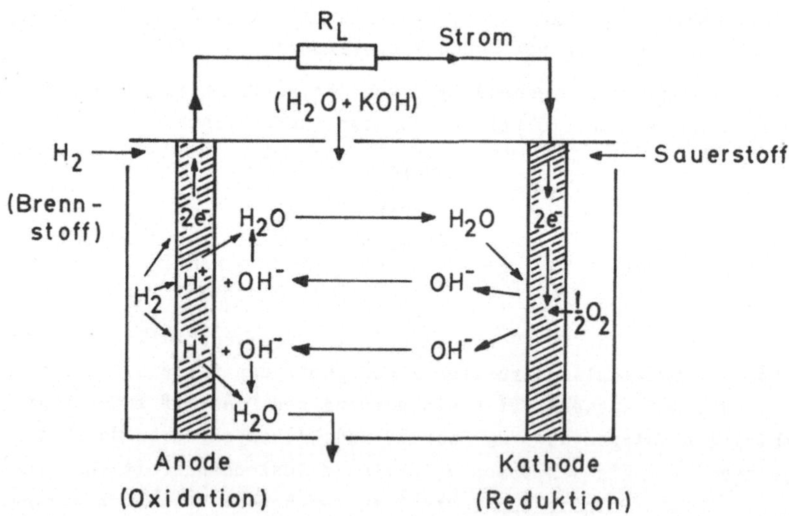

Bild 6.7.1: Prinzip der Knallgaszelle mit KOH als Elektrolyt

Chemische Reaktion bei alkalischen Elektrolyten:

Anode: $H_2 + 2\ OH^- \rightarrow 2\ H_2O + 2\ e^-$

Kathode: $0{,}5\ O_2 + H_2O + 2\ e^- \rightarrow 2\ OH^-$

Die H_2-Moleküle des Brennstoffreservoirs treten in die poröse Anode und werden durch die katalytische Funktion des Materials dort adsorbiert (an der Oberfläche angelagert) und dissoziiert ("Tafelreaktion" [19]). Die H^+-Ionen (Protonen) diffundieren in die elektrolytische Flüssigkeit und verbinden sich mit OH^- zu Wasser.

Die Elektronen fließen extern zur Sauerstoffelektrode und können "unterwegs" Stromarbeit verrichten. Dort angekommen erzeugen sie zusammen mit Wasser und Sauerstoff die zur Aufrechterhaltung des Kreisprozesses erforderlichen OH^--Ionen. Aus technischen Gründen - mit CO, CO_2 verunreinigter H_2-Brennstoff führt bei alkalischen Elektrolyten zu Carbonatbildungen - kann man auch saure Elektrolyte verwenden. Die Reaktionsgleichung lautet dann:

Kathode: $2\ e^- + 2\ H^+ + 0{,}5\ O_2 \rightarrow H_2O$

Anode: $H_2 \rightarrow 2\ H^+ + 2\ e^-$

Die elektrische Energie ΔA pro Mol läßt sich berechnen aus dem Produkt der Zellenspannung U_e und der erzeugten Ladungsmenge ΔQ

$$\Delta A = U \cdot \Delta Q \approx U_e \cdot (2 \cdot 6 \cdot 10^{23} \cdot 1{,}6 \cdot 10^{-19}) \tag{6.21}$$

$$\approx U_e \cdot 2 \cdot 9{,}6 \cdot 10^4 \left[\frac{V \cdot A \cdot s}{mol} = \frac{W \cdot s}{mol}\right]$$

$$= n \cdot F \cdot U_e$$

n = Anzahl der Mole
F = Faradaykonstante
($F = 96524\ Cb \cdot mol^{-1}$)

Die bei einer Brennstoffoxydationsreaktion pro Mol freigesetzte Enthalpiedifferenz ΔH (auch Reaktionsenthalpie, Verbrennungswärme, Heizwert genannt) kann nach den Sätzen der Thermodynamik nur zum Teil in eine andere Energieform (z. B. elektrische Energie) umgewandelt werden. Es gilt für reversible Prozesse nach Gl. (6.12):

$$dH = dU + pdV + Vdp = dW + Vdp = TdS + dA$$

(1 Hauptsatz)

dA entspricht der der Zelle entnehmbaren Arbeit.

Nach Gl. (6.13) gilt:

$$dG = dH - TdS = dA$$

Als "thermodynamischen Wirkungsgrad einer Brennstoffzelle" bezeichnet man

$$\eta_{TH} = \frac{\Delta G}{\Delta H} = \frac{\Delta A}{\Delta H} .$$

Der nicht in Arbeit umsetzbare Anteil von ΔH bei einem isothermen Prozeß ist proportional zur Änderung der Entropie:

$$\Delta H - \Delta G = T \cdot \Delta S_{(T=const)}$$

$$\rightarrow \quad \eta_{TH} = 1 - T \frac{\Delta S_{(T=const)}}{\Delta H}$$

Da für einen energieliefernden Prozeß ΔH per Definition negativ ist, kann bei positiver Entropieänderung (entsprechend einer Abkühlung des Arbeitsmediums) η größer als 1 werden: Das System nimmt dann aus der Umgebung Wärme auf, die ebenfalls in elektrische Energie umgewandelt wird. Bei Kenntnis von

$$\Delta A = \eta_{TH} \cdot \Delta H$$

läßt sich nun für Reaktion (2) (s. u. und Tab. 6.7.1) die Zellenspannung berechnen:

$$U = \frac{\eta_{TH} \cdot \Delta H}{n \cdot F} = \frac{237{,}2 \cdot 10^3}{2 \cdot 96254} \left[\frac{W\ s\ mol^{-1}}{A\ s\ mol^{-1}}\right] = 1{,}23\ [V]$$

Tabelle 6.7.1 zeigt die charakterisierenden Größen H, G, U als Funktion von T für folgende Reaktionen:

(1)	$H_2 + 0{,}5\ O_2 \rightarrow H_2O_{Dampf}$	Knallgaszelle
(2)	$H_2 + 0{,}5\ O_2 \rightarrow H_2O_{flüssig}$	
(3)	$CH_4 + 2\ O_2 \rightarrow CO_2 + 2\ H_2O_{Dampf}$	Methangaszelle

(4)	$CH_3OH + 1{,}5\ O_2$	$\rightarrow$	$CO_2 + 2\ H_2O_{Dampf}$	Methanolzelle
(5)	$N_2H_4 + O_2$	$\rightarrow$	$N_2 + 2\ H_2O_{Dampf}$	Hydrazinzelle
(6)	$C + 0{,}5\ O_2$	$\rightarrow$	CO	Kohleumsetzung

Tabelle 6.7.1:

Reaktion	T [K]	ΔH [kJ/mol]	ΔG [kJ/mol]	U [V]	η_{th} [%]	η_{WKM} η_{Carnot} bei T_2 = 298 K [%]
(1)	298	-241,7	-228,5	1,18	94,5	0
	500	-243,7	-219,0	1,13	89,9	40
	1000	-247,6	-192,5	0,99	77,7	70
	2000	-252,0	-135,1	0,70	53,6	85
(2)	298	-285,8	-237,2	1,23	83,0	
(3)	298	-889,9	-817,6	1,06	91,9	
(4)	298	-718,9	-698,2	1,21	97,1	
(5)	298	-605,6	-601,8	1,56	99,4	
(6)	298	-110,5	-137,1	0,71	124,1	

Tab. 6.7.1 entnimmt man, daß die Brennstoffzelle bei Temperaturen bis ~ 1000 K der Carnotmaschine überlegen ist, d. h. für technisch interessante Temperaturbereiche ist die direkte Umwandlung von chemischer in elektrische Energie im Prinzip günstiger als die mit Wärme als "Zwischenenergie".

Der real erreichbare Wirkungsgrad reduziert allerdings η_{th} noch um die elektrochemische Güteziffer η_u und den Stromwirkungsgrad η_I.

$$\eta_u = \frac{U_{Last}}{U}$$

($U_{Last} < U$ durch Spannungsabfall am Innenwiderstand der Zelle bei Belastung) ergibt sich bei Reaktion (2) zu

$$\eta_u \approx 0{,}61,$$

$$\eta_I = \frac{I_{el}}{\Delta Q_{el} \cdot \frac{dn}{dt}} < 1 ,$$

z. B. bei unvollständigen, nichtstöchiometrischen Reaktionsabläufen

$$\eta_I \approx 0{,}98 \qquad \text{bei Reaktion (2).}$$

Damit ergibt sich der real erreichbare Wirkungsgrad zu

$$\eta_{real} = \eta_{TH} \cdot \eta_I \cdot \eta_u = 0{,}83 \cdot 0{,}98 \cdot 0{,}61$$
$$\approx 0{,}5 \quad \text{bei Reaktion (2).}$$

Der entnehmbare Strom z. B. einer H_2/O_2-Zelle hängt direkt von der Anzahl bereitgestellter H^+-Ionen ab und somit von der Oberfläche der Katalysatoren.

Durch Ersetzung der teuren Edelmetalle wie Platin durch hochporöse sogenannte Raneymetalle lassen sich heute Oberflächen von

$$100 \, \frac{m^2}{g}$$

erzielen und damit Stromdichten von bis zu

$$1 \, \frac{A}{cm^2}$$ [19].

Um große Spannungen zu erzielen, schaltet man mehrere Zellen in Serie.

Technische Bedeutung haben BZ bei der Stromversorgung in abgeschlossenen Systemen: Beim APOLLO- und GEMINI-Programm der NASA wurden bereits erfolgreich Erfahrungen gesammelt; die Firma Siemens erprobt eine 20-kW-H_2/O_2-Brennstoffzellenanlage als "Notstromaggregat": Besondere Ersatzstromversorgung (BEV).

Wirtschaftlichkeitsberechnungen sind heutzutage nur bedingt möglich, da die BZ-Technologie, insbesondere, was die Suche nach weniger teuren Katalysatormaterialien anbetrifft, sich noch im Experimentierstadium befindet. Derzeit muß man für eine von der amerikanischen Firma United Technologies produzierte 40-kW-Brennstoffzellenanlage noch ungefähr 15000 Dollar/kW bezahlen. Experten halten aber für eine in Serie produzierte BZ einen Anschaffungspreis von ungefähr 1800 DM/kW für denkbar, ein Preis, der in derselben Größenordnung liegt wie bei der herkömmlichen Stromerzeugung. Hinzu kommen allerdings die Brennstoffkosten, die unter der Annahme eines Preises von 0,5 DM/1 Flüssig-Wasserstoff [128] pro Kilowattstunde etwa 20 Pfennig betragen und damit ungefähr 1,5 bis 2mal höher sind als z. B. bei Stromerzeugung aus Kohle (s. Abschn. 3.1.3.1).

Unter normalen Bedingungen sind BZ also heute nur konkurrenzfähig, wenn wie z. B. in der chemischen Industrie H_2 als Abfallprodukt anderer Prozeßabläufe sowieso vorhanden ist. In der Zukunft wird aber bei sicherlich steigender Bedeutung der Wasserstofftechnologie (s. Abschn. 6.6) auch die Brennstoffzelle als umweltfreundliche Möglichkeit der Stromerzeugung aus Wasserstoff mehr Einsatzmöglichkeiten finden: Ein 4,8-MW-Kraftwerksblock auf H_2/O_2-Basis befindet sich in der Stadt New York im Bau, 20-MW-Projekte sind in Planung [19].

6.8 Glühlampen und Leuchtstoffröhren

In einer Glühlampe führt der durch den Draht mit ohmschem Widerstand R fließende Strom I zu einer Wärmeentwicklung/Zeiteinheit von

$$\frac{W}{t} = I^2 \cdot R,$$

damit zu einer entsprechenden Erwärmung des Glühdrahts auf eine Temperatur, bei der der Draht im thermischen Gleichgewicht zwischen Wärmezufuhr und Wärmeabstrahlung gem. Gl. (3.2.3) steht. Diese Temperatur ist im Fall von Glühlampen so hoch, daß ein merklicher Teil der Strahlung im Bereich der Wellenlängen des sichtbaren Lichts emittiert wird. Durch die Erwärmung werden Atome des Glühdrahts thermisch angeregt. Diese können durch Emission von Photonen wieder in den Grundzustand zurückkehren.

Bei der Leuchtstoffröhre werden dagegen z. B. Quecksilber- oder Natriumatome eines entsprechenden Dampfes (z. B. Neon mit Hg- bzw. Natriumbeimischung) durch den Beschuß von Elektronen aus Glühkathoden angeregt und somit bei Rückkehr zum Grundzustand zur Photonenemission veranlaßt. Gegebenenfalls wird das kurzwellige Licht durch auf die Innenseite der Röhre aufgedampfte phophoreszierende

Materialien (z. B. Zinksilikat) durch Absorption und Reemission in den längerwelligen Bereich des Spektrums geschoben. Die zum Zünden der Röhre erforderliche hohe Spannung wird durch den in einer Drosselspule bei kurzzeitiger Unterbrechung des Stromkreises induzierten Spannungsstoß erreicht.

Um zu einer Bewertung der energetischen Effizienz "lichtproduzierender" Systeme zu gelangen, muß man berücksichtigen, daß die aufgenommene (elektrische) Energie zwar vollständig in Wärme umgewandelt wird, aber nur zu einem kleinen Teil in elektromagnetische Strahlung eines solchen Frequenzbereiches, den der Mensch über die Empfindlichkeit seines Auges als Licht empfindet.

Die vom Auge "gesehene"

$$\frac{\text{Lichtstärke}}{\text{Wellenlängenbereich}} ,$$

die dann in einer sogenannten lichttechnischen oder photometrischen Einheit angegeben wird, ist proportional dem Produkt von entsprechender elektromagnetischer Strahlstärke (nach dem Planckschen Strahlungsgesetz (s. Gl.(3.2.1)) zu berechnen) multipliziert mit der entsprechenden spektralen Empfindlichkeit des Auges $V(\lambda)$:

$$(6.8.1) \qquad I_{Phot} = \int I^{\lambda}_{Phot}\, d\lambda = Km \int I^{\lambda}_{EM}\, V(\lambda)\, d\lambda$$

Der Umrechnungsfaktor Km beschreibt das Verhältnis

$$\frac{\text{Einheit der photometrischen Größe}}{\text{Einheit der entsprechenden strahlungsphysikalischen Größe}} .$$

Grundeinheit der Photometrie ist die "Candela" (cd), die von

$$\frac{1}{600\,000}\ m^2$$

Oberfläche eines schwarzen Strahlers bei Temperatur des erstarrenden Platins (2042 K) und bei Normaldruck senkrecht abgestrahlte Lichtstärke.

Weitere lichttechnische Einheiten (und ihr - normales - strahlungsphysikalisches Pendant) entnehme man Tab. 6.8.1:

Tabelle 6.8.1: *Vergleich strahlungsphysikalischer und lichttechnischer Größen*

1	Strahl- stärke	I_{EM}	$[W\ sr^{-1}]$	Licht- stärke	I_{Phot}	$[cd]$
2	Strahl- leistung	Φ_{EM}	$[W]$	Licht- strom	Φ_{Phot}	$[cd \cdot sr = lumen]$
3	Strahlungs- energie	Q_{EM}	$[Ws]$	Licht- menge	Q_{Phot}	$[lumen \cdot s]$
4	Strahl- dichte	L_{EM}	$\left[\frac{W}{sr\ m^2}\right]$	Leucht- dichte	L_{Phot}	$\left[\frac{cd}{m^2} = Stilb\ (sb)\right]$
5	Spez. Aus- strahlung	M_{EM}	$\left[\frac{W}{m^2}\right]$	Spez. Licht- ausstrahlung	M_{Phot}	$\left[\frac{lm}{m^2} = lux\right]$
6	Bestrahlungs- stärke	E	$\left[\frac{W}{m^2}\right]$	Beleuchtungs- stärke	E	$\left[\frac{lm}{m^2} = lux\right]$
7	Bestrahlung	H	$\left[\frac{Ws}{m^2}\right]$	Belichtung	H	$[lux \cdot s]$

Die Proportionalitätskonstante Km (Gl. (6.8.1)) läßt sich z. B. für die Strahldichte direkt aus dem Planckschen Strahlungsgesetz ausrechnen, wenn man für V(λ) die spektrale Empfindlichkeit des tageslichtadaptierten Auges einsetzt. Letztere ist, grob genähert, eine Gleichverteilung um 550 nm, die bei 500 bzw. 600 nm auf die Hälfte abgefallen ist und bei 400 bzw. 700 nm verschwindet:

$$Km = 6 \cdot 10^5/(2\ h\ c^2 \int_{400}^{700} \lambda^{-5}\ (e^{\frac{h \cdot c}{k \cdot \lambda \cdot 2042}} - 1)^{-1} \cdot V(\lambda) d\lambda)$$

$$= 673\ \frac{lm}{Watt}$$

Der Wirkungsgrad η_L für die Umsetzung elektrischer Energie in Licht läßt sich nun leicht angeben:

Glühlampen liefern typischerweise etwa (10 - 20) lumen pro Watt aufgenommener elektrischer Leistung: Somit gilt

$$\eta_L = \frac{10 - 20}{673} = (1{,}5 - 3)\ \%.$$

Natriumdampf- und Quecksilberhöchstdrucklampen erreichen

$$\sim 50\ \frac{lm}{Watt}\ \text{bzw.}\ \eta_L \approx 7{,}5\ \%.$$

Die technische Entwicklung hinsichtlich der Erreichung höherer Wirkungsgrade ist noch nicht abgeschlossen: Von der Firma Philipps 1982 vorgestellte Niederdrucknatriumdampflampen (Typ SOX-E) erreichen sogar die Traumgrenze von

$$200 \frac{\text{lm}}{\text{Watt}} \quad \text{bzw.} \quad \eta_L = 30\ \% \ .$$

7 Übersicht der Erntefaktoren und der Ergiebigkeiten aller Quellen

In der nachfolgenden Tab. 7.1 sind für alle in den vorangegangenen Abschnitten im einzelnen diskutierten Energie-Quellen zusammengestellt,

- zum einen die Wirkungsgrade und die Erntefaktoren für die Gewinnung der verschiedenen, vom Verbraucher benötigten Formen an Endenergie,
- zum anderen die Energiemengen, die heute verfügbar sind und die aus den erneuerbaren Quellen (Tab. 7.1, Zeilen 4 - 7) bei optimaler Nutzung dieser in der Bundesrepublik Deutschland in Zukunft verfügbar gemacht werden könnten.

Tabelle 7.1: *Übersicht von Wirkungsgraden η, Energie-Erntefaktoren ε und verfügbaren Energiemengen für die einzelnen Energiequellen*

Quelle (Primär-Energie)		Art der Umwandlung	Nutz-Energie	Wirkungsgrad $\eta = \frac{\text{Nutz-Energie}}{\text{Prim.Energie}}$	Energie-Erntefaktor $\varepsilon = \frac{\text{Nutz-Energie während Lebensdauer der Anlage}}{\text{E-Aufwand für Bau + Betrieb der Anlage}}$ heute	in Zukunft
1 Kohle	(1)	Kraftwerk	Strom	0,4	3,5	$\leq$ 3,5
	(2)	Heizkraftwerk	Strom + Wärme	0,7	6	$\leq$ 6
		Heizwerk	Wärme	0,9	8	$\leq$ 8
		direkte Heizung	Wärme	0,5 - 0,7	8	$\leq$ 8
2 Öl		Kraftwerk	(ähnl.Kohle)			
		Heizung	Wärme	0,8 - 0,9	8	$\leq$ 8
		Motor-Antrieb	Antriebs-E.	0,2	-	-
3 Gas		Kraftwerk	(ähnl.Kohle)			
		Heizung	Wärme	0,8 - 0,9	8	$<$ 8
		Brennst.Zellen (6)	Strom	0,5	$\lesssim$ 1	$\lesssim$ 2 ?
4 Sonne		Bio-Masse → (Alkohol	Treibstoff	0,5 - 1	1 - 2	1 - 2
		Bio-Masse → (Biogas	Strom + Wärme	0,5 - 1	2 - 10	2 - 10
		Solarzellen	Strom	0,1 - 0,15	1	$\lesssim$ 6
		Energie-Dach	Wärme	0,6	0,5 - 2	2 - 5
		Solar-Kraftwerk	Strom (+H_2)	0,3	1	$\lesssim$ 3 - 4
		Aufwind-Kraftwerk	Strom	< 0,01	< 1	$\gtrsim$ 1 ?

Quelle (Primär-Energie)	Art der Umwandlung	Nutz-Energie	Wirkungsgrad $\eta = \frac{\text{Nutz-Energie}}{\text{Prim.Energie}}$	Energie-Erntefaktor $\varepsilon = \frac{\text{Nutz-Energie während Lebensdauer der Anlage}}{\text{E-Aufwand für Bau + Betrieb der Anlage}}$ heute	in Zukunft
5 Wärme aus Erde < natürl. aus Erde < künstl. aus trop. Meeren aus Wass./Luft/Bod.	Heiß-D/W direkt/KW Heiß-D/W KW Kraftwerk Wärmepumpe (3)	Strom + Wärme Strom Strom Wärme	0,3 - 0,8 0,2 0,02 1,5 - 2,5	$\gtrsim$ 10 - - 0,7 - 1,7	$\gtrsim$ 10 $\gtrsim$ 1 ? $\gtrsim$ 1 ? 0,7 - 1,7
6 Wind	Rotor < kW-Bereich Rotor < MW-Bereich	Strom Strom	0,3	3 - 11 1	3 - 11 $\gtrsim$ 1 ?
7 Wasser-kraft Gefälle Wasser-kraft Gezeiten Meeres-Wellen	Kraftwerk Kraftwerk Kraftwerk	Strom Strom Strom	0,9 0,8 $\lesssim$ 0,8	13 - 18 16 -	13 - 18 $\lesssim$ 16 $\lesssim$ 1 ?
8 Kernspaltung	LWR (4) BR (Str,W) (5) HTR (Str,W,Proz.W)	Strom Strom + Wärme Strom Strom	0,34 0,7 0,4 0,4	9 2,5 -	6 - 9 6 - 9 ? 9 - 18 ?
9 Kernfusion	Kraftwerk (Str,W)	Strom	0,4	-	$\gtrsim$ 1 ?
10 Müll	Kraftwerk (Str,W)	Strom	0,4	$\gtrsim$ (3 - 4)	$\gtrsim$ (3 - 4)

Quelle (Primärenergie)		Deckung des Energiebedarfs in der BRD in Einheiten von 10^9 kWh im Jahr 1981 (und zukünftiger maximal möglicher Wert)					
		Heizwärme	Prozeßwärme	Strom	Treibstoff	prozent. Anteil insgesamt bezog.auf Endenerg.-Bedarf (1981)	nähere Inform. aus Abschnitt
1 Kohle	KW			186		)	2.2.2
(8)	HKW	) 49 (320)				)→ 32 %	3.1.3.1
(7)	HW	)				)	
	H	57	166			)	2.2.2
2 Öl	KW			9		)	"
	H	390	270			)→ 45 %	
	Mot.				464	)	
3 Gas	KW			37		)	"
	H	138	252			)→ 17 %	
	BZ					)	
4 Sonne	Alk.				(16)	0,7 %	3.2.3.2
	Biog	(20-50)		(8-25)		(1,4-3,6%)	3.2.3.3
(9)	SZ			(10-20)		(0,5-1 %)	3.2.4
(10)	ED	(110-190)				(5 -9 %)	3.2.5.2
	SKW						
	AKW						
5 Wärme	nat.					- -	
	kün.					- -	
	Meer					- -	
(11)	WP	(0-80)				(0 -4 %)	3.2.5
6 Wind	kW			(0-22)		(0 -1 %)	3.4.3
	MW			(0-1)		-	
7 Wasserkraft	Gef.			19 (22)		0,9 % (1%)	3.5.1
	Gez.					- -	
	Well.					- -	
8 Kernspaltung	LWR			53		4 %	3.6.4.11
	BR						
	HTR						
9 Kernfusion							
10 Müll etc.				6		0,5 %	
Gesamt		634 + 163 (aus Strom)	688	310	464	100%=2096	

Anmerkungen zu Tabelle 7.1

(1) *Bezogen auf ein heute neu zu bauendes Kraftwerk und einen Kohlepreis von 240 DM/t*

(2) *Ohne Berücksichtigung des Investitions-Aufwands zum Bau des benötigten Fernwärme-Netzes*

(3) *Der Wirkungsgrad ist in diesem Fall als das Verhältnis verfügbargemachter Heizwärme zu Primärenergie-Aufwand zum Antrieb der Wärmepumpe definiert.*

(4) *Bezogen auf ein heute neu zu bauendes Kraftwerk vom Typ Biblis*

(5) *Bezogen auf den im Bau befindlichen Reaktor-Prototyp SNR-300*

(6) *Der angegebene Wert von $\varepsilon = 1{,}2$ ist bezogen auf geschätzte Investitionskosten von 1800 DM/kW Leistungsabgabe einer Brennstoffzelle und Brennstoffkosten von 0,2 DM/kWh Energie-Abgabe.*

(7) *Anschlußwert aus der Summe aller Heizwerke und Heizkraftwerke, befeuert mit Kohle, Öl und Gas*

(8) *Der angegebene Wert von $320 \cdot 10^9$ kWh/a entspricht einer Nutzung von 50 % der aus allen Kraftwerken derzeit anfallenden Abwärme.*

(9) *Der angegebene Wert von $(10$ bis $20) \cdot 10^9$ kWh wäre aus $(1$ bis $2) \cdot 10^8\ m^2$ Solarzellen, einer Fläche von etwa 50 % der Fläche aller Hausdächer in der Bundesrepublik Deutschland entsprechend, zu gewinnen.*

(10) *Der angegebene Wert von $(110$ bis $190) \cdot 10^9$ kWh setzt Kollektorflächen für (30 bis 50) % aller 14 Mill. Ein- bis Zweifamilienhäuser in der Bundesrepublik Deutschland mit einer Deckung von 70 % des Heizwärmebedarfs voraus.*

(11) *Der angegebene Wert von $80 \cdot 10^9$ kWh entspricht der Deckung von 50 % des Heizwärmebedarfs für 20 % aller Haushalte, dies beim maximalen Erntefaktor von $\varepsilon = 1{,}7$ für Wärmepumpenanlagen.*

Folgende, aus der Tabelle ersichtliche Resultate seien besonders hervorgehoben:

- Bei der Nutzung fossiler Brennstoffe, Wind (in kleinen Anlagen), Laufwasser und Kernspaltung ist die verfügbar gemachte Endenergie ein Vielfaches der zur Nutzbarmachung aufzuwendenden Primärenergie: Die entsprechenden Erntefaktoren liegen im Bereich

$$\varepsilon \approx 3 - 18.$$

- Dagegen liegen die Erntefaktoren für die erneuerbaren Quellen Sonne (Biogas ausgenommen) und Wärme aus der Erde (natürl. Heißdampf/Wasser ausgenommen) heute noch bei Werten um 1. Selbst bei optimistischer Einschätzung der zukünftigen Entwicklung bei der Nutzung dieser Quellen werden die erreichbaren Erntefaktoren für diese Quellen so beschränkt bleiben, daß der Energieaufwand bei der Nutzung dieser Quellen relativ zur gewinnbaren Energie von merklicher Größe sein wird.

- Die aus den erneuerbaren Quellen in der Bundesrepublik Deutschland maximal gewinnbare Menge an Endenergie beläuft sich für

Heizwärme	auf	(16 - 40) %,
Strom	auf	(6 - 22) % (ohne Wasserkraft),
den Gesamtbedarf an Endenergie	auf	(7 - 15) %,

  all diese Verhältnisse bezogen auf den Bedarf in der Bundesrepublik Deutschland im Jahre 1981.

  Um diese Maximalwerte erreichen zu können, müßten beispielsweise je (30 - 50) % aller Dächer der ca. 14 Mio. Ein- und Zweifamilienhäuser in der Bundesrepublik Deutschland zum einen mit Solarwärme-Kollektoren bzw. zum anderen mit Solarzellen-Anlagen ausgerüstet werden. Eine solche Umrüstung könnte günstigstenfalls im Verlauf einiger Jahrzehnte erfolgen.

8 Übersicht von Umweltbelastungen und Risiken durch Nutzung der verschiedenen Energie-Quellen

Die Nutzung der diversen Energie-Quellen ist mit verschiedenartigen Umweltbelastungen und Risiken verbunden. Diese resultieren

- zum einen aus direkten Schädigungen z. B. durch Emission von sogenannten Schadstoffen, welche entweder kontinuierlich, wie das Schwefeldioxyd bei der Verbrennung von Kohle, oder diskontinuierlich in seltenen, dafür relativ großen Unfällen freigesetzt werden können,
- zum anderen aus indirekten Schädigungen z. B. über Klimaveränderungen, lokal bedingt durch Wärmefreisetzung, global bedingt durch Emission von Gasen, hier vor allem von Kohlendioxid, welche durch Absorption der von der Erdoberfläche emittierten Wärmestrahlung den Wärmehaushalt auf der Erde nachhaltig beeinflussen können.

In den folgenden Abschnitten werden diese Umweltbelastungen und Risiken zusammenfassend und vergleichend diskutiert.

8.1 Freisetzung von Wärme

Bei jeglicher Nutzung von Energie wird diese letztlich vollständig in Wärme umgewandelt und als solche freigesetzt.

Heizwärme jeglicher Art als auch Abwärme beim Betrieb von Motoren mit Treibstoffen werden meist direkt in die Atmosphäre freigesetzt. (Sie machen in der Bundesrepublik Deutschland etwa 40 % der gesamten Wärmefreisetzung durch menschliche Energienutzung aus.) Abwärme bei der Stromerzeugung in Kraftwerken wird zunächst meist in Wasser, z. B. von Flüssen, eingebracht und von dort innerhalb weniger Kilometer Flußlauf an die Atmosphäre abgestrahlt (ca. 30 % der gesamten Wärmefreisetzung). Alle anderen Arten von genutzter Energie werden meist über Reibung oder im Fall von elektrischem Strom über den elektrischen Widerstand von Stromverbrauchern in Wärme umgewandelt und über Wärmeleitung und Wärmestrahlung letztlich in die Atmosphäre freigesetzt.

Im Fall der nichterneuerbaren Energie-Quellen, wie z. B. der fossilen Brennstoffe und der Kernenergie, bedingt die erzeugte Wärme eine Erhöhung des Wärmeaufkommens auf der Erde; im Fall der erneuerbaren Energie-Quellen, wie z. B. des Sonnenlichts und der Wasserkraft, wird diese Wärme in jedem Fall, also mit und ohne Nutzung, freigesetzt.

In Tab. 8.1 wird die unter Nutzung der nicht erneuerbaren Energie-Quellen resultierende Wärmeerzeugung von weltweit ca. 8 TWa verglichen mit dem natürlichen Wärmefluß auf der Erdoberfläche bedingt durch Sonneneinstrahlung und Fluß aus dem Erdinnern.

Tabelle 8.1: *Vergleich der menschbedingten Wärmefreisetzung mit der eingestrahlten Sonnenwärme und der natürlichen Erdwärme*

Wärme-Quelle	Ort und Jahreszeit	Wärmefluß pro m^2 Erdoberfläche und Jahr [kWh/(m^2 · a)]
Sonne	weltweit und jahreszeitliches Mittel	2170 ±(10 bis 100)[1]
	BRD: jahreszeitliches Mittel	1100
	BRD: jahreszeitliche Schwankungen	±730
	BRD: Juni	1830
	BRD: Dezember	370
Menschl. Aktivitäten	weltweites Mittel	0,14
	BRD: Mittel	12
	BRD: Ballungsgebiete	≲ 200
Erde		0,5

1 *Der Schwankungswert von ±10 kWh/(m^2 · a) bezieht sich auf die Variation der Sonnenabstrahlung, der Wert von ±100 kWh/(m^2 · a) auf die Variation der Lichtabsorption der Lufthülle der Erde z. B. bedingt durch vorübergehend in die Lufthülle eingebrachten Staub aus Vulkanausbrüchen.*

Aus dem Vergleich ist zu ersehen, daß global die durch menschliche Aktivitäten freigesetzte Wärme im Vergleich zur eingestrahlten Sonnenwärme vernachlässigbar klein ist, noch weit kleiner als die zeitlichen Schwankungen dieser bedingt durch Variation der Sonnenabstrahlung.

Die über die Fläche der Bundesrepublik gemittelte, hier über Energienutzung freigesetzte Wärme von ca. 12 kWh/($m^2 \cdot a$) ist gerade von gleicher Höhe wie die zeitlichen Schwankungen der eingestrahlten Solarwärme, bedingt durch Variation der Sonnenabstrahlung. Lokal, z. B. in den Ballungsgebieten der Großstädte, erreicht dagegen die Wärmefreisetzung aus Energienutzung Werte, die je nach Jahreszeit einen mehr oder minder großen, wesentlichen Bruchteil der eingestrahlten Sonnenwärme betragen können. Entsprechend groß kann der Einfluß auf das lokale Klima sein.

8.2 Emission von Schadstoffen

Die Nutzung jeglicher Energie-Quelle ist mit der Freisetzung von Schadstoffen von je nach Quelle unterschiedlicher Art und Höhe verbunden. Bezogen auf gleiche Mengen an bereitgestellter Energie sind dabei die Schädigungen durch emittierte Schadstoffe für alle Energie-Quellen - ausgenommen die fossilen Brennstoffe - von vergleichbar hohem Ausmaß (s. auch Abschn. 8.4, Bild 8.4.1).

Die relativ und absolut dominierende Schadstoffemission bei der Energiegewinnung stammt derzeit aus der Nutzung von Steinkohle, Braunkohle und Erdöl (s. Tab. 3.1.13/14). Die daraus resultierenden Schäden sind - bezogen auf gleiche Energiemengen - um ein bis zwei Größenordnungen höher als die aus allen anderen heute möglichen Energie-Quellen.

Bezüglich der heute erkennbaren Schädigungen z. B. durch Schwefel- und Stickstoff-Oxide sei darauf hingewiesen, daß die Schadensfolgen nicht einfach proportional den emittierten Schadstoffmengen sein müssen. Vielmehr können sich Schadstoffe u. U. lange Zeit ohne sichtbare Schadensfolgen anhäufen, bis relativ plötzlich Schädigungen von beträchtlichem Ausmaß eintreten können. Dies scheint z. B. im Fall des Schwefeldioxids zuzutreffen; dessen jährliche Emissionsmengen haben sich in der Bundesrepublik bereits seit ca. 30 Jahren nicht mehr wesentlich erhöht.

Unter diesem Aspekt der Kumulation sei hier nochmals auf die Emission von Staub mit darin enthaltenen Giftstoffen wie z. B. Arsen hingewiesen (s. auch Tab. 3.6.12).

Bei der Schadstoffemission spielt dagegen die Emission radioaktiver Substanzen bislang eine unwesentliche Rolle: Die resultierende Strahlenbelastung in der Bundesrepublik Deutschland durch radioaktive Schwermetalle aus den Schornsteinen von Kohlekraftwerken liegt unter 1 % der natürlichen Strahlenbelastung, die aus den derzeitigen Kernkraftwerken noch um ein bis zwei Größenordnungen darunter.

Im Fall von Kernkraftwerken und Wiederaufarbeitungsanlagen ist dabei aber zu unterscheiden zwischen der vernachlässigbar kleinen kontinuierlichen Emission im Normalbetrieb und einer möglichen kurzzeitigen Emission beim Eintreten eines mehr oder minder großen und entsprechend seltenen Störfalles (s. Bild 3.6.13).

8.3 Einwirkung von Kohlendioxid und anderer Spurengase auf das Klima

Eine dominierende Rolle bei der Umweltbelastung aus der Nutzung von Energie-Quellen kommt dem chemisch so harmlosen Gas Kohlendioxid, CO_2, zu, das bei jeglicher Verbrennung kohlenstoffhaltiger Stoffe unweigerlich freigesetzt wird (s. Gl. (3.1.1/2)) [2,136 bis 139]. Um dies aufzuzeigen, wird zunächst kurz die Bedeutung von CO_2 (und von Wasserdampf) in der Luft für die Temperatur erläutert:

8.3.1 Bedeutung von Kohlendioxid und Wasserdampf für die Temperatur auf der Erde

Die mittlere Temperatur auf der Erde wird durch das Gleichgewicht zwischen Energie-Einstrahlung von der Sonne und Wärmeabstrahlung der Erde bestimmt (Abschn. 3.2.1/2). Die Abstrahlung von der Erde wird durch Absorption eines Teils der Wärmestrahlung durch Gase in der Luft, hier vor allem CO_2 und Wasserdampf, H_2O, behindert. Beide Gase sind durchsichtig für das von der Sonne auf die Erde eingestrahlte Licht, sind aber undurchlässig für die von der Erdoberfläche abgestrahlte Wärme in nahezu deren gesamten Wellenlängenbereich (s. Bild 3.2.1 und 3.2.2).

Diese Behinderung der Wärmestrahlung von der Erdoberfläche führt gem. Gl. (3.2.2/3) im Strahlungsgleichgewicht zu einer erhöhten Temperatur auf der Erde: Über geographische Breiten und Jahreszeiten gemittelt beträgt diese ca. +15° C. Ohne die wärmeisolierende Schutzhülle der genannten Gase zum Weltraum hin müßte gemäß Gl. (3.2.3)

$$L\,\binom{\text{von Sonne einge-}}{\text{strahlte Leistung}} = L\,\binom{\text{von Erde abgestrahlte}}{\text{Wärmeleistung}} = \sigma \cdot T^4$$

(σ = Konstante des Stefan-Boltzmann-Strahlungsgesetzes)

eine mittlere Temperatur um ca. -17° C herrschen. Das Ausmaß dieser Wärmeisolation durch die genannten Gase läßt sich mittels obiger Gleichung unter Berücksichtigung der Isolation analog der durch ein Glasfenster eines Solarwärmekollektors (Abschn. 3.2.5.1, Bild 3.2.17) leicht abschätzen: Wie Bild 3.2.1 und 3.2.2 zu entnehmen ist, werden nur ca. 30 % der von der Erdoberfläche abgestrahlten Wärme, nämlich vorwiegend der Anteil im Wellenlängenbereich von $\lambda \approx (8 - 12)\ \mu$ ungehindert durch die Lufthülle nach außen abgestrahlt. Der verbleibende Anteil von 70 % wird zu ca. 2/3 von Wasserdampf, zu ca. 1/3 von CO_2 zunächst vollständig absorbiert. Wegen des Erhalts des Strahlungsgleichgewichts (s. Abschn. 3.2.2) an der Außenseite der Lufthülle müssen, wenn nur 30 % der eingestrahlten Lichtenergie als direkte Wärmestrahlung von der Erdoberfläche ausgestrahlt werden, 70 % der nach außen abgestrahlten Wärme vom Absorber in der Luft (CO_2 und Wasserdampf) stammen. Da dieser Absorber aber die Wärme isotrop abstrahlt, d. h. hier sowohl nach außen als auch nach innen, so erhöht sich letztlich die Einstrahlung auf die Erdoberfläche um weitere 70 % (s. Bild 8.3.1).

Aus

$$L_{ein}^{unten} = 1{,}7 \cdot L_{ein}^{oben} = \sigma \cdot T^4$$

folgt für die so grob abgeschätzte mittlere Temperatur auf der Erdoberfläche ein Wert von

$$T = 292\ K \;\hat{=}\; +19^\circ\ C;$$

dieser Wert kommt dem tatsächlichen Wert von

$$T \sim +15^\circ\ C$$

schon sehr nahe.

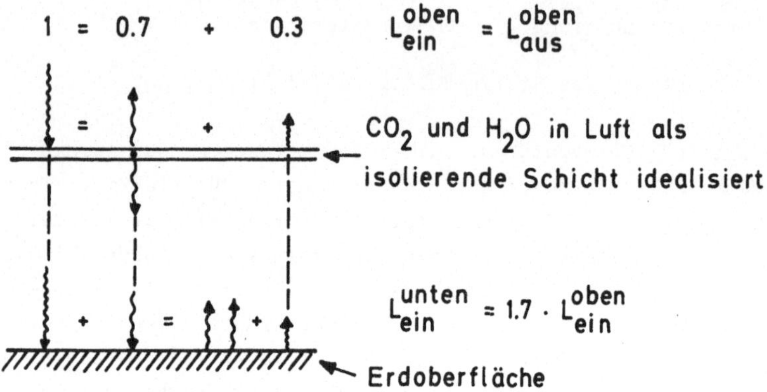

Bild 8.3.1: *Schema von Lichteinstrahlung und Wärmestrahlung auf der Erde unter Berücksichtigung der Absorption und Emission von Wärmestrahlung durch CO_2 und H_2O in der Atmosphäre*

8.3.2 Natürliche Schwankungen des CO -Gehalts der Luft und Auswirkungen auf die Temperatur

Im natürlichen CO_2-Kreislauf auf der Erde steht im Mittel die Emission von CO_2 durch Verwesung organischer Stoffe im Gleichgewicht mit der Absorption von CO_2 durch Pflanzenwachstum und Lösung im Meerwasser; damit sollte der CO_2-Gehalt der Luft annähernd konstant bleiben.

Zu Beginn des industriellen Zeitalters, also vor der extensiven Nutzung der fossilen Brennstoffe betrug der CO_2-Gehalt der Luft ca. 190 ppm (parts per million = Millionstel) Volumenanteile. Die jahreszeitlichen Schwankungen betragen ca. ±5 ppm. Über Zeiträume von vielen tausend Jahren existierten auch größere Schwankungen: So betrug der CO_2-Gehalt der Luft während der letzten Eiszeit, die vor ca. 12 000 Jahren endete, nur ca. 200 ppm, in der nachfolgenden Warmzeit vor ca. 6 000 Jahren jedoch ca. 400 ppm. (Diese Werte wurden aus Einschlüssen von Luft aus diesen Zeiten im arktischen und antarktischen Eis ermittelt.) In dieser Warmzeit war die mittlere Temperatur auf der Erde um einige Grad höher als während der Eiszeit. Entsprechend verschoben waren die Klimazonen und damit die bewohnbaren Zonen auf der Erde [140].

8.3.3 Änderungen des CO_2-Gehalts der Luft durch Nutzung fossiler Brennstoffe und durch Waldrodungen

Durch Nutzung fossiler Brennstoffe wird derzeit jährlich CO_2 einer Kohlenstoffmenge von ca. 5 Gt C entsprechend freigesetzt, weiteres CO_2 durch ausgedehnte Rodungen vor allem tropischer Regenwälder und der damit verbundenen Bodenerosion, einer Kohlenstoffmenge von ca. (1 - 3) Gt C entsprechend.

Dabei hat sich bislang gezeigt, daß innerhalb der bisher überschaubaren Zeit ca. eine Hälfte dieser zusätzlich freigesetzten CO_2-Menge in der Luft verblieben ist, die andere Hälfte durch vermehrtes Pflanzenwachstum und durch erhöhte Absorption im Meerwasser der Luft wieder entzogen worden ist. Derzeit beträgt der jährliche CO_2-Anstieg in der Luft ca. 1,4 ppm entsprechend 2,8 Gt C. Seit Beginn des industriellen Zeitalters, also seit ca. 100 Jahren, ist parallel zum steigenden Verbrauch an fossilen Brennstoffen der CO_2-Gehalt der Luft von ca. 290 ppm auf heute ca. 340 ppm angestiegen (Bild 8.3.2).

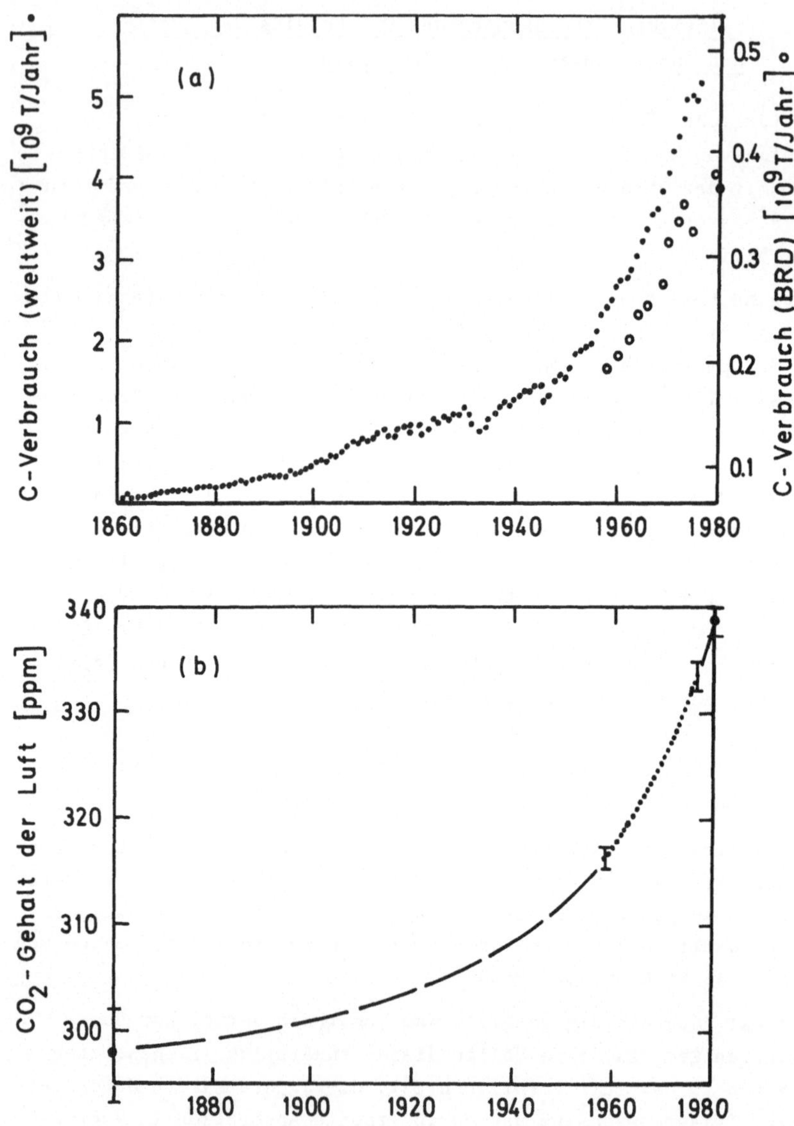

Bild 8.3.2: *Zeitliche Entwicklung*

a) des jährlichen Verbrauchs an fossilen Brennstoffen (weltweit [141] und in der BRD) und

b) des mittleren CO_2-Gehalts der Luft [138]

Der künftige Anstieg des CO_2-Gehalts der Luft hängt entscheidend vom weiteren Verbrauch an fossilen Brennstoffen ab:

- Würde z. B. der weltweite Verbrauch an fossilen Brennstoffen bis zum Jahr 2000 jährlich um ca. 2 % anwachsen (s. Abschn. 9.1), dann langsam aber stetig bis zum Jahr 2100 wieder auf den heutigen Verbrauch zurückgehen, so würde der CO_2-Gehalt in diesem Zeitraum auf ca. 600 ppm anwachsen.
- Selbst bei einer drastischen Verminderung des jährlichen Verbrauchs fossiler Brennstoffe innerhalb von 100 Jahren auf die Hälfte des heutigen Bedarfs würde - da ja auch weiterhin von der jeweils bei der Verbrennung von Kohle, Öl und Gas emittierten Menge an CO_2 mindestens die Hälfte auf überschaubare Zeit in der Atmosphäre verbleiben würde - der CO_2-Gehalt der Luft im genannten Zeitraum noch auf 450 ppm anwachsen. Er wäre damit immer noch höher als zur Warmzeit vor ca. 6000 Jahren.

8.3.4 Zu erwartende Änderung der Temperatur auf der Erde bei steigendem CO_2-Gehalt der Luft

Mit dem Anwachsen des CO_2-Gehalts der Luft ist ein näherungsweise proportionaler Anstieg der Temperatur auf der Erde verknüpft.
Es ist sehr schwer, die durch Erhöhung des Kohlendioxidgehalts der Luft bedingte Temperaturveränderung genau zu berechnen: Sie hängt von vielen weiteren Einflüssen ab, wie z. B. der Schichtung der Lufthülle, dem Wasserkreislauf der Erde, dem Wärmetransport durch Strahlung und Luftbewegung, der Wolkenbildung sowie den Absorptions-, Reflexions- und Wärmespeichereigenschaften von Land, Meer und Wolken.

Entsprechende Klimamodellrechnungen werden seit vielen Jahren durchgeführt, zunächst unter sehr vereinfachenden Annahmen, inzwischen aber schon unter Berücksichtigung fast aller bekannten Klimaeinflüsse. Fast alle diese Klimamodellrechnungen ergeben mit zunehmendem Kohlendioxidgehalt einen entsprechenden Temperaturanstieg [137]:

Demnach ist bei Verdoppelung des Kohlendioxidgehalts der Luft im jahreszeitlichen Mittel ein Temperaturanstieg von

(1 - 2)° C in äquatornahen Breiten,
(2 - 4)° C in unseren Breiten,
(4 - 8)° C in polnahen Breiten

zu erwarten.

Diese Werte decken sich mit den gefundenen Anstiegen des Kohlendioxidgehalts der Luft und der Temperatur zwischen der letzten Eiszeit und der nachfolgenden Warmzeit.

(Dabei muß darauf hingewiesen werden, daß zwischen Eiszeit und Warmzeit die Änderung von CO_2-Gehalt und Temperatur sich über Zeiträume von einigen tausend Jahren erstreckte, dabei die maximale Änderung des CO_2-Gehalts sich innerhalb von ca. (200 bis 400) ppm bewegte. Dagegen verläuft die Änderung des CO_2-Gehalts der Luft in den letzten Jahrzehnten sehr viel schneller; der maximal zu erreichende CO_2-Gehalt könnte leicht wesentlich höher als der natürliche Wert von ca. 400 ppm während der letzten Warmzeit liegen.)

Der merkliche Kohlendioxidanstieg innerhalb dieses Jahrhunderts sollte den erwähnten Rechnungen zufolge bereits einen Anstieg der mittleren Temperatur um ca. 0,3° C bewirkt haben. Dieser Betrag entspricht jedoch gerade den natürlichen Schwankungen des Temperaturmittelwertes über einige Jahre und kann demzufolge noch nicht durch Messungen mit Sicherheit erkannt werden.

Bild 8.3.3 zeigt die Veränderung der gemessenen mittleren Jahrestemperatur auf unserem Globus innerhalb der letzten hundert Jahre und - zum Vergleich - den durch den bisherigen Kohlendioxidanstieg von 290 auf 340 ppm gemäß Klimamodellrechnungen erwarteten Anstieg des globalen Temperaturmittels.

Offensichtlich wird die Grobstruktur der tatsächlichen Temperaturerhöhung durch die Rechnungen richtig erfaßt.

Die kurzzeitigen Verminderungen der mittleren Temperatur nach 1882, 1912 und 1962 (Pfeile in Bild 8.3.3) wurden weitgehend durch Staub in der Atmosphäre bewirkt, welcher bei großen Vulkanausbrüchen zu diesen Zeiten emittiert worden war und der die Intensität des einfallenden Sonnenlichtes vorübergehend schwächte. Eine solche vorübergehende Temperaturverminderung ist auch innerhalb der nächsten Jahre zu erwarten, diesmal bedingt durch Staub aus dem 1982 ausgebrochenen Vulkan Chichón, wodurch derzeit die Intensität des ein-

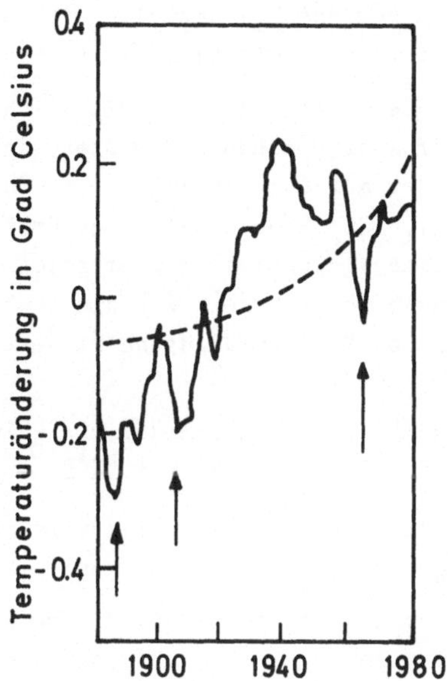

Bild 8.3.3: *Gang des globalen Jahrestemperaturmittels (ausgezogene Linie) und der durch den bisherigen Kohlendioxidanstieg der Luft gemäß von Klimamodellen erwarteten Temperaturanstieg (gestrichelte Linie) (nach [142])*

fallenden Sonnenlichtes bis zu ca. 2 % vermindert wird. In spätestens 20 Jahren jedoch erwarten wir aufgrund des Anstiegs des Kohlendioxidgehalts der Luft eine Temperaturerhöhung deutlich über den kurzzeitigen Schwankungswerten. Eine Kompensation dieses Anstiegs durch eine zufällige natürliche Abkühlung läßt sich zwar nicht ausschließen, ist aber wenig wahrscheinlich und rechtfertigt keinesfalls den Aufschub von Schritten zur Bewältigung des Kohlendioxidproblems:

Wegen der viele Jahrzehnte in Anspruch nehmenden Verlagerung der Energiegewinnung aus fossilen Brennstoffen auf andere Quellen ist es, wenn eine CO_2-bedingte Temperaturerhöhung direkt festgestellt wird, aller Voraussicht nach für wirkungsvolle Gegenmaßnahmen schon zu spät. Diese Zeitnot macht das CO_2-Problem besonders dringlich.

In diesem Abschnitt wurden bislang von allen bei der Energie-Nutzung entstehenden Gasen nur das CO_2 bezüglich seines möglichen Einflusses auf Temperatur und damit Klima betrachtet.

Die derzeit stattfindende Anreichung der Luft durch weitere Spurengase, wie Stickstoffoxide, Methan und weitere Kohlenwasserstoffe, die ebenfalls bei der Nutzung fossiler Brennstoffe emittiert werden (s. Tab. 3.1.14), läßt eine zusätzliche Erwärmung erwarten. Diese wird, wenn man eine gleichbleibende Emission in die Atmosphäre voraussetzt, etwa halb so groß sein wie die Erwärmung, die durch eine Verdopplung des Kohlendioxidgehalts hervorgerufen wird.

8.3.5 Mögliche Bedrohung von menschlichem Lebensraum bei Anstieg der Temperatur auf der Erde

Ein Temperaturanstieg schon von 1 bis 2 Grad wird unmittelbar eine deutliche Verschiebung der Klimazonen bewirken:

- So können sich die heute dicht besiedelten, fruchtbaren Winterregenzonen um das Mittelmeer, in den USA und in der südlichen UdSSR in subtropische Trockengebiete verwandeln.
- Andererseits können nördliche Gebiete wie Kanada und Sibirien ein wesentlich wärmeres Klima bekommen.
- Das erwartete Abschmelzen der das Nordpolargebiet bedeckenden, schwimmenden Eisdecke würde innerhalb von etwa 100 Jahren u. a. die Absorption der Sonneneinstrahlung in diesem Gebiet wesentlich erhöhen und damit die Klimaveränderungen noch verstärken.
- Über Zeiträume von vielen Jahrhunderten könnte auch das sich auf dem Kontinent der Antarktis bis zu einigen tausend Metern hoch auftürmende Eis abschmelzen. In diesem Fall würde der Meeresspiegel sukzessive bis zu 60 Meter ansteigen und dabei auch heute dicht besiedelte Küstengebiete überschwemmen.

Bei den prähistorischen Verschiebungen der Klimazonen konnten die wenigen Menschen damals ihren Lebensraum noch relativ leicht in wohnlichere Gebiete verlagern.

Heute würden ähnliche Verschiebungen der Klimazonen den Lebensraum von Hunderten von Millionen Menschen betreffen; diese hätten ohne gewalttätige Verdrängung anderer zumeist keine Möglichkeit, auszuweichen.

8.4 Schadensrisiken der verschiedenen Energie-Quellen

Das Ausmaß der heute erkennbaren und abzusehenden direkten gesundheitlichen Schädigungen - bedingt durch die verschiedenen Energie-Techniken und bezogen auf gleiche Mengen an gewonnener Endenergie - ist in Bild 8.4.1 zusammengestellt.

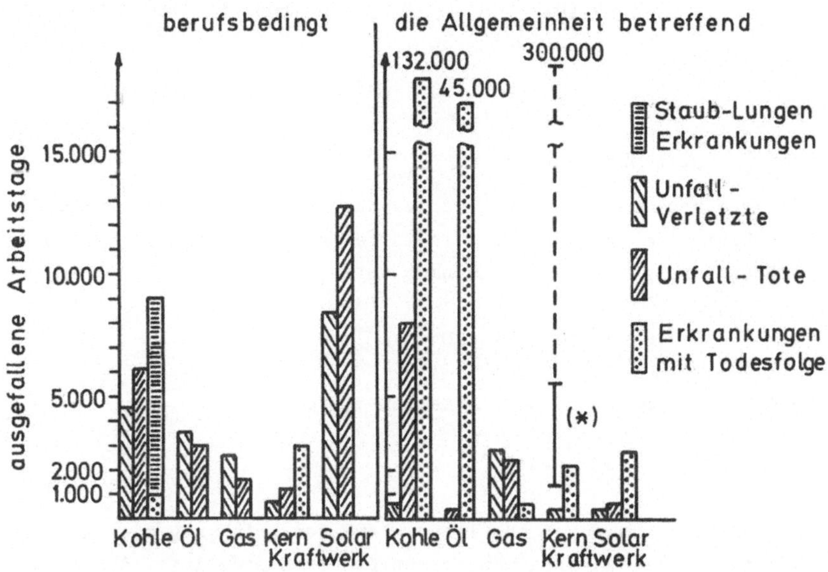

Bild 8.4.1: *Ausmaß direkter gesundheitlicher Schädigung, bedingt durch verschiedene Energie-Techniken, bezogen jeweils auf eine gewonnene Menge an Endenergie von 1 GWa (nach [143]).*

(Als Maß dient die Zahl der ausgefallenen Arbeitstage pro Person; 1 Todesfall wird dabei - etwas makaber, aber der Anschaulichkeit der Statistik dienend - als 6000 ausgefallene Arbeitstage, ca. 15 Lebensjahren entsprechend, gerechnet.)

(*) Schwankungsbreite der Häufigkeit des Eintretens eines großen Reaktorstörfalls (s. Text S. 426)

Die angegebenen Schadensrisiken für die Allgemeinheit aus der Nutzung der fossilen Brennstoffe basieren auf den bislang eingetretenen Schädigungen. Nicht enthalten ist das Schadensrisiko einer durch die CO_2-Emission verursachten weltweiten Klimakatastrophe.

Die angegebenen Schadensrisiken für die Allgemeinheit aus der Nutzung der Kernenergie (mittels Leichtwasser-Reaktoren, s. Abschn.

3.6.8) resultieren zum überwiegenden Teil aus der Schadstoffemission bei der Herstellung aller Materialien für den Kraftwerksbau. Das Schadensrisiko aus den hypothetischen großen Störfällen (s. Abschn. 3.6.10) mit Störfallhäufigkeit H und Schadensausmaß A gemäß den Angaben in Bild 3.6.13 beläuft sich hier auf ca. 30 % (entsprechend

$$N \begin{pmatrix}\text{ausgefallene}\\ \text{Arbeitstage}\end{pmatrix} = H \cdot A \cdot \begin{pmatrix}\text{ausgefallene Arbeitstage}\\ \text{pro Todesfall}\end{pmatrix}$$

$$= 10^{-6} \cdot 10^{+5} \cdot 6000 = 600)$$

der gesamten Schadenshöhe.

Entsprechend der Unsicherheit bei der Abschätzung der Häufigkeit des Eintretens großer Reaktor-Störfälle von schätzungsweise einer Größenordnung nach oben und nach unten, also

$$H \sim 10^{-5} \text{ bis } 10^{-7}$$

pro Reaktor-Betriebsjahr, höchstens jedoch

$$H = 5 \cdot 10^{-4} ,$$

abgeschätzt aus der bisherigen weltweiten Erfahrung mit ca. 2000 Reaktor-Betriebsjahren ohne einen großen Störfall (s. Abschn. 3.6.8), resultiert der in Bild 8.4.1 eingetragene Fehlerbalken (durchgezogene Linie für

$$H = 10^{-5} \text{ bis } 10^{-7} ,$$

strichlierte Linie für

$$H = 5 \cdot 10^{-4}).$$

Zur Verdeutlichung des Zusammenhangs zwischen Schadenshöhe und Schadenshäufigkeit bei sehr seltenen Schadensfällen wird in Bild 8.4.2 das Schadensrisiko aus der Nutzung von Kernkraftwerken (Leichtwasser-Reaktoren) mit den Risiken aus einigen anderen Techniken und aus natürlichen Ursachen verglichen, in Tab. 8.4.1 für

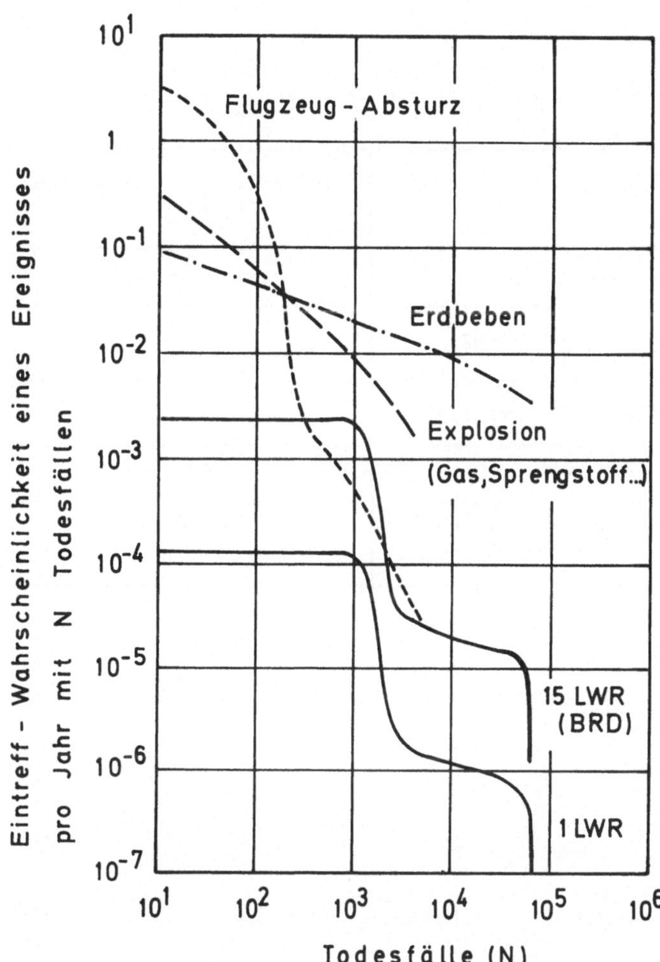

Bild 8.4.2: *Schadensrisiken aus verschiedenen Techniken und verschiedenen natürlichen Ursachen in den USA (nach [143]); die Schadensrisiken für 1 bzw. 15 (derzeit in der BRD) Kernkraftwerke (LWR) wurden aus Bild 3.6.13 übernommen.*

Einzelpersonen in der Bundesrepublik Deutschland die Höhen einiger verschiedener Risiken, im Laufe des Lebens durch diesbezügliche Unfälle zu Tode zu kommen.

Tabelle 8.4.1: *Risiken für jede Einzelperson in der BRD, im Laufe des Lebens durch einen Unfall der genannten Ursachen zu Tode zu kommen*

Unfall-Ursache	Todesrisiko innerhalb der mittleren Lebensdauer von 70 Jahren
Straßenverkehr	1,4 %
Schadstoffe aus Nutzung von Kohle und Erdöl	0,4 %
Elektrizität (Stromschlag)	0,1 %
Naturkatastrophen	0,01 %
Reaktorunfall bei Betrieb von 15 Kernkraftwerken in der BRD	0,0001 %

9 Schlußfolgerungen

9.1 Rahmen des künftigen Energiebedarfs

Um den Rahmen für den künftigen Energiebedarf einzugrenzen, soll hier nur der künftige Minimalbedarf grob abgeschätzt werden.

Im Fall der BRD (als typisches Industrieland) wird bei unverändert bleibendem Lebensstandard der Umfang möglicher Einsparungen bezogen auf den heutigen Bedarf (1982)

- für Heizwärme um ca. 30 %,
  entsprechend 0,38 · 30 % = 11 % der gesamten Endenergie,
- für Treibstoffe um ca. 20 %,
  entsprechend 0,35 · 20 % = 7 % der gesamten Endenergie,
- für Strom und Prozeßwärme um ca. 10 %,
  entsprechend 0,27 · 10 % = 4 % der gesamten Endenergie

angesehen [144].

Stellt man zusätzlich zu diesen Einsparungen auch noch das maximale Ausmaß der Fernwärmenutzung gemäß Tab. 7.1 von bis zu 15 % der derzeitigen gesamten Endenergie, so könnte bei gleichbleibender Bevölkerungszahl der jährliche Bedarf an Endenergie und damit näherungsweise auch an Primärenergie günstigstenfalls auf ca. zwei Drittel des derzeitigen jährlichen Werts gesenkt werden. Einsparungen von noch größerem Ausmaß würden mit einer Senkung des Lebensstandards in entsprechendem Umfang verknüpft sein.

Den genannten Einsparungen steht aber ein Mehrbedarf an Energie z. B. für Investitionen auf den Gebieten Fernwärme, Wärmedämmung und Entwicklung der diversen Solarenergie-Techniken - letztere nicht zuletzt auch für die künftige Energieversorgung in den Entwicklungsländern - gegenüber, der das genannte Ausmaß an Einsparungen zumindest zum Teil kompensieren wird (s. Bild 9.1).

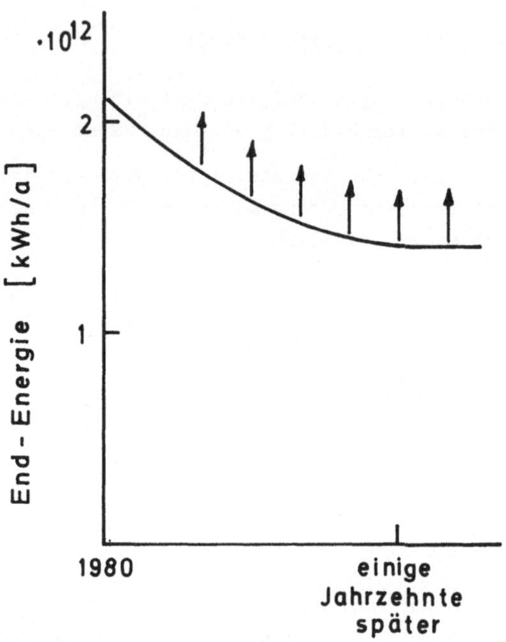

Bild 9.1: *Entwicklung des künftigen Bedarfs an Endenergie in der BRD unter Annahme maximaler Einsparungen bei unverändert bleibendem Lebensstandard.*

Abschätzung der unteren Grenze des künftigen weltweiten Energiebedarfs: Legt man den maximalen Umfang möglicher Einsparungen, wie er für die Bundesrepublik Deutschland abgeschätzt wurde, für alle Industrienationen zugrunde, so resultiert bei gleichbleibender Bevölkerungszahl der Industrieländer von ca. 1 Mrd. eine Minderung des jährlichen Bedarfs an Primärenergie von

- heute ca. $1{,}5 \cdot 10^{20}$ J/a auf minimal
- in einigen Jahrzehnten von ca. $\frac{2}{3} \cdot 1{,}5 \cdot 10^{20} = 1 \cdot 10^{20}$ J/a.

In den Schwellen- und Entwicklungsländern läßt sich allein in Anbetracht des Bevölkerungswachstums und der damit verbundenen Verstädterung der Energiebedarf pro Person nicht vermindern.

Schon unter der Annahme eines gleichbleibenden Energiebedarfs pro Person resultiert daraus bei einem Bevölkerungswachsum von heute ca. 3 Mrd. auf 5 Mrd. im Jahr 2000 (bzw. auf 7 Mrd. im Jahr 2025) ein Anwachsen des jährlichen Bedarfs an Primärenergie von

- heute ca. $1{,}2 \cdot 10^{20}$ J/a auf minimal
- im Jahr 2000 von ca. $\frac{5}{3} \cdot 1{,}2 \cdot 10^{20} = 2 \cdot 10^{20}$ J/a,
- im Jahr 2025 von ca. $\frac{7}{3} \cdot 1{,}2 \cdot 10^{20} = 2{,}8 \cdot 10^{20}$ J/a.

Daraus resultiert ein weltweiter Anstieg des jährlichen Primärenergiebedarfs

- von heute ca. $2{,}7 \cdot 10^{20}$ J/a,
- im Jahr 2000 auf minimal $3 \cdot 10^{20}$ J/a,
- im Jahr 2025 auf minimal $3{,}8 \cdot 10^{20}$ J/a,

9.2 Rahmen der Deckungsmöglichkeiten des künftigen Energiebedarfs in der Bundesrepublik Deutschland

Der Rahmen für die Deckung des künftigen Energiebedarfs in der Bundesrepublik Deutschland aus erneuerbaren Energiequellen (Tab. 7.1, Zeilen 4 - 7) aus Kernenergie (Tab. 7.1, Zeile 8) und aus fossilen Brennstoffen (Tab. 7.1, Zeilen 1 - 3) ist gemäß den in Abschn. 3.1 - 3.7 und zusammenfassend in Tab. 7.1 aufgezeigten Resultaten in Bild 9.2a-c skizziert.

- Die erneuerbaren Energie-Quellen Sonne, Wind, Wasser und Wärme aus Luft, Wasser und Boden können in einigen Jahrzehnten <u>maximal</u>

  $$(140 - 410) \cdot 10^9 \text{ kWh}$$

  pro Jahr liefern: Dies entspricht maximal (12 - 29) % des künftigen Minimalbedarfs.

- Aus Kernenergie könnten durch den Zubau von 10 Kraftwerken (derzeit in Bau oder Planung) und weiteren 20 Kraftwerke (innerhalb einiger Jahrzehnte) maximal

  $$400 \cdot 10^9 \text{ kWh}$$

  an elektrischer Energie und weitere

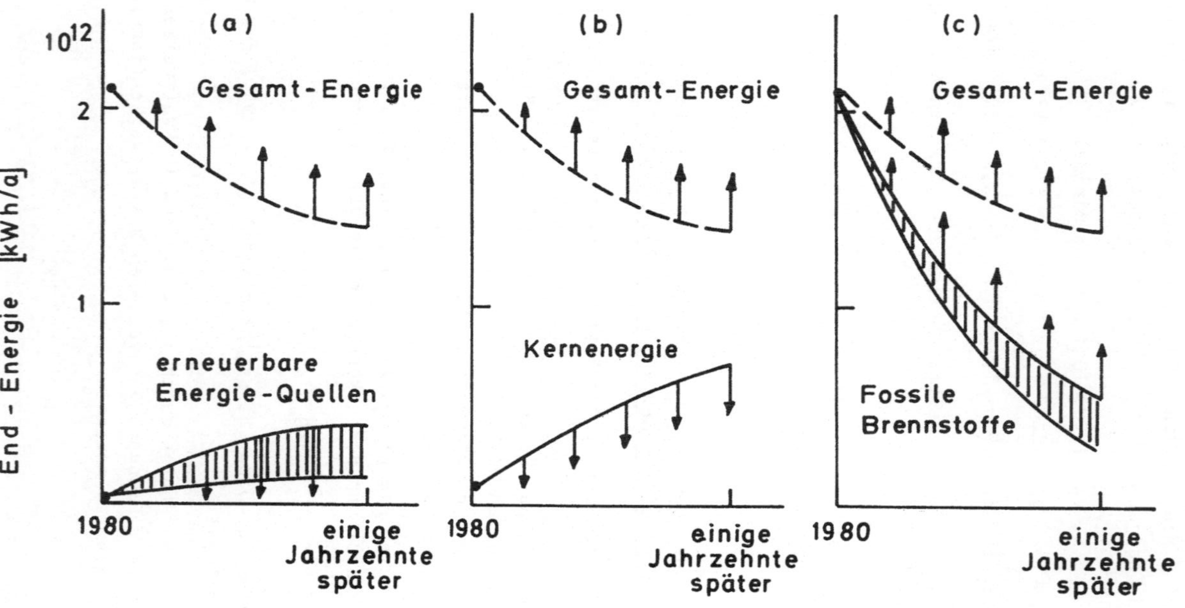

Bild 9.2: *Rahmen für die Deckung des künftigen Bedarfs an Endenergie in der BRD aus (a) erneuerbaren Energie-Quellen, (b) Kernenergie, (c) fossilen Brennstoffen im Vergleich mit dem minimalen Gesamtbedarf aus Bild 9.1*

$$360 \cdot 10^9 \text{ kWh}$$

an nutzbarer Wärme bereitgestellt werden; das entspricht maximal 54 % des künftigen Minimalbedarfs.

- Aus den fossilen Brennstoffen könnte der künftige Bedarf zumindest für etwa 1 Jahrhundert vollständig gedeckt werden. Als untere Schranke für eine mögliche Bedarfsdeckung aus den fossilen Brennstoffen ist in Bild 8.2c die Differenz zwischen dem Minimal-Gesamtbedarf und dem maximalen Angebot aus erneuerbaren Energie-Quellen (a) und der Kernenergie (b) eingetragen. Daraus ist zu entnehmen, daß auch in Zukunft selbst bei maximaler Nutzung der erneuerbaren Energie-Quellen und der Kernenergie immer noch ein beträchtlicher Anteil des Energiebedarfs aus fossilen Brennstoffen zu decken sein wird.

9.3 Gebotene Einschränkungen bei der Nutzung verfügbarer Energie-Quellen durch die damit verknüpften Schadensrisiken

Bei der Wahl zwischen den fossilen Brennstoffen und der Kernenergie zur Deckung des Energiebedarfs in der Bundesrepublik Deutschland im Rahmen der skizzierten Grenzen, aber auch weltweit, sind die mit beiden Quellen verknüpften, bezüglich Schadensart, Schadensausmaß und Schadenshäufigkeit sehr unterschiedlichen Schadensrisiken zu berücksichtigen:

Fossile Brennstoffe

Schadensart: Abgesehen von den zumindest im Prinzip technisch lösbaren Problemen der Umweltbelastung aus den emittierten Schadstoffen wie Schwefeldioxid, Stickstoffoxide, Kohlenwasserstoffe und Giftstaub dominiert bei weltweit weiterhin uneingeschränktem Verbrauch an fossilen Brennstoffen das Risiko einer weltweiten Klimakatastrophe durch das bei der Verbrennung freigesetzte Kohlendioxid von derzeit einer Menge von 5 GT C/a entsprechend, dies zum größten Teil in den Industrieländern. (Die aus der Rodung vor allem tropischer Regenwälder verursachte Erhöhung des CO_2-Gehalts der Luft entspricht einer jährlichen Menge von 1 - 3 GT C und ist demnach zwar nicht vernachlässigbar, aber doch vergleichsweise von geringerer Bedeutung.)

Schadensausmaß: Zumindest ein wesentlicher Teil des Lebensraums der gesamten Erdbevölkerung wird durch die Verschiebung der Klimazonen bedroht. Bei künftiger Nutzung fossiler Brennstoffe im gleichen Umfang wie derzeit wird sich der CO_2-Gehalt der Luft noch innerhalb von 100 Jahren auf 600 ppm erhöht haben, damit also auf das Doppelte des Gehalts zu Beginn dieses Jahrhunderts.

Damit verbunden sein wird eine Erhöhung der mittleren Temperatur
- um (1 bis 2)^{o} C in äquatornahen Gebieten,
- um (2 bis 4)^{o} C in unseren Breitengraden,
- um (4 bis 8)^{o} C in polnahen Zonen.

Diese Erwärmung wäre höher als die zwischen der letzten Eiszeit und der nachfolgenden Warmzeit. Diese Erwärmung wird in einigen nördlichen Zonen wie z. B. Sibirien eine Verbesserung der klimatischen Verhältnisse bewirken, in anderen Zonen, vor allem in südlichen Gebieten, aber werden sich die Klimabedingungen durch das Austrocknen dieser Gebiete sehr verschlechtern. Damit wird ein wesentlicher Teil der Erdbevölkerung seinen Lebensraum verlieren. Selbst bei einer drastischen Reduktion des künftigen jährlichen Verbrauchs fossiler Brennstoffe auf die Hälfte des derzeitigen Werts, dies innerhalb von 100 Jahren, wird der CO_2-Gehalt der Luft immer noch auf 450 ppm ansteigen, damit eine Temperaturerhöhung von etwa der Hälfte der oben genannten Werte verursachen. Auch dies wird noch eine spürbare Verschiebung der heutigen Klimazonen und dementsprechend eine Ausweitung der äquatornahen, unbewohnbaren Trockengebiete bewirken.

Die Wahrscheinlichkeit des Eintretens dieser Katastrophe ist sehr hoch; sie grenzt an Sicherheit.

Kernenergie

Schadensart: Eine mögliche hohe Umweltbelastung liegt ausschließlich im Risiko großer Störfälle.

Schadensausmaß: Beim größten denkbaren Störfall

- kann ein Gebiet im Umkreis von einigen Kilometern vom Unfallort durch Verseuchung mit radioaktiven Stoffen auf lange Zeit unbewohnbar werden,
- können durch Strahlenschäden bis ca. 1000 Todesfälle innerhalb

weniger Monate und

- weitere bis ca. 100 000 Todesfälle durch strahlenbedingte Krebserkrankungen in einem Zeitraum von ca. 30 Jahren verursacht werden.

Schadenshäufigkeit: Ein solcher großer Unfall ist in der Bundesrepublik Deutschland bei (derzeit) 15 Kernkraftwerken einmal innerhalb von ca. 10 000 bis 1 Million Jahren, bei 45 Kraftwerken einmal innerhalb von ca. 3 000 bis 300 000 Jahren zu erwarten (s. Abschn. 3.6.8).

Bei sachgemäßem Bau und Betrieb von Kernkraftwerken sollten zumindest in den Industrieländern für die Störfallhäufigkeit das in der Bundesrepublik Deutschland erreichte Maß realisierbar sein.

Vergleich der Schadensrisiken aus Nutzung von fossilen Brennstoffen und von Kernenergie

Das Ausmaß möglicher Schäden durch einen sicher sehr seltenen großen Unfall beim Betrieb von Kernkraftwerken in der Bundesrepublik Deutschland erreicht eine Höhe von maximal einigen 1 000 Todesfällen pro Jahr, dies über 30 Jahre lang. Diese jährliche Zahl an Todesfällen ist vergleichbar hoch wie die derzeit jedes Jahr durch Schadstoffemission bei der Verbrennung von fossilen Brennstoffen bewirkte Zahl von einigen 1 000 Todesfällen.

Schadensrisiko und Schadensausmaß einer CO_2-Klimakatastrophe - bewirkt durch den Anstieg des CO_2-Gehalts der Luft durch Verbrennung von Kohle, Öl und Gas und - in geringerem Maß - durch die Vernichtung der tropischen Regenwälder - stellen dagegen ein weltweites Problem mit noch unübersehbaren Folgen dar.

Dieses Risiko kann selbst bei drastischer Einschränkung des weltweiten Verbrauchs an fossilen Brennstoffen und entsprechender Einschränkung des Abbaus tropischer Regenwälder nicht vollständig vermieden, aber doch bezüglich des Schadensausmaßes wesentlich eingeschränkt werden.

Ausblick

Die genannten nötigen Einschränkungen scheinen realisierbar zu sein, sofern die Industrienationen insgesamt innerhalb weniger

Jahrzehnte

- ihren Gesamtenergiebedarf wesentlich einschränken,
- Abwärme von Kraftwerken als Fernwärme in größtmöglichem Umfang nutzen,
- die erneuerbaren Energie-Quellen, hier vor allem Solarwärme, Strom aus Solarzellen, Biogas, Wind- und Wasserkraft, für sich als auch für die Entwicklungsländer in größtmöglichem Umfang verfügbar machen,
- die Nutzung der Kernenergie zumindest in ihren Ländern voll ausbauen.

A N H A N G:

Größenordnung einiger typischer Energie-Flüsse

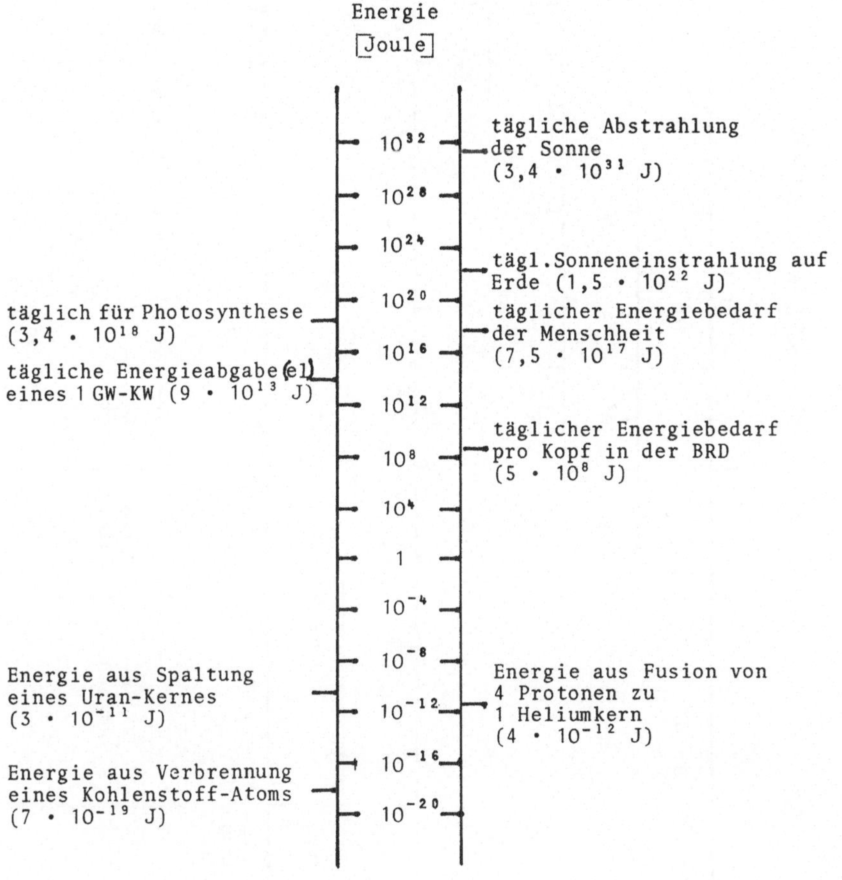

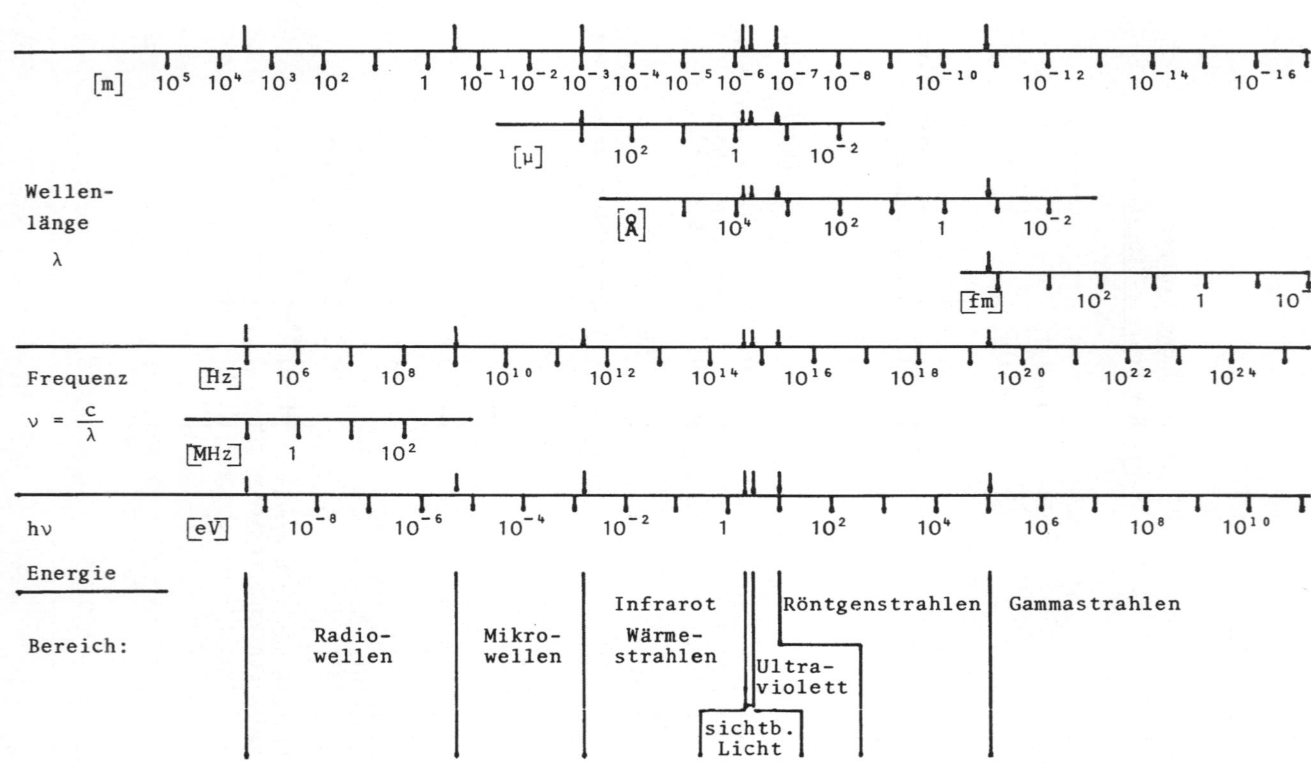
Spektrum der elektromagnetischen Wellen
[m] 10^5 10^4 10^3 10^2 1 10^-1 10^-2 10^-3 10^-4 10^-5 10^-6 10^-7 10^-8 10^-10 10^-12 10^-14 10^-16
[μ] 10^2 1 10^-2
Wellen-
länge
λ
[Å] 10^4 10^2 1 10^-2
[fm] 10^2 1 10^-2
Frequenz
ν = c/λ
[Hz] 10^6 10^8 10^10 10^12 10^14 10^16 10^18 10^20 10^22 10^24
[MHz] 1 10^2
hν
[eV] 10^-8 10^-6 10^-4 10^-2 1 10^2 10^4 10^6 10^8 10^10
Energie
Bereich:
Radio-
wellen
Mikro-
wellen
Infrarot
Wärme-
strahlen
sichtb.
Licht
Ultra-
violett
Röntgenstrahlen
Gammastrahlen

Literaturverzeichnis

[1] Einführung in die physikalischen Grundlagen der Energieumwandlungen. (Nach einer Vorlesung von K. Heinloth)
Teil I: M. Kolsdorf, BONN-IR-80-19 (1980
Teil II: M. Jullien, BONN-IR-80-31 (1980)
Teil III: U. Oehl, BONN-IR-80-20 (1980)

[2] Häfele, W.: Energy in a Finite World. (IIASA-Report) Ballinger Publ. Co., Cambridge/Mass. (1981)

[3] Thorndike, E.: Energy and Environment. Addison-Wesley Publ. Co., Reading/Mass. (1976)

[4] Cook, E.: The Flow of Energy in an Industrial Society. Sci. Am. (Sept. 1971) p. 136

[5] BMFT: Zweites Programm Energieforschung und Energietechnologien. Bonn (1981)

[6] Schmitz, K.: Langfristplanung in der Energiewirtschaft. Birkhäuser Verl., Basel (1979)

[7] Bischoff, G., Gocht, W. (Hrsg.): Energietaschenbuch. Vieweg-Verl., Braunschweig (1978)

[8] Lamb, G.H.: Underground Gasification. Techn. Rev. 14 (1977)

[9] Survey of Energy Resources. World-Energy-Conference, Bundesanstalt für Geologie und Rohstoffe, Hannover (1980)

[10] Jahrbuch Bergbau und Energie, Mineralöl und Chemie. Glückauf-Verl., Essen (1981/82)

[11] Energiebilanzen in der BRD. Herausgeg. v.: Arbeitsgemeinschaft Energiebilanzen im BMFT (1980)

[12] Franck, H.G., Knop, A.: Kohleveredlung. Springer-Verl., Hochschultaschenbuch (1979)

[13] Informationsdienst der Brigitta-Elwerath b.m.H. Referat für Öffentlichkeitswesen, Hannover (1982)

[14] Gold, T., Soter, S.: The Deep Earth Gas Hypothesis. Sci. Am. (June 1980) p. 130

[15] Vidal, H.: Kontinentales Tiefbohrprogramm in der Bundesrepublik Deutschland. Umschau (80) Heft 20 (1980)

[16] Studie zur friedlichen Nutzung der Kernenergie. BMFT (1978)

[17] Elektrizität 1981. Informationsabteilung der Vereinigung deutscher Elektrizitätswerke (VDEW), Frankfurt (1982)

[18] Fricke, J., Borst, W.L.: Energie, Lehrbuch der physikalischen Grundlagen. Oldenbourg-Verl., München (1981)

[19] Rummich, E.: Nichtkonventionelle Energienutzung. Springer-Verl., Wien/New York (1978)

[20] Information zu Heizungsanlagen und Betriebs-VO. Bundesministerium für Wirtschaft, Bonn (1979)

[21] Neuberg, D.: Kohlekraftwerke der Zukunft. Bild d. Wissensch. 2 (1980)

[22] Cochran, N.: Oil and Gas from Coal. Sci. Am. (May 1976)

[23] Langhoff, J.: Wirbel um die Kohle. Umschau 10 (1982)

[24] Weinlich, E.: Verbesserung der Verfahren der Energieumwandlung. BWK 30 (1978)

[25] VDST (Verband deutscher Steinkohle) Essen, priv.Mitteilung

[26] Pressenotiz in Bild d. Wissensch. 11 (1982) S. 26

[27] Frisch, F.: 100 x Energie. Bibliograph. Inst., Mannheim (1977)

[28] Studie Fernwärme. BMFT, Bonn (1977)

[29] Bald, A., Waas, U.: Fernwärme, Fakten und Argumente. KWU, überarbeiteter Vortragstext (Nov. 1981)

[30] Einsatzmöglichkeiten neuer Energiesysteme, Teil II: Kohleveredlung. BMFT, Bonn (1978)

[31] Berg, J.: Benzin und Gas aus Kohle. Bild d. Wissensch. 12 (1978)

[32] Rheinbraun A.G. Köln, private Mitteilung

[33] Considine, D.M. (Ed.): Energy Technology Handbook. MacGraw Hill, New York (1977)

[34] Kölbel, H., Ralek, M.: Fischer-Tropsch-Synthese, in "Chemierohstoffe aus Kohle", Falbe (Hrsg.), Thieme-Verl., Stuttgart (1977)

[35] Jüntgen, H.: Vortrag auf DPG-Frühjahrstagung, Bielefeld (1980)

[36] Energiewirtschaft kurz und bündig. Informationsbroschüre der Informationszentrale für Energiewirtschaft, Bonn (1982)

[37] Deutsche Industrienorm, Nr. 51600

[38] Mende-Simon: Physik, Gleichungen und Tabellen. Heyne-Verl. (1976)

[39] Cap, F.: Energieversorgung. B.G. Teubner-Verl., Stuttgart (1981)

[40] Wilson, D.G.: Alternative Automobile Engines. Sci. Am. (July 1978) Vol. 239

[41] Hennecke, H., et al.: VGB Kraftwerkstechnik 59, 93 (1979)

[42] Beckurts, K.H.: Umwelteinflüsse durch nichtnukleare Energiequellen. Vortrag auf der Frühjahrstagung der DPG, Bielefeld (März 1980)

[43] Stokes, C.A.: Synthetic Fuels at the Crossroad. Techn. Rev. (Aug. 1979)

[44] Martin, A.: Technoökonomie der Wirbelschichtbefeuerung. E. Schmidt-Verl., Berlin (1982)

[45] Kolb, W.: Radioaktive Stoffe in Flugasche aus Kohlekraftwerken. PTB-Mitteilungen 2 (1979)

[46] The Menace of Acid Rain. New Scientist (Aug. 1982)

[47] Rudolph, J.: Moderne Chemie. Pawlak-Verl., Herrsching

[48] Der deutsche Wald stirbt.
Schütt, P.: Bild d. Wissensch. 12 (1982) S. 86,
Wentzel, K.F.: Bild d. Wissensch. 12 (1982) S. 103,
Ulrich, B.: Bild d. Wissensch. 12 (1982) S. 108.

[49] Likens, G.E., et al.: Saurer Regen. Spektr. d. Wissensch., Erstedition in deutscher Sprache (1982)

[50] Meyers, L.A.: Hydrocarbon Processing (June 1975) p. 93

[51] Dehli, M.: Energie von der Sonne. Informationszentrale der Energiewirtschaft, IZE (1961)

[52] Sellers, W.D.: Physics Climatology, Chicago (1969)

[53] Matthöfer, H. (Hrsg.): Energiequellen für morgen? Frankfurt/M. (1976)

[54] Oesterwind, D., et al.: Sanfte Energieversorgung. Jül-Spez.-78, KFA Jülich (1980)

[55] Schmitz, K., Voss, A.: Energiewende? Jül-Spez.-73, KFA Jülich (1980)

[56] Messel, H., Butler, S.E.: Solar Energy. Pergamon Press, Oxford (1975)

[57] Ladisch, M.R., Dyck, K.: Science 205 (1979) p. 898

[58] Chambers, R.S., et al.: Science 206 (1979) p. 789

[59] Bostel, J., et al.: Möglicher zukünftiger Beitrag regenerativer Energiequellen zur Energieversorgung der BRD. Jul-Spez.-156, KFA Jülich (1982)

[60] Böger, P.: Umschau 79 (1979) Nr. 20, p. 639

[61] GLOBAL 2000, der Berichtan den US-Präsidenten, Washinton (1980). Verlag 2001, Frankfurt/M. (1980)

[62] Dobrinski, P., Krakau, G., Vogel, A.: Physik für Ingenieure. B.G. Teubner-Verl., Stuttgart (1980)

[63] Palz, W.: Solar Electricity. Butterworth (1978)

[64] Bloss, W.H.: Elektronische Energiewandler. Wiss. Verl., Stuttgart (1979), Phys. Bl. 36 (1980) Nr. 7, p. 203

[65] Götzberger, W., Greubel, W.: Appl. Phys. 14 (1977) p. 123, Appl. Phys. 16 (1978) p. 399

[66] Vielstich, W.: Alternativwege zur Energieversorgung. Chemie in unserer Zeit 11 (1977) Nr. 5, p. 131

[67] Glaser, P.E.: Physics Today, Feb. (1977) S. 30

[68] Penner, S.S., et al.: Energy, Vol. I - III. Addison-Wesley, Reading (1975)

[69] Meinel, A.B., Meinel, M.P.: Phys. Today (1972) No.2, p. 44

[70] Kalt, A., Ley, W.: in "Grundlagen der Solartechnik I". Deutsche Gesellschaft für Sonnenenergie (1976)

[71] Stoy, B.: Wunschenergie Sonne. Energieverl., Heidelberg (1978)

[72] Liu, B.A., Jordan, R.C.: Solar Energy 4 No. 3 (1960)

[73] Collmann, W.: Bericht des deutschen Wetterdienstes Nr. 42 (1958)

[74] Hemmers, R., Hotzel, Ch.: in "Informationspaket: Sonnenenergie zur Warmwasserbereitung und Raumheizung". Fachinformationszentrum Energie, Karlsruhe (1982)

[75] Broschk, J.: RWE-Essen, TAB Heft 3 (1981)

[76] Bruno, R., et al.: Philips Forsch. Lab. Aachen (1977)

[77] Thielheim, K.O. (Ed.): Primary Energy, Springer Verl., Berlin (1982)

[78] Grasse, W.: Die Sonne anzapfen. Umschau 81 (1981) Heft 19, p. 578

[79] Interatom: Sonnenenergieprojekte (März 1980)

[80] Fricke, J.: Physik in unserer Zeit (1982) Heft 5, p. 160

[81] Cube, A.v.: in "Bilder aus der Wissenschaft". (Sendung des WDR v. 4. 8. 82)

[82] Cummings, R.G.: Techn. Rev. (Feb. 1979)

[83] Vordermann, J.: Bild d. Wissensch. Nr. 10 (1979) p. 180

[84] Zener, C.: Phys. Today No. 1 (1973)

[85] Seifritz, W.: Sanfte Energie-Technologie - Hoffnung oder Utopie? Thiemig-Verl., München (1982)

[86] Steimle, F.: Gaswärmepumpen-Praxis. Vulkan-Verl., Essen (1980)

[87] Sorensen, B.: Renewable Energy. Academic Press, London (1979)

[88] Bürger-Information Neue Energie-Quellen: Holzapfel, K.H., et al.: Heizen mit Wärmepumpen. Fachinformationszentrum Karlsruhe (1982)

[89] Bürger-Information Neue Energie-Quellen: Grewen, J.: Windenergie. Fachinformationszentrum Karlsruhe (1982)

[90] Feustel, J.E.: Möglichkeiten und Grenzen der Windenergie-Nutzung. Jülich (1978)

[91] Benesch, W., et al.: Die Windverhältnisse in der BRD. In "Informationspaket Nutzung der Windenergie", KFA Jülich, im Auftrag des BMFT (1978)

[92] Körber, F.: GROWIAN-Studie. In "Informationspaket Nutzung der Windenergie", KFA Jülich, im Auftrag des BMFT (1978)

[93] Duff, F.D.: Techn. Rev. 11 (1978) p. 34

[94] Salter, S.H.: Nature 249 (1974) p. 720

[95] Rau, H.: Heliotechnik, Pfriemer-Verl., München (1976)

[96] Kaplan, I.: Nuclear Physics. Addison-Wesley-Verl., Reading/Mass. (1963)

[97] Frauenfelder, H., Henley, E.: Subatomic Physics. Prentice-Hall, Inc., Englewood Cliffs, N.Y. (1974)

[98] Allkofer, C.O.: Introduction into Cosmic Ray Physics. Thiemig-Verl., München (1975)

[99] Gehrtsen, Ch.: Physik. Springer-Verl., Berlin (1960)

[100] Borsch, P., Münch, E. (Red.): Nutzen und Risiken der Kernenergie. Jül-Conf.-17, KFA Jülich (1979)

[101] Lüscher, E. (Hrsg.): Kernenergie und Kerntechnik. Vieweg-Verl., Braunschweig (1982)

[102] Mayer-Kuckuk, T.: Kernphysik. B.G. Teubner-Verl., Stuttgart (1979)

[103] Deffeyes, K.S., Gregor, I.D.: World Uranium Resources. Sci. Am. 242 No. 1 (1980) p. 50

[104] Closs, K.D. (Leiter der Studie): Vergleich der verschiedenen Entsorgungsalternativen und Beurteilung ihrer Realisierbarkeit. Kernforschungszentrum Karlsruhe, KFK 3000 (1980)

[105] Kuroda, P.K.: The Origin of Chemical Elements, Springer-Verl., Berlin (1982)

[106] Standardisierte Hochtemperatur-Reaktoren. Hochtemp. Reaktorbau GmbH (BBC), NZZ 123 (1982)

[107] Deutsche Risikostudie Kernkraftwerke. Hrsg.: Der Bundesminister für Forschung und Technologie. Verlag TÜV-Rheinland, Bonn (1979)

[108] Risikoorientierte Analyse zum SNR-300. Gesellschaft für Reaktorsicherheit (GRS) mbH, Köln (1982);
Köberlein, K., et al.: Überblick über Vorgehensweise und Ergebnisse der SNR-300 Studie. GRS-Fachgespräch (1982)
Bayer, A., Ehrhardt, J.: Unfallfolgenrechnung und Risikoabschätzungen im Rahmen der SNR-300-Studie. Kernforschungszentrum Karlsruhe, KFK 3423 (1982)

[109] Ehrhardt, J.: KFK Karlsruhe, private Mitteilung

[110] Nuckolls, J.H.: The Feasibility of Inertial Confinement Fusion. Phys. Today (Sept. 1982) p. 24

[111] Read, S.F.J.: Rencontre on Fusion Technology, Rutherford Lab. (Feb. 1979)

[112] Emmet, J., et al.: Fusionpower by LASER Implosion. Sci. Am. 231 (June 1974) p. 24)

[113] Alvarez, L.W., et al.: Phys. Rev. 105 (1957) p. 1127

[114] Bystritsky, V.M., et al.: Phys. Lett. 94B (1980) p. 476

[115] Petitjean, C., et al.: SIN-Exp. 7364

[116] SIN-Jahresbericht, Billigen (1978), N.V. Bagett, Brookhaven Nat. Lab., in CERN Courier Vol. 23, 4 (May 1983)

[117] Petitjean, C.: SIN, Kolloquiumsvortrag am ISKP, Universität Bonn (Jan. 1983)

[118] Schulten, R., Bernert, H.: VDI-Berichte Nr. 224 (1976) p. 25

[119] Hertens, H.: Siemenszeitung 49 (1975) p. 580

[120] Lammeren, J.A.v.: Technik der tiefen Temperaturen. Springer-Verl., Berlin (1941)

[121] Programmstudie Sekundärenergiesysteme Teil III: Wasserstoff. BMFT, Bonn (1975)

[122] Westphal, W.H.: Physik, Springer-Verl., Berlin (1939)

[123] Elektrochemische Energietechnik: Entwicklungsstand und Ansichten. BMFT (Hrsg.), Bonn (1981)

[124] Rose, R.H.: Underground Power Transmission. Science 170 (1970) p. 226

[125] Klaudy, P.: Energieübertragung durch tiefgekühlte, besonders supraleitende Kabel. Rh.W. Akad. D. Wissensch., Vorträge Nr. 223 (1973) p. 7 - 73

[126] Kneubühl, F.: Repetitorium der Physik. B.G. Teubner-Verl., Stuttgart (1975)

[127] Wilson, D.G.: Alternative Automobile Engines. Sci. Am. 239 (1978) p. 27

[128] BMFT (Hrsg.): Einsatzmöglichkeiten neuer Energiesysteme; Programmstudie "Sekundärenergiesysteme", Teil III: Wasserstoff, Bonn (1975)

[129] Euler, J.K.: Magnetohydrodynamische Stromerzeuger. Atom und Strom 17 (1971) p. 137

[130] Budnick, D. : Kernkraftwerke für den Einsatz im Weltraum. Siemens Zeitschrift 44 (1970) p. 483

[131] Myatt, P.: Thermoelektrische Radionuklidgeneratoren. Kerntechnik 14 (1972) p. 391

[132] Marchetti, C.: Hydrogen and Energy. Chemical economy and engineering review (Jan. (1973))

[133] Maugh, T.: Hydrogen Synthetic Fuel of the Future. Science 78 (1979) p. 849

[134] Marchetti, C.: Geoengineering and the Energy Islands. Research Report 76-1 (1976) IIASA, Laxenburg

[135] Rietjens, L., Eindhoven: Vortr. auf der Tagung der DPG, Regensburg (März 1983)

[136] Bach, W., et al. (Editors): Interactions of Energy and Climate. D. Reidel Publ. Co., Dordrecht (1980)

[137] Experientia: The CO_2-Problem. Birkhäuser-Verl., Basel (1980)

[138] Revelle, P.: Carbon Dioxide and World Climate. Spektr. d. Wissensch. (Okt. 1982) p. 16

[139] Bach, W.: Gefahr für unser Klima. Verl. C.F. Müller, Karlsruhe (1982)

[140] Flohn, H.: Stehen wir vor einer Klimakatastrophe? Phys. Blätt. 37 (1981) p. 184

[141] Fricke, J.: Phys. in uns. Zeit 3 (1980) p. 92

[142] Lacis, A., et al.: Geophys. Res. Lett. 8 (1981) p. 1035; Hansen, J., et al.: Science 213 (1981) p. 957

[143] Black, S.C., Niehaus, F.: Rises and Benefits of Different Energy Systems. In 136

[144] Bericht der Enquete-Kommission "Zukünftige Kernenergie-Politik". Deutscher Bundestag, Drucksache 8/4341 (Juni 1980)

[145] Review of Particle Properties. Particle Data Group. Phys. Lett. 111B (April 1982)

[146] Bern CO_2-Symposium. J. of Geophys. Research, Vol 88, No. C2 (Feb. 20, 1983)

[147] CO_2 Research Conference, Coolfort Conf. Center, Berkeley Springs, USA (Sept. 1982) (submitted reports)

[148] 13. Verordnung zur Durchführung des Bundes-Emissionsschutz-Gesetzes BMI (Febr. 1983)

Sachverzeichnis

Absorber, selektive 128
Absorberwärmepumpe 379
Absorptionsgrad 128
Absorptionskoeffizient 118
Abwärme von Kraftwerken 370, 413f.
ADAM 46, 313f., 343
Adiabatische Prozesse 354f.
Aerosole 220
Akzeptor 112f., 386f.
Albedo 92
Alkohol (aus Biomasse) 108f.
Alkylierung 71
Allis-Chalmerszelle 395
Allotherme Vergasung 57
Alpha-Strahlung 215
Anergie 15, 353
API (American Pressure Index) 44
Aquiferspeicher 328
Arbeit, Definition 21
Aromaten 68
Aufwind-(Solar)-Kraftwerke 143f.
Autotherme Vergasung 57

Barn 232
Barrel 44
Batterien 320ff.
Becquerel 210
Beersche Beziehung 118
Bergius-Pier-Verfahren 65f.
Beta-Strahlung 215
Bindungsenergie pro Nukleon 226
Biogas 110f.
Biomasse 106ff.
Bleiakkumulator 320f.
- in PKWs 325
Bleiemission 79f.
Blindwiderstand 345
Braunkohle - Definition 38
- verbrauch 41
- vorräte 38
- zusammensetzung 38
Braytonturbine 376
Brennstäbe 239
Brennstoffzellen 46, 398ff.
Brutrate 245
Brutreaktor 253ff.

Candela 404
Carnotscher Kreisprozeß 359
Carnotscher Wirkungsgrad: s. Wirkungsgrad
Clausius'sches Prinzip 356
Clausius-Rankine-Maschine 364f.
Clausverfahren 85
Consolverfahren 65
Cooperpaare 348
Crackverfahren 71
Curie 210
Dampfdruckspeicher 318
Darrieus-Rotor 174
Debyetemperatur 301
Destillation von Biomasse 108f.
Dieselmotor 74, 375f.
Donator 112f., 386f.
Dotierung 112f., 386f.
Dreiecksschaltung 346
Drehstrom 345
Druckeinheiten 12
Druckwasserreaktor DWR 248
Dünnschicht(solar)zellen 121
Dulong-Petitsches Gesetz 301

Einsteinsche Beziehung 20
Eisen-Luft-Batterie 323
Eisen-Nickel-Akkumulator 321
Elektrochemische Güteziffer 401
Elektrolyse von Wasserstoff 314, 395f.
Elektromotorische Kraft 321
Elektromagnetische Strahlung 20, 438
Elektron 215
Emissionsgrad 128
Endlagerung rad. Abfälle 261f.
Energie - bedarf 30ff., 407ff., 429ff.
- chemische 19
- einheiten 12
- elektromagnetische 18
- erhaltung 21
- erscheinungsformen 17ff.
- fluß auf der Erde 97
- grundlagen 15
- kinetische 18
- potentielle 18
- quellen 24f., 408ff.
- speicherung 29, 299ff.
- Speicherung von elektrischer 320ff.
- thermochemische Speicherung 313
- transport 29, 333ff.
- Transport von elektrischer 320ff.
- umwandlung 15f., 21f., 26
Energiedach 135f.
Enthalpie 358
Entnahmekondensationskraftwerk 52
Entropie 355ff.
Entschwefelung 83f.

Erdgas - aufbereitung 71
- verbrauch 41
- vorräte 38f.
- zusammensetzung 39
Erdkabel 347
Erntefaktor - Definition 28
- Übersicht für alle Energiequellen 408
Erdöl - aufbereitung 67f.
- preisentwicklung 42
- verbrauch 41
- vorräte 38f.
- zusammensetzung 39
Erdreichwärmepumpen 164
Erdwärme 93, 148f.
Eutektische Mischung 311
EVA 46, 313f., 343
Exergie 15, 353
Extraction (in WAA) 259
Extraktion (Kohleverfl.) 64f.

Farmkraftwerke 140f.
Faradaygenerator 383f.
Faradaykonstante 399
Fermentation 108, 110
Fernleitungen 346ff.
Fernwärme 51f., 339f.
Festbettvergasung 57
Festdruckspeicher 318
Festpolymer-Elektrolyse 396
Fischer-Tropsch-Verfahren 64, 66f.
Flachkollektoren: s. Sonnenkollektroren
Flugstaubentschwefelung 85
Flugstromvergasung 57
Fraktionierung 68
Freie Enthalpie 358
Fusionsreaktor: s. Kernfusion

Galvanisches Element 320
Gammastrahlung 215
Gasdiffusion zur Urananreicherung 235
Gasgekühlter Kernreaktor (GGR) 250f.
Gasphase 65
Gasphasenreaktor 255
Gasthermen 72
Gasturbine 50, 76f.
Gaszentrifugen zur Urananreicherung 236
GAU größter anzunehmender Unfall 265f.
Gegendruckkraftwerk 52
Gezeiten - kraftwerk 191f.
- potential 195
Gezro-Prozeß 397
Gibbsches Potential 358
Gleichdruckaktionsturbine 76
Gleitdruckspeicher 318
Glühkathodenemission 389
Glühlampe 403
Gray 212
GROWIAN 178
Grundwasserwärmepumpen 166
Güteziffer 379

Hagen-Poisseuillesches Gesetz 334
Halbleiterdioden 112f.
Halbwertszeit 211
Hall - effekt 381
- generator 383f.
H-Coal-Verfahren 65
Headend 259
Heat Pipe 341
HGÜ - hochgespannte, geglättete Übertragung 347
Heißwasserquellen 149
Heizkraftwerke 47f.
Heizleistungsaufnahme (von Wohnhäusern) 306
Heizwert, Definition 358
Helio-Hydro Elektrizität 208
Heterogene Verdampfung 315
Hochtemperatur - reaktor (HTR) 251f.
- wasserdampfelektrolyse 396
- zellen 323f.
Hot-Dry-Rock-Verfahren 151f.
Höhenstrahlung 220f.
Holz als Brennstoff 111
Hydrierung - direkte 64f.
- natürliche 39
Hydrocracken 71

Ideale Gase, Zustandsgleichung 351
Impedanz 345
Inkohlung 37
In-situ-Vergasung 55, 62f.
Ionendosis 212
Irreversibler Prozeß 353
Isochore Prozesse 354f.
Isobare Prozesse 354f.
Isomere 68
Isotherme Prozesse 354f.

JET (Joint European Torus) 276, 285
Joule 12
Joulezyklus 376

Kalk(stein)waschverfahren 85

Kalorie 300
Katalytische Fusion 271, 275, 292f.
Kernbrennstoffe 233
Kernfusion 270ff.
Kernreaktoren 240ff.
Kern - energie 19, 225ff.
- spaltung 225ff.
Kettenreaktion 241f.
Kirchhoffsches Strahlungsgesetz 128
Klimakatastrophe, s. Kohlendioxidemission
Klopffestigkeit 72
Knallgaszelle 398f.
Knopfzellen 323
Kohle - anreibung 65
- kraftwerke 47f.
- verflüssigung 63ff.
- vergasung 54ff.
Kohlen - dioxidemission 78,104 416ff.
- monooxidemission 79f., 87
- wasserstoffemissionen 79f., 87
Kohlenstoffkreislauf 104f.
Kompressorwärmepumpe 379
Kondensator 326
Konvektion 300f.
Konversionsrate 245
Koppers-Totzek-Verfahren 57, 60f.
Koronastrahlung 347
Kosmische Strahlung 228f.
Kraft-Wärme-Kopplung 51f., 339f.
Kreiskolbenmotor 374
Kritische Größen (v. Gasen) 352
Kritische Länge (v. Erdkabeln) 347
Kritikalität 242
Kryokabel 348
k-Wert 303
Kugelhaufenreaktor 251f.

Laminare Strömung 334
Laserfusion 275, 288f.
Laserverfahren zur Urananreicherung 239
Latentwärmespeicherung 311f.
Lawson-Kriterium 275
Lebensdauer, mittlere 211
Leitungsband 112f., 386f.
Leuchtstoffröhren 403f.
Lithium-Schwefel-Batterie 324
Löcherleitung 112f., 386f.
Luftdruckspeicherung 311f.
Luftwärmepumpen 164
Lumen 405
Lurgi-Verfahren 57ff.
Lux 405

Magnesiumoxidwäsche 85
Magnetischer Einschluß 279f.
Magnetohydrodynamische Wandler 51, 76f., 381ff.
Mark I - Prozeß 394
Maxwell-Boltzmann-Verteilung 274
Meeres - wärme 157f.
- wellen 201f.
- strömungen 208f.
Mehrschicht(sonne)kollektoren 125f.
Metallhydridspeicher 330f.
Metall-Luft-Batterien 323
Methanisierung 56f.
Methanolsynthese 64, 66f.
Meyer-Verfahren 84
Mobilölverfahren 75
Moderatoren 231f.
Molekularsiebtrennung 71
Moody-Diagramm 336
Müonen 221
Müon - induzierte Fusion 292
- katalytischer Brüter 296

Nachtstromspeicher - heizung 304
- heizwerk 305
Naphtene 68
Naßkulturen 370
Natrium-Schwefel-Batterie 323f.
Natürliche Radioaktivität 217f.
Neutrino 215
Neutron 215
Newton 12
Newtonsches Reibungsgesetz 333
Niedrigtemperaturzellen 322f.
Nova 1-Anlage 276, 288
NO_x-Emission 79f., 86f.
Nutzenergieverbrauch 34, 35

Ölbrenner 72
Ölsand 39f.
Ölschiefer 40f.
Oklo-Reaktor 244f.
Oktanzahl 72
Olefine 67
Osmosekraftwerk 186
Ottomotor 73f., 372f.

Paraffine 67
Peltier-Effekt 389
Photobiologische Wasserstofferzeugung 100f.
Photoelektrischer Effekt: s. Solarzellen
Photosynthese 89ff.
pH-Wert 82
Plankscches Strahlungsgesetz 90

Plasma 273ff.
Plutonium: s. Kernbrennstoffe
Poise 334
Poissonsche Zahl 316
Poloidalfeld 282
Polymerisieren 71
Poren-Gas-Speicher 328
Positron 215
Primärenergiebedarf 32
Proton 215
Pumpwasserspeicher 315
Purexverfahren 258
p-V-Diagramm 352
Pyrolyse - von Kohle 64f.
- von Wasserstoff 314, 392

Quarks 215
Querdehnungszahl 316

rad 212
Radioaktivität 210f.
- künstliche Quellen 219
- Reichweite 223
Radionuklidbatterien 389, 391
Raneymetalle 402
RBW: Relative biologische Wirksamkeit 213
Reaktivität 243
Reflexionsgrad 128
Reflexionsvermögen 118
Reformierung von KWS 69
Reibungskoeffizient 335
rem: radiation equivalent man 213
Reversibler Prozeß 353
Reynoldsche Zahl 335
Richardsonsche Beziehung 389
Risikostudien 266
Röntgen 213
Rohrreibungszahl: s. Reibungskoeffizient
Rußemission 79f.

Saarberg-Hölterverfahren 85
Sahagleichung 381
Sapropel 38
Schadensrisiken für alle Energiequellen 425
Scheinwiderstand 345
Schmelz - temperatur 311
- wärme 311
Schmelzwasserkraftwerk 185
Schwefeldioxidemissionen 79f., 81ff.
Schwerwasserreaktor HWR 250
Schwungradspeicher 316ff.
Schneller Brüter 253ff.
Seebeck-Effekt 386
Siedewasserreaktor SWR 250
Sievert 213
Silber-Zink-Batterien 323
SKE, Steinkohleeinheit 12, 36
Solar - dächer 135
- kraftwerke 137f.
- zellen 112ff.
- zellensatellitenstationen 123
Sonnen - einstrahlung 93, 134
- energie 89ff.
- fokuskollektoren 131
- lichtkollektoren 124ff.
- ofen 142
- teich 145
Spontane Spaltung 215
Staubemission 79f.
Stefan-Boltzmannsches Strahlungsgesetz 90
Steinkohle - verbrauch 41
- vorräte 38
- zusammensetzung 38
Stellerator 275, 284f.
Sternschaltung 346
Stickoxidemission 79, 86
Stilb 405
Stirling-Maschine 362
Strahlenschäden 223
Störfälle in KKW 266f.
Sumpfphase 65
Supraleitung 326, 348
Supraleitende Kabel 348f.
Synthesegase 54f., 343

Tafelreaktion 399
Tailend 259
Technische Arbeit 358
Teilchenstrahlfusion 275, 288f.
Temperatur 231, 351ff.
Temperaturleitzahl 303
Tesla 280
Thermionischer Energiewandler 389f.
Thermodynamik, Hauptsätze 353f.
Thermoelektrische Energiewandler 386f.
Thermokraft 386
Thermolyse von Wasserstoff 314, 393f.
Thoriumvorräte 233
Tokamak 275, 282f.
Toroidfeld 282
Treibstoffspeicherung 328ff.
Trenndüsenverfahren
Tristan 388
Trockenkühlturm 371
Turbulenz 334
Turmkraftwerke 140f.

Überhitzung 365, 368f.
Überdruckreaktionsturbine 76
Umweltbelastung
- Erdwärme 155f.
- fossile Brennstoffe 78ff.
- Kernfusion 297
- Kernspaltung 263ff.
- Meereswärme 159
- Sonnenenergie 146f.
- Windenergie 181
- Wärmepumpen 168
- Wasserkraftwerke 183
- Übersicht 413ff.
Untertagevergasung 55, 62f.
Uran - anreicherung 234ff.
- vorräte 233

Valenzband 112f., 386f.
Van der Waals - gleichung 351
- konstanten 352
- kräfte 352
Verbrennung - direkte 45
- kalte 47
- katalytische 46
Vielblattkonverter 174
Viertaktmotor 373

Wankelmotor 374
Wärme - dämmung 305f.
- definition 17f.
- durchgangszahl 301
- freisetzung 413f.
- leitfähigkeit 300
- leitung 300
- strahlung 300
- rohr 341f.
- spezifische 299f.
- übergangszahl 300
- verlustkoeffizient 303
Wärmekraftmaschine
- ideale 22f., 356f.
- mit geschlossenem Kreislauf 359ff.
- mit offenem Kreislauf 371ff.
Wärmepumpen 75f., 160ff., 378ff.
Wärmespeicherung 299ff.
- direkte 304
- kurzzeitige 304
- langzeitige 305ff.
Wasserkraft 181
Wasserstoff - erzeugung 314, 392ff.
- Photoerzeugung 111
- speicherung 328f.
- transport 337ff.
- verflüssigungsarbeit 330
Watt 12
W-Bosonen 216
Wellenenergie 204
Wellenhubenergiewandler 205
Wiederaufarbeitung v. Kernbrennstoffen 257f.
Wiensches Verschiebungsgesetz 90
Wind - energie 168ff.
- mühle 174
- potential 168
- räder 172
Winklerverfahren 57f.
Wirbelbettvergasung 57f.
Wirbelschichtfeuerung 49f.
Wirkungsgrad
- Definition 23, 355ff., 361
- Übersicht für alle Energiequellen 408
Wirkungsquerschnitt 231f., 273f.
Wirkwiderstand 345

Z_0-Boson 216
Zeolith 259
Zink-Chlorid-Batterie 326
Zink-Luft-Batterie 323
Zweibettkonverter 174
Zweitaktottomotor 373

Teubner Studienbücher Fortsetzung

Müller: **Tiergeographie**
Struktur, Funktion, Geschichte und Indikatorbedeutung von Arealen
268 Seiten. DM 29,80

Müller-Hohenstein: **Die Landschaftsgürtel der Erde**
2. Aufl. 204 Seiten. DM 28,–

Rathjens: **Die Formung der Erdoberfläche unter dem Einfluß des Menschen**
Grundzüge der Anthropogenetischen Geomorphologie
160 Seiten. DM 25,80

Rathjens: **Geographie des Hochgebirges**
Band 1: Der Naturraum
210 Seiten. DM 28,80

Semmel: **Grundzüge der Bodengeographie**
2. Aufl. 123 Seiten. DM 26,80

Weischet: **Einführung in die Allgemeine Klimatologie**
Physikalische und meteorologische Grundlagen
2. Aufl. 256 Seiten. DM 29,80

Windhorst: **Geographie der Wald- und Forstwirtschaft**
204 Seiten. DM 28,80

Wirth: **Theoretische Geographie**
Grundzüge einer Theoretischen Kulturgeographie
336 Seiten. DM 32,–

Mechanik

Becker: **Technische Strömungslehre**
Eine Einführung in die Grundlagen und technischen Anwendungen der Strömungsmechanik. 5. Aufl. 160 Seiten. DM 19,80

Becker/Bürger: **Kontinuumsmechanik**
Eine Einführung in die Grundlagen und einfache Anwendungen
228 Seiten. DM 32,– (LAMM)

Becker/Piltz: **Übungen zur Technischen Strömungslehre**
2. Aufl. 136 Seiten. DM 17,80

Böhme: **Strömungsmechanik nicht-newtonscher Fluide**
280 Seiten. DM 34,– (LAMM)

Hahn: **Bruchmechanik**
Einführung in die theoretischen Grundlagen. 221 Seiten. DM 34,– (LAMM)

Magnus: **Schwingungen**
Eine Einführung in die theoretische Behandlung von Schwingungsproblemen. 3. Aufl. 251 Seiten. DM 28,80 (LAMM)

Magnus/Müller: **Grundlagen der Technischen Mechanik**
3. Aufl. 300 Seiten. DM 28,80 (LAMM)

Müller/Magnus: **Übungen zur Technischen Mechanik**
2. Aufl. 292 Seiten. DM 28,80 (LAMM)

Wieghardt: **Theoretische Strömungslehre**
Eine Einführung. 2. Aufl. 237 Seiten. DM 28,80 (LAMM)

Preisänderungen vorbehalten